积极心理学应用书系

北京师范大学教育基金会"融合教育中心项目"研究成果

心理测验与常模

刘视湘　编著

电子工业出版社
Publishing House of Electronics Industry
北京·BEIJING

内 容 简 介

本书以实际应用为主要目的，而非强调理论阐述。全书内容自然地形成两个部分。第一部分是基础理论，包括绪论、心理测验的常模、心理测验的信度、心理测验的效度四章内容，这些内容是一个好的心理测验必须具备的心理测量学指标，笔者也是从心理测验选择和使用的角度来撰写的，并非纯粹理论的介绍。第二部分是常模基础数据，测验类型包括能力测验、人格测验、临床测验、学业测验、职业测验、其他心理测验等。常模基础数据包括：心理测验简介、测验结构、信度效度资料、题本、评分标准、常模团体人口学变量、常模团体按人口学变量统计的平均数和标准差等。

本书适合于在大中小学从事心理教育和心理辅导及心理测评工作的教师，适合于专业从事心理学研究和心理辅导与心理测评的专业人员，还适合于对相关内容感兴趣或有研究学习意愿的读者。

未经许可，不得以任何方式复制或抄袭本书之部分或全部内容。
版权所有，侵权必究。

图书在版编目（CIP）数据

心理测验与常模 / 刘视湘编著. —北京：电子工业出版社，2022.6
ISBN 978-7-121-43520-1

Ⅰ.①心… Ⅱ.①刘… Ⅲ.①心理测验 Ⅳ.①B841.7

中国版本图书馆 CIP 数据核字（2022）第 088215 号

责任编辑：张瑞喜
印　　刷：中国电影出版社印刷厂
装　　订：中国电影出版社印刷厂
出版发行：电子工业出版社
　　　　　北京市海淀区万寿路 173 信箱　邮编　100036
开　　本：787×1092　1/16　印张：24.5　字数：596 千字
版　　次：2022 年 6 月第 1 版
印　　次：2022 年 6 月第 1 次印刷
定　　价：59.00 元

凡所购买电子工业出版社图书有缺损问题，请向购买书店调换。若书店售缺，请与本社发行部联系，联系及邮购电话：(010) 88254888，88258888。
质量投诉请发邮件至 zlts@phei.com.cn，盗版侵权举报请发邮件至 dbqq@phei.com.cn。
本书咨询联系方式：qiyuqin@phei.com.cn。

忆江南·心理测量学

心可度，

理念胜规程。

测看行为明子冀，

量知反应数高卿。

学问始流行。

北京师范大学教育基金会"融合教育中心项目"研究成果

北京成均科技有限公司独家配套心理测评云平台研发

丛书"积极心理学应用书系"编委会

丛书主编： 郑日昌　刘视湘

丛书副主编： 战　欣　韩金男

丛书编委：（以姓氏笔画为序）

王工斌	王建龙	王海匣	王　琼	邓旭阳	邓　利
古显义	卢元娟	田　彤	朱小茼	刘一祎	刘佳芳
刘晓玲	孙艳萍	苏立增	李　畅	李慧娟	杨桂华
谷德芳	沈景娟	张艳霞	张　雯	张　雯	陆　军
陆妍蓉	陈建南	陈晓美	陈　媛	易显林	赵　娜
胡乃文	洪　炜	贺双燕	郭欣欣	康菁菁	梁　杰
梁　勇	董洪杰	蒋惠竹	程忠智	傅　纳	

总 序

积极心理学通常被称为"帮助人类发挥潜能的科学"。1998年，时任美国心理学会会长的马丁·塞利格曼（Martin Seligman）将其作为一个新的心理学领域正式提出。积极心理学研究人类的积极心理品质，关注人类的健康幸福、和谐发展。个体幸福是社会和谐的基础。积极心理学不仅为心理学的研究开辟了新的方向，也为人类社会的发展贡献了智慧。

塞利格曼提出了一个叫"51"的目标，即在全世界的成人中，有51%的人可以在2051年实现蓬勃人生（flourish life）。为了达到蓬勃人生，就必须有足够的"PERMA"，这五个字母分别代表幸福人生的五个元素。

P=积极情绪（Positive emotion）

E=投入（Engagement）

R=人际关系（Relationships）

M=意义和目的（Meaning and purpose）

A=成就（Accomplishment）

值得欣慰的是，塞利格曼认为这五个方面都可以通过学习来加强。这给予了我们编写这套丛书以足够多的积极心理暗示。事实上，如果没有好的教材和培训课程，要实现"51"目标只是空想。虽然，我们也深知政府和民众对于个体实现蓬勃人生的决心来说是至关重要的因素，但我们能够做的，就是让幼儿、小学生、中学生、大学生、成人先学习这五个方面的活动课程。

本套丛书第一辑已出版六本书。在搭建第一辑总体架构时，我们借鉴团体咨询、心理健康教育的理论和方法，选择了团体心理辅导、心理拓展、沙游疗法、艺术心理辅导、生态心理辅导、游戏心理辅导等形式，分别从PERMA的五个方面——积极情绪、投入、人际关系、意义和目的、成就来进行活动设计，并将这五个方面用排比的句式重新命名为五章，即积极情绪的培养、投入状态的激发、良好人际的构建、人生意义的探寻、成就体验的营造。然后将设计好的活动归入这五章，使活动课程的内容清晰、准确，服务人群涵盖幼儿、小学生、中学生、大学生和成人。之所以采用团体活动为主的方式，是因为这种方式更有效率，并且实践性强，形式多样，生动有趣，在学校、社区、政府机构、企事业单位中都可以被广泛应用。我们认为，想要在2051年实现蓬勃人生，从现在起就需要学习，让内心充满正能量，为"51"目标的达成做好准备。

本套丛书第二辑的六本书仍力图体现积极心理学的思想。《心理教育剧实务》沿用第一辑的结构，从 PERMA 的五个方面来搭建；《多元智能实务》向我们展示了每个人都有优势的一面，是真正的"帮助人类发挥潜能的科学"；《心理测验与常模》向我们介绍了常用的心理测验以及最新的常模，我们在通过心理测验进行自我探索或者了解他人的时候，可以更加深入地体察自己和他人的长处，增强自信，发掘潜能；《学业发展辅导活动课程》《生涯发展辅导活动课程》《个性与社会性发展辅导活动课程》由美国《学校咨询师手册：辅导课程活动》小学版、初中版、高中版编译而成，原书符合"美国学校咨询师协会"（American School Counselor Association，ASCA）所制定的国家标准，编译后的三本书在吸取原作精华的基础上，力图从发展性辅导理念出发，不刻意地矫正问题行为，而是重点关注大多数中小学生的健康成长和发展。

因为活动课程的对象涵盖了中小学生、中职学生和大学生，所以我们学习了教育部《中小学心理健康教育指导纲要（2012 年修订）》《中等职业学校学生心理健康教育指导纲要》《高等学校学生心理健康教育指导纲要》等文件。这些文件要求"培养学生积极心理品质，挖掘他们的心理潜能"，这与积极心理学所倡导的思想是吻合的。

上述文件也规定了各年龄段学生的心理健康教育内容。中小学、中职学校心理健康教育的重点是认识自我、学会学习、人际交往、情绪调适、升学择业以及生活和社会适应等方面的内容；大学心理健康教育的重点是自我管理、人格发展、学习成长、人际交往、交友恋爱、情绪调节、求职择业、环境适应等方面的内容。从这里，我们可以看到，中国学校和美国学校心理辅导内容有很大的一致性，学业发展、生涯发展、自我成长、社会适应都受到关注。

这套丛书从有想法到最终完成，历时三年，它是集体智慧的结晶。首先由北京联合大学刘视湘博士提出丛书整体框架和每本书的内容体系，然后由北京成均科技有限公司的研究人员梳理出与 PERMA 对应的每个年龄段的关键词，最后组稿并与每本书的作者讨论撰写方案。

感谢各位作者的辛勤笔耕，他们都是某个心理辅导领域的专家；感谢曾经或现在在北京成均科技有限公司工作的王海囤、赵娜、贺双燕、易显林、郭欣欣、韩金男、战欣与作者沟通，他们都是心理学硕士并有良好的文字功底；感谢孙艳萍、董洪杰组织北京市部分中小学心理健康教育教师为丛书提供示范课程，他们都是心理健康教育的一线专家；感谢陈媛、刘佳芳、蒋惠竹、胡乃文、张艳霞与出版社沟通并认真校阅书稿，保证了丛书的顺利出版和质量。尤其是，这套丛书中引用了大量的文字、表格、图片，在此要向这些内容的作者们表示衷心感谢，正是因为已有专家和学者进行了相关研究，才使得这套丛书的内容显得丰满和充实。

"知者不惑，仁者不忧，勇者不惧"。编写完成这套丛书，期间过程，如同上了一堂生动的幸福课。有过惑，有过忧，有过惧，慢慢地明白了，慢慢地振作了，慢慢地坚强了。中西文化千年融合，幸运地交集于心理学领域，也算是心理学工作者的福报吧。

郑日昌　刘视湘
二零二一年九月

前 言

二千多年前的先秦诸子，就已经对探讨人类心灵的奥秘产生了兴趣，然而近代科学的心理测验却只有一百多年的历史。一百多年的时间虽然不长，但心理学家们已经把这个领域的大厦建设得金碧辉煌。一百多年来，心理学理论根基不断深入，应用性测验琳琅满目。这些成就，使得人类可以借助更多、更好的工具了解自我、了解他人。

教育领域是心理测验应用最为广泛的领域之一。只有充分了解学生的能力水平、个性特点，才能做到因材施教。然而，在众多的心理测验之中，如何选择合适的测验，仍是困扰教育工作者的问题之一。

心理测验具有一定的专业性。在选择心理测验时，我们需要关注测验的信度、效度、适用群体、文化背景等因素，还有一个重要因素就是常模。我们经常需要把被试的成绩与具有某种特征的人所组成的有关团体作比较，根据一个人在该团体内的相对位置来报告他的成绩。这里，用来作比较的参考团体叫常模团体，常模团体的分数分布叫常模。常模数据是否适用，需要考虑常模的应用范围、常模的应用时限、常模团体的代表性等因素。而在目前民间流行的心理测验中，建立常模的方法或参考团体经常出现问题，因而可信度不高。

为了让小学、中学、中职学校、高等学校的心理教师得到比较新的常模资料，让心理教师能够在学校开展较为准确有效的心理测评工作，北京联合大学刘视湘博士牵头策划了一项常模修订工作，由北京心理卫生协会学校心理卫生委员会、北京成均科技有限公司组织实施。

2019年，从数量众多的心理测验中，常模修订工作组选择了学校较常使用的、具有一定代表性的119个心理测验，进行常模修订工作。选取了北京、山西、浙江、广西、湖南五个省市，分别代表北、西、东、南、中五类地区，在每个省市，采取概率与规模成比例抽样（PPS）的方式抽取地区和学校，用书面与互联网相结合的方式，针对中小学生、大学生、教师进行施测。由于受新冠肺炎疫情的影响，施测工作从2019年一直持续到2021年，历时三个年头。

这是一个浩繁的工程，仅仅在北京市，我们就抽取了95所学校，实施了全部的119个心理测验，常模团体总数量超过了60000人次。在所实施的测验中，包括刘视湘组织根据郑日昌"全人教育模型"编制的37个心理测验，其中适用于小学生的有 17 个：小学生心理健康自评量表、小学生心理健康家长评价量表、小学生心理健康教师评价量表、小学生道德判断问卷、小学生学科兴趣问卷、小学生气质问卷、小学生内外向问卷、小学生自信心问卷、小学生意志力问卷、小学生适应性问卷、小学生情绪适应问卷、小学生创新意识问卷、小学生言语能力测验、小学生数学能力测验、小学生图形推理与空间判断能力测验、小学生学习方法问卷、小学生学习态度问卷；适用于中学生的有 17 个：中学生心理健康自评量表、中学生心理健康家长评价量表、中学生心理健康教师评价量表、中学生道德判断问卷、中学生职业兴趣问卷、中学生气质问卷、中学生内外向问卷、中学生自信心问卷、中学生意志力问卷、中学生情绪适应问卷、中学生创新意识问卷、中学生言语能力测验、中学生数学能力测验、中学生图形推理与空间判断能力测验、中学生学习方法问卷、中学生学习态度问卷、中学生考试心理问卷；另外还有 3 个心理健康量表：大学生心理健康量表、教师心理健康量表、成人心理健康量表。在所有心理测验的实施中，只有大学生心理健康量表是单独在大学进行的，其他所有测验的实施全部在中小学进行。

本书限于篇幅，所以只选择了北京市所实施的 119 个测验中的 43 个心理测验报告常模基础数据。没有报告常模基础数据的 76 个测验包括刘视湘组织编制的 37 个心理测验和另外的 39 个心理测验。

为维护心理测验的有效性，我们对于公开心理测验题本和评分标准非常慎重，这两部分内容的公开遵循以下两个原则：

第一，对于网络上容易搜到并可下载的心理测验，我们提供心理测验的全部题本和评分标准。我们认为，网络上搜到的测验版本众多，其中一些还存在错误，为了减少这种错误，我们希望通过专业化的筛选，提供给使用者相对准确的版本。

第二，对于网络上不易搜到的心理测验，或是有版权限制的测验，或是不便公开的能力测验，我们提供心理测验的部分题目作为示例，不提供评分标准。如果本书读者希望得到全部题目和评分标准，可以与我们联系。对于符合中国心理学会测验使用人员资格的使用者，我们可以免费提供无版权限制测验的题本和评分标准。

需要说明的是，本书提供的所有数据，已授权北京成均科技有限公司独家完成配套心理测评云平台研发。对于其他使用者，只可用于研究或公益性行为，例如撰写论文、在中小学进行的免费心理测评等，严禁用于商业行为。由于使用者的不当使用引起的心理测验版权纠纷、道德失范、伦理失衡等情况，使用者须承担全部责任。

本书以实际应用为主要目的，没有特别强调理论阐述。全书内容自然地形成两个部分。第一部分是基础理论，包括绪论、心理测验的常模、心理测验的信度、心理测验的效度四章内容，这是一个好的心理测验必须具备的心理测量学指标，笔者也是从心理测验选择和使用的角度来撰写的，并非纯粹理论的介绍。第二部分是常模基础数据，测验类型包括能力测验、人格测验、临床测验、学业测验、职业测验、其他心理测验；常模基础数据包括：心理测验简介、测验结构、信度效度资料、题本、评分标准、常模团体人口学变量、常模团体按人口学变量统计的平均数和标准差等。我们并没有提供常模的转换表或剖面图，这需要使用者根据常模基础数据自行编制。

本研究得到了中国儿童少年基金会、北京师范大学教育基金会"融合教育中心项目"的大力支持。该项目主要是针对自闭症患者的融合教育。在中小学，患有自闭症的学生的康复训练、心理评估、心理训练非常重要。同时，了解其他学生的心理状态，以便及时改善环境条件，为患有自闭症的学生提供人文关怀，对于患有自闭症的学生融入到正常教育之中也有着举足轻重的作用。

本书的出版是集体智慧的结晶，是大家共同努力的见证。我要感谢郑日昌先生，本书理论部分的写作、"融合教育中心项目"的设计与实施得到了郑日昌先生的大力支持。贺双燕、王海匣、赵娜、易显林、郭欣欣、韩金男在常模资料收集和整理方面做了大量工作，我也是铭感于心的。本书的编辑、校对、出版得到了电子工业出版社祁玉芹女士的大力支持，在此表示由衷的感谢。特别应当提到的是，在书中引用了大量的文字、表格、图片，在此要向这些内容的作者们表示衷心的感谢。

本书付梓之际，正值教育部颁发《关于加强学生心理健康管理工作的通知》（以下简称《通知》）。《通知》强调："做好心理健康测评工作。积极借助专业工具和手段，加快研制更符合中国学生特点的心理测评量表，定期开展学生心理健康测评工作，健全筛查预警机制，及早实施精准干预。高校每年在新生入校后适时开展全覆盖的心理健康测评，……，每年面向小学高年级、初中、高中开展一次心理健康测评"。心理健康测评工作的开展，离不开心理测验和常模，希望本书的出版，能够为心理健康测评工作提供一定的帮助。

由于时间仓促和作者水平有限，书中难免存在不足甚至错误之处，恳望各位读者不吝指正，以期再版时有所修缮。

刘视湘（北京联合大学）
二零二一年九月

目录

第一章 绪论 … 1
- 第一节 心理测验的发展 … 1
- 第二节 心理测验的种类与功能 … 6
- 第三节 心理测验的选择与实施 … 11
- 第四节 心理测验工作者的专业要求与职业道德规范 … 16

第二章 心理测验的常模 … 21
- 第一节 常模团体与抽样方法 … 22
- 第二节 常模种类与分数解释 … 25
- 第三节 常模呈现与实际应用 … 33

第三章 心理测验的信度 … 37
- 第一节 信度概述 … 37
- 第二节 信度的种类与估计方法 … 42
- 第三节 影响信度的因素 … 50

第四章 心理测验的效度 … 55
- 第一节 效度概述 … 55
- 第二节 效度的种类与估计方法 … 57
- 第三节 影响效度的因素 … 67

第五章 能力测验常模基础数据 … 69
- 第一节 中小学生团体智力测验 … 69
- 第二节 威廉斯创造力倾向测验 … 77
- 第三节 一般能力倾向测验 … 83
- 第四节 超常行为测试问卷 … 89

第五节　小学生认知发展诊断量表……………………………………………95

第六章　人格测验常模基础数据　　115

　　第一节　卡特尔十六种人格因素问卷……………………………………115
　　第二节　大五人格量表……………………………………………………143
　　第三节　气质量表…………………………………………………………147
　　第四节　DISC 性格测试…………………………………………………154
　　第五节　内在－外在心理控制源量表……………………………………162
　　第六节　A 型行为类型量表………………………………………………167
　　第七节　人性的哲学修订量表……………………………………………172
　　第八节　人际信任量表……………………………………………………177
　　第九节　罗森伯格自尊量表………………………………………………182
　　第十节　思维风格量表……………………………………………………185
　　第十一节　艾特肯拖延问卷………………………………………………197
　　第十二节　一般自我效能感量表…………………………………………200

第七章　临床测验常模基础数据　　205

　　第一节　皮尔斯－哈里斯儿童自我意识量表……………………………205
　　第二节　青少年自评生活事件量表………………………………………212
　　第三节　中文人生意义问卷………………………………………………218
　　第四节　心理健康诊断测验………………………………………………221
　　第五节　简明心境量表……………………………………………………230
　　第六节　状态与特质孤独量表……………………………………………236
　　第七节　UCLA 孤独量表…………………………………………………241
　　第八节　匹兹堡睡眠质量指数……………………………………………244
　　第九节　中文网络成瘾量表………………………………………………250
　　第十节　焦虑自评量表……………………………………………………257
　　第十一节　贝克焦虑量表…………………………………………………259
　　第十二节　抑郁自评量表…………………………………………………262
　　第十三节　贝克抑郁量表…………………………………………………266

第十四节 流调中心抑郁量表 ………………………………………… 271

第十五节 康奈尔医学指数 …………………………………………… 275

第八章 学业测验常模基础数据 288

第一节 学习适应性测验 ……………………………………………… 288

第二节 学业成就动机量表 …………………………………………… 303

第三节 学习风格量表 ………………………………………………… 313

第四节 萨拉松考试焦虑量表 ………………………………………… 320

第九章 职业测验常模基础数据 324

第一节 MBTI 职业性格测试 ………………………………………… 324

第二节 心理授权量表 ………………………………………………… 328

第三节 MBI 工作倦怠问卷 …………………………………………… 331

第十章 其他心理测验常模基础数据 335

第一节 亲子依恋问卷 ………………………………………………… 335

第二节 家庭亲密度和适应性量表 …………………………………… 339

第三节 家庭环境量表 ………………………………………………… 349

第四节 自杀态度量表 ………………………………………………… 357

主要参考文献 …………………………………………………………… 362

附录 A 心理测验管理条例 …………………………………………… 367

附录 B 心理测验工作者职业道德规范 ……………………………… 371

附录 C 正态分布表 …………………………………………………… 372

附录 D 提供常模基础数据的心理测验一览表 ……………………… 376

第一章 绪论

孟子曰:"权,然后知轻重;度,然后知长短。物皆然,心为甚。"孟子劝齐宣王要权度人心,实施仁政。一语道明,人心是可权可度的。这就包含了将人的品行、才能等心理特性加以量化的思想。

三国时期刘劭在《人物志》中提到察人之法:"观其感变,以审常度。"在孟子提出"人心可权可度"之后,进一步提出可以观察人的行为,从而推测其一般心理特点。

南北朝时期刘勰在《新论·劝学篇》中编制了一个具体的、可操作的心理测验:"使左手画方,右手画圆,无一时俱成","由心不两用,则手不并运也"。

第一节 心理测验的发展

科学的心理测量的诞生和发展,归功于欧美一批有远见的心理学家的努力。

美国学者波林(E. Boring)指出,在心理测量领域中,"十九世纪八十年代是高尔顿(F. Galton)的10年,十九世纪九十年代是卡特尔(J. Cattell)的10年,二十世纪开始的10年是比奈(A. Binet)的10年"。

一、心理测验的先驱

最先倡导心理测验运动的是英国心理学家高尔顿。高尔顿开创了个体差异心理学研究，并采用了定量研究方法。1869年，他的著作《遗传的天才》出版，书中指出，人的能力是由遗传而来的，并设想人的能力分布是常态的，其差异是可测量的。他还在1884年的国际博览会上设立了一个人类测量实验室，参观者付三便士就可以测量自己的某些身体素质，如视听觉的敏锐性、肌肉力量、反应速度以及其他一些基本的感觉运动功能。高尔顿还设计了许多简单的测验，如判断线条的长短与物体的轻重等。他还是应用等级评定量表、问卷法及自由联想法的先驱。高尔顿的另一个重要贡献是，把统计方法应用于对个体差异资料的研究。他创造了一种简单的计算相关系数的方法，后来他的学生皮尔逊（K. Pearson）将这种方法发展为积差相关法，成为测量学重要的工具。高尔顿在1883年出版的《人类才能及其发展的研究》一书中，首次提出了"心理测量"和"测验"这两个术语，高尔顿堪称直接推动心理测验产生的第一人。

美国心理学家卡特尔是另一位推动心理测验产生的重要人物。卡特尔早年师从冯特（W.Wundt），后作为高尔顿的助手，熟悉高尔顿的理论和测验方法。他编制了五十多个测验，包括测量肌肉力量、运动速度、痛感受性、视听敏度、重量辨别力、反应时、记忆力以及类似的一些项目。他于1890年发表了《心理测验与测量》一文，首次提出了"心理测验"这个术语。

法国心理学家比奈（A.Binet）和西蒙（T.Simon）也在心理测验领域获得了巨大成就。1904年，法国公共教育部部长任命比奈及其助理医师西蒙开发一种程序，用于识别那些被认为不能在普通学校班级教育中充分受益的儿童。1905年，比奈和西蒙合作完成了世界上第一个智力测验量表——《比奈—西蒙智力量表》（Binet-Simon Intelligence Scale），史称"1905年量表"。1905年量表包含30个题目，由易到难排列，可用来测量儿童的各种能力，特别是判断能力、理解能力、推理能力。1908年的修订版删除了之前不合适的题目，增加了一些新的题目，使总题目数达到59个。1908年量表在计分方式中引入了心理年龄的概念作为量化个体在测验中的总体表现的指标。1911年量表再次更新了版本，将测验对象扩大到成人。鉴于比奈的突出贡献，宾特纳（R. Pintner）说："在心理学史上，如果我们称冯特为实验心理学的鼻祖，那么我们不得不称比奈为心理智力测量的鼻祖。"

二、智力测验的发展

心理测验运动自二十世纪初兴起，二十世纪二十年代进入狂热，四十年代达到顶峰，五十年代后转向稳步发展。

《比奈—西蒙智力量表》问世后，迅速传至世界各地，其中最著名的是美国斯坦福大学推孟（L. Terman）于1916年修订的《斯坦福—比奈量表》（Stanford-Binet Scale），其总题目数为90个，适应的年龄组为3~14岁儿童，另加普通成人组和优秀成人组。其最大的改变是采用了智商（Intelligence Quotient，IQ）的概念，从此智商一词便开始被全世界所熟悉。

1939年，韦克斯勒（D. Wechsler）发表了第一个用于16~60岁成人智力的《韦克斯勒—贝尔韦量表》(W-BI)，此后该量表又发展成为《韦氏成人智力量表》(WAIS, 1955; 1981年修订本WAIS-R)和《韦氏儿童智力量表》(WISC, 1949, 测量对象为6~16岁儿童; 1974年修订版WISC-R; 1991年第三版WISC-III; 2003年第四版WISC-IV)。1967年《韦氏幼儿智力量表》(WPPSI)出版。韦克斯勒智力量表的特点：一是韦克斯勒在1949年出版的WISC中第一个提出了离差智商的概念，用离差智商代替比率智商；二是由各个分测验结果可以得到言语、操作和总体三个分数，既可以区分个别间差异，又可以评定个别内差异。对人的智力的描述，从笼统地谈聪明不聪明，转向区分智力的不同侧面，说明人人皆有所短和所长。

1938年，瑞文（J. Raven）出版了《瑞文标准推理测验》，这是一个著名的非文字智力测验，既可弥补语言文字量表在理论上的缺陷，又可以用于文盲和有语言障碍的人；既可用于个别测验，又可用于团体测验。1947年瑞文又出版了《瑞文彩色推理测验》和《瑞文高级推理测验》。

推孟的学生奥蒂斯（A. Otis）编制的《团体智力测验》扩大了测验的应用范围。在此基础上，第一次世界大战期间美国军队出于对官兵选拔和分派兵种的需要，发展出《军用甲种测验》和《军用乙种测验》，对200万官兵进行了智力检查。战后该测验经改造被广泛用于民间，为教育界和工商各界普遍采用。

近年来，《斯坦福—比奈量表》与韦克斯勒智力量表的新版变革，以及《考夫曼儿童成套评价测验》《DN认知评价系统》，都表明了对于智力本质的进一步探讨及其在测量中的应用。

三、教育测验的发展

中国于606年隋朝开始的科举考试，可识作"教育测验"的开始。客观的标准化"教育测验"的最初尝试者是费舍（G. Fisher）。他收集学生的书法、拼写、算术、语法、作文、历史、自然、图画等科的成绩，汇编成《量表集》，作为衡量学生各科成绩的标准。费舍对收入《量表集》的学生的成绩评定了等级，其他学生的各科成绩与这些标准相比就能判断出其优劣程度。被收入《量表集》的学生相当于我们现在的常模样本组，《量表集》相当于常模量表。费舍的工作是教育测验史上重大的进步，但其各科成绩的等级评定是费舍本人主观决定的，缺乏客观的依据。

1904年，桑代克（E. Thorndike）出版了《心理与社会测量导论》一书，这是关于测验理论的第一部著作，该书系统地介绍了统计方法及测验编制的基本原理，为测验的发展奠定了基础，并提出"事物的存在必有其数量"的著名观点。1909年，桑代克根据统计学"等距原理"为测验量表确定了单位。此外，他还编制了书法量表、拼写量表、图画量表、作文量表等。桑代克在测验原理及实践研究中的突出贡献使他被称为教育测量的鼻祖。

在桑代克的推动下，各国相继成立了专门管理考试的机构，组织专家编制、实施和管理测验，如成立于 1959 年的美国大学测验中心（American College Testing，ACT）和成立于 1947 年的美国教育测验服务中心（Educational Testing Service，ETS）。ETS 为学校及政府机构编制了大量测验程序，如专门测量国外留学生的"作为外语的英语考试"（Test of English as a Foreign Language，TOEFL）、研究生入学考试（Graduate Record Examination，GRE）、全美用于大学入学的学术能力考试测验（Scholistic Assessment Teat，SAT）等。

四、人格测验的发展

中国古代很早就开始使用观察法、等级评定法来评定人格，但古代对人格的评定往往与知识、能力相混同，而且过于侧重品德，因而难以进行量化测量。

人格测验的先驱是克雷佩林（E. Kraepelin），他于 1892 年最早使用自由联想测验来诊断精神病人。此后，自由联想法一直是一种重要的临床诊断方法。人格测验的产生也主要是出于对病理诊断的需要。人格测验最先是被应用于临床，后来才应用于测量正常人的人格。

1917 年，伍德沃斯（R. Woodworth）编制了第一个现代意义上的人格量表，即《伍德沃斯个人资料调查表》，用于鉴别不能从事军事工作的精神病患者。量表包括 100 多个关于精神病症状的问题，让被试（又称受测者、受试者等）根据自己的情况回答，称为自陈量表（Self-Report Inventory）。该量表后来一直被奉为情绪适应调查表的范本。

自陈量表被认为是客观化和标准化的人格测验，在人格测验中占主导地位。著名的人格测验主要有哈瑟韦（S. Hathaway）和麦金力（J. Mckinley）的《明尼苏达多相人格测验》（MMPI）、高夫（H. Gough）的《加利福尼亚心理调查表》（CPI）、卡特尔（R. Cattell）的《十六种人格因素问卷》（16PF）、艾森克（H. Eysenck）的《艾森克人格问卷》（EPQ）等。

与自陈量表相对的是投射测验。1921 年，罗夏（H. Rorschach）发表了第一个投射测验，即著名的《罗夏墨迹测验》，该测验通过被试对墨迹图的反应来区分正常人和精神分裂症患者，也可区分不同人格类型的正常人。另一个著名的投射测验是莫瑞（H. Murray）和摩根（C. Morgan）于 1935 年发表的《主题统觉测验》（TAT）。此外，还有《句子完成测验》《绘画测验》等。后来，哈特松（H. Hartshorn）和梅（M. May）开创了品德测量的情景测验法，该方法是通过观察被试在特定情景中的行为以对其品德和人格进行评价。投射测验先被用于临床诊断，后也被用于测量正常人的人格和动机等。

上述心理测验的发展，主要受了两方面因素的影响。一是心理学理论的发展。1904 年斯皮尔曼（C. Spearman）提出智力的二因素论，认为人的智力可分为普通因素和特殊因素两部分，《比奈－西蒙量表》测量的是普通因素。后来人们对特殊因素感兴趣，编制出各种特殊能力测验。二十世纪三十年代智力的多因素论兴起，瑟斯顿（L. Thurstone）由因素分析求得七种基本智力因素，即数字计算、语文理解、词汇流畅、空间关系、机械记忆、知觉速度和归纳推理，随之发展出一批多重能力倾向测验。六十年代吉尔福特（J. Guilford）的智力结构理论提出发散思维为智力的因素之一，从而开拓了创造力测量的新领域。二是统计学方法的进步。早期的心理测验主要应用相关法进行研究。二十世纪三十年代后，因素分析法盛行，不但推进了能力测验的发展，还促进了人格理论和人格测验的发展，如卡特尔《十六种人格因素问卷》就是采用因素分析法编制的。当代信息加工测验的发展和一系列新的数学模式的提出是同计算机的应用分不开的。

五、近现代心理测验在中国的发展

二十世纪初，科学的心理测量理论传入中国。1916年樊炳清将《比奈－西蒙量表》介绍到中国。1920年廖世承和陈鹤琴在南京高等师范学校开设了心理测验课，并于次年合著出版了《心理测量法》一书。1922年费培杰将《比奈－西蒙量表》译成中文。1924年陆志韦修订《斯坦福－比奈量表》，1936年又做了第二次修订。1931年由艾伟、陆志韦等组织并成立了中国测验学会。1932年《测验》杂志创刊。此时，我国的智力测验和人格测验约20种，教育测验约50种。

二十世纪三四十年代，受战争影响，心理测验受到极大打击。1949年以后，由于深受苏联心理学理论体系的影响，心理测验长期处于停滞状态。

1978年改革开放以来，人们逐渐重新认识到了心理测验的意义，心理测验又获得了快速发展。1984年，以张厚粲为首成立了中国心理学会测验专业委员会，加强了对心理测验工作的指导。1987年，相继出版了三本心理测量方面的著作：郑日昌的《心理测量》，余嘉元的《教育与心理测量》，戴忠恒的《心理与教育测量》。其后，心理测量与测验的著作大量涌现，约50种。

心理测验的修订工作也得到发展。林传鼎、张厚粲修订《韦氏儿童智力量表》，吴天敏修订《中国比奈测验》，龚耀先修订《韦氏成人智力量表》《韦氏成人记忆量表》《艾森克人格问卷》《韦氏学前和幼儿智力量表》和《罗夏墨迹测验》，宋维真修订《明尼苏达多相人格问卷》，张厚粲修订《瑞文标准推理测验》等。此前在中国港台地区流行的刘永和修订的《卡特尔十六种人格因素问卷》、张妙青修订的《明尼苏达多相人格问卷》、以及《爱德华个性偏好测验》等也传到内地。至1990年，国际流行的"十大心理测验"已全部引入中国。

二十世纪八十年代中期后，我国心理测验研究由单纯修订国外的心理测验发展到开始编制一些针对中国人的心理测验，如张厚粲编制的《中国儿童发展量表》，郑日昌编制的《大学生心理健康问卷》，中国科学院心理研究所、北京师范大学、北京大学等单位联合开发的飞行员心理选拔测评系统，国家人事部编制用于公务员选拔的《行政职业能力测验》等。心理测量和教育测量的使用也由精神卫生、教育领域扩展到了管理、军事和人事等多个领域。

二十世纪九十年代后，情境测验、自适应测验、计算机模拟测验等测验形式也相继出现。标准化纸笔测验可以很好地度量人们的知识水平，但不足以考察人们复杂的个性特征，情境测验可以很好地体现个体差异性；计算机模拟测验可以模仿人的高级认知加工过程，以推断人的思维过程。

　　心理测验的施测方面，由操作性测验、纸质测验逐渐过渡到以网络在线测验为主的方式。心理测验软件系统相继问世。如刘视湘、郑日昌组织研究和开发完成的"学生心理健康检测系统"（Psychological Examination System for Students，PESS），以郑日昌的"全人教育模型"建构，其中包含了智能、人格方面共34个自行编制、有知识产权的心理测验。

第二节　心理测验的种类与功能

　　安娜斯塔西（A. Anastasi）认为，心理测验是对行为样本的客观的和标准化的测量。也就是说，心理测验就是通过观察人的少数有代表性的行为，对于贯穿在人的全部行为活动中的心理特点作出推论和数量化分析的一种科学手段。它是心理测量的一种工具和手段，是根据一定法则对人的行为用数字加以确定的方法。可以看出，安娜斯塔西的心理测验定义中有三个关键词：行为样本、标准化和客观性。

　　心理测验是在被试行为表现的基础上考察某些具体的属性或预测某些具体的结果。心理测验不是要测量所有可能出现的行为，而是收集一个系统的行为样本，而且测验的行为必须是典型的行为，能够代表在测验情境之外出现的行为。

　　标准化是指测验的实施和评分中程序的一致性。将不同被试在同一测验的分数做比较，显然这些被试的测验条件都必须相同。测验标准化的重要步骤是测验编制者为实施每一个新编的测验提供详细完备的说明，并根据经验性资料加以评价，即建立常模。

　　理论上，如果测验的实施、评分、分数解释等与主试（又称施测者、测试者等）的主观判断无关，则该测验就是客观的，即参与者的心理测验分数和测验的主试无关。客观性是测验编制的目标，在大多数测验中已经达到相当高的程度。

　　编制心理测验的根本目的是，判别心理的个体差异。按照不同条件为不同的目的服务，心理测验的种类与功能也有多种。

一、心理测验的种类

　　由于各种各样的测验需求，心理测验的种类已非常多，可以说很难找到一种方法能将现有的心理测验做一个系统而又严格的分类。下面介绍的几种分类都是依据心理测验的某一方面的性能而做的，是相对的，同一个测验采用不同的标准，可以归为不同的类别。

（一）按所测的心理特质分类

按所测的心理特质不同，可把心理测验分为能力测验和人格测验两大类。

1.能力测验

能力测验（ability test）可分为智力测验、能力倾向测验和成就测验三类。

（1）智力测验

智力测验（intelligence test）是用来测量人的一般认知能力（即通常所说的"智力"）水平高低的测验。一般认为，智力测验的结果是比较稳定的。智力也是心理测量最早涉及的领域，许多测量学的理论与技术是在研制智力测验的过程中发展起来的。

（2）能力倾向测验

能力倾向测验（aptitude test）分为一般能力倾向测验和特殊能力倾向测验。一般能力倾向测验测量的是个体在多种能力上的潜在优势，特殊能力倾向测验测量的是个体在音乐、美术、体育、机械、飞行等特殊能力上的潜在优势。个体的能力倾向一般不受专门的教学或训练的影响，其结果相对稳定。

（3）成就测验

成就测验（achievement test）主要用于测量个体经过某种正式教育或训练之后对知识和技能掌握的程度，因为所测的主要是学习成绩，所以又叫学绩测验。最常见的是学校中的学科测验，用来测验学生某学科的知识、技能。

2.人格测验

人格测验（personality test）测量的是个体人格的独特性和倾向性特征。心理学中的人格概念非常广泛，可能涉及人的所有情感领域和非智力因素，如性格、气质、兴趣、态度、品德、情绪、动机、信念等方面，即能力以外的个体心理特征。常用的测验有兴趣测验、态度测验、性格测验、气质测验、情绪测验、动机测验、品德测验等。

（二）按评价测验结果的参照标准分类

1.常模参照测验

常模参照测验（norm-referenced test）是以常模作为评价测验分数优劣标准的测验。常模被视为测验分数的参照，它关心的不是一个人能力或知识的绝对水平，而是他在所属群体中的相对位置。常模是测验分数在某一常模团体的分布形态，一般用测验的平均数和标准差表示。

常模参照测验执行的是一种可高可低的相对标准，标准的高低取决于团体本身的水平，如智力测验就是典型的常模参照测验。

2.标准参照测验

标准参照测验（criterion-referenced test）在对测验结果进行评价时不以常模为标准，而是根据特定的操作或行为标准，对个体做出是否达标或达到什么程度的判断。

标准参照测验是将被试的分数与某个固定标准进行比较来解释。如果是测试能力的标准参照测验，测验将个体所掌握的知识或技能与测验内容领域做比较，以确认个体是否已达到事先规定好的标准。由于这个标准不会因为很多个体都已达到而提高，也不会因为很多个体都未达到而降低，因此我们说标准参照测验使用的是一个绝对标准。

（三）按应用领域分类

1. 教育测验

心理测验在教育领域应用最广，是教师了解学生的有效手段。通过测验，教师可以了解学生的能力水平、性格特点、学习态度、学习方法等，有利于因材施教。

心理测验也可以使教师发现学生的心理困扰，进行心理危机预警，以便及时开展心理辅导和心理干预工作。

心理测验是教育评价的重要工具。现代教育强调全面发展，心理测验可以测量学生的智力、品德、个性等方面，为素质教育提供依据。

心理测验是教育研究的重要方法，也是教育教学改革的有力推进器。在学校进行的大部分心理学科研和教研工作，都离不开心理测验。

2. 职业测验

人员招聘和选拔一直是人力资源领域的重要内容。要做到职得其人，就需要根据岗位职责，找到适合的人选。

首先，对各个职位所要求的心理特征，要有明确的分析和描述；其次，根据这些特征，要选择或设计出各种心理测验；最后，需要对候选者施测心理测验，根据结果选择合适的人选。

通过心理测验，可以提高人员选拔的准确性，避免造成人力、物力的浪费，做到人尽其材，提高工作效率。

3. 临床测验

临床测验主要用于医院或心理咨询机构，某些心理健康量表也用于普通学校和特殊教育机构。某些能力测验和人格测验可用于筛查智力障碍或精神疾病，为临床诊断、心理咨询和心理治疗工作服务。

在临床工作中对器质性精神病的鉴别，往往借助于一些专门的心理测验，如对大脑损害部位进行定位，就需要用到神经心理学测验。在临床科研中，借助于心理测验可以将病情程度加以量化，代替笼统描述，便于比较疗效。

（四）按标准化程度分类

1. 标准化测验

心理测验的标准化有四个要求：测验编制过程标准化、测验实施标准化、测验评分标准化、测验分数解释标准化。

测验编制过程包括编制步骤和编制质量。编制步骤包括测验目标分解、编制方案设计、命题征题、测试分析、分数体系设计与制作、测验使用指导书编写等环节；编制质量包括测验信度和效度、测验题目的质量等内容。测验实施包括主试要求、测验要求、环境要求、过程顺序要求等内容。测验评分包括评分方法、标准答案等内容。测验分数解释包括解释方法、解释依据等内容，常模参照测验必定配有解释常模以确定分数在团体中的位置，标准参照测验必定配有合格分数线以确定分数合格与否。

2. 非标准化测验

非标准化测验是指不符合标准化程序的测验，通常也称为自编测验，但这些测验往往也是实际工作中必须用到的，如教师所使用的自编测验就是典型的非标准化测验。

（五）其他分类

1. 个体测验与团体测验

个体测验每次仅以一位被试为对象，通常由一位主试与一位被试面对面进行。其优点是主试对被试有较多的观察与控制机会，尤其适用于被试不能使用文字而只能由主试记录反应的测验。其缺点一是比较浪费时间，不易进行大规模测评，建立常模较困难；二是对主试有较高的要求，否则测验结果就不可靠。

团体测验是指每次有多位受测对象，由一位主试对多人施测的测验方法。其优点是比较经济，可以在短时间内收集到大量资料，因而在教育领域被广泛使用。其缺点是被试的行为不易控制，容易产生测量误差，从而影响测验信度和效度。

团体测验可用于个体测评，但个体测验不能用于团体测评。

2. 文字测验与非文字测验

文字测验所用的材料是文字，即被试用文字作答，也称纸笔测验。其优点是实施方便，团体测验多采用这种测验。缺点是容易受被试的文化程度影响，不同教育背景下的人使用时，其有效性将降低，甚至无法使用。

非文字测验也称操作测验。测验题目多属于对图形、实物、工具、模型的辨认和操作，被试通过指认、手工操作向主试提供答案，无需使用文字作答。其优点是不受或少受文化因素的影响，可用于幼儿和不识字的成人。其缺点是大多不宜进行团体测验，在时间上不经济。

3. 速度测验与难度测验

速度测验的功能在于识别个人做题的最快速度，主要测量被试的反应快慢程度，这种测验题目多，并严格限制时间。这种测验题目较容易，一般都没有超出被试的能力水平，但因时限短，被试可能难以做完所有题目。在纯粹的速度测验中，分数完全依赖于工作的速度，以完成题目的数量作为成绩指标。

难度测验的功能在于识别个人在某方面能够达到的最高水平，包含不同难度的题目，一般由易到难排列，其中有些是极难的题目，几乎所有被试都回答不了。作答时间较充裕，使被试都有机会做所有的题目，并在规定时间内做完会做的题目，因此测量的是被试解答难题的最高能力。

一般来说，纯速度测验和纯难度测验较为少见，多数测验都同时涉及难度和速度两个方面的因素。

4. 最高作为测验与典型作为测验

最高作为测验要求被试尽可能做出最好的回答，主要与认知过程有关，有正确答案。能力测验、学绩测验均属于最高作为测验。

典型作为测验要求被试按通常的习惯方式做出反应，没有正确答案。一般来说，人格测验和态度测验属于典型作为测验。

5. 构造性测验与投射性测验

构造性测验有清楚的内容结构，测验所呈现的刺激和被试的任务都是明确的。测验的计分和解释都有严格规定。

投射性测验的目的是让被试在无意中将自己内心深处的欲望、观念、情绪、动机、态度等投射在反应中，以便主试对被试的心理作深层次的分析。在这种测验中的刺激没有明确的意义，问题模糊，对被试的反应也没有明确规定。

二、心理测验的功能

心理测验的基本功能是测量个体间的差异或同一个体在不同情境中的差异。因此心理测验在理论研究与具体实践中有着广泛的应用。

（一）在理论研究中的应用

1. 数据收集

心理测验是收集有关个别差异数据的一个简便易行而又较为可靠的方法。在心理学和教育学的研究中，大都需要通过心理测验来获得第一手数据。

几乎所有的心理学领域都涉及个别差异问题，如对智力的发展速度、智力的个别差异、智力的团体差异及影响智力发展的环境和遗传因素等问题的研究，大量数据都是由心理测验得到的。

2. 建立和检验假说

许多心理学的理论都是在心理测验数据的基础上提出来的，并且可以用心理测验来检验，如智力结构理论的提出和发展，智力测验就在其中扮演了重要角色。在教育活动中，不同教育措施的效果也要靠心理测验来比较和检验。

3. 实验分组

在心理学研究中，常用心理测验来对被试进行实验分组，以达到等组化的要求。如保证实验组被试与控制组被试在实验开始前的同质性，相关心理测验的结果可以为实验分组提供依据。

（二）在实际工作中的应用

1. 选拔

在诸多领域，人们经常遇到选拔人才的问题，即要辨别那些未来可能成功的人。这些选拔工作，不能仅靠个人经验，而是要进行岗位需求分析，得出和描述岗位胜任特征的结构，然后根据这些胜任特征设计出能力、人格方面的测验，预测人们从事各种活动的适宜性，从而提高人才选拔的效率和准确性。心理测验的结果可以为客观、全面、科学、定量化地选拔人才提供依据。如高级技术人才和高级管理人才选拔测验、飞行员选拔心理测验、教师胜任力测验等，这些测验提高了选拔的准确性，减少了人力、物力的浪费。

2. 安置

心理测验可以了解个体的能力、人格和心理健康等心理特征，从而为人员安置提供了依据，提高了人员安置的效率。如通过心理测验可以对公务员分配岗位，对入伍新兵分配兵种，对学生因材施教，对工人分配工作，以做到人尽其材，发挥潜能，提高效率。

3. 预测

心理测验可以确定个体间的差异和个体内的差异，并由此来预测不同个体在未来可能出现的差别，或推测个体在某个领域未来成功的可能性。

4. 评价

心理测验可以评价人们在学习和能力上的强弱、人格的特点以及相对优势和劣势，评价儿童已达到的发展阶段，评价教师的教学方法和教学成效。心理测验既可以用于评价个人，也可以用于评价团体。

5. 诊断

对于智力障碍的鉴别是促进心理测验发展的最初动力之一。在临床上对各种智力缺陷、精神疾病和脑功能障碍等病人的诊断仍然是某些心理测验的主要用途。

心理测验的诊断功能不只限于临床，在教育工作中，心理测验还可以帮助教师发现学生学习困难和适应不良的原因，从而对其进行适当的帮助。针对某一学科编制的诊断测验还可以确定学生常犯错误的类型，找出每个学生在学习中的弱点，以决定采用何种补救措施。

6. 咨询

能力测验、人格测验可以服务于升学、就业指导，帮助学生了解自己的能力倾向和人格特征，确定最有可能成功的专业或职业，进而做出最佳选择。心理测验还可以探索人的情绪困扰和人格障碍，帮助人们查明心理问题、心理障碍或心理疾病的性质及程度，为当事人的自我决策和行为矫正提供参考意见，也可以在心理辅导、心理咨询或心理治疗过程中为心理咨询师提供依据。

值得注意的是，在用心理测验来解决实际问题时，应注意测验结果只是做决定时要参考的一个因素，而不是充分条件，要做出一个好的决策还必须考虑其他因素。

总之，心理测验是心理学研究的重要方法之一，它不但推动了心理学理论的发展，还促使心理学更好地为实际生活服务。

第三节 心理测验的选择与实施

美国心理学会指出：即使是最好的心理测验，若是使用不当，也会伤害被试。事实确实如此，能否正确合理地使用心理测验正是非常关键而又常常被我们忽略的一个环节。

一、心理测验的选择

正确选择心理测验是使用心理测验的前提之一。以下是在选择心理测验时一些值得考虑的因素。

（一）测量目的和对象

所选心理测验要真正适合我们的测量目的，这是选择心理测验最基本的原则。心理测验按所测的心理特质不同可分为能力测验和人格测验，每个测验又都有其特定的功能和使用范围，因此主试首先应对各种测验的性质、功能、适用条件以及优缺点有一定的了解，在此基础上根据实际需要和条件来确定究竟选用哪一种测验才能最好地达到测量目的。尤其要注意的是，不能仅仅根据名称来选择心理测验，因为有的心理测验按编制人员或机构来命名，有的心理测验名称采用英文简写，还有的心理测验名称中涉及的关键词与我们常使用的专业术语间存在一定的差别，这些因素使得只通过心理测验名称来了解测验目的变得困难并很可能造成误解。因此心理测验使用者必须了解心理测验的真正适用范围和功效，并认真研读测验指导手册，只有这样才能最大限度地避免心理测验的误用。

除考虑测验的目的外，我们还必须注意的是心理测验所适用的对象范围。有的心理测验适用于儿童，有的适用于成人，有的则专门针对老人设计；有的适用于正常人群，有的则适用于精神障碍患者。总之，我们需要全面考察想要测量的目的和对象特征，然后选择真正有用的心理测验。

（二）心理测验的质量

选择心理测验时常常需要考虑的测量学指标有信度、效度、难度、区分度和常模。这些测量学指标可在一定程度上保证心理测验的质量并使我们对心理测验的使用变得有信心。尤其要注意的是常模样本是否符合测验对象，常模资料是否因为过时太久而失效等。具体可参考以下5个方面。

1. 心理测验的功效性

心理测验的功效性指使用的心理测验能否全面、清晰地反映要评定的内容特征。这与心理测验本身的内容结构有关。有的心理测验可评定多方面特质，而有的只限于评定一两种特质；有的心理测验适用于所有年龄和各种类型的人群，而有的只限于某一年龄段或某一特殊人群。质量好的心理测验项目描述清晰，等级划分合理，定义明确，反映行为的细微变化，尽可能简短又不损失必要的细节。

2. 心理测验的敏感性

心理测验的敏感性指心理测验能测出被试某种特质、行为或程度上的有意义的细微变化。它既与心理测验的项目数和结果表达形式有关，又受心理测验的标准化程度和信度高低影响。此外，主试的经验和使用测验的动机也会影响心理测验的敏感性。

3. 心理测验的简便性

心理测验的简便性指心理测验要简明、省时、方便实施。作为心理测验的使用者，大都希望选择的心理测验简短，功能齐全，省时而又无需特殊训练，结果可靠，不用特别评定方法而标准化程度又符合要求。实际上，测验简短、省时的心理测验很难全面，使用者不加训练和采用非标准化方法就会降低测验的信度，影响结果的可靠性。

4. 心理测验的科学性

心理测验的科学性主要是指，心理测验的技术参数是否符合测量学的要求。使用心理测验的目的是，要对评定对象的特质、行为或现象做质与量的估计。因此，心理测验的信度、效度和常模的有效性就是选择时重要的判断依据。一个具备很高信度、效度的心理测验，说明其结果稳定、可靠，不会因时间、地点和主试而发生变化，能达到测量目的，能测量到想要的特征。常模的有效性则意味着标准化样组具有代表性，能代表相应的全域。

5. 心理测验的时效性

心理测验的时效性是指，一个心理测验有一定的使用时效。因为社会总是不断发展和进步的，特别是现代社会，随着科学的日新月异，经济的飞速发展，一些心理测验内容也会逐渐陈旧，所以不修改就会影响测验效果。有些心理测验形式也会随着社会的发展而落伍。

时效性还表现在心理测验的常模上，所以常模标准也需要不断修订，以使结果更能区分不同水平的人。在选择心理测验时对常模的范围和时效也要有所了解。举例来讲，如果标准化心理测验在开发时是以某个特定国家或地区建立常模的，但是当此心理测验在互联网上公布时，其他国家和地区的个体也很容易获得此心理测验，但他们的测验结果报告是以测验编制时的常模为基础的，这很可能带来有误差的解释甚至是错误的结论。

（三）心理测验选择的其他考虑因素

除测验的目的、对象和测验质量外，在选择心理测验时还需要同时考虑心理测验的经济性、文化适用性、测验的可得性等问题。一般来讲，实施标准化测验的成本还是比较高的，尤其是那些经过数十年才编制而成的智力测验、人格测验，常常需要专业人员进行操作和解释分数；还有的心理测验可能要用到一些特殊的设施；有些国外的心理测验翻译过来后并没有经过本土化，如果直接拿来用于我国文化背景下的被试就可能会出现一些问题；还可能由于心理测验的专业化管理和保密性要求，有的心理测验并不容易被一般人群获得。上述所有问题都应该在我们选择心理测验时被充分纳入考虑之中。

二、心理测验的实施

（一）测验前的准备

1. 事先告知被试

在测验前应该事先告知被试测验确切的时间、地点、目的、内容范围以及试题的类型等，这样可以使被试对测验有充分的心理准备，而不至于因觉得突然和吃惊而引起"测验焦虑"。有时为了避免被试的"防御心理"并利于获得真实信息，测验前可以不告知被试该测验的真实目的，但是测验后或研究完成后主试应对此有相应的交代和解释，并有责任处理并消除测验可能给被试带来的消极影响。

2. 主试自身的准备

在测验前,主试首先需要熟悉指导语并能流利地用口语表达出来,其次还需要熟悉测验的具体程序,准备测验所需要的辅助材料,如操作模型、投影设备等。测验的实施并不仅仅是简单地分发、收回问卷,对于某些个体测验和团体测验来说,测验的实施还有许多专业化和技术性的工作,如《韦氏智力量表》包括言语和操作两大部分,操作部分的测试涉及如何摆放物体、如何示范等具体程序;某些团体测试还涉及投影等问题。最后主试还需要做好应付被试提问或突发事件的准备。一般而言,被试可能对测验的目的、个人可从测验中获得的好处或针对某道题目的表述提出疑问,这时主试需要给予恰当的说明和解释,但要注意的是解释题目时不要加进过多的额外说明。对于测验过程中可能出现的突发事件如停电、有人生病等,也需要主试有事先的心理准备。为了使主试能轻松、自然地实施测验,一个有效的方法是事先对主试进行培训,详细讲解并结合观察演示和操作练习使主试熟悉测验操作程序,然后对可能出现的问题和突发事件进行讨论并准备好有效的应对措施。

(二)测验过程的标准化

非标准化的测验实施过程可能给测验结果带来种种误差,因此主试在实施测验时应严格按照测验指导手册中的说明来执行,不能按照自己的主观理解随意增减信息或做出可能影响到测验结果的暗示。尤其是对于那些赋予了主试在测验实施过程中一定程度的灵活性、主动性和判断权利的心理测验,主试更要谨慎并按照自己所接受的专业训练来实施。

一般来讲,除那些旨在测验个体的焦虑唤起水平或动机的特殊测验外,主试应表现得亲切、随和以减轻被试的测验焦虑,充分调动他们的正向动机以积极投入到心理测验中来,对于年龄小的被试,主试更要注意激发和维持他们在测验过程中的兴趣。

1. 指导语标准化

测验标准化的第一步是指导语标准化,即在测验实施过程中应该使用统一的指导语。指导语通常有两种:一种是面向被试的,另一种是面向主试的。前者用以帮助被试了解参加测验的机制,向被试说明他应该做什么,即如何对题目做出反应。这种指导语应力求清晰和简单,一般在测验的开头部分明确说明,可以让被试自己阅读,也可以主试解释和说明。

对被试的指导语一般包括:

(1)如何选择反应形式(划钩、口答、书写等);

(2)如何记录这些反应(答卷纸、录音、录像等);

(3)时间限制;

(4)在不能确定正确反应时该如何去做(是否允许猜测等)以及计分的方法;

(5)当题目比较生疏时,应该给出附有正确答案的例题;

(6)有时需要告知被试测验目的。

心理测验的指导语必须清楚、明确、易懂、有礼貌。有时需要适当的演示或举例,并且注意观察被试的反应。通常要求,主试在讲解完指导语后,询问被试有何问题,主试在回答这些问题时不要另加自己的想法而使得心理测验过程不标准。因为指导语也是测验情境之一,不同的指导语会直接影响被试的回答态度与回答方式。有人以不同的指导语对几组被试实施同一个能力测验，结果表明：将测验说成"智力测验"的一组被试成绩最高；将测验说成"日常测验"的一组被试成绩最低。为了减少指导语的误差，有些新出版的心理测验，采用录音说明来代替主试说明，这是确保指导语标准化的一个可行方法。

面向主试的指导语通常单独印在另一张纸上，主要包括对心理测验的进一步解释及其他注意事项。例如心理测验房间的安排，测验材料的分发，计时、计分方法，对被试可能提出的问题的回答方法，以及在测验中途发生意外情况（如停电，有人迟到、生病、作弊等情况出现）应如何处理等。

2. 时限标准化

时限的确定，在很多情况下受测验条件以及被试特点的限制，当然最重要的考虑是测量目标的要求。大多数心理测验是不受时间限制的。例如在人格测验中，被试的反应速度并不太重要，因此这类测验最好留给被试足够的时间。但在需要被试表现出最高能力或最佳技能的测验中，速度就是需要考虑的重要因素之一。通常在成就测验中所使用的时限是大约90%的被试能在规定时间内完成测验，一般通过预测就可以确定测验的标准时限。对于那些在标准化施测指导手册中有明确时限要求的测验，主试要严格按规定执行，而不能随意调整和变动。

心理测验时间的选取也是需要考虑的一个因素。例如在体育课后或被试刚刚参加了某项激动人心的活动后紧接着实施测验，则测验结果就易受到这些活动的干扰。在标准化施测时尽量选取被试生理和情绪状态都比较平稳的时间，即测验前没有什么重大事情发生。

3. 环境条件标准化

心理测验的标准化不仅包括指导语、时限、测验材料和其他测验本身的因素，还包括施测的周围环境。良好的环境包括安静而宽敞的地点，适当的光线和通风条件。在测验期间还要防止干扰。有时候可在门外挂"正在测验，请勿打扰"的牌子，或在门外派助手阻止欲进的人。测验环境也会影响测验结果，即使是很不引人注目的细节也应予以注意。例如，使用一般课桌或使用带记录板的椅子，对团体测验的被试来说，前者有助于获得高分。因此，对于测验的环境条件，首先必须完全遵从实验手册的要求，其次是记录下任何意外的环境因素，最后在解释测验结果时也必须考虑这些因素。

4. 评分计分标准化

有些心理测验的评分计分环节也是由主试来完成的，此环节同样要求主试严格按照心理测验开发者所提供的标准化程序来实施，尽量避免主观性带来的误差。做到这一点需要主试事先非常熟悉测验题目的评分要求和计分规范，在实施过程中还要经常性地检查自己对这些规则把握的程度和运用的准确性，以防止人为偏离标准而给测验分数带来偏差。如果条件允许，可以多配一名主试协助并监督以确保此环节的客观性与公正性。

第四节 心理测验工作者的专业要求与职业道德规范

心理学家一直非常关注在心理测验使用过程中所涉及的专业要求、职业道德规范以及心理测验带来的社会问题。美国心理学会（APA）及其他一些国家或国际的专业组织为此做了大量的努力，以建立心理测验工作者的专业要求和职业道德规范。

美国心理学会是率先关注心理学职业伦理道德的组织之一。二十世纪四十年代后期，APA成立了心理学伦理标准委员会并发展它的第一套伦理准则。最初的主题是关于出版和发行以及用作辅助诊断方面的伦理标准，并于1950年首次公开颁布了关于心理测验发行的伦理标准。2000年，APA又专门颁布了《测验使用者资格》，这一规范不仅详细地阐述了对于测验使用者一般资格的具体要求，还有针对性地讨论了在某些特定领域和特殊目的情况下的相关资格要求。

除了美国心理学会以外，美国心理和教育专业组织也在测验使用的职业伦理道德标准方面做出了很大贡献，如国家教育测量委员会（NCME）、美国教育测量理事会（AERA）等。随着心理测验专业化水平的不断发展，一个由APA、NCME、AERA以及测验发行商等共同组成的致力于测验应用的跨学科组织"测验实践联合委员会"（JCTP）于1985年正式成立。此组织一经成立就迅速发起了一项以数据为导向的促进测验有效使用的运动，进行了许多关于测验使用者能力类型方面的经验研究，并出版了一系列测验使用方面的职业与伦理规范，如《被测者的权利和义务：指导原则及展望》（1998年）、《教育与心理测验标准》（1999年）以及《教育领域公平测验实施准则》（2004年）。其中，《教育与心理测验标准》是目前内容最为全面也是被世界各国教育与心理领域最常引用的一套测验使用准则。《教育与心理测验标准》共分为15章，内容涵盖了效度，信度，测验编制与实施，量表、常模和分数的可比性，施测、评分和分数报告，测验的辅助文件，施测和测验应用中的公平性，被试的权利和义务，对不同语言背景的被试施测，对残障人士施测，测验使用者的责任，以及在教育、甄选、认证、公共政策等特定领域有关测验使用问题的全面讨论。

在过去的十几年中，除美国心理学界所做出的努力外，防止测验误用的呼声也越来越多地受到各国心理学专业组织的广泛关注。比如国际测验委员会（ICT）、英国心理学会（BPS）和加拿大心理学会（CPA）等组织都陆续发起了关注测验使用者资格和测验使用伦理规范的运动。随着国际知名常用测验陆续地引入我国并修订使用，我国心理学界和心理测验使用者也逐渐发现并重视这个问题，中国心理学会于1992年颁布了《心理测验管理条例（试行）》和《心理测验工作者的道德准则》，其中对心理测验使用者的资格、职业道德准则、为维护心理测验的有效性而进行必要的保密工作等都做了说明。2008年进行了第一版修订，更名为《心理测验管理条例》和《心理测验工作者职业道德规范》。2015年再次进行了第二版修订，2015年的最新修订版见本书"附录A"和"附录B"。

总的说来，心理测验工作者的专业要求和职业道德规范的完善程度是衡量该行业发展成熟度的重要标志之一，也是此行业能为社会带来更多福祉的基本保障。可以预见，随着社会的发展与进步，在心理测验行业旧的问题得到解决后，新的问题还会不断涌现，有关心理测验工作者专业要求和职业道德规范的探讨也将继续深入下去。

一、心理测验工作者的专业要求

心理测验工作者是指使用心理测验进行研究、诊断、安置、教育、培训、矫治、发展、干预、选拔、咨询、就业指导、鉴定等工作的人。这些人包括心理学家、教育工作者，以及那些有权或被授权选择特定的测验工具和监管实施测验的专业人士。在某一次具体的测验实施过程中，实现这些环节的可以是同一个人，也可以是由不同的人各负其责所组成的团队。一般而言，心理测验工作者的专业要求包括知识、能力、技能、所接受的训练、受督导经验等方面的要求。综合美国心理学会、中国心理学会对心理测验工作者资格的要求，可以归纳出以下几个重要方面。

（一）心理测验工作者的相关知识和技能

心理测验工作者应该具备关于心理测量和心理测验方面的基本理论知识，掌握的心理测量学方面的基本知识可概括为"经典测量理论"的相关知识。经典测量理论具体包括描述统计量、常模、分数与分数转换、信度和测量误差、效度和分数意义等方面。如有必要，还要了解"项目反应理论"的基本原理。

心理测验工作者应该具备关于最优测验选择方面的知识和技能，需要仔细考察心理测验的构造、信度和效度指标、常模群体、实施程序、计分以及解释是否与测评目的相切合。简单来讲，最优测验选择也就是在综合考虑心理测验和被试各种特征与影响因素基础之上选择一个最能达到预期目的的心理测验的过程。

心理测验工作者应该具备有关心理测验实施程序的知识和实施标准化心理测验的技能。心理测验工作者首先要深刻理解被试的法律权利，并在实际操作过程中保证被试相关权利的实现；其次要熟练掌握标准化施测的程序和计分程序；再次是要保证测验相关信息的保密性；最后是要具备以合适的方式给被试、监护人以及其他相关人员报告测验结果的知识和技能。

心理测验工作者应该具有对残障人士和不同语言背景的被试施测的知识和技能。残障人士指因身体或心理受到伤害，而明显限制了他们一种或多种主要日常活动的人。当被试涉及残障人士时，心理测验工作者需要考虑心理测验调整方面的问题，即心理测验是否需要调整及如何对心理测验进行合理调整、修改和改编，使得被试与心理测验构造无关的个人特质对于测验过程和测验结果的影响降到最低。

（二）心理测验工作者受督导的经历

除具备上述的知识和技能外，心理测验工作者还需要具有在有经验的测量专业人员指导下练习和发展其测验技能的经历。这不仅是心理测验工作者提高专业技能的一个重要方法，也是减少测验误用的重要保障。

以上这些内容是关于心理测验工作者资格尤其是知识和技能方面的描述性要求，资格审查方面的具体规定可参照由中国心理学会于2015年颁布的《心理测验管理条例》中"测验使用人员的资格认定"所涉及的条目，详见本书"附录A"。

二、心理测验工作者的职业道德规范

中国心理学会于2015年颁布的《心理测验工作者职业道德规范》，要求心理测验工作者应意识到自己承担的社会责任，恪守科学精神，遵循职业道德规范。相关内容详见本书"附录B"。下面借鉴国外相关资料，归纳出几个重要方面。

（一）对被试隐私权的保护

在心理测验尤其是人格测验中，存在一个特殊的问题，即对个体隐私权的侵犯。隐私权可以被理解为个体决定和其他人分享自己关于个人生活的想法、情感、事实的多少及程度的权利。但是由于一些有关态度、动机和人格的测验是经过伪装的，因此在这类测验中被试就可能在不知情的状况下显露出自己的一些真实特征。同样，在任何种类的智力测验、能力倾向测验与成就测验中，都有可能揭示个体不愿意表明的技能和知识方面的局限性。事实上，对个体行为的任何观察活动如自然观察、参与式观察、访谈等都有可能得到个体试图掩饰和不愿被披露的信息。从这个意义上讲，可以说侵犯隐私权的可能性在任何与人类行为相关的研究中都同样存在，只是在心理测验中这个问题似乎更为突出。究其原因可能有以下几个方面。首先是因为心理测验常常被错误地作为对个体进行决策的唯一信息来源和基础。其次可能是社会上存在的对心理测验的一些错误认识和偏见。比如有时心理测验被宣传过了头，大众以为心理测验会使自己的隐私暴露无遗，而并未认识到借助心理测验了解人类行为的局限性。还有可能是因为对侵犯隐私这个概念本身的误解。找出与个人有关的信息一定就是有害的、错误的吗？而事实上只有当这些信息被不当使用时，才侵犯了个人隐私。从另一个意义上讲，心理学家的一个重要使命便是提高对人类行为的认识和理解，而在这一目的达成的过程中，出现价值冲突几乎是无可避免的。

综合上述讨论，目前心理学界一致认为在保护被试隐私权和理解人类行为这个争论上可以做出一些努力来达成和解，比如清楚地告知被试关于心理测验结果的用途，而被试有权拒绝心理测验。心理测验只是作为众多决策信息的来源渠道之一，在对个体做出利害攸关的重要决策时，不过分强调任何特定测验的结果。心理学家在道德伦理上或法律上都有保密责任，除完成测量目的所必需的信息外，不做更多的探索。

（二）测验材料的保密与测验信息的交流

测验材料的保密是保证测验公平性和测验发挥效用的一个重要方面。有的测验材料如果被大众知道后在实际使用中就会失去效度，而且当被试接触测验材料的机会不平等时也就破坏了公平性施测的要求。比如在人员选拔或安置中使用的测验如果被有的被试事先知道，他就可能做出不真实的或倾向于有利于自身利益的回答。另外，这也损害了其他被试的利益，破坏了公平性测验的要求。为了保证测验的效用和公平，测验开发者、出版商和测验使用者都有义务联合起来在不侵犯被试基本权利的前提下做好测验材料的保密工作。但是具体的测验内容和评分计分细则的保密工作也不应该妨碍与被试、有关的专业人员进行有关测验信息的有效交流。测验信息的有效交流至少可达到下述四种目的：一是有助于消除与测验有关的神秘感，特别是增进大众对于心理测验到底可以测到什么及测验分数代表了何种意义的了解；二是关于编制和评价特定测验的测量学技术程序可以提供如信度、效度等其他资料，这方面的信息交流可以提高专业监督的力度；三是使被试熟悉测验程序，消除测验焦虑以保证每个被试都在最佳的状态下接受测验；四是提供给被试关于他们所参加的测验成绩的反馈。总之，在测验材料的保密与测验信息的交流之间要视具体情况而定，把握好一个"度"的问题，包括交流的范围和限度。比如，当把保密性要求高的测验的相关信息告知给被试时，可以告知测验的目的和分数的用途，但是不可以告知其测验编制的理论基础和原理、评分规则和具体的计分程序等。另外，一般测验的题目仅能在有接触测验资格的专业人士之间进行交流，而测验的辅助材料如普及性介绍、宣传和测验出版者提供的使用手册等则可以在非专业人士间进行交流。

（三）测验结果的保密

和隐私的保护相似，测验结果的保密也是颇能引起争议又非常重要的一个方面。对测验结果保密的讨论，通常涉及除被试和主试以外的第三者是否可以接触。保密的一项基本原则是：心理学家从任何来源取得的个人信息，只有在此人同意的情况下方可交流。当然也有例外的情况，如在危及个人和社会安全时，或当法庭传唤并要求提交包括心理测验在内的特殊记录时。

在实践中保密原则很可能会遇到一些伦理道德方面的冲突，尤其是当心理测验在某种组织中实施时，或当心理学家受雇于某一机构对其成员实施测验时，在个人利益与组织利益之间存在的不一致就会给心理学家执行保密原则带来冲突。

测验结果保密的另一个问题涉及测验结果记录的保存问题。个体资料的保存对于纵向研究或关注个体发展及对个体进行咨询都是很有参考价值的。比如在将心理测验资料作为预测个体工作绩效指标的可靠性做实验时，会在十几年后或几十年后再重新打开当年个体的原始资料以对照他现在的工作表现。处理这类问题的原则是，测验结果记录的保存和再次使用的优越性必须以测验结果的恰当使用和解释为前提，尤其要避免从过时的资料中进行不正确的推论或未经许可将测验用于原始目的之外的其他目的。这要求心理测验工作者事先告知被试其测验结果被保留的时间和以后的用途，并对测验资料的提取加以严格控制。任何类型的组织机构关于个人测验记录的销毁、保存和提取都应该形成一套明确的政策。

（四）被试的权利

被试的权利与心理测验工作者的责任是相互对应的，作为心理测验工作者有义不容辞的责任来保障被试基本权利。下面是测验实践联合委员会于1998年颁布的《被试的权利和责任：指导方针和期望》中提及的重要部分。

作为一名被试，你有以下权利：

1. 被告知作为一名被试所拥有的权利和责任。

2. 受到有礼貌的、尊重的和公正的对待，而不管自己的年龄、残疾情况、民族、性别、国籍、宗教信仰、性取向或其他个人特征如何。

3. 接受那些达到了专业标准并且适合自己的测验。

4. 在测验前以口头或书面的方式获知测验的目的、测验的性质、测验结果是否会报告给自己或其他人、打算如何运用此测验结果等。如果是残障人士，你有权询问并获取关于测验调整方面的信息；如果你在理解测验所使用的语言上存在困难，你有权事先知道是否能获得较适合的替换方案。

5. 提前知道何时施测，测验如何进行；是否能获得以及何时能获得测验结果以及是否需要付费等。

6. 由那些受过适当训练并遵循伦理准则的专业人员施测和解释测验结果。

7. 有权在对测验本身和测验结果的预期用途有足够信息的情况下，做出是否参加测验的决定。

8. 知道参与测验是否是可选择的，以及参加或不参加测验、全部完成测验或中途退出将带来什么样的后果。

9. 在测验后的适当时间内获取关于测验结果的书面或口头解释，并且这种解释要以通俗易懂的方式来表达。

10. 测验结果在法律允许的范围内被保密。

第二章　心理测验的常模

　　心理测验直接得到的分数为原始分数，原始分数本身具有的含义并不充分。如某学生成绩单上写着数学 85 分、语文 80 分，由此既看不出该学生成绩水平高低，也不能看出他哪门课更好。为了使原始分数有意义，同时为了使不同的原始分数可以比较，必须把它们转换成具有一定的参照点和单位的分数转换表上的数值。通过统计方法由原始分数转换到量表上的分数叫导出分数。有了导出分数，我们就可以对测验结果做出有意义的解释。根据在解释导出分数时的参照标准不同，可以将测验分为常模参照测验与标准参照测验两类。

　　在解释导出分数时，如果参照的是被试总体的分数分布，则称该测验为常模参照测验（norm-referenced test）。常模参照测验关心的不是一个人能力或知识的绝对水平，而是他在所属群体的能力或知识连续体上的相对位置。

　　常模参照测验关注的是被试测验分数的差异，以最大限度地鉴别出被试间的差别为目的。在常模参照测验中，个人分数的高低是相对的而不是绝对的，只有在与团体中其他人相比较之后才能判断优劣。常模参照测验假定人的大多数心理特质都符合正态分布，因此在选择题目时强调题目要有适宜的难度和较高的区分度，以使测验分数符合正态分布。这样，测验分数与心理特质的分布就会出现一致的状态，测验的鉴别效果也会达到最佳水平。当用于比较、鉴别、选拔的目的时，常模参照测验的优越性是显而易见的，因为鉴别差异就是此类测验编制的指导思想。迄今常见的心理测验大多是常模参照测验，我国现行的入学考试也具备常模参照测验的性质。

第一节 常模团体与抽样方法

一、常模团体

常模参照分数是把被试的成绩与具有某种特征的人所组成的有关团体的成绩作比较，根据一个人在该团体内的相对位置来报告他的成绩。这里，用来作比较的参考团体叫常模团体，常模团体的分数分布叫常模。

制订常模需要三步：首先，确定用来作比较的常模团体；其次，获得该团体成员的测验原始分数；最后，根据测得的分数制作转化表，该转化表能把个人原始分数表示成在这个团体内的相对位置。

常模团体是由具有某种共同特征的人所组成的一个群体。但如果群体较大，常模团体应是该群体的代表性取样，称作标准化样本。选取标准化样本时需要注意以下问题。

第一，确定被试总体，即测验适用的被试范围。只有明确了被试总体，选取样本时才会有针对性。

第二，确定样本容量。一般来讲，样本容量越大，则样本对总体的代表性越强，因为样本容量越大，抽样的误差就越小，样本的平均数和标准差也就越接近总体的平均数和标准差。一般来讲，总体的人数多，总体分数离散程度大，总体特征的复杂程度高，即异质性越大时，所选的样本容量就应越大。

第三，使用科学的抽样方法，保证样本对总体的代表性。样本的容量确定后，就要具体决定选择哪些被试作为代表性样本。这涉及了如何从总体中抽样的问题。

对选取的常模样本组实施测验，得到样本组的测验分数分布，就得到了常模资料。由于样本是有充分代表性的，故可以用来表示总体的水平。

二、抽样方法

抽样的目的是，从总体中选择有代表性的样本。总体的特征不同，采用的抽样方法也应有差异。适合于心理测验常模团体选择的常用抽样方法有：简单随机抽样、系统抽样、分层抽样、整群抽样、多级抽样、多级混合型抽样、概率与规模成比例抽样等，下面进行简要介绍。

（一）简单随机抽样

从含有 N 个抽样单元的总体中，一次随机抽取 n 个单元，会有 C_N^n 种不同的可能结果，每种被抽到的概率都等于 $1/C_N^n$。这种抽样方法就是简单随机抽样，所得到的样本叫做简单随机样本。

通常，采用抽签法和随机数字表法来实施简单随机抽样。

1.抽签法是先将总体中的每个单元都编上号，写在签上。将签充分混合均匀后，每次抽一个签，签上的号码即表示样本中的一个单元。抽过的签不放回，接着抽取下一个签，直到抽足 n 个为止。实际上也可以一次同时抽几个签。对应号码的 n 个单元就构成了容量

为 n 的简单随机样本。

2.随机数字表法是从随机数字表上的任意随机位置开始，向任意一个方向连续地摘录数字，将得到的数字和对应单元的号码相对应，去掉重复的号码，直到抽足 n 个单元为止。

随着科学技术的进步，这两种抽样方法都可以用软件、小程序等完成。

简单随机抽样的优点是方法简单，易理解，比较简明；缺点是难以编号或贴标签，大规模的抽样几乎不可能进行，同时没有利用总体信息。

在调查表回收率为100%的理想情况下，总体样本数较大的简单随机抽样，所需最小样本含量见表2-1。

表2-1　总体样本数较大的简单随机抽样所需最小样本含量

最大容许误差＼置信度	90%	95%	99%
1%	6806	9604	16641
2%	1702	2401	4160
3%	756	1067	1849
4%	425	600	1040
5%	272	384	666
6%	189	267	462
7%	139	196	340

（二）系统抽样

按照某种顺序给总体中 N 个单元排列编号，然后随机地抽取一个编号作为样本的第一个单元，样本的其他单元则按照某种确定的规则抽取，这种抽样方法被称为系统抽样。其中最简单的也是最常用的系统抽样是等距抽样，即每隔若干个位置抽取一个样本。

系统抽样的优点是，利用了总体的信息，比较均匀地照顾到了总体的各个阶段；缺点是若总体信息有规律，则系统抽样的误差较大。

（三）分层抽样

分层抽样又叫分类抽样或类型抽样。它的特点是按某些特性先将总体分成 K 个互不重复的子体，或 K 层（K 类），其大小分别为 $N_1, N_2, \cdots, N_k$。从每个子体中独立地抽取大小分别为 $n_1, n_2, \cdots, n_k$ 的子样本。显然，

$$\sum_{i=1}^{k} N_i = N, \ \sum_{i=1}^{k} n_i = n$$

例如，美国《韦氏智力量表（幼儿）》的常模团体是按年龄、性别、种族、地区、家长职业、城市与农村六个变量进行分层的。中国修订的《艾森克测验》的常模团体是按性别、年龄、受教育程度、职业、地区五个变量进行分层的。

分层抽样的优点是充分利用了总体的信息，其样本的代表性精度要高于简单随机抽样；缺点是分层变量有时难以确定。

（四）整群抽样

整群抽样是先将总体划分成 R 个群，然后以群为初级抽样单元，从中随机地抽取 r 个群（初级单元），对抽中的群内的所有单元（次级单元）都进行调查。

例如，要在学生中展开某项调查，从全校 R=96 个班级中随机地抽取 r=8 个班级，然后对这 8 个班级中的每个学生都进行调查。

整群抽样的优点是操作性强，实施方便；缺点是其样本的代表性精度要低于简单随机抽样。

（五）多级抽样

多级抽样也叫多阶抽样或阶段抽样。例如在修订全国中小学生常模时，先抽取几个省，然后从抽中的省中抽取市，再抽取县，再抽取学校，再抽取班，最后再抽取学生。我们以二级抽样为例进行说明。

所谓二级抽样是先从总体的 R 个一级单元中抽取 r 个；然后再分别从每个抽中的一级单元（设含有 M_i 个二级单元）中抽取 m_i 个二级单元（i=1，2，…，r）。这样，总体中的一级单元数为 R，二级单元数为 $N=M_1+M_2+\cdots+M_R$；而样本中的一级单元数为 r，二级单元数为 $n=m_1+m_2+\cdots+m_r$。

多级抽样的优点是对于较大的总体而言，比简单随机抽样有可操作性和可实施性；缺点是难以把握各级单元的数量，尤其是一级单元数量的选择要在代表性和经济性之间寻求平衡。

分层抽样、整群抽样、二级抽样的比较见表 2-2。

表 2-2　分层抽样、整群抽样、二级抽样的比较

组织形式	一级单元	二级单元	精度（样本含量相同时）	提高精度的办法
分层抽样	抽取全部	抽取部分	高于简单随机抽样	扩大层间差异
整群抽样	抽取部分	抽取全部	低于简单随机抽样	缩小群间差异，增加群数
二级抽样	抽取部分	抽取部分	介于整群抽样和简单随机抽样之间	减少一级单元间的差异，尽量多抽取一级单元

（六）多级混合型抽样

多级混合型抽样是在多级抽样的基础上，让最后一级抽样单元被抽中的概率基本上相等。我们以三级混合型抽样为例进行说明。

设要在个体数为 N 的总体中抽取含 n 个个体的随机样本，则每个个体被抽中的概率为 $P=n/N$。

如果一级单元被抽中的概率为 P_1，二级单元被抽中的概率为 P_2，三级单元（最后一级单元）被抽中的概率为 P_3，那么应有：$P=P_1 \cdot P_2 \cdot P_3$。

前几个阶段被抽中的概率可以根据该级的抽样实际进行计算，不必加以限制。但在最后一级抽样时，个体被抽中的概率（即 P_3）要满足

$$P_3 = \frac{P}{P_1 \cdot P_2}$$

（公式 2-1）

这样一来，就保证了每个个体从总体中被抽选的概率都是相等的，即都等于 n/N。

多级混合型抽样的优点是，个体被抽中的概率基本上相等，近似地得到了一个简单随机样本，便于直接利用统计软件进行分析处理；缺点是，抽样方法、计算方法要比多级抽样复杂。

（七）概率与规模成比例抽样

概率与规模成比例抽样，简称"PPS 抽样"，是一种使用辅助信息，从而使每个单位均有按其规模大小成比例的被抽中概率的一种抽样方式。其做法是：抽样的第一阶段，每个群按照其规模（所含单元的数量）被给予大小不等的抽取概率，大的群具有比小的群更大一些的概率；抽样的第二阶段，从每个抽中的群中都抽取同样多的单元（也是不等概率的）。正是通过这两个阶段的不等概率抽样，使得总体中的每一个单元最终都具有同样的被抽中的概率。

例如，要从全市 100 家企业，总共 20 万名职工中，抽取 1000 名职工进行调查。按照 PPS 抽样的方法可以如下进行。

首先，将各个单元（即企业）排列起来，然后写出它们的规模，计算它们的规模在总体规模中所占的比例；将它们的比例累计起来，并根据比例的累计数依次写出每一单元所对应的选择号码范围，该范围的大小等于单元规模所占的比例。然后采用简单随机抽样或系统抽样的方法选择号码，共选取 20 个号码，所对应的单元入选第一阶段样本。

然后，再从所选的 20 个企业中进行第二阶段抽样，即从每个被抽中的企业中抽取 50 名职工。可以根据情况采用合适的抽样方法。

由于规模大的企业其所对应的选择号码范围也大，而当选样号码范围大时，被抽中的概率也大（有些特别大的企业可能抽到不止一个号码）。由于规模大的企业在第一阶段抽样时被抽中的概率大于规模小的企业，这样就补偿了第二阶段抽样时规模大的企业中每个职工被抽中的概率小的情况，使得无论规模大的企业还是规模小的企业，每个职工总的被抽中的概率都是相等的。所以，这种方法最终抽出的样本对总体的代表性也大。

PPS 抽样的优点是样本的代表性强，减少了抽样误差；缺点是对辅助信息要求较高，方差的估计较复杂。

第二节　常模种类与分数解释

为了便于确定个体的测验分数在常模团体中所处的位置，常常把个体在测验中得到的原始分数转换成导出分数。进行这种转换的目的有两个：第一，可以清晰地表示个体在常模团体中的相对位置,从而对其成绩作出评价;第二,可以对个体在不同测验上的作答表现进行比较,从而对其成绩作出评价。

经常使用的分数转换方式可以分为两类:发展常模和组内常模。发展常模是纵向转换,即把个体得分与其他不同年龄个体的得分进行比较,并转换成相应的等级水平;组内常模是横向转换,即把个体得分与同一群体内其他人的分数进行比较,从而确定个体在群体内的等级位置。

一、发展常模

人的许多心理特质是随着时间而发展变化的,如果要评价这些心理特质的发展水平,可以建立一个关于不同年龄阶段心理特质水平正常发展轨迹的参照常模,个体分数可以与此常模进行比较,从而评价其发展水平。

(一)年龄常模

二十一世纪初,比奈提出了将一个儿童的行为与各年龄水平的一般儿童比较以测量心理成长的设想。在1908年修订的《比奈—西蒙量表》中开始用年龄作为单位来度量智力。一个儿童在年龄量表上所得的分数,就是最能代表他的智力水平的年龄。这个分数叫做智力年龄(以下简称智龄)。

在使用过程中,人们发现,智龄为10,对于8岁、10岁和15岁的儿童来说,其意义是不同的。因此,1916年推孟修订的《斯坦福—比奈量表》,采用了智商的概念。智龄表示心理发展的水平,它是一个绝对的量数;而智商则表示心理发展的速率,它是一个相对的量数。

智商(IQ)被定义为智龄(MA)与实际年龄(CA)之比。为避免小数,将商数乘以100:

$$IQ = (MA/CA) \times 100$$

如果一个儿童的智龄等于实际年龄,他的智商就为100,代表正常的智力。智商高于100代表智力发展迅速,低于100代表智力发展迟缓。表2-3是推孟采用智商概念表示智力发展水平所得的智商分布情况。

表2-3 《斯坦福—比奈量表》智商分布表

IQ	类别	理论百分比%	实际百分比%
140以上	天才	1.6%	1.3%
120~139	优秀	11.3%	11.7%
110~119	聪颖	18.1%	18.0%
90~109	中等	46.5%	46.0%
80~89	迟钝	14.5%	15.1%
70~79	临界智能不足	5.6%	5.0%
69以下	智力缺陷	2.9%	2.0%

由此可见,年龄常模就是以年龄为评价指标,通过年龄和心理特质发展水平的对应关

系建立起来的分数参照标准。在评价个体的心理特质发展水平时，首先要获得不同年龄段常模团体在测验上的得分平均数，并以此作为参照标准，个体的心理特质发展水平，就可以根据其在该测验上的得分所对应的年龄段平均分数加以确定。

（二）年级当量常模

在教育成就测验中，经常采用年级当量来解释分数。所谓年级当量是指，个体在某个心理测验上的得分所对应的常模团体的年级。年级当量常模就是以年级为评价指标，通过年级和心理特质发展水平的对应关系建立起来的分数参照标准。年级当量常模与年龄常模类似，不同的是用年级水平代替了年龄水平。

经常使用的一个与年级当量常模有关的概念，就是教育商数（EQ）。教育商数与智商类似，是教育年龄（EA）与实际年龄（CA）之比。为避免小数，将商数乘以100：

$$EQ = (EA / CA) \times 100$$

所谓教育年龄是指某个年龄的儿童所取得的平均教育成就。譬如，一个学生的教育年龄为10岁，就是说这个儿童的教育成就与一般10岁儿童的教育成就相等。教育年龄与教育商数可以同智龄与智商做同样的解释，都是表示发展的水平和发展的速率。

（三）顺序量表常模

顺序量表是为了检查婴幼儿心理发展是否正常而设计的，它不使用各年龄的平均分数，而是以婴幼儿代表性行为出现的时间为衡量标准。顺序量表常模就是通过年龄和典型行为特征的对应关系建立起来的评价参照标准。

最早的顺序量表是由盖塞尔（A. Gesell）设计的，它以月份表示婴幼儿的运动、适应性、语言和社会性所应达到的水平。

皮亚杰（J. Piaget）的研究也为顺序量表的研发提供了理论支持。皮亚杰关注儿童的认知发展过程，主要研究儿童的一些具体概念的发展，比如守恒概念。后来的研究者基于其理论开发了标准化的量表，并以此作为评价儿童概念发展水平的参照标准。

二、组内常模

组内常模是指，把个体的测验分数与相同性质群体，如相同年龄或相同年级个体的成绩进行比较而建立起来的分数参照标准。

（一）百分等级常模

百分等级是使用最为广泛的表示测验分数的方法。一个分数的百分等级可定义为在常模团体中低于该分数的人数百分比。百分等级指出的是个体在常模团体中的相对位置，等级越低，个体所处的位置越低。百分等级常模就是基于分数及其百分等级的对应关系建立起来的参照标准。表2-4至表2-6为《瑞文标准推理测验》百分等级常模表。

表2-4　《瑞文标准推理测验》百分等级常模表（5.5岁至11.5岁）

年龄 %	5.5	6	6.5	7	7.5	8	8.5	9	9.5	10	10.5	11	11.5
95%	34	36	37	43	44	44	45	47	50	50	50	52	53

（续表）

90%	29	31	31	36	38	39	40	43	47	48	49	50	50
75%	25	25	25	25	31	31	33	37	39	42	42	43	45
50%	16	17	18	19	21	23	29	33	35	35	39	39	42
25%	13	13	13	13	13	15	20	25	27	27	32	33	35
10%	12	12	12	12	12	13	14	14	17	17	25	25	25
5%	9	9	10	10	10	10	12	12	13	13	18	19	19

表 2-5 《瑞文标准推理测验》百分等级常模表（12 岁至 16.5 岁）

年龄 %	12	12.5	13	13.5	14	14.5	15	15.5	16	16.5
95%	53	53	53	54	55	56	57	57	57	57
90%	50	52	52	52	52	53	54	55	56	56
75%	46	50	50	50	50	51	51	52	53	53
50%	42	45	45	46	48	48	48	49	49	49
25%	37	40	40	42	43	43	43	43	44	45
10%	27	33	35	35	36	36	36	41	41	41
5%	21	28	30	32	34	34	34	34	34	36

表 2-6 《瑞文标准推理测验》百分等级常模表（17 岁以上）

年龄 %	17~19	20~29	30~39	40~49	50~59	60~69	70 以上
95%	58	57	57	57	54	54	52
90%	57	56	55	54	52	52	49
75%	55	54	52	50	48	46	44
50%	52	50	48	47	42	37	33
25%	47	44	43	41	34	30	26
10%	40	38	37	31	24	22	18
5%	37	33	28	28	21	19	17

根据《瑞文标准推理测验》百分等级常模表，可以获得原始分数对应的百分等级，再根据百分等级给出智力水平等级，如表 2-7 所示。

表 2-7 《瑞文标准推理测验》智力水平等级

一级	百分等级大于或等于 95%，高水平智力
二级	百分等级在 75%与 95%之间，智力水平良好
三级	百分等级在 25%与 75%之间，智力水平中等
四级	百分等级在 5%与 25%之间，智力水平中下
五级	百分等级小于 5%，智力缺陷

百分等级分数有许多优点。首先，百分等级分数容易计算，容易解释，绝大部分人都能理解；其次，百分等级分数几乎全球通用，易于被大家接受；最后，百分等级分数既可

以用于成人测验，也可以用于儿童测验。

百分等级分数也有缺点。首先，缺乏相等单位，只有顺序性质，不能对它做加、减、乘、除运算，因此无法用于大多数统计分析中；其次，百分等级分数的分布呈长方形，而测验分数的分布通常呈常态曲线，中间密集，两端分散。因此，接近中数或中间的原始分数的差异在转换成百分等级分数时往往被夸大，而接近分数两端的原始分数的差异转换成百分等级分数后则被大大缩小。

（二）标准分数常模

百分等级只有顺序性质，为了对测验结果作统计分析，常常需要将原始分数转换成具有相等单位的等距性质的分数，标准分数就是最常用的等距性质的分数。

标准分数是将原始分数与平均数的距离以标准差为单位表示出来的分数。它表示的是在一个分布中，个体分数在平均数之上或是之下多少个标准差。标准分数常模就是用个体测验分数转换成标准分数，来解释其在常模团体中的相对位置的分数参照标准。标准分数的计算公式为：

$$z = \frac{X - \bar{X}}{SD} \qquad （公式2-2）$$

式中 z 为标准分数，X 为个体的原始分数，$\bar{X}$、SD 分别为常模团体的平均数和标准差。

1. 正态化的标准分数

将原始分数转换成导出分数的原因之一，是为了使不同测验中的分数能够进行比较。但是，用线性转换导出的标准分数只有在分布形态相同或相近时才能进行比较，若两个分布的偏斜方向不同，或一个为正态，另一个为偏态，那么相同的标准分数可能代表不同的百分等级，因此对两个测验分数仍无法比较。为了能将来源于不同分布形态的分数进行比较，可使用非线性转换，将非正态分布变成正态分布。具体做法是，先把原始分数转化成百分等级，然后从正态曲线面积表中查出对应的标准分数。由这种方式所得到的分数就叫正态化的标准分数。图2-1为负偏态分布转换为正态分布的正态化示意图。

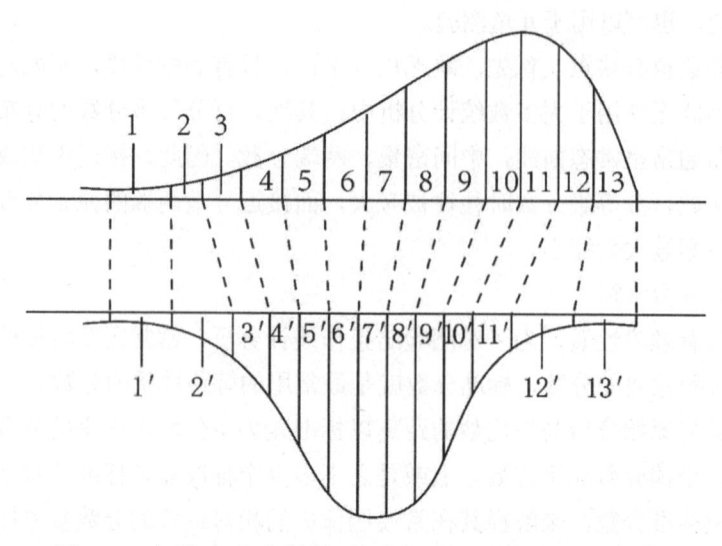

图 2-1 负偏态分布转换为正态分布的正态化示意图

将分数正态化有一个前提：只有当所测特质的分数在实际上应该是正态分布的，只是由于测验本身的缺陷或取样误差而使分布稍有偏斜时，才能将其转换为正态化的标准分数。

2．标准分数的几种形式

（1）线性转换

标准分数常常带有小数或出现负值，会给使用带来不便，也容易出错。因此，通常对标准分数作线性转换，使负号和小数消失，全部变为正数，其公式为：

$$Z = a + bz \qquad (公式\ 2\text{-}3)$$

式中 Z 为线性转换后的标准分数，a 为线性转换后的标准分数的平均数，b 为线性转换后的标准分数的标准差，z 为标准分数。

常见的线性转换后的标准分数有以下几种。

MMPI 和 EPQ 的 T 分数：$T = 50 + 10z$。

16PF 的标准十分数：$Z_{10} = 5.5 + 1.5z$。

《韦氏智力量表》各分测验的标准二十分数：$Z_{20} = 10 + 3z$；《韦氏智力量表》的离差智商：离差 $IQ = 100 + 15z$。

美国大学入学考试的 CEEB 分数：$CEEB = 500 + 100z$。

出国人员英语水平考试的 EPT 分数：$EPT = 90 + 20z$。

我国大学英语四、六级考试的 CET 分数：$CET = 500 + 70z$。

（2）非线性转换

标准九分数是一种著名的非线性转换标准分数。标准九分数的全称是标准化九级分制。它是第二次世界大战期间，在美国空军中发展起来的用于选拔飞行员的一种九级标准分数。与正态化标准分数的转换过程一样，任何原始分数均可以按表 2-8 中的百分比转换为对应的标准九分数。

表 2-8 标准九分数转换对照表

百分比	4	7	12	17	20	17	12	7	4
标准九分数	1	2	3	4	5	6	7	8	9

3. 标准分数的评价

标准分数有以下几个优点：

第一，用等距性质的分数来表示测验分数，使进一步统计分析成为可能。

第二，正态化标准分数可参照正态分布表直接转换成百分等级，因而容易解释。

第三，允许将几个测验的分数作直接的比较。

由于标准分数具有以上优点，所以目前大部分心理测验都用标准分数取代了其他种类的导出分数。

标准分数也有缺点：

第一，由于统计上较复杂，不像百分等级那样为一般人所熟悉。

第二，在实际应用时，通常只以标准分数来表达，而没区分是正态化的分数还是线性转换的分数。

第三，正态化标准分数人为地将分数变成正态分布，但当所测特质的分数实际上不是正态分布时，便扭曲了分布的形状。

（三）几种导出分数之间的相互关系

首先，百分等级与标准分数之间存在着一定的相互关系，一般而言，可以查阅正态分布表（见本书"附录C"）。百分等级与标准分数之间的关系如表2-9所示。

表 2-9 百分等级与标准分数的对照表

百分等级	标准分数	百分等级	标准分数	百分等级	标准分数	百分等级	标准分数
1	-2.324	26	-0.643	51	0.025	76	0.706
2	-2.054	27	-0.613	52	0.050	77	0.739
3	-1.881	28	-0.583	53	0.075	78	0.772
4	-1.751	29	-0.553	54	0.100	79	0.806
5	-1.645	30	-0.524	55	0.126	80	0.842
6	-1.555	31	-0.496	56	0.151	81	0.878
7	-1.476	32	-0.468	57	0.176	82	0.915
8	-1.405	33	-0.440	58	0.202	83	0.954
9	-1.341	34	-0.413	59	0.228	84	0.995
10	-1.282	35	-0.385	60	0.253	85	1.036
11	-1.227	36	-0.359	61	0.279	86	1.080
12	-1.175	37	-0.332	62	0.306	87	1.126
13	-1.126	38	-0.306	63	0.332	88	1.175
14	-1.080	39	-0.279	64	0.359	89	1.227
15	-1.036	40	-0.253	65	0.385	90	1.282

（续表）

百分等级	标准分数	百分等级	标准分数	百分等级	标准分数	百分等级	标准分数
16	-0.995	41	-0.228	66	0.413	91	1.341
17	-0.954	42	-0.202	67	0.440	92	1.405
18	-0.915	43	-0.176	68	0.468	93	1.476
19	-0.878	44	-0.151	69	0.496	94	1.555
20	-0.842	45	-0.126	70	0.524	95	1.645
21	-0.806	46	-0.100	71	0.553	96	1.751
22	-0.772	47	-0.075	72	0.583	97	1.881
23	-0.739	48	-0.050	73	0.613	98	2.054
24	-0.706	49	-0.025	74	0.643	99	2.324
25	-0.675	50	0.000	75	0.675		

其次，根据正态分布的特点，把上面介绍的标准分数、T 分数、CEEB 分数、离差 IQ、标准九分数、百分等级等常用导出分数之间的对应关系综合在一起加以比较，就可形成图 2-2 所示的对应关系。

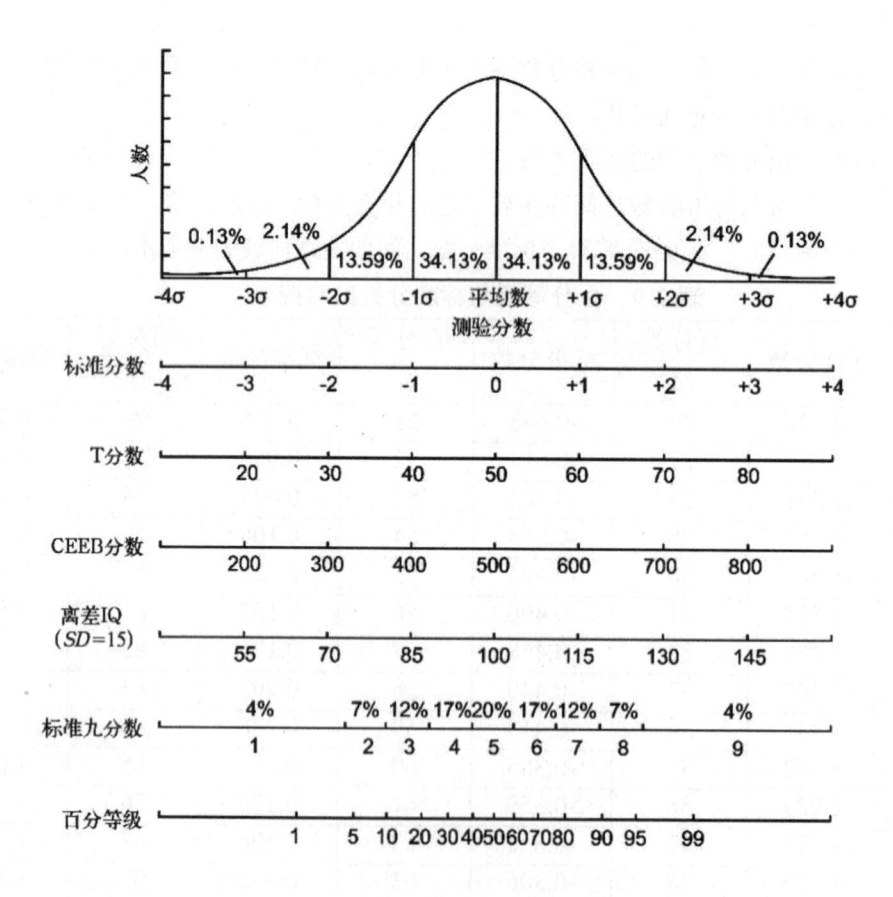

图 2-2 常用导出分数之间的对应关系

第三节 常模呈现与实际应用

常模编制完成后，为了使用方便，通常会考虑呈现方式的易用性。在应用常模数据时，需要考虑常模的范围、可比性等因素，还要用被试能够明白的语言进行解释。

一、常模呈现方式

为了便于测验使用者理解和使用，常模资料的呈现一般有两种方法：一是转换表法，二是剖面图法。无论哪一种方法，都有三个要素：原始分数、导出分数、常模团体的特征描述。

转换表法是通过常模分数转换表的形式呈现的。常模分数转换表是最简单、最基本且最常用的常模资料呈现方式，几乎所有的标准化心理测验均提供这种形式的常模资料。表2-10就是中国大学生（男）的《卡特尔十六种人格因素问卷》的常模分数转换表，导出分数为标准十分数。

表 2-10 中国大学生（男）的《卡特尔十六种人格因素问卷》常模（$n=256$）

因素	1	2	3	4	5	6	7	8	9	10	因素	$\overline{X}$	SD
A	0-2	3-4	5-6	7-8	9-10	11-12	13-14	15	16-17	18-20	A	10.15	3.56
B	0-4	5	6	7	8	9	10	11	12	13	B	8.96	2.12
C	0-6	7-8	9-10	11-12	13-14	15-17	18-19	20	21-22	23-26	C	15.04	3.70
E	0-5	6-7	8-9	10-11	12-13	14-16	17-18	19-20	21-22	23-26	E	14.09	3.98
F	0-3	4-6	7-8	9-11	12-13	14-16	17-19	20-21	22-23	24-26	F	14.03	4.70
G	0-4	5-6	7-8	9-10	11-12	13-14	15-16	17	18-19	20	G	12.41	3.28
H	0-1	2-3	4-6	7-8	9-11	12-14	15-17	18-19	20-21	22-26	H	11.94	4.80
I	0-3	4	5-6	7-8	9-10	11-12	13-14	15	16-17	18-20	I	10.68	3.08
L	0-2	3	4-5	6-7	8-9	10-12	13	14-15	16-17	18-20	L	10.08	3.35
M	0-5	6-7	8	9-10	11-12	13-14	15	16-17	18	19-26	M	12.25	3.06
N	0-3	4	5	6-7	8-9	10-11	12	13	14	15-20	N	9.48	2.46
O	0-1	2	3	4-5	6-7	8-10	11-12	13-14	15-16	17-26	O	7.96	3.91
Q_1	0-5	6-7	8-9	10	11-12	13-14	15	16	17-18	19-20	Q_1	12.44	2.61
Q_2	0-5	6	7-8	9-10	11-12	13-15	16	17-18	19	20	Q_2	12.96	3.32
Q_3	0-4	5	6-7	8-9	10-11	12-13	14-15	16-17	18	19-20	Q_3	11.76	3.29
Q_4	0-2	3-4	5-6	7-8	9-10	11-13	14-15	16-17	18-19	20-26	Q_4	11.36	4.00

剖面图法是将原始分数与导出分数的对应关系直接以图形的形式加以呈现,这种形式把分数转换与结果解释结合在了一起。表 2-11 就是《韦氏智力量表》结果记录单,将被试所测原始分数连接起来后就成了常模分数剖面图。在这个图上,中间是原始分数,两边是导出分数,导出分数为标准二十分数。测验使用者只要将被试在各分测验上的原始分数连接起来,与图上用虚线表示的平均数 10 所处的位置进行比较就可以直观地对其作出初步评价。

表 2-11 《韦氏智力量表》记录单

导出分数	原始分数											导出分数
	言语分量表						操作分量表					
	常识	背数	词汇	算术	理解	类同	填图	图画排列	积木图案	拼图	数字符号	
19	—	28	70	—	32	—	—	—	51	—	93	19
18	29	27	69	—	31	28	—	—	—	41	91-92	18
17	—	26	68	19	—	—	20	20	50	—	89-90	17
16	28	25	66-67	—	30	27	—	—	49	40	84-88	16
15	27	24	65	18	29	26	—	19	47-48	39	79-83	15
14	26	22-23	63-64	17	27-28	25	19	—	44-46	38	75-78	14
13	25	20-21	60-62	16	26	24	—	18	42-43	37	70-74	13
12	23-24	18-19	55-59	15	25	23	18	17	38-41	35-36	66-69	12
11	22	17	52-54	13-14	23-24	22	17	15-16	35-37	34	62-65	11
10	19-21	15-16	47-51	12	21-22	20-21	16	14	31-34	32-33	57-61	10
9	17-18	14	43-46	11	19-20	18-19	15	13	27-30	30-31	53-56	9
8	15-16	12-13	37-42	10	17-18	16-17	14	11-12	23-26	28-29	48-52	8
7	13-14	11	29-36	8-9	14-16	14-15	13	8-10	20-22	24-27	44-47	7
6	9-12	9-10	20-28	6-7	11-13	11-13	11-12	5-7	14-19	21-23	37-43	6
5	6-8	8	14-19	5	8-10	7-10	8-10	3-4	8-13	16-20	30-36	5
4	5	7	11-13	4	6-7	5-6	5-7	2	3-7	13-15	23-29	4
3	4	6	9-10	3	4-5	2-4	3-4	—	2	9-12	16-22	3
2	3	3-5	6-8	1-2	2-3	1	2	1	1	6-8	8-15	2
1	0-2	0-2	0-5	0	0-1	0	0-1	0	0	0-5	0-7	1

二、常模应用

为了正确使用常模,常常需要考虑一些因素。

(一)常模应用范围

根据常模团体的来源,常模可分为全国常模、区域常模和特殊常模。

全国常模是指常模团体具有全国总体的代表性。全国常模抽样复杂,需要考虑性别、年龄、区域、职业、收入等众多因素。常模团体数量大,施测难度大,施测成本高,编制全国常模是相当困难的。

区域常模是指常模团体来源于某个区域，具有区域总体的代表性。这个区域可大可小，可分为省、地市、区县等不同级别，甚至可以是某所大学学生总体的常模。区域常模是全国常模必要的、有益的补充，而且使用起来往往比全国常模更适合，因为能使个体与最相近的团体作比较。区域常模因为其实施难度远远低于全国常模，所以更为常见，其缺点是代表性稍差，只能在某个区域内使用。

多数测验在取样时，常模团体的构成没有考虑特殊人群。普通常模的样本对于罪犯、心理障碍者、智力障碍者、盲人、特殊职业者等特殊群体，都不具有代表性。因此，对特殊个体测验结果的解释不能以普通常模为依据。相应的方案是，可根据所规定的小范围总体，建立新的、适合某一特殊群体的特殊常模。

（二）常模应用时限

在使用常模时，另一个关键要素是常模修订的时间。使用者总希望常模越新越好，这样更适合进行比较，结果解释也更准确。

常模需要更新的因素包括：人口结构的变动、所测心理特质的发展变化、测验本身的修订更新、常模编制技术的革新等。

随着时间的推移，人口结构会发生变动。人口数量、年龄层比例、经济条件、职业等都会产生或多或少的变化，常模团体的代表性受到挑战，促使常模需要更新。

个体某些心理特质也会随着时间的变化而变化。随着知识更新和信息传输速度及方式的变化，个体的知识、能力水平，甚至能力本身的结构都将发生改变，这也是常模需要更新的影响因素。

测验本身也在更新换代之中。更换一些不合适的题目，加入最新的研究成果，使得常模必须随之更新。

常模编制技术也随着数学学科的发展、心理测量理论的进展而不断进步，编制新的、更佳的常模变成可能，常模也就随之更新。

一般而言，美国能力测验的常模 8~10 年会修订产生新的版本，如《韦氏智力量表》《瑞文推理测验》等。人格测验因为考虑到个体的区域性差异，更多的是区域常模，常模更新速度会有差异。

（三）常模团体的代表性

常模团体的代表性更多是由抽样方法决定的。在使用常模资料时，需要查阅常模团体的数量、结构、抽样方法等内容。

常模团体的数量是非常重要的指标。在置信度和最大容许误差不同且调查表回收率为100%的理想情况下，总体较大的简单随机抽样所需最小样本含量见表 2-1。美国《韦氏智力测验》的常模团体，其最小单元（例如 6 岁男生）的样本量为 400 人。

常模团体的结构主要是指人口背景资料，背景资料考虑得越多，其代表性越强。当然，带来的不利因素是施测难度增大。

抽样方法是保证常模团体代表性的另外一个重要指标。常模团体各背景资料的比例要符合总体的分布比例，例如性别、年龄、职业、收入等。尤其是，对于所测的心理特质，常模团体的比例分布要与相关的研究吻合。就智力测验而言，在常模修订时，需要抽取分布在智力两端的特殊群体。智力超群者尚好，智力落后者的选取往往不易实现。因为，对他们的选取、施测都需要增大成本。

（四）结合效度资料使用常模

为了对测验分数做出确切的解释，只有常模资料是不够的，还必须有效度资料。没有效度证据的常模资料，只告诉我们一个人在一个常模团体中的相对等级，不能做预测或更多的解释。在解释分数时，人们最常犯的错误是，仅根据测验的标题和常模资料去推论测验分数的意义，而忽略效度的不足。假若一个测验的名称是内向量表，并有可利用的常模资料，那么就很容易把高分的人说成是内向性格，即把它当作有效度资料那样来解释。即使有效度资料，在对测验分数做解释时也要十分谨慎，因为测验效度的概化能力是有限的。根据不同的常模团体和不同的施测条件，往往会得到不同的结果，在解释分数时，一定要依据从最匹配的团体和最相近的情境中获得的资料。

如果测验常模缺乏可比性，那么个体在不同能力上的相对位置可能会被错误理解和解释。例如，个体同时施测了词汇、理解两个分测验，词汇分测验的常模来自普通中学学生，理解分测验的常模来自作文兴趣小组的中学生，那么，该生词汇分测验的导出分数比理解分测验的导出分数高，并不能说明其词汇能力强于理解能力，因为这两个分测验的常模没有可比性。所以，在选择常模进行分数解释时，要选择适合的、具有可比性的常模。

常模资料中经常使用的标准差和标准分数，当事人不一定能够听懂。因此要用非专业性的用语来解释标准分数，可以把它理解成相对位置，即百分等级。必要时可以询问当事人是否听懂了，让对方说出他所理解的意思。同时，还要向当事人说明他是和什么团体在进行比较，因为不同比较对象有不同的意义。例如，同一个百分等级对于普通学校和重点学校意义是不同的。

第三章　心理测验的信度

在编制或选择一个心理测验时，对心理测验作整体属性分析最主要的指标就是信度和效度。本章主要介绍心理测验的信度。

一个良好的测验，首先应该保证在评价同一批被试时，在不同时间或不同场合所得到的结果是一致的或稳定的。例如，用测验来选拔人员，如果同一个测验前后两次施测结果有较大差异，那么就不能用这个测验来选人了，因为它的结果太不稳定了。本章我们就来讨论测验的稳定性问题，即心理测验的信度。信度是标准化心理测验的基本要求之一。若测验的信度不理想，可能误导对被试的评价。

第一节　信度概述

一、信度的发展

皮尔逊于 1896 年提出了考察连续数据之间相关性的积差的概念。结合积差与误差的概念，当代信度理论的大部分要点，是由斯皮尔曼研究得出的，并于 1904 年发表在《事物关联的证明与测量》一文中。其研究成果受到包含桑代克在内的心理学家的青睐，心理测量领域普遍认同和接受他的思想。

同年，桑代克出版了《心理与社会测量导论》。这部 100 多年前的著作，即使用今天的标准来看，也已经相当成熟。自此以后，信度研究不断深入，信度评估技术日臻完善。其中最为重要的是库德（G. Kuder）和理查森（M. Richardson）于1937年提出的计算信度的公式，克伦巴赫（L. Cronbach）于1951年提出的Alpha系数。近些年，一些先进的数学模型被开发出来，可依据多元理论对潜在变量加以数量化，从而使信度理论得到了进一步发展。

二、信度的定义及其意义

信度（reliability）指的是，相同被试在不同时间或不同场合下，重复用同一测量工具或等值工具测量某种心理特质所得结果的稳定性与一致性程度。如以成就测验来测量学生，那么，学生在同一个测验上不同时间的得分是否一致？同一个学生在两个不同题目的等值测验上的得分是否一致？这两种情况是信度所要考虑的两个最主要的问题。

一般来说，一个好的测验必须具有较高的信度，也就是说，一个好的测量工具，只要遵守操作规则，其结果就不应随工具的使用者或使用时间等方面的变化而发生较大变化。例如，标准的钢尺是测量长度的一种工具，只要使用正确的方法，无论何时，去测量同一个凳子的高度，其结果都是基本一致的，这说明其信度较高。但若采用具有较大弹性的皮尺，则不同的人或同一个人在不同的时候去测量同一个凳子的高度，其结果可能会有较大的差异，这说明测量的信度较低。

理解信度的定义首先要理解测量分数的构成。从理论上讲，每个被试在测量中所获得的观察分数可以分为两部分：一部分是真分数，另一部分是随机误差分数。它们的关系可以用下列公式来表达：

$$X = T + E \qquad \text{（公式 3-1）}$$

这是经典测量理论（CTT）的数学模型。式中 X 表示观察分数，T 表示真分数，E 表示随机误差分数。E 可能是正的，也可能是负的。这就是说，一个人的观察分数可能大于真分数，也可能小于真分数，但总是围绕着真分数上下波动。

这里要强调一点，系统误差包含在真值中，因为它不引起分数的改变。

经典测量理论有三个基本假设：

假设一：观察分数等于真分数与随机误差分数之和，即 $X = T + E$。

假设二：在所讨论的问题范围内，真分数不变。

假设三：随机误差分数是完全随机的，并服从均值为零的正态分布，且与真分数相互独立。

根据经典测量理论的三个基本假设，可以引申出三个相关推论：

推论一：若一个人的某种心理特质可以用平行的测验反复测量足够多次，则其观察分数的平均值会接近于真分数，即 $E(X)=T$ 或 $E(E)=0$。

推论二：真分数与随机误差分数之间的相关为零，即 $r_{TE}=0$ 或 $r_{ET}=0$。

推论三：各平行测验上的随机误差分数之间相关为零，即 $r_{EE'}$ =0。

对经典测量理论的这一数学模型及其假设和推论，我们可以从以下三个方面来理解。第一，它假定在一定的问题研究范围之内，反映个体某种心理特质水平的真分数是不变的，测量的任务就是估计这一真分数的大小；第二，假定观察分数等于真分数和随机误差分数之和，即假定观察分数和真分数之间是线性关系，而不是其他关系；第三，随机误差完全随机，并服从均值为零的正态分布，它不仅独立于所测特质真分数，而且还独立于所测特质之外的其他任何变量，这保证了随机误差中不含有系统误差成分。

但是，在现实中，用许多个彼此平行的测验反复测量同一个人的同一心理特质的做法往往是行不通的。因为两个相互平行的测验不仅要测量同一特质，并且还要在题目的形式、数量、难度、区分度并测验等值团体后所得分数的分布方面都要保持一致性，这就使得平行测验的编制变得特别困难。

事实上，我们在实施一个标准化测验时，并不是用很多平行测验来反复测量同一批被试，而是用同一个测验来同时测查许多被试。这是因为，在一个团体中，由于每个人的误差都是随机的，且服从均值为零的正态分布，这样当被试团体足够大时，团体内部的各种随机误差就会相互抵消。此时，该团体的平均真分数就等于该团体内所有被试观察分数的平均值，即多个被试接受同一个测验相当于多个平行测验反复测查一个具有团体真分数均值水平的个体。

对于一个团体来说，观察分数、真分数和随机误差分数之间具有如下关系：

$$S_X^2 = S_T^2 + S_E^2 \qquad (公式3-2)$$

即观察分数方差等于真分数方差加上随机误差分数方差。

这个公式中只涉及随机误差分数的方差，系统误差分数的方差包含在真分数的方差中。这就是说，真分数还可以分为两部分：与测量目的有关的方差（S_V^2）和与测量目的无关的方差（S_I^2），即：

$$S_T^2 = S_V^2 + S_I^2 \qquad (公式3-3)$$

根据上面两个公式，我们可以得到：

$$S_X^2 = S_V^2 + S_I^2 + S_E^2 \qquad (公式3-4)$$

这就是说，一组测验分数之间的方差是由与测量目的有关的方差、稳定的但出自无关来源的方差和随机误差方差所决定的。

在测量理论中，信度被定义为：一组测量分数的真分数方差与观察分数方差的比率，即真分数方差在观察分数方差中所占的比重大，信度就高，否则，信度就低。信度公式表示如下：

$$r_{XX} = \frac{S_T^2}{S_X^2}$$ （公式3-5）

式中 r_{xx} 代表测量的信度，S_T^2 代表真分数的方差，S_X^2 代表观察分数的方差。

该定义有两点需要注意：第一，信度指的是一组测验分数或一列测量的特性，而不是个人分数的特性；第二，真分数的方差是不能直接测量的，因此信度是一个理论上构想的概念，只能根据一组实得分数做出估计。

对于信度的定义，我们还应注意以下几点：

第一，信度是指测量工具所获得的"结果"的可靠性，而非指工具本身。任何一种工具，均有很多不同的信度，也就是说同一个测验的信度会因测量对象之性质及测验时情况之不同而有所差异。因此，比较恰当的说法是"测验分数"或"测验结果"的信度，而非"测验"或"工具"本身的信度。

第二，每一个信度的估计值，仅指某一特定方面的一致性，而非泛指一般的一致性。一致性包括时间、试题样本及评分者等多方面。测验分数可能在某一方面的一致性很高，但在其他方面的一致性则不太理想。因此，我们在评价一个测验的信度时，要以测验结果所要应用的情境为依据。测验所要应用的场合不同，其评价信度的依据也就不同，如果我们将信度视为一般化的一致性，那就会导致错误的解释。测验编制者最好能提供多种不同的信度资料，以供使用者选择测验时参考。

第三，信度的估计是完全采用统计方法的。要估计测验的信度，必须以所编制的测验，对一组较具有代表性的团体实施一次或数次测验，然后求得测验结果的一致性。一致性的高低可用每个被试在团体中的相对位置的变动情况或是用个体的测验分数的可能分布范围来表示。

三、信度的作用

信度是衡量一个测验质量高低的重要指标，信度不合格的测验是不能使用的，人们在编制和使用测验时都特别重视测验的信度。具体地说，信度的作用主要表现在以下几方面。

（一）信度是测量过程中随机误差大小的反映

如果信度很低，那么测量的随机误差就很大，测量的结果就会与真分数相差很远。而且，这种误差是完全随机的，无法对其准确估计，这就使得测量结果无法为人们所信任。同时，由于系统误差只对测量结果产生稳定的影响，所以信度并不反映测量过程中系统误差的大小。

（二）信度可以帮助不同测验分数之间进行比较

通常，来自不同测验的原始分数是无法进行直接比较的，只有转化成标准分数才能相互比较。具体办法是采用"差异的标准误"来进行差异的显著性检验。在使用这一方法时，需要注意以下几个问题。

第一，一个测验有多个信度估计值，因而其误差估计值也有多个，我们在实际工作中要注意选择最适合某一特殊情况的信度估计来解决问题。如若对三个月内的分数稳定性感兴趣，就可以三个月为时距进行两次测验，求得相关系数作为信度估计，依据此信度系数求出标准误，再用来估计三个月内分数可能改变情况。

第二，本理论假定同一个团体中所有人的测量误差都是相同的，但实际上水平高的人与水平低的人在做测量时会有不同的随机误差。

第三，对于测量的结果，不能将它僵硬地看成是一个点，而应看作是一个以该点为中心，以标准误的某个倍数为半径上下波动的一个范围。这个范围的大小取决于测量标准误的大小，并最终取决于信度系数。信度系数越小，测量标准误就越大，这个范围便越广。如果经常将分数想成是一个范围，那在比较不同被试的分数，或同一个被试在不同测验上的分数时，就可以克服对分数间的微小差别做出过份解释的习惯。

第四，测量标准误是对测量误差的描绘，用它能对个人真分数的置信区间作出估计，但用它来估计个人的真正能力则可能导致严重错误，因为它没有考虑到系统误差的影响，真分数与真正能力是两个不同的概念。

（三）信度可以用来解释个体测验分数的意义

信度仅表明一组测量的观察分数与真分数的符合程度，但并没有直接指出个人测验分数的变异量。由于存在随机误差，一个人的观察分数有时比真分数高，有时比真分数低，有时两者相等。从理论上来说，个体的真分数应该是用同一个测验对他反复施测所得的平均值，其误差是这些实测值的标准差。但是，这种做法是行不通的。我们可以用一个人数足够多的团体两次施测的结果来代替对同一个人的反复施测，从而估计随机误差的方差。这里，每个人两次测量的分数之差就构成了一个新的分布，这个分布的标准差就是测量的标准误，它是此次测量中误差大小的客观指标，有了这一指标，我们就可以通过区间估计的方法来对团体中任何一个人的测验成绩做出恰当解释。测量的标准误与信度之间有互为消长的关系：信度越高，标准误越小；信度越低，标准误越大。

测量的标准误实际上是在一组测量分数中误差分布的标准差，可以像其他标准差一样地解释。因此，个体每次测量所得分数有 68%的可能性落在真分数加减 1 个单位标准误的范围内，有 95%的机会落在真分数加减 1.96 个标准误的范围内。

知道了一组测量的标准误和信度系数，就可以求出测量的标准误，我们就可以进一步从每个人的观察分数中估计出真分数的可能范围。

第二节 信度的种类与估计方法

　　由于信度是一个理论上的概念，在实际应用时，通常以同一样本所得的两组资料的相关性，作为测量一致性的指标。而测验分数的误差来源是多种多样的，所以信度的估计方法也有多种。下面所介绍的每一种信度系数只能说明信度的某一方面，使用时要特别注意其含义和适用范围。

一、重测信度

（一）含义和估计方法

　　重测信度又称再测信度、稳定性系数，是指用同一个量表对同一组被试施测两次所得结果的一致性程度。该信度能表示两次测验结果有无变动，反映了测验分数的稳定程度。其大小等于同一组被试在两次测验上所得分数的皮尔逊积差相关系数。

　　人的多数心理特性如智力、性格等，具有相对稳定性，因此对这些心理特性的测量，应该前后一致，以此得到测验稳定性的证据。另外，我们还经常要用测验分数对人进行预测，此时测验分数跨时间的稳定性更加重要。即使是对于那些随时间而变的特性，能知道测验分数在短期内的稳定程度也是好的。

　　两次测验分数的误差变异主要是来自测验条件和被试身心状况的改变。重测信度高，说明分数受被试状况和测验情景变化的影响小。任何一个变异若只影响其中一次测验的分数，而不影响另一次，都会使得两次测验分数的相关性降低。这些变异因素包括：测验时受到的干扰，计时、计分错误，以及健康、情绪、动机的波动等。但如果两次施测的时距较长，则遗忘与学习的不同效果也可能成为一个误差因素。在这里题目的取样并不影响稳定性系数，因为两次施测的是同一批题目。

（二）注意的问题

　　用重测法估计信度的优点在于，能提供有关测验结果是否随时间而改变的资料，可作为预测被试将来行为表现的依据；其缺点为易受练习和记忆的影响，前后两次施测间隔的长短务必适度。如果相隔时间太短，则记忆犹新，练习的影响较大；如果相隔时间太长，则身心的发展与学习经验的累积等均足以改变测验分数而使相关性降低。另外，第一次测试所发现的错误也可能导致第二次反应的变化而增加误差变异。同时，重测信度只适用于测量那些不会随时间的变化而改变的特质。

　　计算重测信度有下列几个假设。

　　第一，所测量的特性必须是稳定的。计算重测信度的前提是假设所测量的特性是稳定的，但这个假设意义并不明确。因为如果假设被试的特性是稳定的，但重测信度很低，这时我们就无法确定是我们的假设错误，还是其他情况影响了信度。相反，如果假定其特性是不稳定的，但两次施测的相关性很高，我们也无法知道是假设错了，还是因为有某些系统误差而产生偏高的信度。因此，只有当我们对所测量的特性充分了解时，才能对稳定性的意义做解释。

第二，被试遗忘与练习的效果基本上相同或相互抵消。在做第一次测验时，被试可能会获得某种技巧，但只要间隔的时间适度，这种练习效果基本上会被遗忘掉。在任何一种情况下，假如遗忘和练习的影响对被试各不相同，信度就会降低。

第三，在两次施测的间隔时期内，被试的学习效果没有差别。

由于以上几条假设很难做到，所以有些测验不宜用重测法估计信度。一般只有在没有复本可用，而现实条件又允许重复施测的情况下才采用此法。测量推理能力的测验，一旦被试掌握了解决问题的原则，重测时，他就会很容易做出反应，此时测验的性质和功能就发生了变化。因此，只有那些不容易受重复使用影响的测验才能用重测法估计信度，如感觉运动测验、人格测验等。

用重测法估计信度，由于练习效应和延迟效应的存在，所以必须慎重选择和评定两次测验之间的时间间隔。如果测验的两次施测时间非常接近，就得冒着更大的风险去承受"延迟效应"和"练习效应"可能引发的后果。但随着两次测验间隔时间的延长，又会有很多其他的因素介入，作为两次测验分数差异的替代解释。

一般而言，相隔时间越长，稳定系数越低。最适宜的时距依据测验的目的、性质及被试特点而异，短则几分钟、几个小时，长则数月，甚至一两年之久。幼儿两次施测的间隔应相对短些，因为个体在发展的早期变化较快。无论对于哪种被试，初测与再测的间隔最好不超过六个月。

由于测验的稳定性系数受时间和其他各种因素的影响，故任何一个测验都可能有不止一个重测信度系数，所以在编制测验时，应该在测验手册中报告重测信度的时间间隔以及在此期间被试的有关经历，如受过何种教育训练、心理治疗以及有何学习经历等。一份完备的测验应有多个重测信度，分别与不同的测验间隔时间相对应。在使用测验时，要注意重测信度两次测验的间隔时间，要保证该测验在研究所需要的时间间隔上是可信的。

最后，还要注意，有时候重测相关性很低并不意味着测验不可信，而是可能提示被研究的特性发生了改变。经典测验理论的一个问题就是，它假设行为倾向不随时间的变化而变化。然而，一些重要的行为特征，比如动机，是随着时间而波动的。实际上像健康状况这样的重要变量，也被认为是不断变化的。在经典测量理论中，这些变异被认为是由误差造成的。但是，现今的动机理论可以预测这些变异，因此测验理论家们受到了新的挑战，需要建立新的模型来解释这些系统变异。

二、复本信度

（一）含义和估计方法

复本信度指的是两个平行测验测量同一批被试所得结果的一致性程度，其大小等于同一批被试在两个复本测验上所得分数的皮尔逊积差相关系数。

使用测验复本，可以避免重测信度中所碰到的一些困难。例如，能够在第一次使用一组项目，而在第二次使用另一组等值项目，对同一组被试进行测验。两组项目上得出的分数之间的相关性，就是测验的信度系数。应当指出，这种信度系数既测量时间稳定性，又测量对不同的项目样本的回答的一致性，因而可把两种类型的信度结合起来。由于两类信度对于大多数测验目的都是重要的，所以，复本信度为评价很多测验提供了有用的度量。

项目取样即内容取样，它不仅是复本信度的基础，而且也是所讨论的其他信度的基础。因此有必要仔细考虑这个概念。学生在参加考试时，有时感到运气好因为遇到的题目都复习过，有时感到运气不好因为题目都没有复习过。这就是内容取样所造成的误差变异。该测验上的分数取决于选择哪些特定项目。假如有另一位独立工作的研究人员，按照同样的规定编制出另一份测验，那么被试在这两个测验上的分数究竟会相差多大呢？

像重测信度一样，复本信度也应该说明两次测验实施的时间间隔及有关的干预情况。由于两个复本测验实施的时间不同，复本信度所表达的含义也略有不同。

如果两个复本测验是同时连续施测的，则称这种复本信度为等值性系数。由于等值性系数取决于平行测验的得分之间的相关，且两次测验的时间间隔极短，所以信度偏低肯定是由于题目取样不同造成的，而非被试自身的变化造成的，这一点是与稳定性不同的。等值性系数的大小主要反映两个复本测验的题目差别所带来的变异情况。当然此法并不能完全控制短期内被试的情绪波动及施测情况的差别，因而无法得到纯粹的等值性测量，但方差的最主要来源还是两个复本的题目差别。

如果两个复本测验是相距一段时间分两次施测的，则称这种复本信度为稳定性与等值性系数。由于这种方法把复本法和重测法结合起来，这时两个题目之间的差别、两次施测时的情景、被试特质水平等方面的差别都会成为测验结果不一致的重要原因，因此，与其他信度系数相比，这种复本信度最小，也就是说，稳定性与等值性系数是对信度的最严格的考验，其值最低。

在实际工作中，为了抵消施测的顺序影响，一般可以随机地选出一半被试先做 A 卷后做 B 卷，另一半被试先做 B 卷后做 A 卷。

（二）注意的问题

虽然复本信度的应用比重测信度广泛得多，但它也有一定的局限性。

首先，如果所研究的行为受到练习和记忆的影响很大，则使用复本只能减少但不能消除这种影响。当然，假如所有测验参加者由于重复而出现同样的提高，他们的分数之间的相关仍然不受影响，因为每一个分数加上一个常量，不会改变相关系数。然而，大部分情况下由于先前练习类似材料的程度、参加测验的动机以及其他因素的影响，被试分数的提高量往往有所不同。在这种情况下，练习的影响就产生另一种误差，它往往减少两个测验之间的相关性。

其次，测验的难度会由于重复而有所改变。例如，在某些推理测验中，大多数被试一旦做出答案，就能够很容易地解答出属于同样原理的项目。在这种情形下，由于第二个测验只是改变了题目的具体内容而非题目的原理，因此在第一个测验中已经掌握的解题原则，就很容易迁移到第二个测验的同类问题上。

最后，编制真正的等值测验实际上很困难。在前面的定义中，我们可以看到计算复本信度的前提是，要构造出两份或两份以上真正平行的测验。那么什么样的测验才能称得上真正平行的呢？两个复本测验之间必须在题目、内容、数量、形式、难度、区分度、指导语、时限以及所用的例题、公式等方面都相同或相似。换句话说，平行测验就是，用不同的题目测量同样的内容，而且其测验结果的平均值和标准差都相同的两个测验。显然，严格的复本测验是很难构造出来的。所以，很多测验并没有复本。由于这些原因，常常需要使用其他的方法来估计测验信度，这样分半信度就应运而生了。

三、分半信度

（一）含义和估计方法

分半信度是指将一个测验分成对等的两半后，所有被试在这两半上所得分数的相关。

分半信度系数可以和等值性系数一样解释。即可以把对等的两半测验看成是在最短时距内施测的两个平行测验。由于只需要对同一个测验进行一次施测，考察的是两半题目之间的一致性，所以这种信度系数有时也被称为内部一致性系数。虽然分半信度也可当作是对内部一致性的测量，但我们将它归类为等值的特例，与其他等值性测量的唯一不同之处是，在测验施测后才分为两个。

要计算分半信度，首先碰到的问题是如何将测验分半，以便得到最接近的可比较的两半。任何一个测验都可以用各种不同方法分半。在大部分测验中，前半部分和后半部分通常是不可比较的。这一方面是由于两部分题目的特性和难度水平不同；另一方面是由于准备活动、练习、疲劳、厌倦等各种因素的作用从测验开始到结束是逐渐变化的。为了使两部分可以作比较，一个常用方法是，按奇数题和偶数题分半。如果测验题目是按从易到难的顺序排列的，那么这种分法可得到近乎相等的两半。在进行奇偶分半时，要注意的问题是，怎样安排一组解决统一问题或相互有牵连的题目。譬如，几个题目都与给定的图形或短文有关，或者解答后一个问题要利用前一个问题的答案，在这种情况下，具有关联性的题目应放到同一半。如果将这样一组题目分成两半，就会高估分半信度。因为对此种问题的任何错误都会同时影响两半的分数。

分半信度的计算方法和等值复本信度的计算方法类似，只不过被试在两半测验上得分的相关系数只是半个测验的信度，而重测信度和复本信度却是根据所有题目分数求得的。由于在其他条件相等的情况下，测验越长，信度越高，所以必须使用斯皮尔曼—布朗公式加以校正：

$$r_{XX} = \frac{2r_{hh}}{1+r_{hh}} \qquad (公式3-6)$$

式中 r_{hh} 为两半分数的相关系数，r_{xx} 为测验在原长度时的信度估计。

使用斯皮尔曼—布朗公式的效果是增加了信度。不过，斯皮尔曼—布朗公式的假定是，两半测验的变异性相等，但实际资料未必符合这一假定。当两半测验不等值时，分半信度往往被低估。在这种情况下，可采用其他方法求得测验的信度系数。

（二）注意的问题

在使用分半信度时，需要注意以下几点：第一，误差的主要来源是题目本身，而时间因素并不对分半信度产生影响。因此其信度低是由于测验两半之间题目内容取样的不同造成的。因为时间因素并不影响分半信度，所以用这种方法所得到的信度往往较高。第二，分半法并不适用于速度测验。速度测验是一种由简单题目组成的，所有人都能做出所有题目的测验。在这种纯速度测验中，奇偶数题的相关很高，但这只是一种假象。因为所有做过的题基本上都能够做对，那么个体的奇偶数题的得分就会相等。分半信度只适用于难度测验。当速度因素以不同程度影响分数时，分半信度将会造成虚假的高信度。第三，由于将一个测验分成两半的方法有很多，如按题号的奇偶性分半、按题目的难度分半、按题目的内容分半等，所以同一个测验通常会有多个分半信度值。

四、同质性信度

（一）含义

同质性信度也叫内部一致性系数，它是指测验内部所有题目间的一致性程度。这里讲的一致性是指分数的一致，而不是题目内容或形式的一致。因此，若测验的各个题目得分有较高的正相关时，不论题目内容和形式如何，测验都是同质的。相反，即使所有题目看起来都好像在测量同一特质，但相关为零或负值时，这个测验就是异质的。不过也有些心理测量学家认为，同质性的定义还应加上只测验单一因素的限定。

测验虽然将同质性定义为测验中跨题目的一致性，但这个概念也可应用到测验中的分测验或题目群。究竟要在哪一级水平上进行分析则取决于测验的结构与分析的目的。因此，一个异质性的测验也可能包含一些同质性的分测验或题目群。

题目内部的一致性主要受两方面因素的影响：第一，内容取样；第二，所研究的行为的异质性。所研究的行为的同质性越高，项目间一致性就越高。显然，从相对同质性的测验上得出的测验分数，其意义较为明确。

虽然同质测验分数的意义比较明确，但是一个单独的同质性测验往往不能预测一个异质的行为或心理特性。许多心理测验都是异质的，不过它们多半是由若干个相对同质的分测验所组成的，每个分测验只测量一个方面的特征。这样，当把分数组合起来后便可以做出明确的解释。

与前面几种信度估计不同，并不是所有的心理测验都要求有较高的同质性信度。是否需要考察该信度，取决于测量的目的。一般用于预测式测验或学绩性测验可以不考虑同质性。而在提出或验证某种心理学理论的构想和假设时，却要求对所研究的心理特征或构想做出纯粹的测量，否则便不能由测验分数做出意义明确的推论。可见，同质性测验是心理学理论的建立和发展所必需的。

（二）估计方法

同质性信度的一种粗略估计方法是求测验的分半信度，但由于对同一个测验划分两半的方法多种多样，而每一种划分方法所得的信度估计值都是不同的，因此分半信度并不是内部一致性的最好估计方法。为弥补不足，库德—理查森信度系数和克伦巴赫 Alpha 系数应运而生。

1. 库德—理查森信度系数

库德—理查森信度系数适用于测验题目全部为二分计分题的测验的同质性信度分析。

$$r_{XX} = \left[\frac{k}{k-1}\right]\left[1 - \frac{\sum_{i=1}^{k} p_i(1-p_i)}{S_t^2}\right] \quad （公式 3-7）$$

$$r_{XX} = \left[\frac{k}{k-1}\right]\left[1 - \frac{\overline{X}(k-\overline{X})}{kS_t^2}\right] \quad （公式 3-8）$$

式中，k 为题目数，p_i 为答对第 i 题的人数比例，$\overline{X}$ 为测验总分的平均数，S_t^2 为测验总分的方差。这两个公式分别叫做"库德—理查森 20 公式"和"库德—理查森 21"公式。其中，库德—理查森 21 公式只适用于所有题目的难度接近的测验。

数学能够证明，库德—理查森信度系数实际上是一个测验所有不同的分半方法所得出的分半系数的平均值。另外，普通的分半信度根据两个等值的半测验得出。因此，除非测验项目高度同质，库德—理查森信度系数将低于分半信度。事实上，库德—理查森信度系数和分半信度系数之间的差异，可以作为测验异质性的一项初步指标。

2. 克伦巴赫 Alpha 系数

库德—理查森信度系数仅适用于项目按照对错或有无等二分法计分的测验。然而，一些测验包括多重计分项目。对于这类测验，克伦巴赫推导出了称之为 Alpha 系数的公式。公式表述如下：

$$\alpha = \left[\frac{k}{k-1}\right]\left[1 - \frac{\sum_{i=1}^{k} S_i^2}{S_t^2}\right] \quad （公式 3-9）$$

式中，k 为题目数，S_i^2 为被试在第 i 题上得分的方差，S_t^2 为测验总分的方差。

α 值是所有可能的分半信度的平均值，它只是测量信度的下界的一个估计值。即当 α 值大时，测验的信度一定高；但当 α 值小时，却不能断定测验的信度不高。

用库德—理查森信度系数和克伦巴赫 Alpha 系数所求得的信度通常比分半信度低。因为在把题目分成两半时，人们总是尽量使两半题目具有可比较性，因此相关系数相对较高。

以上这些公式并不适用于速度测验，因为只有每个人都做完全部题目，题目的方差才是准确的。

3. 因素分析

有些测量学家认为因素分析是决定测验同质性的最好方法。特别是当测验明显测量的是几个不同的特质时，因素分析是被广泛采用的一种方法。

因素分析方法最初是由心理学家斯皮尔曼在研究智力理论时提出来的，后来发展成为一种复杂的统计技术，用于确定一组变量间的相互关系最少需要几个因素来解释。因素分析可以帮助测验编制者建立一个有分量表的测验,以便测量不同的特质。如果因素分析使用正确,这些分量表就是内部一致并相互独立的。这些特征就是由因素分析的性质保证的,因此因素分析在测验的建构过程中具有重要价值。

因素分析的具体方法是:先建立每个被试在每个题目上得分的资料矩阵,再建立所有题目之间的相关矩阵,然后对每一组有相关的题目命名一个因素。

因素分析的数学演算是以矩阵代数作为基础的,过程极为繁复,若以人力和纸笔去计算,不但耗时耗力,而且容易发生错误。所以此种方法虽已有半个多世纪的历史,但一直没有被广泛应用。在最近几十年中,借助现代计算技术才得到较大发展。因此,一般研究人员不一定要了解因素分析繁复的演算过程,只要掌握其基本原理并能对计算机运算后输出的结果加以解释就可以了。

(三)注意的问题

内部一致性估计是有用的信度量数,因为它只施测一次,因此可以排除记忆和练习的效果。然而,这些方法也存在一些问题。

第一,它们只能用于测量单一概念的测验。

第二,内部一致性估计应用在速度测验上时,会出现高估现象。由于多数成就测验都混合了难度测验和速度测验,所以在这样的测验上使用内部一致性估计也可能产生高估现象。当然,它不会像纯粹速度测验那样被高估,但它们会高过测验所应有的信度。由于这个原因,我们在评价成就测验的信度时,不能仅仅依靠内部一致性方法来评估,还应该使用其他信度估计方法,比如重测信度或复本信度。

五、评分者信度

显然,不同类型的信度在误差方差中所包括的因素有所不同。误差方差有时包括时间的波动,有时指平行项目之间的差异,有时又包括项目间的不一致性。现在大多数测验都提供标准化的施测和评分程序,因此由这些因素造成的误差方差可以忽略不计。但是,对一些无法完全客观计分的测验来说,评分者之间的变异就变成误差来源之一了。比如,创造性思维测验和人格投射测验,在评分时就有主观判断成分。对于这类测验,除需要通常的信度估计外,还需要评分者信度的度量。

评分者信度指的是,多个评分者给同一批人的答卷评分的一致性程度。考察评分者信度的方法是:随机抽取相当份数的试卷,由两位评分者按计分规则分别给分。然后根据每份试卷的两个分数计算其相关系数,即得评分者信度。一般要求在成对的受过训练的评分者之间平均一致性达到 0.90 以上,才认为评分是客观的。

当大于 2 个评分者评多个对象,并以等级法计分时,若评分中没有相同等级出现,则可以采用肯德尔和谐系数作为评分者信度的估计。公式如下:

$$W = 12\frac{\sum_{i=1}^{N} R_i^2 - \frac{\left(\sum_{i=1}^{N} R_i^2\right)^2}{N}}{K^2(N^3 - N)}$$ (公式 3-10)

式中，K 为评分者人数，N 为被评分对象的人数，R_i 为第 i 个被评分对象被评的水平等级之和。

当评分者为 3~20 人，被评分对象为 3~7 人的小样本时，可利用《肯德尔和谐系数显著性临界值表》来考察 W 是否达到显著水平。如果求得的 W 值大于表中所列的相应数值，就说明评分是较为一致的。

当被评分对象大于 7 时，则可计算 χ^2 值，作 χ^2 检验，如果 χ^2 值达到显著水平，则 W 也算达到显著水平。

六、信度系数及其估计方法总结

表 3-1 和表 3-2 总结了几种类型的信度系数及其估计方法。

表 3-1　测试次数和复本数量与信度估计方法

测试次数	复本数量	
	1 份	2 份
1 次	分半信度 同质性信度 评分者信度	复本信度（同时测试）
2 次	重测信度	复本信度（延时测试）

根据表 3-1 可知，不同类型信度估计所需的测试次数与复本数量可能存在不同。在选择信度类型时，要考虑到实际所需的测试次数和复本数量。

表 3-2　各种信度系数相应的误差方差的来源

信度类型	误差方差来源
重测信度	时间取样
复本信度（同时测试）	内容取样
复本信度（延时测试）	时间与内容取样
分半信度	内容取样
同质性信度	内容异质性
评分者信度	评分者之间差异

根据表 3-2 可知，不同类型信度的误差方差来源不同，这直接影响到信度估计值的高低。在一般情况下，延时测试的复本信度值最低，因为很多因素有机会影响到分数。相反，校正过的分半信度，因为影响因素少，所得的信度估计值最高。

估计信度的方法远不止以上几种。实际上，有多少种误差来源，就有多少种估计信度的方法。一个测验哪种误差大，便应该用哪种误差估计。有时一个测验需要有几种信度系数，这样我们就能把总方差分为不同的分支。

最后还要说明一点，信度虽然是测量的特性，但不能笼统地讲某个测验的信度有多高。只能说在特定的条件下，用于特定的团体，采用特定的方法所得到的某个测验的信度系数是多少。也就是说，信度与特定的情境相关。

第三节　影响信度的因素

一、影响因素

测验信度是测量过程中产生的随机误差大小的反映。随机误差大，信度就低；随机误差小，信度就高。因此，在测量过程中凡是能引起测量随机误差的因素都会影响测验信度。下面介绍几个影响测验信度系数的重要因素。

（一）被试因素

就单个被试而言，被试的身心健康状况、应试动机、注意力、耐心、求胜心、作答态度等都会影响测量信度。

影响信度系数的另一个重要因素是用来确定信度的样本团体的特性。就样本团体而言，整个团体内部的异质程度及团体的平均水平都会影响测量信度。这是因为，我们所计算的信息估计值大都是以相关为基础的，而相关系数的大小往往取决于全体被试得分的分布情况。而分数的分布与团体的异质程度有关。一个团体越是异质，其分数分布的范围也就越大，信度系数也就越高。这样就很可能会高估实际的信度值。而当团体内部水平相差不大时，其得分分布必定较窄，这时以相关为基础计算出来的信度值必然较小，这就有可能低估实际的信度值。

由于信度系数与样本团体的异质性有关，所以我们在使用测验时，不能认为当该测验在一个团体中有较高的信度时，在另一个团体中也有较高的信度。此时，往往需要重新确定测量的信度。

研究表明，信度系数不仅受样本团体的异质程度的影响，也受样本团体平均水平的影响。因为对于不同水平的团体，项目具有不同的难度，每个项目在难度上的变化累积起来便会影响信度。但这种影响不能用数学公式推测，只能根据经验推测。

由于信度系数与样本团体的异质程度和平均水平有关系，因此在编制测验时，应把常模团体按年龄、性别、受教育程度、职业、爱好等分为更同质的亚团体，并分别报告每个亚团体的信度系数，这样测验才能适用于各种团体。

（二）主试因素

就主试而言，若不按指导手册的规定施测，或通过指导语等给被试以暗示、协助等，则测量信度会大大降低。

同时,如果评分者没有统一的标准答案或评分标准,各自凭主观评分,也会降低测验的信度。实际上,测验的信度不可能比计分的信度高。如果计分者对答案正确的计分一致性很低,即使一个测验再好也不可能有高的信度。事实上,如果还存在其他降低信度的误差,信度就会更低。因此,计分的客观性特别重要。计分程序的改进,会使信度大为改进。

（三）施测情景因素

在实施测验时,测验现场条件,如通风、温度和光线情况以及考场的噪声、桌面好坏等都会影响到测验的信度。

（四）测量工具因素

以测验为代表的测量工具是否性能稳定是测量工作成败的关键。一般来说,题目的数量、测验的难度及题目之间的同质性程度等都是影响测验稳定性的因素。

1. 试题的数量

在其他因素都相同的情况下,测验题目的数量也会影响信度。题目越多,信度越高。一部分原因是在题目数量增加的同时,组内被试的潜在差异也会更多地表现出来。与短测验相比,较长的测验对被试的知识或能力进行了更一致的取样。

增加测验题目是提高测验信度的最有效的途径之一,但测验题目并非越多越好。增加测验长度的效果遵循"报酬递减律",测验过长是得不偿失的,有时还会引起被试的疲劳和反感而降低可靠性。同时,只有当增加的测验题目与原有的题目质量相近或更高时,才能提高信度。加入低质量的题目只能降低信度。

因为总测验包括的题目数量要比任何分测验都多,所以总分通常具有更高的信度。

2. 测验的难度

难度很低或很高的测验都不能测量个体间的差异,因为被试的回答都倾向于一致。当方差很低时,信度通常也会很低。

难度太大的测验除了会降低分数的方差,还可能引起猜测,从而制造出随机误差,导致低信度。

3. 题目的同质性程度

题目的同质性程度对测验信度也具有较大影响。当一份测验中的同质性题目数量增多之后,同一心理特质被测验的次数就会增多,被试的成绩就能被有效拉开,整个团体的测验分数分布就会更广,从而提高测验的信度。相反,如果一个测验内部的试题之间彼此异质,则无法使测量的内部一致性系数提高。

（五）两次施测的间隔时间

在计算重测信度和稳定性与等值性系数时,两次测验相隔时间越短,信度值就越大;间隔时间越长,其他因素带来影响的机会越多,信度值就可能越小。

二、信度多高才是可信的

一个信度系数必须多高？这个问题的回答取决于测验的用途。有人提出信度在0.70到

0.80 的范围内足以满足基础研究中的多数目的。在很多研究中,我们试图获得的仅仅是两个变量是否相关的近似估计。在研究中只有测量可信的时候我们才去估计两个变量之间的相关系数。如果结果看上去很有希望,那么花费额外的时间和金钱使研究工具更加可信才是恰当的。有人甚至认为把研究工具精确到超过 0.90 的信度是在浪费精力和时间。尽管信度越高越好,但更多的负担和花费可能并不值得。

但在临床应用中,高信度是极为重要的。当测验被当作关系人们前途的重要决策的依据时,就必须把测验分数中的误差减到最小。这时,一份信度达到 0.90 的测验可能还不够好,应该尽力去找到一份信度超过 0.95 的测验。

一般来说,人格、兴趣等类型的测验的信度一般会低于能力类型的测验。艾肯(L. Aiken)于 1994 年对以往研究资料进行了总结,得到正式报告的各种测验的信度数据范围,见表 3-3。表中的数据只是总结了某个时间段的相关研究结果,而且只能从表中的数据看出各种测验类型信度估计值之间的相对大小,不能把其中的数据作为绝对参照标准。

表 3-3 正式报告的各种测验的信度数据范围

测验类型	信度系数		
	低	中	高
学业成就测验	0.66	0.92	0.98
学术能力测验	0.56	0.90	0.97
特殊能力倾向测验	0.26	0.88	0.96
人格测验	0.46	0.85	0.97
兴趣测验	0.42	0.84	0.93
态度测验	0.47	0.79	0.98

三、提高信度的常用方法

通常,测验编制者想让他们的测验在实际中被应用,但分析却显示测验的信度不够。这时就需要采用一些能够提高测验信度的方法了。下面介绍一些提高测验信度的常用方法。

(一)适当增加测验题目的长度

适当增加题目数量会提高信度。但在测验中增加题目可能是一个持久而昂贵的过程。当加入新的题目时,测验必须被重新评定,这样的结果可能使信度仍低于可被接受的水平。此外,加入新的题目代价昂贵而且会使一份测验过长,以至很少有人能耐心做完它。况且,测验题目过长也不一定会使信度提高。那么测验必须达到多长才能使之达到一个期望的信度水平呢?关于这个问题可以采用斯皮尔曼—布朗预测公式来计算,其公式为:

$$N = \frac{r_d(1-r_o)}{r_o(1-r_d)} \qquad (公式 3\text{-}11)$$

式中,N 指为达到期望的信度水平需要几个原测验的长度,r_d 指期望的信度水平,r_o

指根据原测验观察到的信度水平。

增加测验题目的决策必须基于经济的和实际需要来考虑。测验编制者需要回答的问题是：是否值得为达到这一目标花费额外的时间、努力和费用。如果测验是用来进行人事决策的，那么忽视任何提高信度的努力都可能是危险的。但是，如果测验仅仅是用来得到两个变量是否相关的一种意见，那么这种花费可能就不值得了。

在使用预测公式时所作的一个假设是加入题目的误差几率与测验中原题目的误差几率是相同的。但是，有时加入题目会带来新的误差来源。例如测验过长，被试的疲劳就成为一种主要的误差来源。

另外还有一点，在增加测验题目时，必须保证新增题目与测验中的原有题目同质。

（二）因素分析和鉴别力分析

测验的信度依赖于所有题目测量的是同一种特质。尽管我们总希望以这种方式建立测验，但常常发生有些题目并非测量的是同一种特质的情况，这些题目会降低测验的信度。这时为了保证题目测量的都是同一种特质，我们可以采用因素分析和项目分析来删除非同质题目，以便提高测验信度。

在做因素分析时，由于测验在单一层面是最可靠的，它意味着有一个因素比其他因素更能解释大部分变异，因此在这一因素上没有负荷的题目就可以考虑删除。

鉴别力分析是项目分析的一种形式，它主要是鉴别分析每一题目与测验总分之间的相关性。当一个题目的得分与测验总分的相关性较低的时候，这可能意味着这一题目可能测量的是某种不同于测验中其他题目的内容，也可能意味着这一题目太简单或太难，以致人们在反应上没有差别，无论是哪一种情况，低相关性都表示这个题目降低了信度，有必要把它删除。

（三）弱势矫正

对于我们所测量的特质之间的相关关系需要进行弱势矫正。低相关性是心理学研究和实践中的一个真正问题，因为它减少了找到测量特质之间显著相关的机会。我们知道，如果一份测验不可靠，那么由它获得的信息就几乎没有价值。因此，我们说测量的特质之间的潜在相关被测量误差削弱了。

不过现在已经有公式可以矫正因测量误差引起的相关弱势，利用这些公式我们就可以估计如果没有测量误差，两个测量特质之间的相关会是多少。关于这些公式可以参考相关的统计书籍，这里就不再详述。

（四）控制测验题目的难度

在编制测验时应使所有测验题目的难度接近正态分布，并将难度控制在中等水平。若满足上述两条件，样本团体的得分分布就也会接近正态分布，且标准差较大，以相关为基础的信度值就必然会增大。

（五）选取恰当的样本团体

由于所有样本团体的平均水平和内部差异情况均会影响测量信度，所以在检验测验的信度时，一定要根据测验的使用目的来选择被试。在编制和使用测验时，一定要弄清楚常模团体的年龄、性别、受教育程度、职业、爱好等因素。在一个特别异质的团体上获得的信度值并不等于其中某些较同质的亚团体的信度值。只有各亚团体上的信度值都合乎要求的测验才具有广泛的应用价值。

第四章　心理测验的效度

评价一个心理测验的质量指标有很多，除上一章提到的信度之外，另一个重要指标是效度。信度提供的是测量结果是否稳定，效度提供的是测量结果是否准确。

第一节　效度概述

一、两个问题

想要知道什么样的心理测验是好的，是可用的，就要回答以下两个问题。

第一，测验测出了它想要测量的东西了吗？

第二，测验对它所测量的东西测量到了什么程度？

如果对于上述两个问题的回答是"否"和"低"，那么无论它有什么其他优点，这个心理测验都是不可用的。

二、什么是效度

（一）效度的含义

效度（validity）是指一个测验或量表实际能测出其所要测的心理特质的程度。

上一章提到过，总方差可以分为三个部分：由所测量的心理特征引起的有效方差，或是与所测量的心理特征有关的共同因素所引起的方差；由与所测量的特性无关的其他稳定特性所造成的方差（系统误差的方差）；随机误差的方差。

在所有的方差中，只有由所观察的心理特性引起的方差部分才是真正要测量的东西，它在总方差中所占的比重就是效度的大小。所以说，效度是总方差中由所测量的特性造成的方差所占的百分比，用公式表示如下：

$$r_{XY}^2 = \frac{S_V^2}{S_X^2}$$ （公式 4-1）

式中，r_{XY}为效度系数，S_V^2为与测量目标有关的真分数方差，S_X^2为观察分数方差。

（二）效度的性质

1. 效度是针对测验结果而言的

一般来说，进行测验后所得结果的真实与否是人们最为关心的问题。例如，当对个体施测创造性思维能力测验时，个体首先会提出"这个测验有效吗？"这样的问题。实际上，他们是在问："这个测验真的能测出创造性思维能力吗？测验的结果真的代表我的创造性思维能力水平吗？"可以看出，测验的有效性是针对测验结果而言的，测验效度即测验结果的有效性。

2. 效度是针对特定的测量目的而言的

测验都是为了特定的目的而开展的，不具有普遍性。也就是说，测验都是为了特定的目的而设计的，没有一种对任何测量目的都有效的测验。例如，《韦氏智力量表》是测量智力水平的，它对人格的测量就缺乏有效性，所以在描述和评价一个测验的效度时，必须考虑到这一测验的特殊用途。

3. 效度只是程度上的差异

心理特质是较隐蔽的特性，只能通过个体的行为表现来进行推测，因此，心理测量不可能达到百分之百的准确，而只能达到某种程度上的准确。不过由于任何一个量表的编制都有其目的，所以在正常情况下，一个量表的效度也不会为零。效度只有程度上的差别，而不是"全"或"无"的差别。在对效度进行评价时，我们不能说某个测验结果"有效"或"无效"，而要在考虑到其用途的基础上，用"高效度""中等效度"或"低效度"来对它进行评价。

根据效度的性质可以看出，效度实际上是个相对的概念，即相对于某种特殊用途，具有较高或较低的效度。有时评估者会说某一测验是一个"有效度的测验"，然而这句话的真正含义是：这个测验在特定的人群、特定的时间等特定的使用条件下是有效的。如果一旦超出这一界限，测验的效度可能就会受到质疑。一个测验的效度必须不断地被验证，不断搜集、积累、整合效度资料。

三、效度与信度的关系

（一）信度高是效度高的必要而非充分条件

对于信度与效度的关系，有以下几种组合：高信度高效度、高信度低效度、低信度低效度。

从信度与效度的定义可以看出信度与效度的这种关系。效度为$r_{XY}^2 = S_V^2/S_X^2$，信度为$r_{XX} = (S_V^2 + S_I^2)/S_X^2$，因此信度的提高只给$S_V^2$的增加提供了可能性，至于是否能提高效度还要看$S_I^2$的大小。可见信度高并不一定效度高，但一个测验要想使效度高，则信度必须高。

（二）测验的效度受信度的制约

从统计学上来讲，信度与效度还存在着一定的数量关系，效度和信度的关系用公式来表示就是：

$$r_{XY} = \sqrt{r_{XX}r_{YY}} \qquad (公式4-2)$$

式中r_{XY}表示预测工具 X 和效标工具 Y 之间可能的相关关系最大值，r_{XX}表示预测工具 X 的信度系数，r_{YY}表示效标工具 Y 的信度系数。

从公式可以看出，无论是预测工具 X 还是效标工具 Y 的信度降低，可能的最大效度都会随之降低。

第二节 效度的种类与估计方法

效度有多种不同的分类方式，最常用的分类方式是，根据效度验证证据的来源，把效度分为：内容效度、效标关联效度、结构效度。这三种效度是密不可分的。经典的效度概念是一种"三位一体"的观点。结构效度越来越多地被认为是所有效度证据的集合体，所有的效度证据，从内容效度到效标关联效度都被认为是在结构效度这把"雨伞"之下的。

一、内容效度及其估计

（一）含义

内容效度研究的目的是，要评估测验题目是否充分代表了所要测量的内容范围，即测验题目对有关内容或行为范围取样的适当性，它所关注的是测验的内容方面。在成就测验和职业测验中，应测的内容和行为的领域都有比较明确的界定，内容效度的验证就相对比较重要，也比较容易。在人格测验和兴趣测验中，应测的内容和行为的领域界定不明显，内容效度的验证也就比较难。在内容效度定义中，最关键的因素是测验的内容范围。所有测验的内容范围均有两个特性：一是边界性，这保证了测验题目对内容范围的代表性；二是结构化，将内容范围分为几类，是为了能够与具体测验题目的结构相对照。

（二）内容效度的估计方法

1. 专家评定法

专家评定是一种确定内容效度的典型程序，它要求一组非常熟悉所测量的内容领域的独立的专家判断测验对所研究领域的取样是否具有代表性，通过这些评定资料来确定一个测验的内容效度。

在这个评定过程当中，如果没有数量化的指标可用于描述测验题目与内容范围的符合程度，或者各专家具有不同的观点，对同一内容范围侧重点有不同看法，则都会影响到对内容效度的判断。这就涉及评定者信度问题，因此，有时也会把评定者信度作为估计内容效度的一个指标。

建立和提高测验的内容效度，从一开始就要选择合适的题目。对于教育测验，在准备项目之前，应该全面地、系统地检查有关的课程大纲和教材，并且征求学科专家的意见，根据所收集的资料编制"双向细目表"。双向细目表应该说明测验要包括的内容领域或主题、要测验的教学或行为目标、以及各自的相对权重。双向细目表还应该指出每个主题所要准备的每类题目的数量。

编制好双向细目表、明确规定了应测领域后，就可以根据每个部分的权重来确定这个部分的题量、分数值，再根据这些权重随机抽取测验题目。在抽选测验题目时，还必须考虑到统计上的特殊要求，抽选测验题目并不是完全随机的，还要在随机抽选的基础上进行综合平衡。

双向细目表除可以提高测验的内容效度以外，还可用来克服专家评定方法中存在的一些不足。例如，要求专家根据明确细致的双向细目表来判断测验的内容效度，这可以避免由于各人的观点、侧重点不同所带来的判断不一致。

在讨论教育成就测验的内容效度时，应该说明如何保证测验内容的代表性。假如专家一起参与编制测验，则应该说明专家的数目和专业资格；假如专家作为题目分类评判者，则应该说明专家之间的一致性程度、专家咨询的时间，还应该说明所研究的教材和课程大纲的数量、性质以及出版时间。

2. 统计法

第一种方法是克伦巴赫法。编制两个取自同样内容范围的独立测验，然后计算测验的复本信度。如果相关较高，我们可以把它作为评估测验内容效度的一个证据；如果相关较低，则说明在两个测验中至少有一个缺乏内容效度。

第二种方法是重测法。首先给一组被试进行前期测量，他们必须对测验所包括的内容知之甚少，然后让这组被试学习有关课程内容，结束之后再进行后期测量。若后测成绩有很大提高，则说明测验确实测量了所教授的内容，即测验内容效度较好。

（三）应用注意事项

内容效度比较适合于评价成就测验，它能回答教育成就测验效度的两个基本问题，其一是该测验覆盖了规定的知识和技能的代表性样本吗？其二是测验成绩不受无关变量的影响吗？内容效度分析尤其适合于内容参照测验。因为内容效度是有效使用这种"以内容意义来解释测验成绩"的内容参照测验的必要条件。然而全面评价内容参照测验的有效性还需要其他类型的效度证据。

内容效度分析也适用于某些对员工进行选拔和分类的职业测验。当测验内容是取自实际工作，或者是实际工作所需要的知识和技能时，以内容效度作为效度证据是合适的。在这种情况下，应该进行彻底的工作分析，以便证实工作活动和测验之间的相似性。

能力倾向测验、人格测验与成就测验不同，它们不是根据指定的教学课程或统一的先前经验来抽取内容的。因此，在能力倾向测验和人格测验中，在对相同的测验题目做出反应时，被试使用的作业方法或心理过程可能大不相同。同一个测验可能测量不同个体的不同机能。在这种情况下，实际上不可能从检查测验内容来确定测验所测量的心理机能。所以，对于能力倾向测验和人格测验来说，内容效度分析通常是不合适的，事实上甚至可能被误解。虽然在开始编制任何测验时都应该考虑内容的恰当性和代表性，但是能力倾向测验或人格测验的最终效度分析，需要用其他方法。比起成就测验来，这些测验与所取样的行为领域的内在相似性要低一些。所以，能力倾向测验和人格测验的内容只能显示某些假设，而这种假设指导测验编制者去选择某种内容来测量规定的特质。为了建立测验效度，需要在经验上证实这类假设。

二、效标关联效度及其估计

（一）含义

1. 效标关联效度与效标

效标关联效度是指测验分数与某一外部效标间的一致性程度，即测验结果能够代表或预测效标行为的有效性和准确性程度。要理解这个概念需要先理解"效标"这个概念。

效标即效度标准，是指独立于测验结果，反映测验目的的行为参照，也称效标行为。之所以要以效标为参照验证测验效度，是因为人的心理特质是无法直接被测到的，只能以某种能代表所要测量的特质水平高低的外显行为作为替代，计算测验分数与效标行为间的一致性程度，以此作为测验的效度证据。

2. 效标的选择与效标的测量

对于效标这个概念，很重要的一点就是"独立于测验结果"。举例来说，测量个体工作绩效的测验可以用所在单位对其绩效评估的结果作为效标，但所在单位绩效评估的依据并不是这个工作绩效测验，而是其他形式，否则两者就不是独立的。如果所在单位依据此工作绩效测验作出判断，而又被用作效标，这种情况称为效标污染。人们选择效标的目的是以效标为参照标准，计算、测验、测量相应特质的准确性程度，而效标一旦受到污染，效度就会出现偏差。

从操作上来说，效标可以是大部分的事物，没有硬性规定说一个效标应当由什么构成。它可以是一个测验分数、一个或一组具体的行为、一定量的时间、百分率、精神病学诊断、培训的费用、缺勤率等。无论效标是什么，理想的效标应当具有相关性、有效性、无污染、客观性和实用性。

由于效标是衡量测验是否有效的标准，因此能否找到合适的效标会直接影响我们对一个测验的效度的评定。一般来说，效标的选取要满足以下几个条件。

第一，相关性，即效标与目前所评价的事物有相关，并适合用这一效标来度量。假如我们在评价一个数学测验的效标关联效度时，我们不能用学生在历史测验上的得分作为效标，除非有证据表明数学学习与历史学习直接相关。

第二，有效性，即效标与所代表的特质间应是高度一致的。如果一个测验A被用来作为测验B的效标，那应当有证据表明测验A是有效的，也就是说测验A同时具有较高的信度与效度。

第三，无污染，效标的度量不是基于或者部分基于正在评价的测验的结果的。假如我们在评价一个焦虑测验的效标关联效度时，我们就不能选择根据在这一量表上的得分或部分根据在这一量表上的得分所筛选出来的病人作为效标。

第四，客观性，由于效标往往是依据主观经验评定的，所以避免主观偏见尤其重要。

第五，实用性，在保证有效性的前提下，效标要尽可能简单、可操作。

（二）效标关联效度的估计方法

1. 同时效度与预测效度

效标资料和测验结果可以同时获得，也可以间隔一段时间后获得。依据效标资料获取时间的不同，可将效标关联效度分为同时效度和预测效度。

同时效度指测验与同时获得的效标资料的一致性程度。比如检验一个考试焦虑测验是否能够有效地把考试焦虑的人从正常人当中区分出来，就是一个获得同时效度的过程。

预测效度指测验结果对效标行为的预测程度。此种效度的效标测量通常在未来一段时间之后——在这段时间里通常有某种"干预性"的事件发生，这种干预性的事件可以多种多样，比如训练、经历、课程，或者仅仅是时间的流逝。我们可以用创造力测验的结果预测一个人会不会成功，用情绪稳定性测验预测一个人会不会患神经症状等，预测的准确性程度都可称为预测效度。

可以看出，同时效度与预测效度的目的不同。同时效度用于表明测验测量现有的某种能力或特质的有效性，即描述当前状态时的有效性；而预测效度则表明测验对某种行为预测的有效性。

2. 计算方法

估计效标关联效度的方法有很多，根据效标测量所得数据的性质、效度证据的不同用途，效标关联效度有不同的计算方法。

（1）相关系数法

相关系数法是一种最常用的计算效标关联效度的方法，计算测验分数与效标分数之间的相关系数,这个系数又称效度系数。由于测验分数和效标分数的数据性质不同,相关系数的计算方法也不同,主要有积差相关、点二列相关、二列相关、多列相关、四分相关、Φ相关等。从相关系数的大小可直观地看出效度的高低。相关系数的平方称为决定系数,表示两个变量中共同方差的比例,也就是一个变量的方差由另一个变量决定的比例。比如,一个测验的效度系数为0.74,这说明效标分数的方差中有54.76%可由测验分数来解释,因此测验的效度是较满意的。

(2) 分组检验法

人们通常根据被试在效标上的表现将他们分为成功与不成功、合格与不合格两类。如果根据效标行为将被试分成了两个组,而两组的测验分数又有显著差异,则说明测验分数能把在效标上表现好与不好的被试有效地区分开来,测验就是有效的。而如果两个组的测验分数无差异,则说明测验是无效的。

(3) 取舍正确率

有时测验的目的是为了选拔和鉴别出能力或心理特质水平高的被试,以利于人员录用、安置和诊断。这时测验使用者一般是根据测验分数将被试分成合格与不合格、达标与不达标两类。当测验用于这一目的时,测验的效度就表现为依据测验分数对被试做出的分类,与根据被试的实际工作表现(即效标上的表现)所做出的分类的一致性程度。这时测验的效度就是分类决策的取舍正确率,即命中率。

命中率的计算方法是,先根据测验的临界分数将被试分为合格与不合格两类,再根据效标将被试分为合格与不合格两类,这样被试就被分成了四类:在测验分数和效标分数上都合格的(A);在测验分数上合格而在效标分数上不合格的(B);在测验分数上不合格而在效标分数上合格的(C);在测验分数和效标分数上都不合格的(D),如表4-1所示。

表 4-1 分类决策的正确性

		效标分数	
		合格	不合格
测验分数	合格	正确接受(A)	错误接受(B)
	不合格	错误拒绝(C)	正确拒绝(D)

在实际计算测验的效度时,要统计出四类被试的人数(A、B、C、D 各类的人数)。再计算分类决策的总命中率和正命中率。

$$总命中率 = \frac{正确接受(A)的人数 + 正确拒绝(D)的人数}{总人数} \quad (公式4-3)$$

$$正命中率 = \frac{正确接受(A)的人数}{正确接受(A)的人数 + 错误接受(B)的人数} \quad (公式4-4)$$

取舍正确率的优点是易于理解,实施方便,其缺点是只考虑到临界点附近分类决策的有效性，而不像效度系数那样在整个范围内都提供了测验分数与效标分数的关系。另一问题是依测验分数所做出的分类对刚刚低于临界分数的被试很可能是不公平的，尤其是当临界点附近的被试较集中时，这一问题就更为突出。而在使用效度系数进行观测时，由于考虑了估计的标准误，就在一定程度上避免了这一问题。因此在做分类决策时，确定临界分数一定要慎重。

三、结构效度及其估计

（一）含义

结构效度又称构念效度，是测验能说明心理学上的理论结构或特质的程度，或用心理学上某种特质结构来解释测验分数的恰当程度。其中，特质结构是指用来解释人类行为的理论框架，它是心理学中抽象的假设性的概念、特质或变量。

心理学上的特质结构都是非常抽象的，但通过对一些外显行为的观察，可以对个体拥有某种心理特质的程度作出推断，也可以使用系统的程序通过个体的典型行为将其拥有某种特质的程度数量化。比如创造力，是个体的心理过程，是非常抽象的心理结构，但是它可以通过冒险性、好奇性、想象力、挑战性等方面表现出来，并且可以通过一定的工具进行一定程度的数量化。

心理学使用特质结构的目的在于通过揭示特质结构与具体行为、特质结构与特质结构之间的关系，以更好地解释和预测人的行为。特质结构总是与一定的理论相关的，比如智力、人格、特殊能力等都是有特定含义的特质结构，由于人们所持的理论观点不同，就会对这些概念有不同的理解。在心理学发展的百年历程中，对这些概念都是在不断修正，且不同学派的学者会有不同的解释。因此对同一特质结构也就有不同的测量方法。但无论怎样去测量，对一种特质的测量结果必须与该特质的理论解释相符合。

结构效度关注心理学理论在测验编制中的作用，也关注所提出的研究假设的需要。同时结构效度也促使人们去寻找收集效度资料的新方法。

（二）结构效度的估计方法

由于结构效度是根据理论的推导而构想出来的，无法直接去证明，而只能根据理论构想建立假设并用事实验证假设以获得关于这个特质结构的证据，因此，对于一个特质结构可提出多方面的假设，并使用多方面的证据去证明它。这就使对结构效度的确定不依赖于单一的指标。事实上，结构效度的确定是一个多方面的资料长期累积的过程。任何阐明所考虑的特质性质的资料，以及影响该特质发展和表现的条件，都是结构效度的证据。

结构效度的资料可分为两大类：一类是有关测验内部结构的资料，如测验的内部一致性、测验的因素结构、测验与效标行为的一致性、测验与同类测验的相容性及不同类测验的区分性等；另一类是有关测验所测量特质结构的影响因素的动态资料，如所测量的心理特征因时间变化而变化、群体差异及在教育、训练的影响下发生变化的资料。以下是一些能够反映测验效度的资料。

1.专家判断分析法

专家判断分析法是指通过相关领域专家从特质结构的角度进行分析判断,认定测验的内容是关于某特质的测量。专家判断的过程虽然主要依靠专家的专业经验,但同时研究者也需要就判断的具体过程进行设计,以尽量减少专家主观随意性的影响。例如,经常用于专家评定的德尔菲法就是一个比较好的设计。

2. 内部一致性

内部一致性可以用来衡量测量的同质性。同质的测验其各个题目之间、题目与总分间都有正的相关,这就是说题目在测量同一特质结构上是一致的,同质性高能表明测验有较高的结构效度。计算同质性的方法有分半法、克伦巴赫 Alpha 系数法、分测验与测验总分相关法。内部一致性有助于描述测验所取样的行为领域或特质,测验的同质性程度就同测验的结构效度有某种关系。然而,内部一致性资料对于测验效度的作用十分有限。在缺少测验本身的外部资料时,关于测验到底测量什么,还知之甚少。因为 Alpha 系数高未必代表量表一定是单维度的。由于 Alpha 系数是题目协方差的函数,而且题目间的高协方差可能是不止一个公共因素的结果,因此不应理解成是对测验单维度的测量。所以 Alpha 系数可以解释为测验分数中能用题目若干潜在因素来解释的方差比例的下限。

3. 与其他测验的相关

一个新测验与类似的旧测验之间的相关,有时可以用来证明新测验与其他类似测验大体测量相同的领域。这些旧测验一般是公认的、具有较高结构效度的权威测验。与权威测验的相关系数又称相容效度。需要指出的是,如果新测验与已有的测验相关很高,但没有另外的优点,例如题目简洁或易于实施,那么就没有必要编制这个新测验。

4. 发展变化

(1) 年龄产生的发展变化

在一些传统的智力测验中,效度分析的一种主要效标是年龄差异。因为一般认为各种能力在儿童期随年龄而增长,因此如果测验有效,测验分数也应该随年龄而增加。但应当注意的是,年龄差异效标不适合那些没有表现出明确的、与年龄变化一致的机能,例如人格。人格测验很少使用年龄差异。此外,年龄差异也只是效度的必要条件,而不是充分条件。因此如果测验分数没有随着年龄而增加,这个结果也许说明测验没有有效测量到智力,该测验的效度可能有些问题。另外,如果证明测验测量了随着年龄而增加的某种东西,这也并不能说明已经准确界定测验所包括的领域。身高和体重的测量结果也随年龄有规律地增加,但是它们显然属于智力测量。

(2) 教育与训练效应

有效的教育和训练会提高被试的某种特质水平,这种变化也应在测验分数中体现出来,表现为后测分数比前测分数的显著提高,如对学习障碍学生的思维训练计划产生的效应,对社交恐惧者的人际交往训练产生的效应等,都可作为相应测验的效度证据。

5. 因素分析

因素分析是确定心理特质的一种方法,因而特别适用于结构效度。因素分析本质上是分析行为资料相互关系的一种精确的统计技术。因素分析将为数众多的观测变量缩减为少数不可观测的潜变量,用最少的因素概括和解释大量的观测数据,从而达到简化观测数据、建立起简单结构的目的。因素分析所发现的因素是高度概括的,用它们能描述观测变量中的大部分信息,而且使观测数据更容易解释。

观测变量与因素间的相关,即变量在因素上的贡献量（因素负荷）,称为因素效度。因素效度越大,说明变量在该因素上越有效。

这里需要注意的是,因素分析对于数据结构、样本量、变量数目是有一定要求的。根据戈萨奇（R. Gorsuch）于1983年发表的观点,因素分析施测的样本量与测验的题目数比例不小于5:1,实际上这个比例能达到10~25倍最好,但是实际情况难以做到。如果能做到比例在5~10之间虽然也略显不足,但是结果已经很令人满意了,另外,因素分析的总样本量不要少于100。

上述主要是因素分析中的探索性因素分析,目的在于查明变量之间的结构,得到的只是有一定数据支持的客观化表达的主观模型。如果要验证这个结构是否具有一定的通用性,还需要进行验证性因素分析,用另外的样本数据计算与探索性因素分析得到的结构之间的拟合程度来说明结构的有效性。

6. 多特质—多方法研究

坎贝尔（D. Campbell）于1959年指出,为了证实结构效度,必须表明一个测验不仅与理论上应该相关的那些变量具有高相关,而且与理论上应该区别的那些变量具有低相关。坎贝尔与菲斯克（D. Fiske）把前者称为聚合效度,把后者称为区分效度。

坎贝尔与菲斯克提出一种适合对聚合效度和区分效度进行检验的方法,称之为多特质—多方法矩阵。这种方法是采用多种方法测量多种特质,并计算出不同测验结果之间的相关,形成相关系数矩阵。测量同一特质的不同方法之间的相关系数,被视为聚合效度的指标;而测量不同特质的同一种方法之间的相关系数,则被视为区分效度。一个结构效度较好的测验,应该同时具备较好的聚合效度和区分效度。

表4-2展示了用三种方法（方法1、方法2、方法3）来评估三种特质（特质A、特质B、特质C）的相关系数矩阵。在表4-2中,对角线数据表示用同一种方法对同一种心理特质进行测量所得结果之间的相关系数,它表示了测验的信度。下画波浪线的数字表示用不同方法测量同一心理特质所得结果之间的相关系数,它提供了测验的聚合效度证据。下画实线的数字表示用相同方法测量不同特质所得结果之间的相关系数,它提供了测验的区分效度证据。下画虚线的数字表示用不同方法测量不同特质所得结果之间的相关系数,它同样也提供了测验的区分效度证据。

表4-2 假设的多特质—多方法矩阵分析

	特质	方法1			方法2			方法3		
		A1	B1	C1	A2	B2	C2	A3	B3	C3
方法1	A1	0.89								
	B1	0.43	0.90							
	C1	0.36	0.32	0.88						

(续表)

	特质	方法1			方法2			方法3		
		A1	B1	C1	A2	B2	C2	A3	B3	C3
方法2	A2	0.62	0.03	0.20	0.92					
	B2	0.22	0.70	0.13	0.40	0.93				
	C2	0.10	0.12	0.63	0.21	0.28	0.86			
方法3	A3	0.58	0.10	0.02	0.62	0.21	0.22	0.95		
	B3	0.14	0.81	-0.15	0.12	0.59	0.22	0.32	0.94	
	C3	0.22	0.01	0.73	0.05	0.17	0.51	0.48	0.38	0.89

7. 结构方程模型

结构方程模型是一种验证性的统计技术，可帮助研究检验已建立的理论假设，分析多个变量间复杂的因果关系。结构方程模型由验证性因素分析模型和因果结构模型两部分组成。可进行观测变量和潜变量的因果关系检验，及验证性因素分析等统计分析。结构方程模型在结构效度上可以考虑特质结构之间的关系和一个结构影响效标成绩的方式。结构方程模型可以计算特质结构之间典型的因果关系，检验假定的因果关系模型，而不是计算孤立的测量变量之间的因果关系。

8. 认知心理学上的证据

心理测量研究的一大发展趋势是与认知心理学结合。认知心理学认为应该把结构效度的估计看作一种实验，即把每一个测验题目看作一种实验处理，这些测验题目逐步经过适当的实验控制或处理后，将所得结果进行分析，才能了解测验的结构效度。虽然目前认知心理学与心理测量的结合尚处于起步阶段，但借助认知心理学深入到内部心理过程，揭示能力、人格等心理现象的实质是心理测量学的一个新的发展趋势。

（三）提高结构效度的方法

要确定一个测验的结构效度，首先要对这一结构做出理论上的构思和解释，包括对其进行明确界定，及解释其内部心理机制和与其他结构的关系等，意在将这一结构与可测量的经验事实建立联系。这类似于给某一特质下操作性定义。通过这一联系，人们就可以用经验事实对这一结构的理论解释做出验证。其次是通过测量和实验设计收集资料，对理论结构进行检验。

四、其他效度

（一）表面效度

表面效度是测验要求被试做的事情和被试对测验要测量东西的理解之间的互动。如果要求被试表现的任务在某些方面与他们对测验要测量的东西的理解之间存在相关，这个测验最有可能被判断为是表面上有效的。在技术意义上，表面效度不能算是一种效度，它并不是指测验实际上所测量的东西，而只是指测验表面上看起来所要测量的东西。但是表面效度本身也是一种合乎需要的测验特征。表面效度也影响在立法和司法决定中对于一项测验的可接受性,以及一般公众对于测验的评价。

表面效度会影响被试的测验动机。适当的表面效度会让被试感到测验是有意义的,也会更加配合测验实施,否则可能会草率应付。但当表面效度过高时,被试很容易识别出测验的目的,从而做出掩饰反应,产生虚假分数。因此适当的表面效度是必要的,测验题目要能引起被试的动机与兴趣,但是也要有较好的掩蔽性。

(二)合成效度与区别效度

合成效度与区别效度是职业心理学家发展出来的两个新的效标关联效度。它以职业表现为效标,根据工作分析的结果,确定该职业中不同工作项目所占的比重,分别求出测验分数与各工作项目之间的相关系数,再按不同的比重加权计算,即可得出合成效度,用以预测整个工作绩效。

某个心理测验的得分,与两种不同性质的职业绩效之间的相关系数的差异,可以作为该测验的区别效度,用以推测选择哪种职业成功的可能性更高。

另一种情况是,一套职业测验由多种分测验组合而成,可同时测量被试多方面的特质。如果该套测验组合的测验结果能明确地将被试在不同方面的特质区分开来,则认为该测验组合具有区别效度。

(三)内部效度与外部效度

内部效度又称内部一致性效度,它反映了测验的结构效度。这种方法的基本特征是,效标是在自身测验上的总分。内部一致性效标的用法之一是分测验分数与总分的相关。在编制测验时常常删除每个分测验上分数与总分的相关太低的分测验。剩余的分测验与总分的相关就作为整个测验内部一致性的证据。显然,内部一致性相关,无论根据题目还是根据分测验,本质上都是对同质性的度量。因为它有助于描述测验所取样的行为领域或特质,测验的同质性程度就与测验的结构效度有某种关系。然而,内部一致性资料对于测验效度的胜任十分有限,在缺少测验本身的外部资料时,关于测验到底测量什么,我们知之甚少。

外部效度就是指将研究结果概化到其他情景和总体的程度。如果研究数据仅在本实验背景下有效,那么这种研究是没有多大价值的,其外部效度就较低。在应用心理学研究中,外部效度是一个非常重要的概念,无论对于调查研究、实验研究还是其他研究形式来说,外部效度都是比较受到重视的,它对于一项研究的应用价值的大小有重要影响。

在心理测量中,为了提高测量研究的科学性和准确性,提高研究的内部效度,测量条件是经过严格控制的,与真实情境还有很大差距,这就限制了研究的外部效度。此外,由于某些因素没有得到应有的重视,使样本的概括范围和代表性受到了限制,也会降低研究的外部效度。目前,很多研究者都在致力于提高研究的外部效度,其中效度概化是外部效度研究的一个方面。

第三节　影响效度的因素

效度比信度更为重要，从一开始编制测验就应该注重提高测验的效度，尽量避免其他因素对效度的影响。影响效度的因素有很多，大体可以分为以下几种。

一、测验本身的因素

测验题目对测验目的的适合性、是否能测到所要测的特质，测验题目是否有合适的难度和较高的鉴别力，以及测量中产生的各种误差等都会影响到测验的效度。以下讨论的是在统计学上影响效度系数的两个因素。

1. 测验的长度

测验的长度会影响测验的信度，同时也会影响测验的效度。测验长度与效度的关系可用下述公式表示：

$$r_{(NX)Y} = \frac{r_{XY}}{\sqrt{(1-r_{XX})/N + r_{XX}}}$$　　　　（公式4-5）

式中，$r_{(NX)Y}$ 是长度相当于原测验 N 倍的新测验的效度系数，r_{XX} 是原测验的信度，r_{XY} 是原测验的效度系数，N 为倍数。在这里，原测验和新测验的效度系数是使用同一个效标计算出的。因此在实际编制测验时，如果一个测验的效度不理想，我们可以通过增加同质性题目的办法使测验的信度和效度达到一个较理想的水平。

2. 测验的信度

前面提到，测验观察分数方差可分解为真分数方差和随机误差方差，而真分数方差又可分解为与测验目的有关的有效分数方差和系统误差方差两部分。效度为 $r_{XY}^2 = S_V^2/S_X^2$，信度为 $r_{XX} = (S_V^2 + S_I^2)/S_X^2$，可见信度高并不一定效度高，但一个测验要想使效度高，则信度必须高。而且，所有影响测验信度的随机误差都会影响测验的效度。

二、效标因素

效标关联效度是用测验分数与效标间的相关表示的。两个变量间的最大相关小于等于两个变量信度之积的平方根，即 $r_{XY} \leq \sqrt{r_{XX}r_{YY}}$。这表明效度系数值受到三个方面的影响，即测验的信度、效标的信度、测验与效标之间真正的相关程度。测验的信度刚刚在上面有所论述，下面看看与效标有关的影响因素。

1. 效标的选择

一个测验有多少种具体用途，就可以根据多少种效标进行效度分析。效标选择不合适会直接影响对一个测验的效度的评定。

2.测验与效标之间的关系类型

计算效度系数一般采用积差相关法,这要求测验和效标分数的分布都呈正态,且二者是线性关系。但有时这一条件却不能得到满足,例如有时一个变量会随着另一变量的增大而增大,但到一定程度后,另一变量的增长速度越来越慢,从双变量散点图上可以看出,二者是呈曲线关系的。这时,如果用积差相关系数表示二者的关系,就会低估效度。测验分数和效标间还有可能存在更复杂的关系,因此要先通过双变量散点图,发现二者的关系类型,再选择合适的效度计算方法。

3.效标测量的信度

效标分数往往存在稳定性的问题,即在不同时间和情境中,同一个人的效标分数会有相当大的波动。另外,效标分数还会受测量方法的影响,使用不同的效标评定方法,其结果会有很大的不同,这些误差的存在使效标分数不能很好地代表相应的心理特质水平的高低。因此,我们可以对效标行为进行多次测量,求其平均值,作为比较可靠的效标分数。

三、样本的代表性

每种测验都有其适用范围,验证测验效度时所选取的样本要能代表测验适用的总体。如果选取的样本团体不是总体的代表性样本,所计算出来的效度系数就可能不是测验的真正效度。

在做效度验证时,选取样本过程中易犯的一个错误是:测验所选出的样本在某种心理特质的分布上不同于总体,也就是样本比总体更为异质或更为同质。常见的一个问题是由于预先选拔而引起对效度的低估。同样,由于选拔标准的变化,使得样本更为同质,也会引起效度系数随时间而变化。

四、干涉变量

由于一些无关变量的影响,测验在不同子团体中有不同的效度。这些变量,如年龄、性别、种族等,与所要测量的特质都是效标行为的影响因素,但在不同的子团体中,这些变量的影响强度不同,与所要测的特质间存在交互作用,这样的变量就称之为干涉变量。

当 C 变量的不同水平影响到 A 和 B 两变量间的关系时,C 就可以视为干涉变量。吉色利(E. Giselli)认为,当建立回归方程以测验分数预测效标分数,预测值与真实值相差较大时,或当在相同特点的子团体中计算效度系数,效度存在较大差别时,便可能发现干涉变量,将这个干涉变量用于预测性高和预测性低的子团体,就能证实其存在。

第五章 能力测验常模基础数据

第一节 中小学生团体智力测验

一、测验简介

1. 测验的基本信息

本测验是金瑜、李丹等以美国蒙泽特（A. Munzert）编制的《智力自我测验》（IQ Self-Test）为蓝本，经过在上海的试用修订而成的，为文字性质的"纸—笔"测验，适用于三年级至九年级的学生智力测查[1]。

2. 测验的结构

《中小学生团体智力测验》包括60道关于文字、图形、数字方面的选择题，主要测量中小学生的判断、推理、思维的一般能力，包含以下5个分量表。

（1）归类求异：给出一组五个对象（词或图），其中4个可归为一类，或有共同特征，只有一个最不同于其他4个，要求学生通过抽象概括找出其中最不同的一个。属于这类的题目有1、4、8、10、13、16、19、22、25、29、31、33、37、39、41、45、46、49、51、55、58，共21题，占全部60道题目的35%。

（2）类比推理：这类题目是一般智力测验中常用的题目，如A对B好比C对（　）。内容有词（对象）或图形等，要求先概括出前两项的关系，然后根据这种关系找出后面两项的另一项。属于这类的题目有3、5、7、9、11、14、17、20、23、27、30、35、38、43、47、50、53、57、59，共19题，占全部60道题目的31%。

(3) 数学运算：不需要高深的数学知识，主要测验一个人解决问题的能力。属于这类的题目有 2、6、21、28、32、40、42、48、52、60，共 10 题，占全部 60 道题目的 17%。

(4) 逻辑判断：根据所给的命题作出合理的判断，要求分析、比较和论证的能力。这类题目有 12、18、24、36、44、56，共 6 题，占全部 60 道题目的 10%。

(5) 数字系列：主要考察中小学生对数字之间的关系的分析概括能力。这类题目有 15、26、34、54，共 4 题，占全部 60 道题目的 7%。

所有这些题目在整个测验中是随机排列的，既不按难度排列也不按类型集中，这样可以使中小学生解题时的思想更加活跃。每题无时间限制，但总测验限时 45 分钟（指导做法及练习时间外加 5 分钟左右，小学生可适当增加练习时间）。

各分测验得分累加即为总的智力测验得分。

潘玉进等人对 332 名小学生进行了团体智力测验，发现该测验具有较好的信度、效度，其中分半信度为 0.81，重测信度为 0.876，与《韦氏儿童智力量表》的相关为 0.65[2]。

二、测验计分方式

每道题目有标准答案。

三、测验统计学指标

1. 样本分布

为了编制《中小学生团体智力测验》的常模，我们采用纸质调查的方式，在北京市选取中小学校的学生参与测试。

在选取样本的过程中，考虑到了学校的地域分布（市区还是郊区）、性别（男、女）等因素的平衡情况，保证常模团体的代表性。

《中小学生团体智力测验》最终收回有效问卷 1421 份，详细的被试分布情况见表 5-1 至表 5-2。

表 5-1　被试具体分布情况（地域分布）

	市区	郊区	合计
小学	454	396	850
初中	228	343	571
合计	682	739	1421

表 5-2　被试具体分布情况（性别）

		性别		合计
		男生	女生	
小学	三年级	108	130	238
	四年级	99	100	199
	五年级	80	104	184

（续表）

		性别		合计
		男生	女生	
	六年级	112	117	229
初中	初一	91	98	189
	初二	122	144	266
	初三	48	68	116
	合计	660	761	1421

2. 信度

量表整体的内部一致性信度为 0.831。

3. 常模基础数据

	总分	
	M.	SD.
小学	24.60	7.597
初中	30.55	7.763
总计	26.99	8.197

	归类求异		类比推理		数学运算		逻辑判断		数字系列	
	M.	SD.	M.	SD.	M.	SD.	M.	SD.	M.	SD.
小学	8.86	3.142	8.17	3.010	2.94	1.595	2.72	1.256	1.90	1.111
初中	10.94	2.953	10.08	2.870	3.91	1.862	3.20	1.229	2.41	1.075
总计	9.70	3.231	8.94	3.098	3.33	1.772	2.91	1.267	2.11	1.124

		总分	
		M.	SD.
男	小学	24.38	7.863
	初中	30.23	8.526
	总计	26.70	8.614
女	小学	24.80	7.356
	初中	30.81	7.060
	总计	27.25	7.814

		归类求异		类比推理		数学运算		逻辑判断		数字系列	
		M.	SD.	M.	SD.	M.	SD.	M.	SD.	M.	SD.
男	小学	8.74	3.249	8.12	3.069	2.97	1.636	2.66	1.243	1.90	1.164
	初中	10.80	3.102	10.06	3.157	3.84	1.985	3.22	1.316	2.30	1.108
	总计	9.55	3.346	8.89	3.244	3.32	1.831	2.88	1.301	2.06	1.158

(续表)

		归类求异		类比推理		数学运算		逻辑判断		数字系列	
		M.	SD.	M.	SD.	M.	SD.	M.	SD.	M.	SD.
女	小学	8.98	3.044	8.22	2.959	2.92	1.559	2.76	1.266	1.91	1.064
	初中	11.05	2.821	10.10	2.610	3.97	1.753	3.18	1.152	2.50	1.039
	总计	9.82	3.125	8.99	2.968	3.35	1.720	2.93	1.237	2.15	1.093

		总分	
		M.	SD.
小学	三年级	19.40	5.348
	四年级	24.28	7.794
	五年级	25.80	7.322
	六年级	28.49	6.614
初中	初一	29.34	7.545
	初二	30.97	8.361
	初三	32.62	6.725

		归类求异		类比推理		数学运算		逻辑判断		数字系列	
		M.	SD.	M.	SD.	M.	SD.	M.	SD.	M.	SD.
小学	三年级	7.01	2.701	6.33	2.376	2.27	1.347	2.28	1.215	1.50	0.969
	四年级	8.74	3.255	8.17	2.996	2.93	1.591	2.33	1.137	2.11	1.176
	五年级	9.37	2.896	8.34	2.802	3.18	1.573	3.09	1.269	1.83	1.140
	六年级	10.19	2.773	9.65	2.832	3.36	1.634	3.20	1.133	2.09	1.037
初中	初一	10.37	2.933	9.82	2.903	3.70	1.750	3.08	1.235	2.36	1.045
	初二	11.22	3.018	10.24	3.020	3.99	2.016	3.27	1.214	2.25	1.138
	初三	11.78	2.628	10.43	2.486	4.28	1.798	3.34	1.224	2.78	0.949

	年级	性别	总分	
			M.	SD.
小学	三年级	男	18.83	5.535
		女	19.96	5.123
	四年级	男	24.62	8.176
		女	24.00	7.481
	五年级	男	25.71	7.192
		女	25.87	7.454
	六年级	男	28.12	7.104
		女	28.85	6.117
初中	初一	男	29.48	8.470
		女	29.22	6.691

(续表)

年级	性别	总分 M.	总分 SD.
初二	男	30.01	9.315
初二	女	31.87	7.300
初三	男	32.54	6.656
初三	女	32.68	6.823

	年级	性别	归类求异 M.	归类求异 SD.	类比推理 M.	类比推理 SD.	数学运算 M.	数学运算 SD.	逻辑判断 M.	逻辑判断 SD.	数字系列 M.	数字系列 SD.
小学	三年级	男	6.76	2.627	6.25	2.443	2.26	1.352	2.09	1.246	1.46	1.003
小学	三年级	女	7.26	2.762	6.41	2.319	2.28	1.349	2.47	1.159	1.54	0.937
小学	四年级	男	8.80	3.472	8.25	3.224	3.03	1.626	2.37	1.090	2.18	1.214
小学	四年级	女	8.70	3.077	8.10	2.803	2.85	1.562	2.29	1.178	2.06	1.146
小学	五年级	男	9.14	2.759	8.35	2.815	3.26	1.565	3.19	1.244	1.78	1.190
小学	五年级	女	9.55	2.998	8.33	2.806	3.12	1.585	3.01	1.288	1.87	1.103
小学	六年级	男	10.14	3.019	9.47	2.796	3.33	1.747	3.07	1.088	2.10	1.115
小学	六年级	女	10.24	2.528	9.82	2.867	3.38	1.525	3.32	1.166	2.09	0.961
初中	初一	男	10.37	3.283	9.91	3.237	3.74	1.858	3.20	1.366	2.26	1.066
初中	初一	女	10.37	2.612	9.74	2.596	3.67	1.660	2.98	1.106	2.45	1.023
初中	初二	男	10.88	3.051	9.97	3.411	3.84	2.222	3.20	1.310	2.13	1.213
初中	初二	女	11.54	2.968	10.50	2.598	4.13	1.803	3.34	1.121	2.36	1.058
初中	初三	男	11.77	2.486	10.62	2.340	4.12	1.829	3.29	1.220	2.73	0.893
初中	初三	女	11.78	2.742	10.29	2.592	4.40	1.780	3.38	1.234	2.82	0.992

四、参考文献

[1] 金瑜，李丹，章胜华. 中小学生团体智力筛选测验的修订[J]. 心理科学，1988，(1)：18-23.

[2] 潘玉进，陈凤燕. 小学生学习障碍与学习动机、学习能力的相关研究[J]. 应用心理学，2006，12(4)：312-318.

五、《中小学生团体智力测验》题本（共60题，提供前20题作为示例）

指导语：同学你好，这是了解你思维发展水平的一项测验，请根据题目的要求认真作答。限时45分钟。

注意：①不要在一道题目上耽搁太久，如果回答不出，就猜一个答案。猜错不扣分。

不要留下未回答的题目。②如果一个题目看起来有一个以上的正确答案或没有正确答案，选一个你认为最好的答案。这些题目是为了测验你的思考力而有意设计的。请将所选的答案填在答题纸上对应的题号旁。

1. 以下五个答案中哪一个是最好的类比？

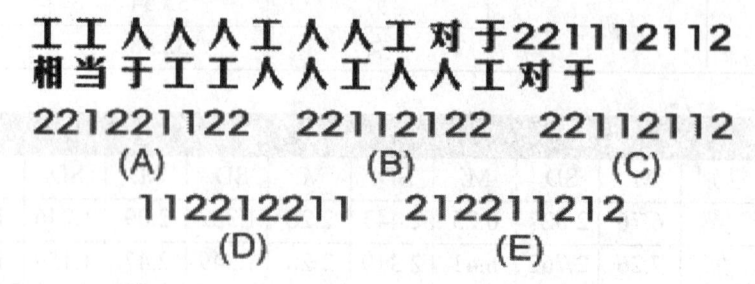

工工人人人工人人工 对于 221112112 相当于 工工人人工人人工 对于

221221122   22112122   22112112
(A)   (B)   (C)

112212211   212211212
(D)   (E)

2. 找出与众不同的一个：
(A) 铝   (B) 锡   (C) 钢   (D) 铁   (E) 铜

3. 以下五个答案中哪一个是最好的类比？

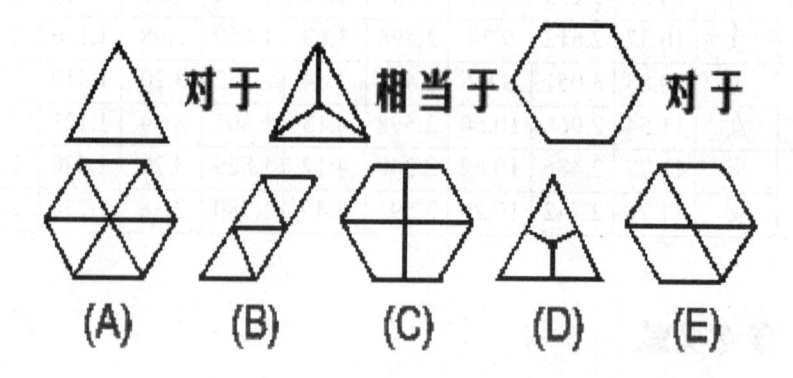

△ 对于 ◬ 相当于 ⬡ 对于

(A)   (B)   (C)   (D)   (E)

4. 找出与众不同的一个：

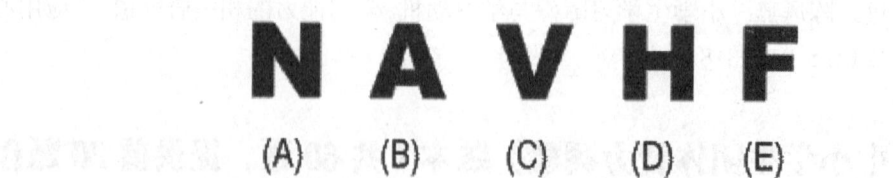

N   A   V   H   F
(A)   (B)   (C)   (D)   (E)

5. 全班学生排成一行，从左数和从右数小明都是第15名，问全班共有学生多少人？
(A) 15人   (B) 25人   (C) 29人   (D) 30人   (E) 31人

6. 一个立方体的六面，分别写着 a、b、c、d、e、f 六个字母，根据以下四张图，推测 b 的对面是什么字母？

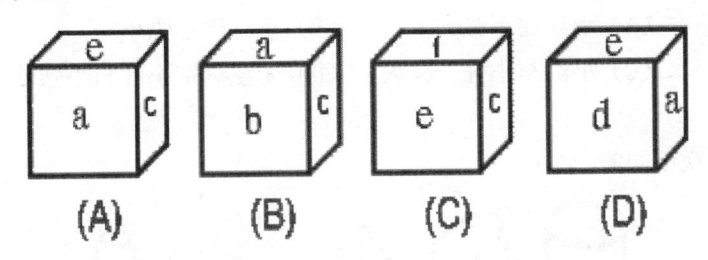

(A) (B) (C) (D)

7. 找出"确信"意义相同或意义最相近的词：
   (A) 正确　(B) 明确　(C) 信心　(D) 肯定　(E) 真实

8. 以下五个答案中哪一个是最好的类比？脚相对于手，相当于腿对于：
   (A) 肘　(B) 膝　(C) 脚趾　(D) 手指　(E) 臂

9. 以下五个答案中哪一个是最好的类比？

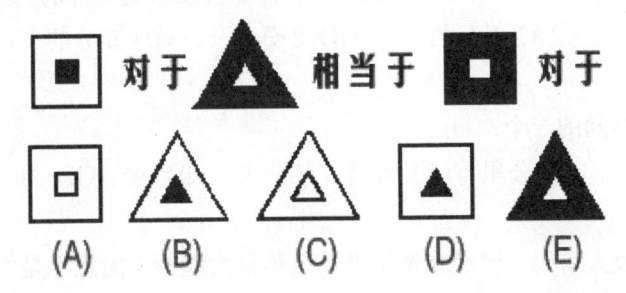

■ 对于 ▲ 相当于 □ 对于

(A) (B) (C) (D) (E)

10. 如果所有的甲都是乙，没有一个乙是丙，那么，一定没有一个丙是甲。这句话是：
   (A) 对的　(B) 错的　(C) 既不对也不错

11. 找出下列数字中特殊的一个：

1   3   5   7
(A) (B) (C) (D)

11   13   15   17
(E) (F) (G) (H)

12. 找出与众不同的一个：

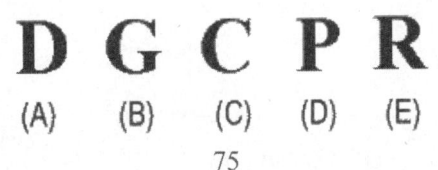

D   G   C   P   R
(A) (B) (C) (D) (E)

13. 小明比小强大，小红比小明小。下列陈述中哪一句最正确？
　　（A）小红比小强大　　（B）小红比小强小
　　（C）小红与小强一样大　（D）无法确定小红与小强谁大

14. 找出与众不同的一个：

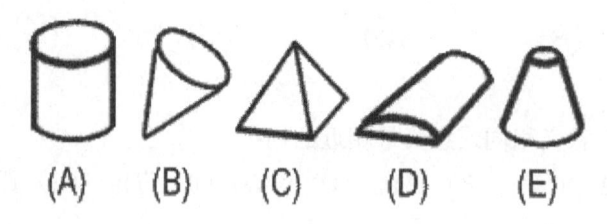

　　（A）　（B）　（C）　（D）　（E）

15. 以下五个答案中哪一个是最好的类比？"预杉"对于"须杍"相当于 8326 对于：
　　（A）2368　（B）6238　（C）2683　（D）6328　（E）3628

16. 小明有 12 枚硬币，共 3 角 6 分钱。其中有 5 枚硬币是一样的，那么这五枚一定是：
　　（A）1 分的　（B）2 分的　（C）5 分的

17. 找出与众不同的一个：
　　（A）公里　（B）英吋　（C）亩　（D）丈　（E）米

18. 经过破译敌人密码，已经知道了"香蕉苹果大鸭梨"的意思是"星期三秘密进攻"，"苹果甘蔗水蜜桃"的意思是"执行秘密计划"，"广柑香蕉西红柿"的意思是"星期三的胜利属于我们"，那么，"大鸭梨"的意思是：
　　（A）秘密　（B）星期三　（C）进攻　（D）执行　（E）计划

19. 以下五个答案中哪个是最好的类比？爱对于恨，相当于英勇对于：
　　（A）士气　（B）安全　（C）怯懦　（D）愤怒　（E）恐怖

20. 一本书的价格降低了 50%。现在，如果按原价出售，提高了百分之几？
　　（A）25%　（B）50%　（C）75%　（D）100%　（E）200%

第二节　威廉斯创造力倾向测验

一、测验简介

1. 测验的基本信息

《威廉斯创造力倾向测验》是由林幸台、王木荣依据威廉斯（F. Williams）编制的《创造力组合测验》（Creativity Assessment Packet，CAP）修订而成的，用来测量人的创造潜能[1]。它不是直接测量现有的创造能力，而是测量在创造力方面可能达到的水平。对于成年被试来说，如果在本测验中取得了较高的分数，一般来说也可以推论他具有较高的实际创造能力。对于未成年被试来说，如果在本测验中取得了较高的分数，则证明他的创造力潜能较高，他最终形成的创造能力还要受到自身其他人格因素、家庭和社会环境、教育和训练等因素的影响。

2. 测验的结构

《威廉斯创造力倾向测验》包括冒险性、好奇性、想象力、挑战性四个分测验。冒险性、好奇性、想象力、挑战性这四个方面都是人的创造力发展中重要的思维特点和个性特点。因此从这四个方面可以很好地预测人的创造力水平。这四个方面的主要含义如下。

（1）冒险性

第一，勇于面对失败或批评。更注重调查事实真相或体验新事物而不害怕"丢面子"。

第二，敢于猜测。当对面临的情况不了解时，喜欢参照以往的经验给予推测，而不是等待他人给以解释说明。

第三，在杂乱情境下完成任务。当面临的情况较为复杂烦琐、尚未理清次序时，不会感到厌烦、焦虑，而是可以平静、理智地思考和选择解决问题的策略。

第四，敢于为自己的观点辩护。不轻易地接受他人的观点，愿意提出自己的观点和论据公开论证。

（2）好奇性

第一，富有追根究底的精神。不满足于知道事物表面的现象，对于了解现象产生的原因有深切的渴望。

第二，想法多。思维的发散性好，并且乐于寻找与众不同的解决问题的方法。

第三，乐于接触暧昧迷离的情境。不会因为情况不明晰而感到失去内心的平衡，相信暧昧、迷离状态是复杂问题解决的必经阶段。

第四，肯深入思考事物的奥妙。对于事物的因果关系感兴趣，并且乐于通过自己的观察和思考寻求事物之间的种种联系。

第五，能把握特殊的现象，善于观察。善于发现事物之间的相同点和区别，对于**特殊现象具有敏锐的观察力**。

（3）想象力

第一，建立视觉化的形象。善于根据语言或文字的描述在头脑中建立关于事物的形象，并可以熟练地对头脑中的事物形象进行加工、处理。

第二，幻想尚未发生过的事情。对于未发生的事情善于在头脑中预演其可能的发生过程。

第三，善于利用直觉推测事物的原因或结果。

第四，能够超越感官及现实的界限，对已知信息进行分析、重组，产生新的见解。

（4）挑战性

第一，寻找各种可能性来解释或解决问题。

第二，了解事情可能与现实之间的差距或弄清初始状态与最终状态之间的差距，以便找出可以使两者联系起来的线索。

第三，能够从杂乱中理出顺序。善于分析混沌状态中的规律性线索，抓住关键因素，使事物由杂乱状态变为秩序状态。

第四，愿意探究复杂的问题。喜欢同时面对多因素、多条件的问题情境，并能保持清晰的思路。

随机抽取 186 名大学生使用《威廉斯创造力倾向测验》进行测试，总量表及各维度的内部一致性系数在 0.3~0.83 之间；间隔 4 周的重测信度在 0.52~0.66 之间，且两次测验相关显著[1]。

二、量表计分方式

《威廉斯创造力倾向测验》共 50 题，个体在 3 点量表上评价每个题目的描述与自己的符合情况，"完全符合"计 3 分，"部分符合"计 2 分，"完全不符"计 1 分。

冒险性包含 1、5、21、24、25、28、29、35、36、43、44 题，其中 29、35 为反向计分题目。

好奇性包含 2、8、11、12、19、27、33、34、37、38、39、47、48、49 题，其中 12、48 为反向计分题目。

想象力包含 6、13、14、16、20、22、23、30、31、32、40、45、46 题，其中 45 题为反向计分题目。

挑战性包含 3、4、7、9、10、15、17、18、26、41、42、50 题，其中 4、9、17 为反向计分题目。

题目得分相加获得分测验分与测验总分，得分高说明创造能力强，得分低说明创造能力弱。

三、测验统计学指标

1. 样本分布

为了编制《威廉斯创造力倾向测验》的常模，我们采用纸质调查的方式，在北京市选取中小学校的学生参与测试。

在选取样本的过程中，考虑到了学校的地域分布（市区还是郊区）、学校性质（示范高中还是普通高中）、以及性别（男、女）各因素的平衡情况，保证样本的代表性。

《威廉斯创造力倾向测验》最终收回有效问卷1884份，详细的被试分布情况见表5-3至表5-5。

表5-3 被试具体分布情况（地域分布）

	市区	郊区	合计
小学	254	315	569
初中	70	367	437
高中	565	313	878
合计	889	995	1884

表5-4 被试具体分布情况（学校性质）

	示范高中	普通高中	合计
合计	703	175	878

表5-5 被试具体分布情况（性别）

		性别		
		男生	女生	合计
小学	三年级	63	52	115
	四年级	81	79	160
	五年级	55	60	115
	六年级	78	101	179
初中	初一	45	51	96
	初二	60	93	153
	初三	83	105	188
高中	高一	218	215	433
	高二	194	134	328
	高三	53	64	117
	合计	930	954	1884

2. 信度

测验整体的内部一致性信度为0.828，四个分测验的内部一致性信度见表5-6。

表5-6 四个分测验的内部一致性信度

	总分	冒险性	好奇性	想象力	挑战性
α	0.828	0.458	0.629	0.638	0.538

3. 常模基础数据

		总分		冒险性		好奇性		想象力		挑战性	
		M.	SD.	M.	SD.	M.	SD.	M.	SD.	M.	SD.
小学		115.64	10.899	25.05	2.978	33.29	3.962	28.41	3.982	28.84	3.113
初中		115.78	11.275	25.24	3.083	33.33	3.884	28.35	4.060	28.82	3.170
高中		111.41	11.237	24.36	2.852	32.20	4.066	26.88	4.157	27.91	3.266
总计		113.71	11.343	24.78	2.970	32.79	4.029	27.68	4.149	28.40	3.229

		总分		冒险性		好奇性		想象力		挑战性	
		M.	SD.	M.	SD.	M.	SD.	M.	SD.	M.	SD.
男	小学	115.91	10.536	25.14	2.898	33.76	3.824	28.25	3.889	28.72	3.172
	初中	114.46	11.307	24.90	3.140	33.48	3.779	27.35	4.096	28.66	3.310
	高中	111.06	11.371	24.18	2.892	32.32	4.200	26.66	4.229	27.82	3.310
	总计	113.20	11.318	24.61	2.976	32.98	4.060	27.27	4.157	28.26	3.295
女	小学	115.39	11.237	24.97	3.054	32.86	4.045	28.56	4.068	28.96	3.056
	初中	116.77	11.171	25.50	3.020	33.22	3.965	29.10	3.873	28.94	3.061
	高中	111.80	11.090	24.57	2.796	32.06	3.910	27.12	4.066	28.01	3.218
	总计	114.20	11.352	24.93	2.957	32.60	3.993	28.08	4.105	28.54	3.160

		总分		冒险性		好奇性		想象力		挑战性	
		M.	SD.	M.	SD.	M.	SD.	M.	SD.	M.	SD.
小学	三年级	116.53	10.543	25.26	2.807	33.61	3.970	29.19	3.909	28.55	3.134
	四年级	117.15	10.395	25.29	3.007	34.09	3.905	28.48	4.019	29.24	2.762
	五年级	114.20	11.735	24.88	2.915	32.57	3.826	28.00	4.347	28.78	3.656
	六年级	114.64	10.872	24.82	3.096	32.85	3.980	28.11	3.700	28.71	3.004
初中	初一	115.65	11.347	25.47	3.081	33.38	3.921	27.80	4.335	29.00	3.030
	初二	115.26	10.538	24.87	2.917	33.39	3.699	28.28	3.994	28.70	3.023
	初三	116.27	11.842	25.43	3.201	33.27	4.027	28.68	3.956	28.82	3.363
高中	高一	111.56	11.248	24.35	2.838	32.29	4.166	26.96	4.128	27.90	3.207
	高二	110.98	11.490	24.33	2.975	31.97	3.925	26.75	4.298	27.86	3.417

(续表)

			总分		冒险性		好奇性		想象力		挑战性	
			M.	SD.	M.	SD.	M.	SD.	M.	SD.	M.	SD.
	高三		112.07	10.509	24.49	2.559	32.51	4.074	26.92	3.876	28.10	3.066

			总分		冒险性		好奇性		想象力		挑战性	
			M.	SD.	M.	SD.	M.	SD.	M.	SD.	M.	SD.
小学	三年级	男	115.37	10.981	25.28	2.643	33.57	4.135	28.60	3.941	27.92	3.233
		女	117.87	9.951	25.13	2.870	33.63	3.763	29.71	3.659	29.38	2.871
	四年级	男	117.77	10.092	25.43	3.238	34.60	3.596	28.62	4.104	29.12	2.544
		女	116.54	10.713	25.15	2.797	33.56	4.153	28.44	3.918	29.39	2.848
	五年级	男	114.26	11.279	24.67	2.855	33.02	3.456	27.67	3.861	28.91	3.992
		女	114.15	12.233	25.10	2.992	32.12	4.136	28.31	4.761	28.63	3.403
	六年级	男	115.62	9.999	25.01	2.715	33.68	3.872	27.99	3.451	28.93	2.936
		女	113.88	11.497	24.66	3.401	32.41	3.916	28.26	3.920	28.55	3.070
初中	初一	男	114.49	12.048	25.18	3.479	33.51	3.622	26.89	4.740	28.91	3.315
		女	116.67	10.706	25.73	2.691	33.25	4.199	28.61	3.811	29.08	2.785
	初二	男	114.08	10.044	24.48	2.771	33.95	3.265	27.38	3.958	28.27	3.293
		女	116.02	10.832	25.15	2.994	33.02	3.931	28.87	3.929	28.98	2.817
	初三	男	114.72	11.876	25.10	3.207	33.18	4.193	27.63	3.831	28.80	3.335
		女	117.49	11.729	25.72	3.182	33.37	3.908	29.55	3.843	28.84	3.400
高中	高一	男	111.54	11.814	24.20	2.811	32.43	4.613	27.11	4.225	27.81	3.365
		女	111.58	10.685	24.55	2.856	32.20	3.702	26.80	3.994	28.03	3.037
	高二	男	110.49	11.186	24.11	3.007	32.21	3.817	26.31	4.288	27.86	3.334
		女	111.67	11.922	24.56	2.922	31.66	4.104	27.50	4.165	27.94	3.577
	高三	男	111.18	10.195	24.16	2.765	32.72	3.964	26.18	3.612	28.12	3.081
		女	112.77	10.776	24.67	2.357	32.39	4.234	27.58	3.971	28.13	3.114

四、参考文献

[1] 盛红勇. 大学生创造力倾向与心理健康相关研究[J]. 中国健康心理学杂志, 2007, 15(2): 111-113.

五、《威廉斯创造力倾向测验》题本

指导语：请认真阅读题目内容，根据题目描述符合你实际情况的程度，选择答案对应的数字，填写在答题纸对应题号旁。

心理测验与常模

序号	题目	完全符合	部分符合	完全不符
1	在学校里,我喜欢试着对事情或问题进行猜测,即使不一定猜对也无所谓	3	2	1
2	我喜欢仔细观察我没有见过的东西,以了解详细的情形	3	2	1
3	我喜欢变化多端和富有想象力的故事	3	2	1
4	在画图时,我喜欢临摹别人的作品	3	2	1
5	我喜欢利用旧报纸、旧日历及旧罐头盒等废物来做各种好玩的东西	3	2	1
6	我喜欢幻想一些我想知道或想做的事	3	2	1
7	如果事情不能一次完成,我会继续尝试,直到完成为止	3	2	1
8	做功课时我喜欢参考各种不同的资料,以便得到多方面的了解	3	2	1
9	我喜欢用相同的方法做事情,不喜欢去找其他新的方法	3	2	1
10	我喜欢探究事情的真相	3	2	1
11	我喜欢做许多新鲜的事	3	2	1
12	我不喜欢交新朋友	3	2	1
13	我喜欢想一些不会在我身上发生的事	3	2	1
14	我喜欢想象有一天能成为艺术家、音乐家或诗人	3	2	1
15	我会因为一些令人兴奋的念头而忘了其他的事	3	2	1
16	我宁愿生活在太空站,也不愿生活在地球上	3	2	1
17	我认为所有问题都有固定答案	3	2	1
18	我喜欢与众不同的事情	3	2	1
19	我经常想要知道别人正在想什么	3	2	1
20	我喜欢故事或电视节目中所描写的事	3	2	1
21	我喜欢和朋友在一起,和他们分享我的想法	3	2	1
22	如果一本故事书的最后一页被撕掉了,我就自己编造一个故事,把结果补上去	3	2	1
23	我长大后,想做一些别人从没想过的事	3	2	1
24	我认为尝试新的游戏和活动,是一件有趣的事	3	2	1
25	我不喜欢受太多规则限制	3	2	1
26	我喜欢解决问题,即使没有正确答案也没关系	3	2	1
27	有许多事情我都很想亲自去尝试	3	2	1
28	我喜欢唱没有人知道的新歌	3	2	1
29	我不喜欢在班上同学面前发表意见	3	2	1
30	当我读小说或看电视时,我喜欢把自己想象成故事中的人物	3	2	1
31	我喜欢幻想200年前人类生活的情形	3	2	1

（续表）

序号	题目	完全符合	部分符合	完全不符
32	我常想自己编一首新歌	3	2	1
33	我喜欢翻箱倒柜，看看有些什么东西在里面	3	2	1
34	在画图时，我很喜欢改变各种东西的颜色和形状	3	2	1
35	我不敢确定我对事情的看法都是对的	3	2	1
36	对于一件事情先猜猜看，然后再看是不是猜对了，这种方法我认为很有趣	3	2	1
37	玩猜谜之类的游戏很有趣，因为我想知道结果如何	3	2	1
38	我对机器感兴趣，也很想知道它的里面是什么样子，以及它是怎样转动的	3	2	1
39	我喜欢可以拆开来玩的玩具	3	2	1
40	我喜欢想一些新点子，即使用不着也无所谓	3	2	1
41	我认为一篇好的文章应该包含许多不同的意见或观点	3	2	1
42	我认为为将来可能发生的问题找答案，是一件令人兴奋的事	3	2	1
43	我喜欢尝试新的事情，目的只是为了想知道会有什么结果	3	2	1
44	在玩游戏时，我通常是有兴趣参加，而不在乎输赢	3	2	1
45	我喜欢想一些别人常常谈过的事情	3	2	1
46	当我看到一张陌生人的照片时，我喜欢去猜测他是怎么样的一个人	3	2	1
47	我喜欢翻阅书籍及杂志，但只想大致了解一下	3	2	1
48	我不喜欢探寻事情发生的各种原因	3	2	1
49	我喜欢问一些别人没有想到的问题	3	2	1
50	无论在家里还是在学校，我总是喜欢做许多有趣的事	3	2	1

第三节　一般能力倾向测验

一、测验简介

1. 测验的基本信息

《一般能力倾向性测验》（General Aptitude Test Battery，GATB）是二十世纪四十

年代由美国劳工部就业保障局花了 10 年时间设计而成的综合式职业性向测验[1]。在各个职业领域中，在完成工作的前提下，测量个体对 9 种必要的、有代表性的能力倾向拥有的程度，以探索个人职业适应范围，进而为选择所希望的职业提供一份参考资料。

《一般能力倾向性测试》是在对早先为某些工作而准备的 50 多种测验进行因素分析的基础上编制而成的。

在康麒、武圣君、刘旭峰对我国军人的一般能力的研究中，该测验的内部一致性系数为 0.89，各维度的内部一致性系数介于 0.82～0.91 之间；问卷中各维度之间具有显著相关（r=0.19～0.67，P<0.05），各维度与总分具有很高的相关性（r=0.47～0.78，P<0.01）[2]，表明测验信度和效度良好。

2. 测验的结构

《一般能力倾向测验》包括 9 个分测验。

（1）G-智能：指一般的学习能力。对测验说明、指导语和诸原理的理解能力、推理判断的能力、迅速适应新环境的能力。

（2）V-言语能力：指理解言语的意义及与它关联的概念，并有效地掌握它的能力，对言语相互关系及文章和句子意义的理解能力，也包括表达信息和自己想法的能力。

（3）N-数理能力：指在正确快速进行计算的同时，能进行推理，解决应用问题的能力。

（4）Q-书写知觉：指对词、印刷物、各种票类之细微部分正确知觉的能力，能直观地比较辨别词和数字，发现有错误或校正的能力。

（5）S-空间判断能力：指对立体图形以及平面图形与立体图形之间关系的理解、判断能力。

（6）P-形状知觉：指对实物或图解之细微部分正确知觉的能力，根据视觉能够对图形的形状和阴影部分的细微差异进行比较辨别的能力。

（7）K-运动协调：指正确而迅速地使眼和手相协调，并迅速完成操作的能力，要求手能跟随着眼能看到的东西正确而迅速地做出反应动作，并进行准确控制的能力。

（8）F-手指灵巧度：指快速而正确地活动手指，用手指很准确地操作细小东西的能力。

（9）M-手腕灵巧度：指随心所欲地、灵巧地活动手及手腕的能力，如拿着、放置、调换、翻转物体时手的精巧运动和手腕的自由运动能力。

各分测验的题目数量和题号见表 5-7。

表 5-7　各分测验包括题目

能力倾向类别	包含题目
G-智能	1～5
V-言语能力	6～10
N-数理能力	11～15
Q-书写知觉	16～20
S-空间判断能力	21～25
P-形状知觉	26～30
K-运动协调	31～35

（续表）

能力倾向类别	包含题目
F-手指灵巧度	36～40
M-手腕灵巧度	41～45

二、测验计分方式

每一道题目采取"强""较强""一般""较弱"和"弱"五个等级，"强"计5分、"较强"计4分、"一般"计3分、"较弱"计2分、"弱"计1分。

三、测验统计学指标

1. 样本分布

为了编制《一般能力倾向测验》的常模，我们采用纸质调查的方式，在北京市选取高中学生参与测试。

在选取样本的过程中，考虑到了学校的地域分布（市区还是郊区）、学校性质（示范高中还是普通高中）、以及性别（男、女）各因素的平衡情况，保证样本的代表性。

《一般能力倾向测验》最终收回有效问卷802份，详细的被试分布情况见表5-8至表5-10。

表5-8 被试具体分布情况（地域分布）

	市区	郊区	合计
合计	460	342	802

表5-9 被试具体分布情况（学校性质）

	示范高中	普通高中	合计
合计	435	367	802

表5-10 被试具体分布情况（性别）

		性别		
		男生	女生	合计
高中	高一	140	183	323
	高二	163	141	304
	高三	80	95	175
	合计	383	419	802

2. 信度

测验整体的内部一致性信度为0.933，各分测验的内部一致性信度指标见表5-11。

表 5-11　各分测验的内部一致性信度指标

总分	G-智能	V-言语能力	N-数理能力	Q-书写知觉
0.933	0.726	0.771	0.702	0.886
S-空间判断能力	P-形状知觉	K-运动协调	F-手指灵巧度	M-手腕灵巧度
0.861	0.728	0.520	0.732	0.685

3. 常模基础数据

	总分		G-智能		V-言语能力		N-数理能力		Q-书写知觉	
	M.	SD.	M.	SD.	M.	SD.	M.	SD.	M.	SD.
高中	151.92	24.261	16.26	3.332	16.45	3.622	15.84	3.796	16.52	4.770

	S-空间判断能力		P-形状知觉		K-运动协调		F-手指灵巧度		M-手腕灵巧度	
	M.	SD.	M.	SD.	M.	SD.	M.	SD.	M.	SD.
高中	17.63	4.014	17.44	3.496	15.74	3.486	17.28	3.874	18.28	3.647

	总分		G-智能		V-言语能力		N-数理能力		Q-书写知觉	
	M.	SD.	M.	SD.	M.	SD.	M.	SD.	M.	SD.
男	153.29	25.172	16.27	3.533	16.17	3.661	16.31	3.874	17.31	4.833
女	150.68	23.370	16.25	3.142	16.70	3.572	15.41	3.677	15.80	4.602

	S-空间判断能力		P-形状知觉		K-运动协调		F-手指灵巧度		M-手腕灵巧度	
	M.	SD.	M.	SD.	M.	SD.	M.	SD.	M.	SD.
男	17.79	4.254	17.22	3.715	16.72	3.407	16.72	3.908	18.19	3.763
女	17.50	3.781	17.65	3.275	14.84	3.318	17.79	3.774	18.36	3.539

	总分		G-智能		V-言语能力		N-数理能力		Q-书写知觉	
	M.	SD.	M.	SD.	M.	SD.	M.	SD.	M.	SD.
高一	150.56	24.829	16.04	3.250	16.28	3.714	15.58	3.926	16.00	4.662
高二	150.60	23.054	16.13	2.926	16.33	3.391	15.89	3.588	16.34	4.761
高三	154.19	24.256	16.57	3.614	16.70	3.651	16.09	3.768	17.18	4.827

	S-空间判断能力		P-形状知觉		K-运动协调		F-手指灵巧度		M-手腕灵巧度	
	M.	SD.	M.	SD.	M.	SD.	M.	SD.	M.	SD.
高一	17.57	4.102	17.38	3.301	15.80	3.548	17.31	3.909	18.11	3.624
高二	17.47	3.864	17.59	3.507	15.22	3.361	17.01	3.760	18.40	3.555
高三	17.80	4.010	17.43	3.696	15.98	3.475	17.40	3.906	18.40	3.729

		总分		G-智能		V-言语能力		N-数理能力		Q-书写知觉	
高一	男	151.16	25.411	15.98	3.428	15.79	3.806	16.17	3.932	16.57	5.053
	女	150.11	24.452	16.20	3.117	16.68	3.666	15.23	3.879	15.68	4.345
高二	男	153.28	25.597	16.51	2.814	16.35	3.449	16.53	3.569	18.16	4.496
	女	148.35	20.548	15.80	3.022	16.21	3.337	15.51	3.397	14.93	4.383
高三	男	155.12	24.765	16.54	3.966	16.46	3.699	16.58	3.827	17.70	4.658
	女	153.10	23.695	16.77	3.242	17.14	3.631	15.73	3.604	16.89	4.850

		S-空间判断能力		P-形状知觉		K-运动协调		F-手指灵巧度		M-手腕灵巧度	
高一	男	17.76	4.221	17.18	3.507	16.90	3.371	16.70	3.908	18.11	3.811
	女	17.54	3.958	17.63	3.072	15.04	3.506	17.90	3.877	18.22	3.500
高二	男	17.75	4.393	17.20	3.740	16.22	3.319	16.27	4.063	18.29	3.867
	女	17.33	3.349	17.98	3.279	14.38	3.094	17.72	3.345	18.49	3.288
高三	男	18.01	4.115	17.48	3.775	16.90	3.458	17.10	3.894	18.35	3.746
	女	17.72	3.856	17.54	3.519	14.95	3.177	17.86	3.813	18.49	3.769

四、参考文献

[1] 方俐洛, 凌文辁, 韩骢. 一般能力倾向测验中国城市版的建构及常模的建立[J]. 心理科学, 2003, 26(1): 133-135.

[2] 康麒, 武圣君, 刘旭峰. 军人一般能力测验的信度及效度分析[J]. 中国健康心理学杂志, 2014, 22(11): 1699-1702.

五、《一般能力倾向测验》题本

指导语：请认真阅读题目所描述的内容，评估自己的实际情况，按相应的能力高低强弱，选择相应的数字，并将答案填在答题纸上对应的题号旁。例：快速记忆单词：如果你记忆力非常好，背单词非常快，应该选"5"强；如果你记忆力比较好，应该选"4"较强；以此类推。

序号	题目	强	较强	一般	较弱	弱
1	快而容易地学习新的内容	5	4	3	2	1
2	快而正确地解决数学题目	5	4	3	2	1
3	你的学习成绩总的来说处于	5	4	3	2	1
4	对课文的字、词、段落和篇章的理解、分析和综合的能力	5	4	3	2	1
5	对学习过程的材料的记忆能力	5	4	3	2	1
6	善于表达自己的观点	5	4	3	2	1
7	阅读速度快，并能抓住中心内容	5	4	3	2	1
8	掌握词汇量的程度	5	4	3	2	1
9	向别人解释难懂的概念	5	4	3	2	1
10	你的语文成绩	5	4	3	2	1
11	做出精确的测量（如测量长、宽、高等）	5	4	3	2	1
12	笔算能力	5	4	3	2	1
13	口算能力	5	4	3	2	1
14	使用计算器计算的能力	5	4	3	2	1
15	你的数学成绩	5	4	3	2	1
16	解决立体几何方面的习题	5	4	3	2	1
17	画三维度的立体图形	5	4	3	2	1
18	看几何图形的立体感	5	4	3	2	1
19	想象盒子展开后的平面形状	5	4	3	2	1
20	想象三维度和三维度的物体	5	4	3	2	1
21	发现相似图形中的细微差异	5	4	3	2	1
22	识别物体的形状差异	5	4	3	2	1
23	注意到多数人所忽视的物体的细节部分	5	4	3	2	1
24	检查物体的细节	5	4	3	2	1
25	观察图案是否正确	5	4	3	2	1
26	快而准确地抄写资料（诸如姓名、日期、电话号码等）	5	4	3	2	1
27	发现错别字	5	4	3	2	1
28	发现计算错误	5	4	3	2	1
29	在图书馆很快地查找编码卡片	5	4	3	2	1
30	自我控制能力（如较长时间地抄写资料）	5	4	3	2	1
31	玩电子游戏	5	4	3	2	1
32	打篮球或打排球一类的活动	5	4	3	2	1
33	打乒乓球或羽毛球	5	4	3	2	1
34	打算盘	5	4	3	2	1
35	打字	5	4	3	2	1
36	灵巧地使用很小的工具（如镊子等）	5	4	3	2	1
37	穿针眼、编织等使用手指的活动	5	4	3	2	1

(续表)

序号	题目	强	较强	一般	较弱	弱
38	用手指做一件小手工艺品	5	4	3	2	1
39	使用计算器的灵巧程度	5	4	3	2	1
40	弹琴	5	4	3	2	1
41	用手把东西分类（如把一大堆苹果分为大、中、小三类）	5	4	3	2	1
42	在推和拉东西时手的灵活度	5	4	3	2	1
43	很快地削水果	5	4	3	2	1
44	灵活地使用手工工具（如榔头、锤子等）	5	4	3	2	1
45	在绘画、雕刻等手工活动中手的灵活性	5	4	3	2	1

第四节 超常行为测试问卷

一、测验简介

1. 测验的基本信息

《超常行为测试问卷》是由郑日昌组织编制的一个能力倾向测验。超常行为是指一个人所表现出的超过多数一般水平的稳定的行为能力。

2. 测验的结构

本测验所测查的超常行为能力包括智力、创造力、社会活动能力、身体运动能力四个方面，可以分别检测出这四个方面的单项能力超常者和四个方面均比较优秀的综合性能力超常者。

二、测验计分方式

本测验含 92 个题目，采用 5 点计分，选择"从未出现"计 1 分，选择"很少出现"计 2 分，选择"时而出现"计 3 分，选择"经常出现"计 4 分，选择"总是如此"计 5 分。累加计算维度分和量表总分，得分越高说明能力越超常。

三、测验统计学指标

1. 样本分布

为了编制《超常行为测试问卷》的常模，我们采用纸质调查的方式，在北京市选取高中学生和教师参与测试。

在选取样本的过程中，考虑到了学校的地域分布（市区还是郊区）、学校性质（示范高中还是普通高中）、以及性别（男、女）各因素的平衡情况，保证样本的代表性。

《超常行为测试问卷》最终收回有效问卷 1340 份，详细的被试分布情况见表 5-12 至表 5-14。

表 5-12 被试具体分布情况（地域分布）

	市区	郊区	合计
学生	753	319	1072
教师	101	167	268
合计	854	486	1340

表 5-13 被试具体分布情况（学校性质）

	示范高中	普通高中	合计
学生	924	148	1072
教师	103	165	268
合计	1027	313	1340

表 5-14 被试具体分布情况（性别）

		性别		合计
		男生	女生	
高中	高一	317	297	614
	高二	227	134	361
	高三	33	64	97

2. 信度

本测验总的内部一致性信度为 0.967，四个分测验的内部一致性信度见表 5-15。

表 5-15 四个分测验的内部一致性信度

总分	智力	创造力	社会活动能力	身体能力
0.967	0.926	0.924	0.897	0.880

3. 常模基础数据

	总分		智力		创造力		社会活动能力		身体能力	
	M.	SD.	M.	SD.	M.	SD.	M.	SD.	M.	SD.
学生	334.98	49.991	105.91	17.467	117.43	19.308	71.13	12.907	41.12	8.225
教师	331.56	49.131	111.95	17.783	112.21	16.958	70.53	11.032	39.04	7.925
总计	334.33	49.821	107.08	17.681	116.41	18.978	71.01	12.555	40.71	8.205

		总分		智力		创造力		社会活动能力		身体能力	
		M.	SD.	M.	SD.	M.	SD.	M.	SD.	M.	SD.
男	学生	333.60	51.183	105.76	17.735	116.88	19.349	70.75	13.206	41.69	8.615
	教师	338.74	46.120	113.48	18.070	116.21	16.533	71.95	10.809	39.63	7.972
	总计	334.10	50.689	106.51	17.896	116.81	19.078	70.87	12.988	41.48	8.569
女	学生	336.72	48.463	106.10	17.145	118.08	19.260	71.56	12.551	40.47	7.707
	教师	329.08	50.052	111.44	17.720	110.92	16.934	70.09	11.089	38.86	7.921
	总计	334.55	48.987	107.64	17.464	116.03	18.890	71.14	12.156	40.00	7.799

	总分		智力		创造力		社会活动能力		身体能力	
年级	M.	SD.	M.	SD.	M.	SD.	M.	SD.	M.	SD.
高一	316.73	48.222	98.59	14.955	113.50	18.920	68.67	11.911	39.28	7.350
高二	336.28	53.984	107.62	17.667	117.67	20.355	70.75	14.079	41.21	8.974
高三	336.47	47.091	105.71	17.414	117.91	18.684	71.74	12.288	41.37	7.869

		总分		智力		创造力		社会活动能力		身体能力	
年级	性别	M.	SD.	M.	SD.	M.	SD.	M.	SD.	M.	SD.
高一	男	323.76	47.967	98.29	13.439	116.41	24.326	70.29	11.482	38.76	8.205
	女	313.67	48.633	98.72	15.736	110.69	19.726	67.46	13.270	36.79	7.168
高二	男	334.33	54.566	107.07	17.936	115.68	20.390	70.23	14.903	41.34	9.586
	女	339.65	53.053	108.58	17.637	118.54	21.230	71.56	13.671	40.98	8.211
高三	男	333.75	48.835	105.06	17.896	116.48	18.458	70.72	12.239	41.49	8.046
	女	339.67	44.858	106.37	16.633	119.68	17.556	72.94	11.722	40.68	7.143

四、《超常行为测试问卷》题本

指导语：超常者在身心的发展和协调上均高于平均水平。在超常儿童身上那些重要的行为特征不仅比一般儿童出现得早，而且表现得更突出和复杂。利用本测验可以检查你自己、你的孩子或其他人是否具有超常的特征。请将所选的答案填在答题纸对应的题号旁（1

从未出现，2 很少出现，3 时而出现，4 经常出现，5 总是如此）。

第一部分　智力

序号	题目	从未出现	很少出现	时而出现	经常出现	总是如此
1	好奇和喜欢探究	1	2	3	4	5
2	词汇丰富	1	2	3	4	5
3	运用语言自如、生动	1	2	3	4	5
4	喜欢读书	1	2	3	4	5
5	主意多	1	2	3	4	5
6	记忆力强	1	2	3	4	5
7	见闻广	1	2	3	4	5
8	时间观念强	1	2	3	4	5
9	学习事物快、轻松	1	2	3	4	5
10	惯于注意细节	1	2	3	4	5
11	解答问题快	1	2	3	4	5
12	对问题的回答适当、得体	1	2	3	4	5
13	能较快抓住因果关系	1	2	3	4	5
14	喜欢学校、喜欢学习	1	2	3	4	5
15	理解别人的意见、观点迅速	1	2	3	4	5
16	学习迁移能力强	1	2	3	4	5
17	做事有始有终	1	2	3	4	5
18	做事有计划性	1	2	3	4	5
19	精力充沛	1	2	3	4	5
20	勤奋	1	2	3	4	5
21	进取心强	1	2	3	4	5
22	能够独立工作	1	2	3	4	5
23	竞争力强	1	2	3	4	5
24	自我要求严格	1	2	3	4	5
25	直觉判断能力强	1	2	3	4	5
26	喜欢智力游戏和谜语	1	2	3	4	5
27	有常识	1	2	3	4	5
28	学习成绩好	1	2	3	4	5

序号	题目	90 分以下	90～109 分	110～119 分	120～129 分	130～150 分	150 分以上
29	智商	1	2	3	4	5	6

第二部分　创造力

序号	题目	从未出现	很少出现	时而出现	经常出现	总是如此
1	具有灵活的思维和活动能力	1	2	3	4	5
2	敢于做没把握的事情	1	2	3	4	5
3	对问题可以做出多种解答	1	2	3	4	5
4	提出独特的意见，做出独特的解答	1	2	3	4	5
5	具有独立性	1	2	3	4	5
6	不受禁令约束	1	2	3	4	5
7	喜欢冒险	1	2	3	4	5
8	爱别出心裁，搞新花样	1	2	3	4	5
9	富于幻想	1	2	3	4	5
10	有丰富的想象力	1	2	3	4	5
11	对难题认真思索	1	2	3	4	5
12	不怕与众不同	1	2	3	4	5
13	喜欢强烈刺激	1	2	3	4	5
14	对现状质疑	1	2	3	4	5
15	提出建设性意见、批评	1	2	3	4	5
16	提出建议方案	1	2	3	4	5
17	热衷于变化、改革和革新	1	2	3	4	5
18	对美敏感	1	2	3	4	5
19	对他人敏感	1	2	3	4	5
20	自知	1	2	3	4	5
21	高度自尊	1	2	3	4	5
22	具有很强的幽默感	1	2	3	4	5
23	尽管有时也会退缩或放弃努力，但对自己的计划总是充满自信	1	2	3	4	5
24	情绪稳定（但有时可能出现25、26、27三项情况，即容易兴奋、烦躁、喜怒无常）	1	2	3	4	5
25	容易兴奋	1	2	3	4	5
26	烦躁（尤其是个人活动受干扰时）	1	2	3	4	5
27	喜怒无常	1	2	3	4	5
28	不喜欢常规和重复性工作	1	2	3	4	5
29	喜欢有目的的工作	1	2	3	4	5
30	能迅速抓住整体	1	2	3	4	5
31	对比例和平衡感觉敏锐（在视觉、心理和身体上）	1	2	3	4	5
32	喜欢选择可以发挥创造力的工作	1	2	3	4	5

第三部分　社会活动和领导能力

序号	题目	从未出现	很少出现	时而出现	经常出现	总是如此
1	自信	1	2	3	4	5
2	厌烦例行公事	1	2	3	4	5
3	容易被事情吸引和卷入	1	2	3	4	5
4	对争论、对成人的谈话、对抽象的问题感兴趣	1	2	3	4	5
5	善于组织	1	2	3	4	5
6	对道德伦理问题感兴趣	1	2	3	4	5
7	目标高	1	2	3	4	5
8	喜欢承担责任	1	2	3	4	5
9	平易近人	1	2	3	4	5
10	善与人相处	1	2	3	4	5
11	在各个年龄都充满自信	1	2	3	4	5
12	对新的环境很容易适应	1	2	3	4	5
13	灵活，可以改变达到目的的途径	1	2	3	4	5
14	总愿和别人在一起	1	2	3	4	5
15	对其他人感兴趣	1	2	3	4	5
16	是活动的发起人	1	2	3	4	5
17	别人总是向你求助或求教	1	2	3	4	5
18	参加许多社会活动	1	2	3	4	5
19	是集体的领导	1	2	3	4	5
20	谈吐流畅	1	2	3	4	5

第四部分　身体能力

序号	题目	从未出现	很少出现	时而出现	经常出现	总是如此
1	一般健康状态优秀	1	2	3	4	5
2	力气大	1	2	3	4	5
3	身体灵活	1	2	3	4	5
4	平衡性好	1	2	3	4	5
5	节奏性好	1	2	3	4	5
6	协调性好	1	2	3	4	5
7	比同龄儿童高	1	2	3	4	5
8	精力充沛	1	2	3	4	5
9	运动时十分轻松	1	2	3	4	5

(续表)

序号	题目	从未出现	很少出现	时而出现	经常出现	总是如此
10	参加体育活动和游戏	1	2	3	4	5
11	愿意自己参加运动不愿旁观	1	2	3	4	5

第五节　小学生认知发展诊断量表

一、测验简介

1. 测验的基本信息

《小学生认知发展诊断量表》(Inventory of Piaget's Developmental Tasks, IPDT)建立在皮亚杰儿童认知发展理论的基础上，用于评价儿童的认知发展水平，由弗思(H. Furth)根据皮亚杰提出的儿童认知发展任务编制而成，派特森(H. Patterson)等对该量表进行了进一步的标准化[1]。

与传统的儿童智力测验相比，《小学生认知发展诊断量表》具有三方面的优点：第一，根据皮亚杰的儿童认知发展理论编制而成，能够反映儿童认知结构的发展变化；第二，既包含具体运算任务，也包含形式运算任务，符合儿童的年龄特点；第三，以图形为主要呈现方式，能引起被试的兴趣并适合大规模施测。

方福熹等人以 390 名北京市小学生为样本对《小学生认知发展诊断量表》进行了修订，结果显示该量表信度、效度良好，难度、区分度适中，其中小学一年级学生的稳定信度为 0.86，分半信度为 0.73，内部一致性信度为 0.83；小学三年级学生的稳定信度为 0.67，分半信度为 0.72，内部一致性信度为 0.80；小学五年级学生的稳定信度为 0.84，分半信度为 0.68，内部一致性信度为 0.77；样本总体的稳定信度为 0.87，分半信度为 0.85，内部一致性信度为 0.91，且所有结果均显著[1]。

2. 测验的结构

《小学生认知发展诊断量表》包括守恒、关系、表征、分类、规律 5 个问题领域，有 18 个分测验。18 个分测验分别涉及数量守恒、水平面表征、顺序关系、重量守恒、类比推理、符号表征、观点表征、运动表征、容积守恒、排列关系、旋转问题、角度问题、投影表征、类相交、长度守恒、类包含、传递关系和概率等问题，见表 5-16。

表 5-16 《小学生认知发展诊断量表》的结构

分测验编号	分测验名称	问题领域	诊断目标	分测验编号	分测验名称	问题领域	诊断目标
1	数量守恒	守恒	数量守恒	10	排列关系	关系	序列关系
2	水平面表征	表征	表征转换	11	旋转问题	规律	运动表征
3	顺序关系	关系	顺序关系	12	角度问题	规律	相互作用
4	重量守恒	守恒	重量守恒	13	投影表征	表征	观点采择
5	类比推理	分类	矩阵类比	14	类相交	分类	类交集
6	符号表征	表征	符号连接	15	长度守恒	守恒	长度守恒
7	观点表征	表征	观点采择	16	类包含	分类	类包含
8	运动表征	表征	运动表征	17	传递关系	关系	传递推理
9	容积守恒	守恒	容积守恒	18	概率问题	规律	概率判断

二、测验计分方式

《小学生认知发展诊断量表》一共有 72 个题目,每个题目有 4 个选择项,其中一个是正确答案,选对得 1 分,选错得 0 分。测验总分为 0 到 72 分。

三、测验统计学指标

1. 样本分布

为了编制《小学生认知发展诊断量表》的常模,我们采用纸质调查的方式,在北京市选取小学生参与测试。

在选取样本的过程中,考虑到了学校的地域分布(市区还是郊区)、性别(男、女)等因素的平衡情况,保证样本的代表性。

《小学生认知发展诊断量表》最终收回有效问卷 758 份,详细的被试分布情况见表 5-17 至表 5-18。

表 5-17 被试具体分布情况(市区郊区、性别)

	男生	女生	合计
市区	135	161	296
郊区	219	243	462
合计	354	404	758

表 5-18 被试具体分布情况（年级、性别）

	男生	女生	合计
三年级	92	98	190
四年级	79	99	178
五年级	119	118	237
六年级	64	89	153
合计	354	404	758

2. 信度

《小学生认知发展诊断量表》总的内部一致性信度为 0.857，5 个问题领域的内部一致性信度在 0.519～0.737 之间，具有良好的信度指标，具体各问题领域的内部一致性信度见表 5-19。

表 5-19 《小学生认知发展诊断量表》的信度

	总分	问题领域一：守恒	问题领域二：关系	问题领域三：表征	问题领域四：分类	问题领域五：规律
α	0.857	0.534	0.656	0.737	0.549	0.519

3. 常模基础数据

总分		问题领域一：守恒		问题领域二：关系		问题领域三：表征		问题领域四：分类		问题领域五：规律	
M.	SD.	M.	SD.	M.	SD.	M.	SD.	M.	SD.	M.	SD.
41.37	9.675	8.83	2.420	7.60	2.479	13.24	3.701	6.23	2.130	5.47	2.305

问题领域一：守恒

数量守恒		重量守恒		容积守恒		长度守恒	
M.	SD.	M.	SD.	M.	SD.	M.	SD.
2.97	0.836	2.58	1.360	1.11	0.867	2.18	1.009

问题领域二：关系

排列关系		顺序关系		传递关系	
M.	SD.	M.	SD.	M.	SD.
2.79	1.065	2.38	0.973	2.42	1.403

问题领域三：表征

水平面表征		符号表征		观点表征		运动表征		投影表征	
M.	SD.	M.	SD.	M.	SD.	M.	SD.	M.	SD.
2.41	1.263	3.04	1.020	2.74	1.195	2.81	1.038	2.25	1.177

问题领域四：分类					
类比推理		类相交		类包含	
M.	SD.	M.	SD.	M.	SD.
3.34	1.005	1.21	1.043	1.68	1.141

问题领域五：规律					
旋转问题		角度问题		概率问题	
M.	SD.	M.	SD.	M.	SD.
1.77	1.177	1.95	1.119	1.75	1.240

	总分		问题领域一：守恒		问题领域二：关系		问题领域三：表征		问题领域四：分类		问题领域五：规律	
	M.	SD.	M.	SD.	M.	SD.	M.	SD.	M.	SD.	M.	SD.
男	41.84	9.441	8.88	2.404	7.62	2.533	13.49	3.608	6.17	2.050	5.68	2.305
女	40.96	9.869	8.79	2.436	7.57	2.434	13.02	3.771	6.29	2.198	5.29	2.292

问题领域一：守恒								
	数量守恒		重量守恒		容积守恒		长度守恒	
	M.	SD.	M.	SD.	M.	SD.	M.	SD.
男	2.97	0.809	2.60	1.376	1.10	0.849	2.19	1.034
女	2.96	0.861	2.55	1.346	1.11	0.884	2.16	0.987

问题领域二：关系						
	排列关系		顺序关系		传递关系	
	M.	SD.	M.	SD.	M.	SD.
男	2.75	1.100	2.45	1.009	2.43	1.403
女	2.84	1.032	2.32	0.937	2.42	1.406

问题领域三：表征										
	水平面表征		符号表征		观点表征		运动表征		投影表征	
	M.	SD.	M.	SD.	M.	SD.	M.	SD.	M.	SD.
男	2.44	1.229	3.04	0.967	2.80	1.176	2.83	1.072	2.38	1.153
女	2.38	1.292	3.04	1.065	2.68	1.210	2.79	1.008	2.13	1.186

问题领域四：分类						
	类比推理		类相交		类包含	
	M.	SD.	M.	SD.	M.	SD.
男	3.32	0.983	1.21	0.990	1.64	1.127

(续表)

	问题领域四：分类					
	类比推理		类相交		类包含	
女	3.37	1.025	1.21	1.089	1.71	1.154

	问题领域五：规律					
	旋转问题		角度问题		概率问题	
	M.	SD.	M.	SD.	M.	SD.
男	1.85	1.199	2.04	1.052	1.79	1.249
女	1.71	1.155	1.88	1.170	1.71	1.232

	总分		问题领域一：守恒		问题领域二：关系		问题领域三：表征		问题领域四：分类		问题领域五：规律	
	M.	SD.	M.	SD.	M.	SD.	M.	SD.	M.	SD.	M.	SD.
三年级	37.20	7.908	8.28	2.156	6.49	2.297	12.08	3.594	5.70	1.681	4.64	1.986
四年级	38.83	10.201	8.52	2.569	7.03	2.396	12.33	4.020	5.61	1.911	5.33	2.352
五年级	41.74	10.448	8.37	2.409	7.75	2.581	13.56	3.837	6.32	2.319	5.73	2.539
六年级	46.40	7.582	9.79	2.235	8.80	2.050	14.65	2.866	7.08	2.202	6.08	2.144

	问题领域一：守恒							
	数量守恒		重量守恒		容积守恒		长度守恒	
	M.	SD.	M.	SD.	M.	SD.	M.	SD.
三年级	2.83	0.785	2.50	1.402	1.05	0.812	1.90	0.957
四年级	2.81	0.988	2.57	1.433	0.97	0.791	2.16	1.031
五年级	2.94	0.912	2.27	1.318	1.01	0.873	2.15	1.069
六年级	3.21	0.623	2.84	1.250	1.32	0.924	2.43	0.934

	问题领域二：关系					
	排列关系		顺序关系		传递关系	
	M.	SD.	M.	SD.	M.	SD.
三年级	2.52	1.163	2.05	0.747	1.93	1.367
四年级	2.61	1.136	2.04	0.885	2.38	1.336
五年级	2.80	1.083	2.50	1.014	2.45	1.469
六年级	3.15	0.786	2.83	0.978	2.83	1.315

	问题领域三：表征								
	水平面表征		符号表征		观点表征		运动表征		投影表征	
	M.	SD.	M.	SD.	M.	SD.	M.	SD.	M.	SD.
三年级	2.23	1.233	2.72	1.105	2.37	1.244	2.54	1.037	2.23	1.251
四年级	2.33	1.287	2.82	1.058	2.39	1.259	2.76	1.096	2.03	1.214
五年级	2.35	1.259	3.17	1.044	2.91	1.161	2.94	1.047	2.19	1.111
六年级	2.65	1.242	3.39	0.749	3.18	0.936	2.98	0.941	2.46	1.099

	问题领域四：分类					
	类比推理		类相交		类包含	
	M.	SD.	M.	SD.	M.	SD.
三年级	3.17	1.051	1.16	0.981	1.37	0.960
四年级	3.20	1.107	1.08	0.942	1.33	0.931
五年级	3.33	1.038	1.10	0.972	1.90	1.263
六年级	3.60	0.799	1.43	1.172	2.04	1.196

	问题领域五：规律					
	旋转问题		角度问题		概率问题	
	M.	SD.	M.	SD.	M.	SD.
三年级	1.35	1.091	1.62	0.870	1.68	1.280
四年级	1.61	1.064	1.84	1.134	1.88	1.330
五年级	1.96	1.245	2.06	1.204	1.71	1.234
六年级	2.11	1.157	2.24	1.148	1.72	1.138

		总分		问题领域一：守恒		问题领域二：关系		问题领域三：表征		问题领域四：分类		问题领域五：规律	
		M.	SD.	M.	SD.	M.	SD.	M.	SD.	M.	SD.	M.	SD.
三年级	男	36.61	8.524	8.05	2.160	6.26	2.480	11.92	3.686	5.65	1.751	4.72	2.045
	女	37.76	7.282	8.49	2.141	6.71	2.101	12.23	3.517	5.74	1.620	4.57	1.937
四年级	男	40.38	9.498	8.91	2.450	7.22	2.335	12.95	3.792	5.66	1.825	5.65	2.270
	女	37.59	10.613	8.27	2.631	6.89	2.445	11.83	4.145	5.58	1.985	5.08	2.398
五年级	男	42.84	10.072	8.44	2.449	7.95	2.510	14.08	3.726	6.17	2.201	6.20	2.583
	女	40.94	10.697	8.37	2.392	7.61	2.636	13.19	3.893	6.43	2.407	5.39	2.466

(续表)

		总分		问题领域 一：守恒		问题领域 二：关系		问题领域 三：表征		问题领域 四：分类		问题领域 五：规律	
		M.	SD.	M.	SD.	M.	SD.	M.	SD.	M.	SD.	M.	SD.
六年级	男	46.32	7.297	9.72	2.273	8.76	2.134	14.76	2.762	6.91	2.119	6.17	2.140
	女	46.47	7.889	9.86	2.203	8.84	1.970	14.54	2.975	7.25	2.279	5.98	2.152

		问题领域一：守恒							
		数量守恒		重量守恒		容积守恒		长度守恒	
		M.	SD.	M.	SD.	M.	SD.	M.	SD.
三年级	男	2.72	0.775	2.43	1.470	1.07	0.753	1.84	1.030
	女	2.94	0.784	2.56	1.340	1.03	0.867	1.96	0.884
四年级	男	2.87	0.952	2.78	1.317	0.99	0.742	2.27	1.046
	女	2.77	1.018	2.40	1.505	0.96	0.832	2.08	1.017
五年级	男	3.06	0.814	2.23	1.377	0.95	0.916	2.19	1.097
	女	2.85	0.972	2.29	1.281	1.06	0.844	2.12	1.053
六年级	男	3.19	0.655	2.82	1.295	1.29	0.922	2.43	0.926
	女	3.23	0.591	2.86	1.207	1.36	0.929	2.42	0.946

		问题领域二：关系					
		排列关系		顺序关系		传递关系	
		M.	SD.	M.	SD.	M.	SD.
三年级	男	2.34	1.278	2.08	0.855	1.85	1.358
	女	2.68	1.021	2.03	0.633	2.00	1.377
四年级	男	2.66	1.108	2.04	0.869	2.52	1.300
	女	2.58	1.161	2.04	0.903	2.27	1.361
五年级	男	2.81	1.097	2.72	1.000	2.42	1.423
	女	2.80	1.079	2.34	0.999	2.47	1.508
六年级	男	3.08	0.809	2.87	1.008	2.82	1.359
	女	3.21	0.761	2.79	0.950	2.84	1.274

		问题领域三：表征									
		水平面表征		符号表征		观点表征		运动表征		投影表征	
		M.	SD.	M.	SD.	M.	SD.	M.	SD.	M.	SD.
三年级	男	2.17	1.246	2.67	1.110	2.37	1.273	2.49	1.064	2.22	1.212
	女	2.28	1.225	2.76	1.104	2.38	1.223	2.58	1.015	2.24	1.293

(续表)

		问题领域三：表征								
		水平面表征		符号表征		观点表征		运动表征		投影表征	
四年级	男	2.46	1.207	2.91	0.936	2.47	1.269	2.77	1.165	2.34	1.186
	女	2.22	1.344	2.75	1.146	2.33	1.254	2.75	1.043	1.78	1.183
五年级	男	2.30	1.256	3.17	0.985	3.11	1.025	3.16	1.027	2.34	1.158
	女	2.39	1.267	3.17	1.090	2.76	1.234	2.79	1.039	2.08	1.068
六年级	男	2.71	1.174	3.34	0.730	3.19	0.914	2.96	0.969	2.55	1.071
	女	2.58	1.310	3.44	0.768	3.16	0.961	3.00	0.915	2.36	1.121

		问题领域四：分类					
		类比推理		类相交		类包含	
		M.	SD.	M.	SD.	M.	SD.
三年级	男	3.04	1.138	1.21	0.989	1.40	0.927
	女	3.29	0.952	1.12	0.977	1.34	0.994
四年级	男	3.22	0.996	1.13	0.838	1.32	0.968
	女	3.19	1.192	1.04	1.019	1.34	0.905
五年级	男	3.36	0.949	1.13	1.016	1.69	1.220
	女	3.30	1.102	1.08	0.944	2.04	1.278
六年级	男	3.58	0.786	1.33	1.067	2.00	1.214
	女	3.63	0.814	1.53	1.265	2.08	1.181

		问题领域五：规律					
		旋转问题		角度问题		概率问题	
		M.	SD.	M.	SD.	M.	SD.
三年级	男	1.37	1.136	1.67	0.903	1.67	1.241
	女	1.33	1.053	1.56	0.838	1.68	1.321
四年级	男	1.81	1.075	2.03	0.974	1.81	1.350
	女	1.45	1.033	1.70	1.233	1.93	1.319
五年级	男	2.08	1.301	2.22	1.201	1.91	1.205
	女	1.88	1.204	1.94	1.200	1.57	1.242
六年级	男	2.12	1.166	2.24	1.057	1.81	1.216
	女	2.11	1.153	2.24	1.238	1.64	1.051

四、参考文献

[1] 方富熹，盖笑松，龚少英，刘国雄. 对儿童认知发展水平诊断工具 IPDT 的信度效度检验[J]. 心理学报，2004，36(1)：96-102.

五、《小学生认知发展诊断量表》题本（共 72 题，提供其中的 24 题作为示例）

指导语：同学您好！这是一份思维发展水平的问卷，请一定要认真作答。每个题目有四个选项，A、B、C 与 D，正确的答案只有一个，请将正确答案填答在答题纸的相应题号旁。在保证正确的前提下，所用的时间越短越好。

图例 1：下面哪个桶里的水最多？

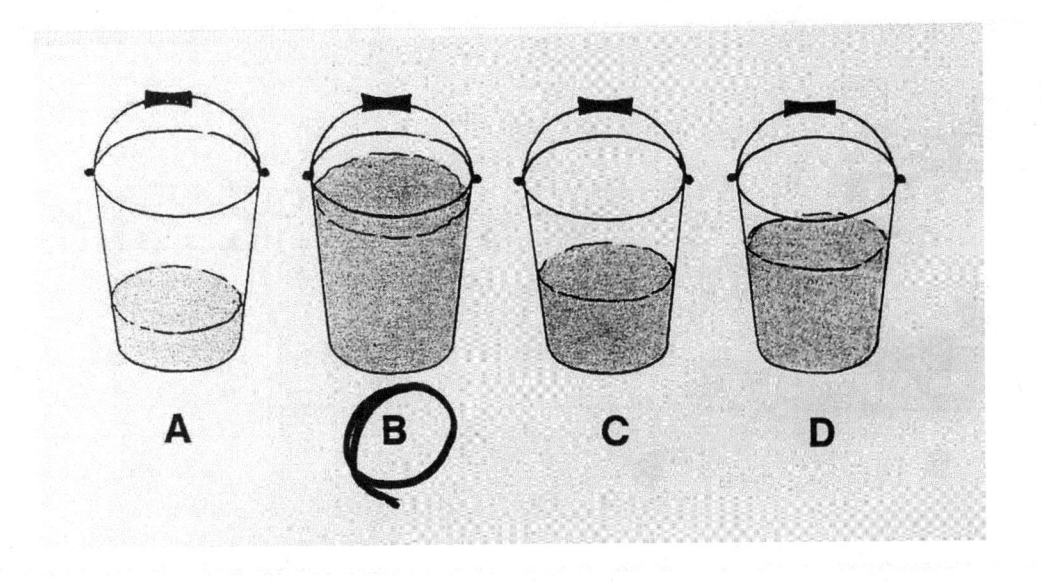

正式测验

1 有一些砖头，哪一堆转头最多？

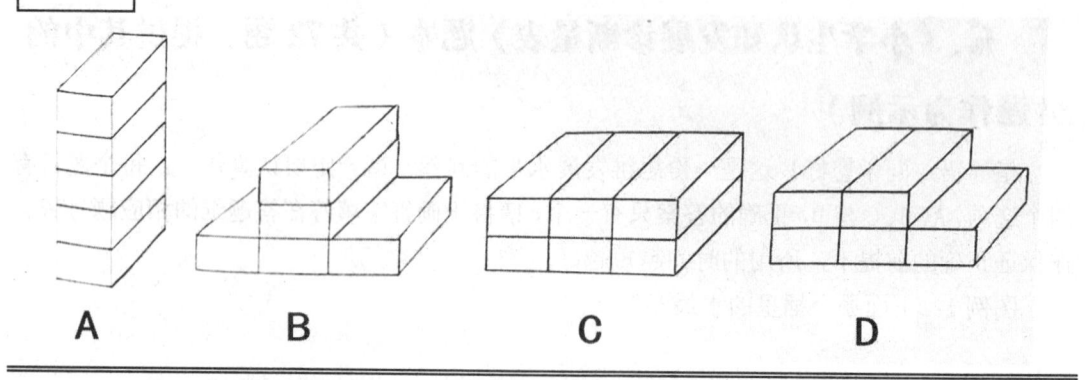

A　　　B　　　C　　　D

2 有一匹饥饿的马，哪一个能吃到更多的草？

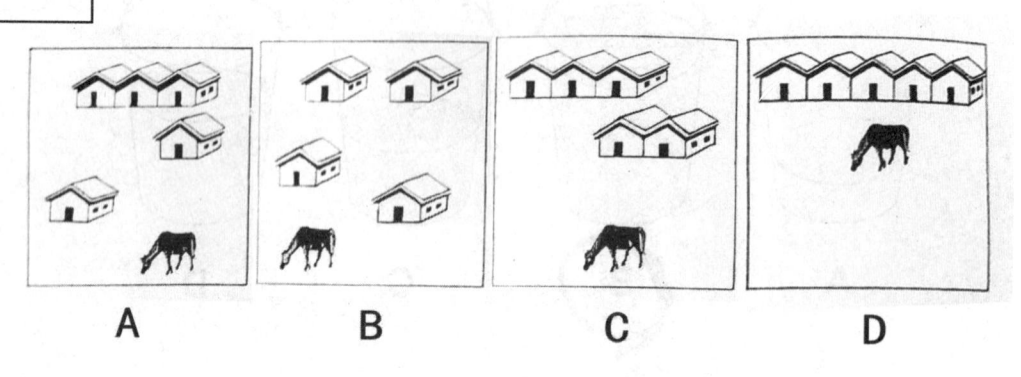

A　　　B　　　C　　　D

3 哪个容器里的水最多？

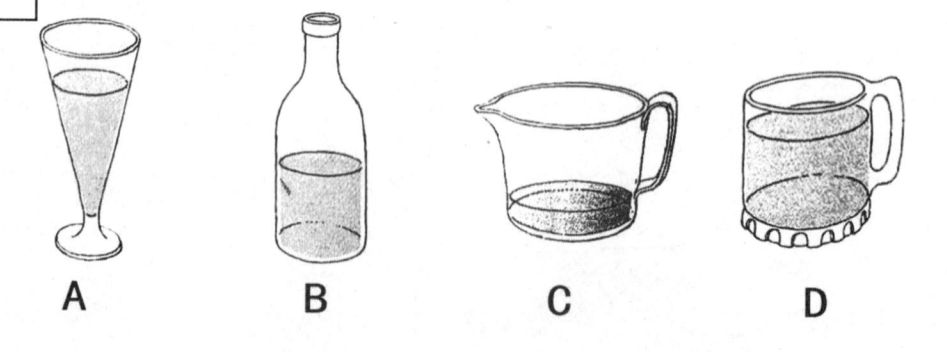

A　　　B　　　C　　　D

16

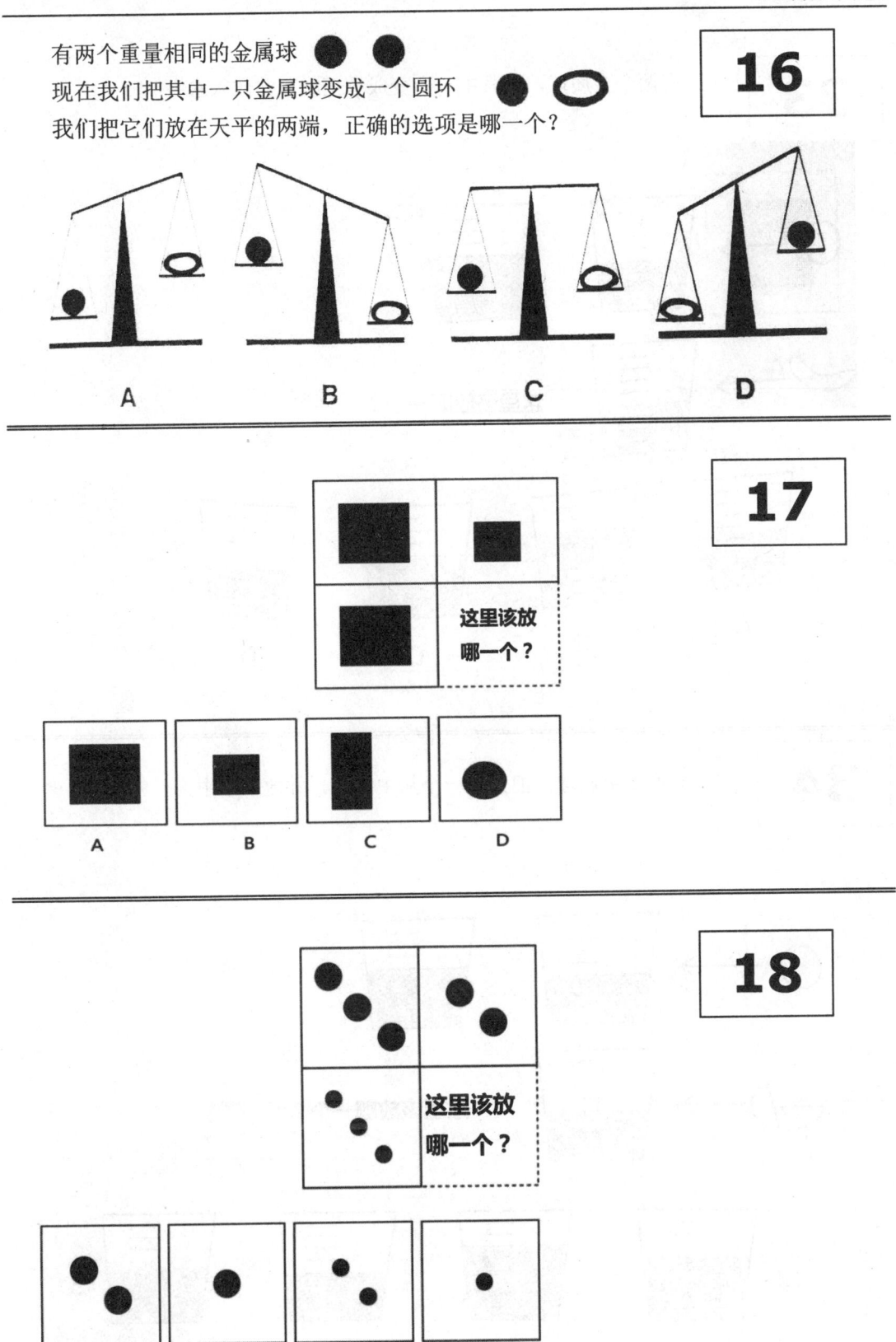

有两个重量相同的金属球 ●●
现在我们把其中一只金属球变成一个圆环 ● ○
我们把它们放在天平的两端，正确的选项是哪一个？

A　　B　　C　　D

17

这里该放哪一个？

A　　B　　C　　D

18

这里该放哪一个？

A　　B　　C　　D

33 有两个金属球，把其中一个变成香蕉状，并放入水中：

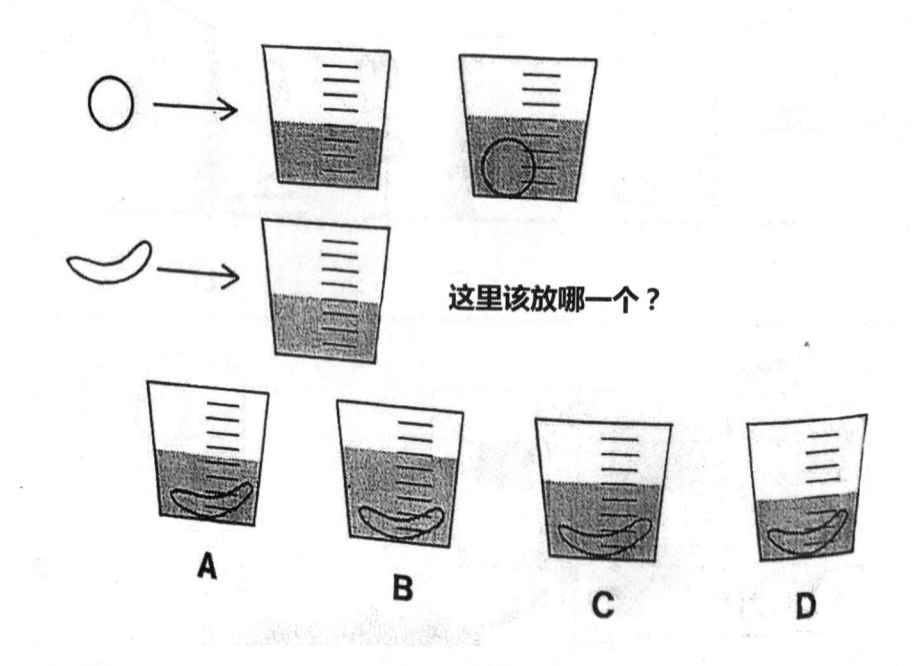

这里该放哪一个？

A　B　C　D

34 有两个金属球，把其中一个从中锯开，并放入水中：

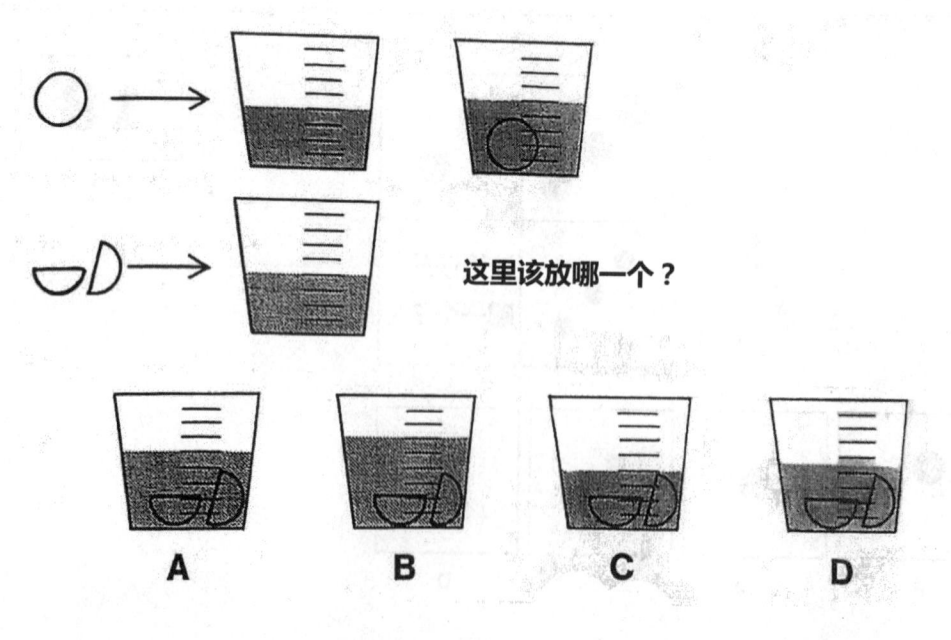

这里该放哪一个？

A　B　C　D

106

37

有四个木块，
将木块从高到低排列，
下面哪个是正确的？

A B C D

38

有五个木块，
将木块从高到低排列，
下面哪个是正确的？

A B C D

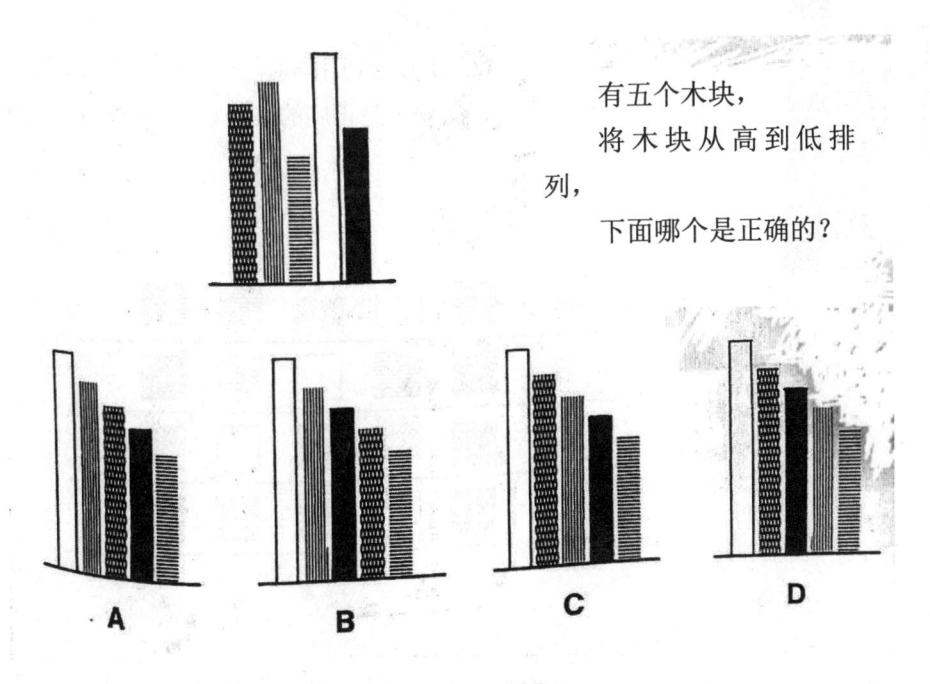

39

有五个球，
将球从大到小排列，
下面哪个是正确的？

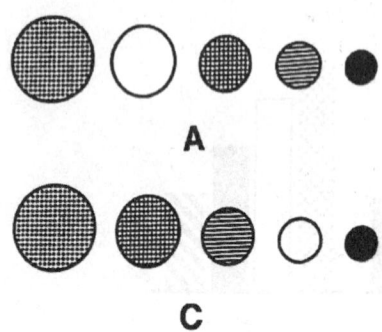

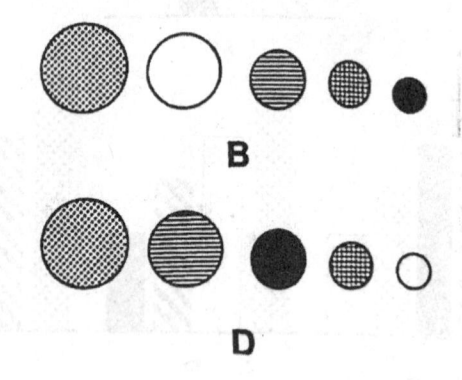

A

B

C

D

40

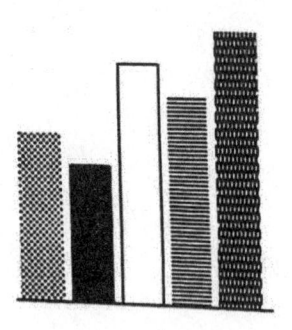

有五根棍，
将棍从大到小排列，
下面哪个是正确的？

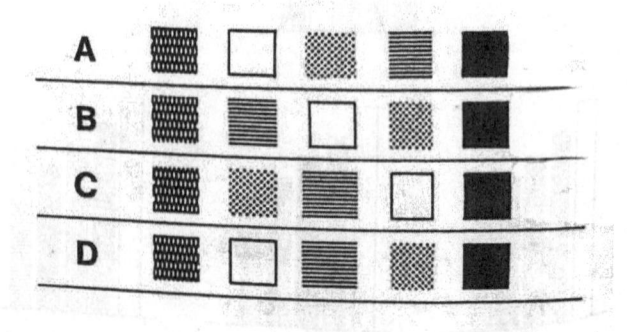

A

B

C

D

41

有下列两个齿轮，见大齿轮的旋转方向。

A  B  C  D

42

有下列两个齿轮，见大齿轮的旋转方向。

A  B  C  D

心理测验与常模

45

把球扔向一个斜面。
球将弹向哪里？

A　　B　　C　　D

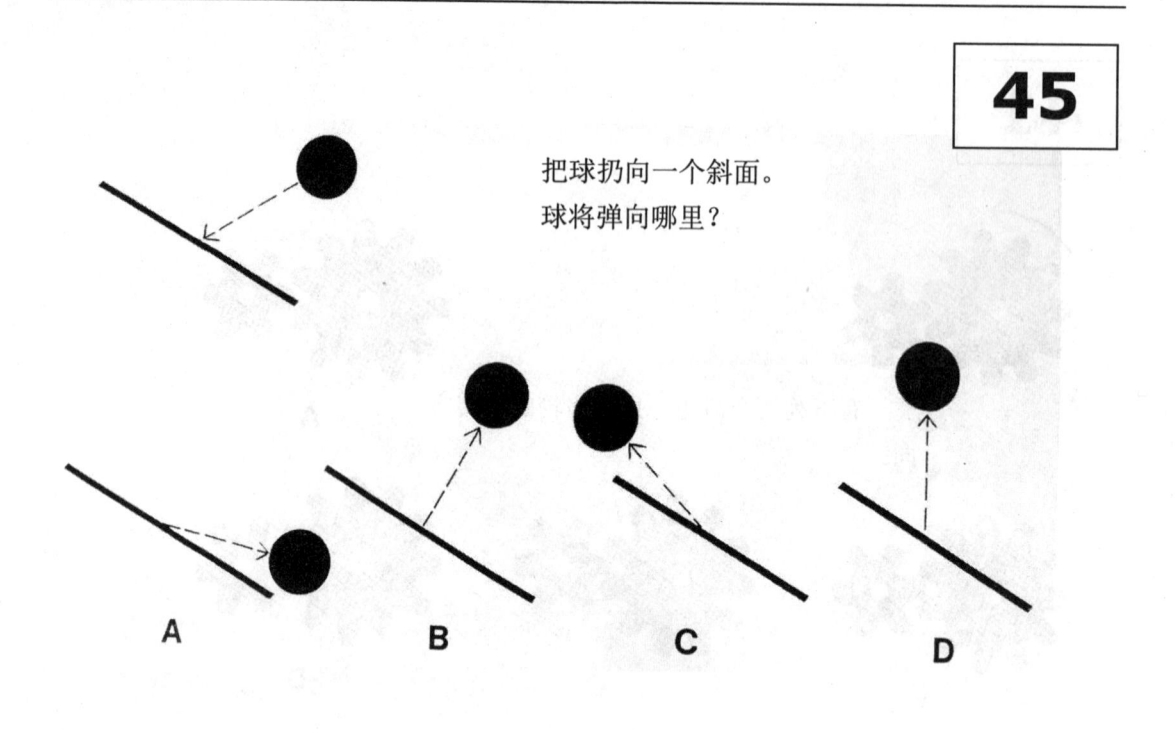

46

把球扔向一个斜面。
球将弹向哪里？

A　　B　　C　　D

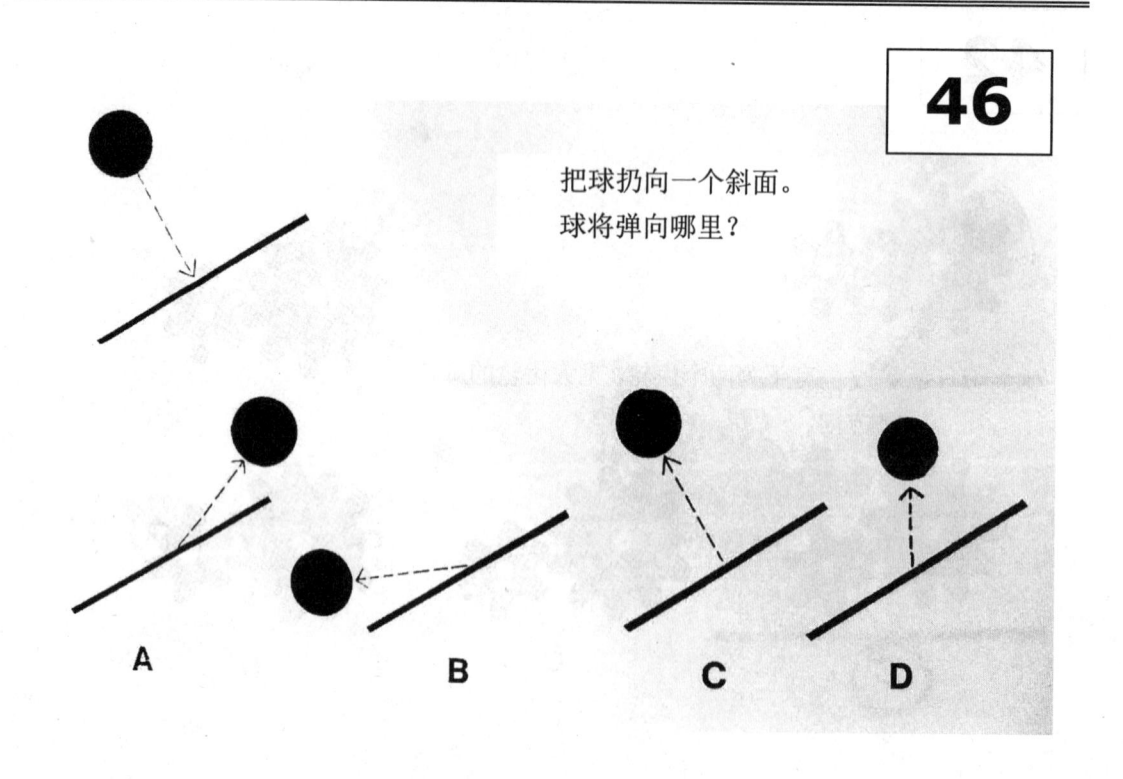

49

太阳正在照射。
哪个房子的阴影是正确的？

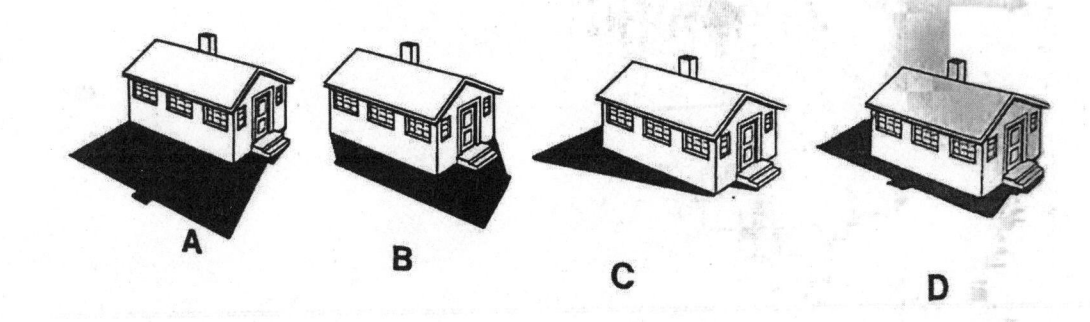

A　B　C　D

50

有一个蜡烛和一个盒子。
哪个盒子的阴影是正确

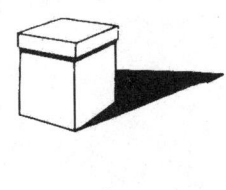

A　B　C　D

59

下面有四根线，哪一根线最短？

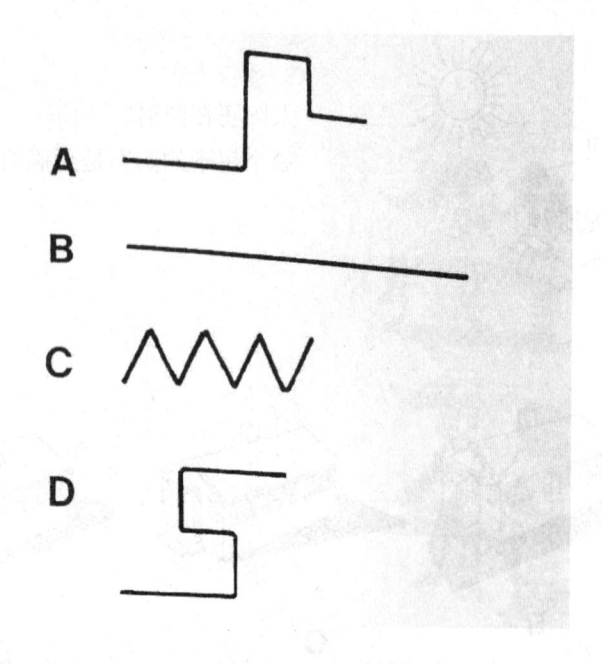

A
B
C
D

60

用上面那根线弯成下面三个图形。哪个图最大？

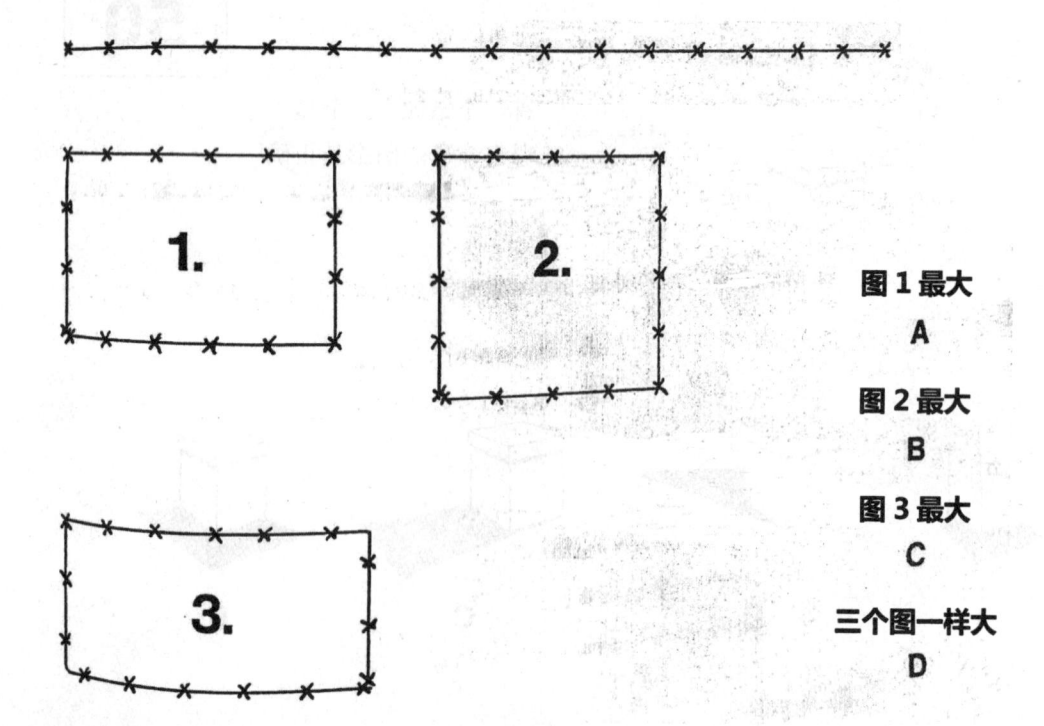

1.
2.
3.

图1最大
A

图2最大
B

图3最大
C

三个图一样大
D

图例 2： 下面有五个女孩，三个男孩，四个父亲，两个母亲。

看着上面的图片，哪个描述是正确的？

A 女孩比男孩多。
B 成年人比小孩多。
(C) 小孩比成年人多。
D 母亲比父亲多。

观看图例 2，下面哪个句子是正确的？ **61**

A 父亲比成年人多。
B 母亲比父亲多。
C 父亲比女孩多。
D 成年人比父亲多。

观看图例 2，下面哪个句子是正确的？ **62**

A 母亲比父亲多。
B 父亲和成年男人一样多。
C 父亲比成年男人多。
D 成年男人比父亲多。

| **63** | 观看图例2,下面哪个句子是正确的?

　　A　女孩比男孩多。
　　B　女孩比小孩多。
　　C　女孩与小孩一样多。
　　D　小孩比女孩多。

| **64** | 观看图例2,下面哪个句子是正确的?

　　A　小孩比人多。
　　B　人比小孩多。
　　C　小孩与人一样多。
　　D　父亲比小孩多。

第六章 人格测验常模基础数据

第一节 卡特尔十六种人格因素问卷

一、测验简介

1. 测验的基本信息

《卡特尔十六种人格因素问卷》(Sixteen Personality Factor Questionnaire, 16PF) 是根据心理学的基本原理设计的一种客观评分测验,编制者为美国伊利诺州立大学人格研究所的卡特尔[1]。

卡特尔及其同事通过搜集字典以及精神病学、心理学文献中人的各种行为,采用系统观察法、科学实验法以及因素分析统计法,经过二三十年研究确定了十六种人格特质,并据此编制了测验,这十六种人格因素的名称和文字符号是:乐群性(A)、聪慧性(B)、稳定性(C)、恃强性(E)、兴奋性(F)、有恒性(G)、敢为性(H)、敏感性(I)、怀疑性(L)、幻想性(M)、世故性(N)、忧虑性(O)、实验性(Q1)、独立性(Q2)、自律性(Q3)、紧张性(Q4)。上述人格因素是各自独立的,每一种因素与其他因素的相关度极小。经过很多心理学家研究证实,这些因素普遍地存在于年龄及文化背景不同的人群之中。这些因素的不同组合,就构成了一个人不同于其他人的独特个性。

除上述十六种人格因素外,还可以测量其他方面更为广泛的内容。这称为次元人格因素，如：适应性、焦虑性、内向性、外向性、感情用事性、安详机警性、怯懦性、果断性等。

16PF英文原版共有A、B、C三个复本，是从数千个题目中经过三次取样测验和因素分析，将信度与结构效度较高的题目挑选出来编成的，每个复本各有187题。每一种人格因素由10~13个题目组成的分测验来测量。十六种因素的题目采取按序轮流排列，以便于计分，并保持受试者作答时的兴趣。为防止被试勉强作答或不合作，每一测题都有三个可能的答案，使被试有折中的选择。为了克服动机效应，尽量采用中性测题，避免含有社会赞许性的题目。而且，被选用的题目中有许多表面上似乎与某人格因素有关，但实际上却与另外一种人格因素密切相关，如此，被试不易猜测题目的用意。

杨国愉、张大均等人对30个省市的13450名现役军人进行了16PF的团体测试，发现各维度的同质性信度在0.511~0.829之间，分半信度在0.541~0.838之间，重测信度在0.553~0.842之间，总量表与各因素的相关系数在0.612~0.845之间，因子间的相关系数在0.180~0.510之间[2]。

2. 量表的结构

因素A——乐群性：3、26、27、51、52、76、101、126、151、176共10项。低分特征：缄默，孤独，冷漠；高分特征：外向，热情，合群。

因素B——聪慧性：28、53、54、77、78、102、103、127、128、152、153、177、178共13项。低分特征：思想迟钝，学识浅薄，抽象思考能力弱；高分特征：聪明，富有才识，善于抽象思考，学习能力强，思考敏捷正确。

因素C——稳定性：4、5、29、30、55、79、80、104、105、129、130、154、179共13项。低分特征：情绪激动，易生烦恼，心神动摇不定，易受环境支配；高分特征：情绪稳定而成熟，能面对现实。

因素E——恃强性：6、7、31、32、56、57、81、106、131、155、156、180、181共13项。低分特征：谦逊，顺从，通融，恭顺；高分特征：好强固执，独立积极。

因素F——兴奋性：8、33、58、82、83、107、108、132、133、157、158、182、183共13项。低分特征：严肃，审慎，冷静，寡言；高分特征：轻松兴奋，随遇而安。

因素G——有恒性：9、34、59、84、109、134、159、160、184、185共10项。低分特征：苟且敷衍，缺乏奉公守法的精神；高分特征：有恒负责，做事尽职。

因素H——敢为性：10、35、36、60、61、85、86、110、111、135、136、161、186共13项。低分特征：畏怯，退缩，缺乏自信心；高分特征：冒险敢为，少有顾忌。

因素I——敏感性：11、12、37、62、87、112、137、138、162、163共10项。低分特征：理智，着重现实；高分特征：敏感，感情用事。

因素L——怀疑性：13、38、63、64、88、89、113、114、139、164共10项。低分特征：依赖随和，易与人相处；高分特征：怀疑，刚愎，固执己见。

因素M——幻想性：14、15、39、40、65、90、91、115、116、140、141、165、166共13项。低分特征：现实，合乎成规，力求妥善合理；高分特征：爱幻想的，狂放不羁。

因素 N——世故性：16、17、41、42、66、67、92、117、142、167 共 10 项。低分特征：坦白，直率，天真；高分特征：精明能干，世故。

因素 O——忧虑性：18、19、43、44、68、69、93、94、118、119、143、144、168 共 13 项。低分特征：安详，沉着，有自信心；高分特征：忧虑抑郁，烦恼自扰。

因素 Q1——实验性：20、21、45、46、70、95、120、145、169、170 共 10 项。低分特征：保守，尊重传统观念与行为标准；高分特征：自由的，批评激进，不拘泥于现实。

因素 Q2——独立性：22、47、71、72、96、97、121、122、146、171 共 10 项。低分特征：依赖，随群附众；高分特征：自立自强，当机立断。

因素 Q3——自律性：23、24、48、73、98、123、147、148、172、173 共 10 项。低分特征：矛盾冲突，不顾大体；高分特征：知己知彼，自律谨严。

因素 Q4——紧张性：25、49、50、74、75、99、101、124、125、149、150、174、175 共 13 项。低分特征：心平气和，闲散宁静；高分特征：紧张困扰，激动挣扎。

二、测验计分方式

每一个题目都有三个答案，可得 0 分、1 分或 2 分。聪慧性（因素 B）量表的题目有正确答案，每题答对得 1 分，答错得 0 分。未记分前，应先检查答案有无明显错误及遗漏，若遗漏太多或有明显错误，则必须重测以求真实可信。

16PF 各题目得分见表 6-1。

表 6-1　16PF 各题目得分

题号	选项①得分	选项②得分	选项③得分	题号	选项①得分	选项②得分	选项③得分
1	0	0	0	95	0	1	2
2	0	0	0	96	0	1	2
3	2	1	0	97	0	1	2
4	2	1	0	98	2	1	0
5	0	1	2	99	2	1	0
6	0	1	2	100	2	1	0
7	2	1	0	101	2	1	0
8	0	1	2	102	0	0	1
9	0	1	2	103	0	1	0
10	2	1	0	104	2	1	0
11	0	1	2	105	2	1	0
12	0	1	2	106	0	1	2
13	2	1	0	107	2	1	0
14	0	1	2	108	2	1	0
15	0	1	2	109	2	1	0
16	0	1	2	110	2	1	0
17	2	1	0	111	2	1	0
18	2	1	0	112	2	1	0

(续表)

题号	选项①得分	选项②得分	选项③得分	题号	选项①得分	选项②得分	选项③得分
19	0	1	2	113	2	1	0
20	2	1	0	114	2	1	0
21	2	1	0	115	2	1	0
22	0	1	2	116	2	1	0
23	0	1	2	117	2	1	0
24	0	1	2	118	2	1	0
25	2	1	0	119	2	1	0
26	0	1	2	120	0	1	2
27	0	1	2	121	0	1	2
28	0	1	0	122	0	1	2
29	0	1	2	123	0	1	2
30	2	1	0	124	2	1	0
31	0	1	2	125	0	1	2
32	0	1	2	126	2	1	0
33	2	1	0	127	0	0	1
34	0	1	2	128	0	1	0
35	0	1	2	129	2	1	0
36	2	1	0	130	2	1	0
37	2	1	0	131	2	1	0
38	2	1	0	132	2	1	0
39	2	1	0	133	2	1	0
40	2	1	0	134	2	1	0
41	0	1	2	135	0	1	2
42	2	1	0	136	2	1	0
43	2	1	0	137	0	1	2
44	0	1	2	138	2	1	0
45	0	1	2	139	0	1	2
46	2	1	0	140	2	1	0
47	2	1	0	141	0	1	2
48	2	1	0	142	2	1	0
49	2	1	0	143	2	1	0
50	2	1	0	144	0	1	2
51	0	1	2	145	2	1	0
52	2	1	0	146	2	1	0
53	0	1	0	147	2	1	0
54	0	1	0	148	2	1	0
55	2	1	0	149	2	1	0
56	2	1	0	150	2	1	0
57	0	1	2	151	0	1	2
58	2	1	0	152	0	1	0

(续表)

题号	选项①得分	选项②得分	选项③得分	题号	选项①得分	选项②得分	选项③得分
59	2	1	0	153	0	0	1
60	0	1	2	154	0	1	2
61	0	1	2	155	2	1	0
62	0	1	2	156	2	1	0
63	0	1	2	157	0	1	2
64	0	1	2	158	0	1	2
65	2	1	0	159	0	1	2
66	0	1	2	160	2	1	0
67	0	1	2	161	0	1	2
68	0	1	2	162	0	1	2
69	2	1	0	163	2	1	0
70	2	1	0	164	2	1	0
71	2	1	0	165	0	1	2
72	2	1	0	166	0	1	2
73	2	1	0	167	2	1	0
74	2	1	0	168	2	1	0
75	0	1	2	169	2	1	0
76	0	1	2	170	0	1	2
77	0	0	1	171	2	1	0
78	0	1	0	172	0	1	2
79	0	1	2	173	2	1	0
80	0	1	2	174	2	1	0
81	0	1	2	175	0	1	2
82	0	1	2	176	2	1	0
83	0	1	2	177	1	0	0
84	0	1	2	178	1	0	0
85	0	1	2	179	2	1	0
86	0	1	2	180	2	1	0
87	0	1	2	181	2	1	0
88	2	1	0	182	2	1	0
89	0	1	2	183	2	1	0
90	0	1	2	184	2	1	0
91	2	1	0	185	2	1	0
92	0	1	2	186	2	1	0
93	0	1	2	187	0	0	0
94	0	1	2				

三、测验统计学指标

1. 样本分布

为了编制16PF量表的常模，我们采用纸质调查和网络调查相结合的方式，在北京市选取高中学生和教师参与测试。

在选取样本的过程中，考虑到了学校的地域分布（市区还是郊区）、学校性质（示范高中还是普通高中）、以及性别（男、女）各因素的平衡情况，保证样本的代表性。

16PF量表最终收回有效问卷1146份，详细的被试分布情况见表6-2至表6-4。

表6-2　被试具体分布情况（地域分布）

	市区	郊区	合计
学生	351	595	946
教师	56	144	200
合计	407	739	1146

表6-3　被试具体分布情况（学校性质）

	示范高中	普通高中	合计
学生	651	295	946
教师	38	162	200
合计	689	457	1146

表6-4　被试具体分布情况（性别）

	性别		合计
	男生	女生	
高一	318	213	531
高二	157	150	307
高三	64	44	108

2. 常模基础数据

	A 乐群性		B 聪慧性		C 稳定性		E 恃强性		F 兴奋性		G 有恒性	
	M.	SD.	M.	SD.	M.	SD.	M.	SD.	M.	SD.	M.	SD.
学生	9.92	3.491	7.39	2.122	13.09	3.501	10.92	3.260	13.79	3.756	10.48	2.886
教师	9.42	3.245	7.39	2.374	14.01	3.797	10.10	3.371	13.59	3.747	11.33	2.901
总计	9.83	3.453	7.39	2.167	13.25	3.575	10.77	3.292	13.76	3.754	10.63	2.905

	H 敢为性		I 敏感性		L 怀疑性		M 幻想性		N 世故性		O 忧虑性	
	M.	SD.	M.	SD.	M.	SD.	M.	SD.	M.	SD.	M.	SD.
学生	11.27	3.624	11.42	2.642	9.94	2.904	12.98	3.044	8.32	2.600	11.81	3.630
教师	11.25	3.660	11.22	2.558	8.96	2.753	12.80	2.599	8.59	2.551	11.54	3.875
总计	11.27	3.629	11.39	2.628	9.77	2.901	12.95	2.970	8.36	2.593	11.76	3.674

	Q1 实验性		Q2 独立性		Q3 自律性		Q4 紧张性	
	M.	SD.	M.	SD.	M.	SD.	M.	SD.
学生	10.67	2.540	10.93	2.948	12.02	2.937	13.75	3.784
教师	9.98	2.418	11.16	2.920	12.26	2.986	12.92	4.157
总计	10.55	2.532	10.97	2.943	12.06	2.946	13.60	3.863

		A 乐群性		B 聪慧性		C 稳定性		E 持强性		F 兴奋性		G 有恒性	
		M.	SD.	M.	SD.	M.	SD.	M.	SD.	M.	SD.	M.	SD.
男	学生	9.47	3.341	7.18	2.207	13.46	3.442	11.30	3.226	13.34	3.781	10.72	2.899
	教师	9.09	2.972	6.72	2.520	14.98	3.351	11.16	3.348	13.65	3.848	11.91	2.692
	总计	9.44	3.307	7.13	2.241	13.61	3.460	11.29	3.235	13.37	3.785	10.83	2.899
女	学生	10.51	3.599	7.67	1.974	12.60	3.523	10.40	3.237	14.39	3.642	10.17	2.843
	教师	9.55	3.349	7.65	2.268	13.62	3.904	9.67	3.296	13.57	3.720	11.10	2.957
	总计	10.26	3.558	7.66	2.053	12.87	3.651	10.20	3.265	14.18	3.677	10.41	2.900

		H 敢为性		I 敏感性		L 怀疑性		M 幻想性		N 世故性		O 忧虑性	
		M.	SD.	M.	SD.	M.	SD.	M.	SD.	M.	SD.	M.	SD.
男	学生	11.17	3.624	10.96	2.622	10.01	2.893	12.52	3.109	8.32	2.635	11.64	3.612
	教师	12.23	3.268	9.98	2.334	9.58	2.471	12.67	2.728	8.42	2.405	10.70	4.175
	总计	11.27	3.602	10.87	2.610	9.97	2.856	12.54	3.072	8.33	2.612	11.55	3.677
女	学生	11.40	3.624	12.02	2.550	9.86	2.919	13.56	2.857	8.31	2.557	12.02	3.646
	教师	10.86	3.747	11.71	2.483	8.72	2.829	12.86	2.553	8.66	2.612	11.87	3.711
	总计	11.26	3.661	11.94	2.534	9.56	2.936	13.38	2.796	8.40	2.574	11.98	3.660

		Q1 实验性		Q2 独立性		Q3 自律性		Q4 紧张性	
		M.	SD.	M.	SD.	M.	SD.	M.	SD.
男	学生	10.56	2.569	11.06	3.012	11.93	2.972	13.55	3.726
	教师	10.05	2.568	11.07	3.252	12.11	3.239	12.89	4.789
	总计	10.51	2.571	11.06	3.033	11.95	2.997	13.49	3.842
女	学生	10.81	2.499	10.75	2.856	12.14	2.890	14.01	3.848
	教师	9.95	2.364	11.19	2.790	12.31	2.889	12.93	3.896
	总计	10.59	2.491	10.87	2.843	12.18	2.888	13.73	3.886

	A 乐群性		B 聪慧性		C 稳定性		E 恃强性		F 兴奋性		G 有恒性	
	M.	SD.	M.	SD.	M.	SD.	M.	SD.	M.	SD.	M.	SD.
高一	10.03	3.426	7.32	2.125	13.17	3.561	10.90	3.263	14.00	3.557	10.71	2.874
高二	9.96	3.434	7.30	2.097	13.26	3.186	11.20	3.200	13.38	4.061	10.16	2.911
高三	9.26	3.917	8.00	2.097	12.22	3.956	10.20	3.323	13.94	3.756	10.27	2.793

	H 敢为性		I 敏感性		L 怀疑性		M 幻想性		N 世故性		O 忧虑性	
	M.	SD.	M.	SD.	M.	SD.	M.	SD.	M.	SD.	M.	SD.
高一	11.48	3.738	11.57	2.647	10.09	2.851	12.82	3.031	8.18	2.614	11.93	3.714
高二	11.24	3.335	11.25	2.718	9.75	2.797	13.12	2.974	8.77	2.567	11.45	3.417
高三	10.30	3.717	11.19	2.360	9.77	3.398	13.33	3.273	7.69	2.447	12.21	3.744

	Q1 实验性		Q2 独立性		Q3 自律性		Q4 紧张性	
	M.	SD.	M.	SD.	M.	SD.	M.	SD.
高一	10.57	2.525	10.73	2.919	12.12	2.781	13.96	3.811
高二	10.88	2.513	10.99	2.886	11.77	3.130	13.37	3.739
高三	10.55	2.673	11.74	3.147	12.23	3.101	13.83	3.730

		A 乐群性		B 聪慧性		C 稳定性		E 恃强性		F 兴奋性		G 有恒性	
		M.	SD.	M.	SD.	M.	SD.	M.	SD.	M.	SD.	M.	SD.
高一	男	9.86	3.269	7.25	2.157	13.69	3.502	11.18	3.19	13.76	3.659	10.90	2.852
	女	10.44	3.516	7.68	2.001	12.38	3.605	10.36	3.40	14.50	3.281	10.44	2.866
高二	男	9.09	3.324	7.25	2.237	13.70	3.233	11.75	3.57	12.34	4.153	10.87	3.135
	女	10.04	3.506	7.62	1.895	13.13	2.964	10.61	2.97	14.40	4.035	9.76	2.779
高三	男	8.80	3.654	7.95	1.976	12.47	3.553	10.29	2.767	13.75	3.777	10.16	2.781

(续表)

		A 乐群性		B 聪慧性		C 稳定性		E 恃强性		F 兴奋性		G 有恒性	
		M.	SD.	M.	SD.	M.	SD.	M.	SD.	M.	SD.	M.	SD.
	女	9.91	3.993	8.23	1.938	11.91	4.689	9.42	3.375	14.37	3.780	10.42	2.970

		H 敢为性		I 敏感性		L 怀疑性		M 幻想性		N 世故性		O 忧虑性	
		M.	SD.	M.	SD.	M.	SD.	M.	SD.	M.	SD.	M.	SD.
高一	男	11.58	3.781	11.15	2.601	10.26	2.824	12.51	2.972	7.98	2.644	11.43	3.647
高一	女	11.28	3.743	12.39	2.557	9.94	2.772	13.47	2.939	8.35	2.504	12.40	3.837
高二	男	10.52	3.459	10.54	2.872	9.45	2.638	12.37	3.226	8.88	2.588	11.22	3.263
高二	女	11.76	3.288	11.98	2.428	9.91	2.916	13.88	2.620	8.50	2.594	11.25	3.487
高三	男	10.05	3.456	11.60	2.165	10.15	3.347	13.15	3.205	8.20	2.437	12.05	3.566
高三	女	10.23	3.931	10.81	2.566	9.42	3.554	13.59	3.319	6.77	2.191	12.28	3.725

		Q1 实验性		Q2 独立性		Q3 自律性		Q4 紧张性	
		M.	SD.	M.	SD.	M.	SD.	M.	SD.
高一	男	10.43	2.548	10.66	3.092	12.34	2.730	13.77	3.830
高一	女	10.84	2.402	10.84	2.750	12.08	2.695	14.52	3.741
高二	男	10.67	2.426	11.57	2.821	11.56	3.446	13.10	3.625
高二	女	10.92	2.503	10.51	2.885	12.19	2.964	13.45	3.848
高三	男	10.89	2.615	11.98	2.984	12.09	3.081	13.78	3.478
高三	女	9.95	2.760	11.42	3.354	12.67	3.279	14.16	4.146

四、参考文献

[1] 徐蕊, 宋华淼, 苗丹民. 卡特尔16种人格因素(中国版)构念效度的验证[J]. 医学争鸣, 2007, 28(8): 744-746.

[2] 杨国愉, 张大均, 冯正直等. 卡特尔16种人格因素问卷中国军人常模的建立[J]. 医学争鸣, 2007, 28(4): 750-753.

五、16PF题本

指导语：本测验包括一些有关个人兴趣与态度的问题。每个人都各有自己的看法，对问题的回答自然不同。无所谓"正确"或"错误"。请尽量表达自己的意见。注意：第一，不要在一道题上思考太长时间，选择你最先想到的答案即可；第二，除非在万不得已的情形下，尽量避免选择如"介于①与③之间"，或"不甚确定"这样的中性答案。

1. 我很明了本测验的说明。
   ① 是的
   ② 不一定
   ③ 不是的
2. 我对本测验每一个问题都会按自己的真实情况作答。
   ① 是的
   ② 不一定
   ③ 不是的
3. 有度假机会时,我宁愿:
   ① 去一个繁华的都市
   ② 介乎①与③之间
   ③ 闲居清静而偏僻的郊区
4. 我有足够的能力应付困难。
   ① 是的
   ② 不一定
   ③ 不是的
5. 看到即使是关在铁笼内的猛兽也会使我惴惴不安。
   ① 是的
   ② 不一定
   ③ 不是的
6. 我总避免批评别人的言行。
   ① 是的
   ② 有时如此
   ③ 不是的
7. 我的思想似乎:
   ① 走在了时代前面
   ② 不太确定
   ③ 正符合时代
8. 我不擅长说笑话、讲趣事。
   ① 是的
   ② 介乎①与③之间
   ③ 不是的
9. 当我看到亲友邻居争执时,我总是:
   ① 任其自己解决
   ② 置之不理
   ③ 予以劝解
10. 在社交场合中,我:
    ① 谈吐自然
    ② 介乎①与③之间
    ③ 退避三舍,保持沉默

11. 我愿做一名：
    ① 建筑工程师
    ② 不确定
    ③ 社会科学的教员
12. 阅读时，我宁愿选读：
    ① 自然科学书籍
    ② 不确定
    ③ 国家和政治组织的理论
13. 我相信许多人都有些心理不正常，虽然他们都不愿意这样承认。
    ① 是的
    ② 介乎①与③之间
    ③ 不是的
14. 我所希望的结婚对象应擅长交际而无须有文艺才能。
    ① 是的
    ② 不一定
    ③ 不是的
15. 对于头脑简单和不讲理的人，我仍然能待之以礼。
    ① 是的
    ② 介乎①与③之间
    ③ 不是的
16. 受人侍奉时我常感到不安。
    ① 是的
    ② 介乎①与③之间
    ③ 不是的
17. 从事体力或脑力劳动，我比平常人需要更多的休息才能恢复工作效率。
    ① 是的
    ② 介乎①与③之间
    ③ 不是的
18. 半夜醒来，我会为种种忧虑而不能再入眠。
    ① 常常如此
    ② 有时如此
    ③ 极少如此
19. 当事情进行不顺利时，我常会急得掉眼泪。
    ① 从不如此
    ② 有时如此
    ③ 时常如此
20. 我认为只要双方同意就可以离婚，不应当受传统礼教的束缚。
    ① 是的
    ② 介乎①与③之间
    ③ 不是的

21. 我对于人或物的兴趣都很容易改变。
    ① 是的
    ② 介乎①与③之间
    ③ 不是的

22. 在筹划事务时，我宁愿：
    ① 和别人合作
    ② 不确定
    ③ 自己单独进行

23. 我时常会无端地自言自语。
    ① 常常如此
    ② 偶然如此
    ③ 从不如此

24. 无论工作、饮食或出游，我总：
    ① 很匆忙，不能尽兴
    ② 介乎①与③之间
    ③ 很从容不迫

25. 有时我会怀疑别人是否对我的言谈真正有兴趣。
    ① 是的
    ② 介乎①与③之间
    ③ 不是的

26. 在工厂中，我宁愿负责：
    ① 机械组
    ② 介乎①与③之间
    ③ 人事组

27. 在阅读时，我宁愿选读：
    ① 太空旅行
    ② 不太确定
    ③ 家庭教育

28. 下列三个字中哪个字与其他两个字属于不同类别。
    ① 狗
    ② 石
    ③ 牛

29. 如果我到一个新的环境生活，我要：
    ① 把生活安排得和以前不同
    ② 不确定
    ③ 生活得和以前相仿

30. 在我一生之中，我总能达到我所预期的目标。
    ① 是的
    ② 不一定
    ③ 不是的

31. 当我说谎时，我总觉内心不安，不敢正视对方。
    ① 是的
    ② 不一定
    ③ 不是的

32. 假使我手持一支装有子弹的手枪，我必须取出子弹后才能心安。
    ① 是的
    ② 介乎①与③之间
    ③ 不是的

33. 朋友们大都认为我是一个说话风趣的人。
    ① 是的
    ② 不一定
    ③ 不是的

34. 如果人们知道我的内心世界，他们都会感到惊讶。
    ① 是的
    ② 不一定
    ③ 不是的

35. 在社交场合中，如果我突然成为大家注意的中心，我会感到局促不安。
    ① 是的
    ② 介乎①与③之间
    ③ 不是的

36. 我总喜欢参加规模庞大的聚会、舞会或公共集会。
    ① 是的
    ② 介乎①与③之间
    ③ 不是的

37. 在下列工作中，我喜欢的是：
    ① 音乐
    ② 不一定
    ③ 手工

38. 我常常怀疑那些过于友善的人动机是否如此。
    ① 是的
    ② 介乎①与③之间
    ③ 不是的

39. 我宁愿自己的生活像：
    ① 一个艺人或博物学家
    ② 不确定
    ③ 会计师或保险公司的经纪人

40. 目前世界所需要的是：
    ① 多产生一些富有改善世界计划的理想家
    ② 不确定

③ 脚踏实地的可靠公民
41. 有时候我觉得我需要做剧烈的体力活动。
① 是的
② 介乎①与③之间
③ 不是的
42. 我愿意与有礼貌有教养的人来往，而不愿和粗鲁、野蛮的人为伍。
① 是的
② 介乎①与③之间
③ 不是的
43. 在处理一些必须凭借智慧的事务中，我的父母的确：
① 较一般人差
② 普通
③ 超人一等
44. 当上司（或教师）召见我时，我：
① 总觉得可以趁机会提出建议
② 介乎①与③之间
③ 总怀疑自己做错了什么事
45. 假使薪俸优厚，我愿意专任照料精神病人的职务。
① 是的
② 介乎①与③之间
③ 不是的
46. 在看报时，我喜欢读：
① 当前世界基本社会问题的辩论
② 介乎①与③之间
③ 地方新闻报道
47. 在接受困难任务时，我总是：
① 有独立完成的信心
② 不确定
③ 希望有别人的帮助和指导
48. 在逛街时，我愿意观看一个画家写生，而不愿旁听人家的辩论。
① 是的
② 不一定
③ 不是的
49. 我的神经脆弱，稍有刺激性的声音就会使我胆战心惊。
① 时常如此
② 有时如此
③ 从未如此
50. 我在清晨起来时，就常常感到疲乏不堪。
① 是的
② 介乎①与③之间

③ 不是的

51. 如果待遇相同，我宁愿当一个：
① 管森林的工作人员
② 不一定
③ 中小学教员

52. 每逢年节或亲友生日，我：
① 喜欢互相赠送礼物
② 不太确定
③ 觉得交换礼物是麻烦多事

53. 在下列数字中，哪个数字与其他两个数字属于不同类别。
① 5
② 2
③ 7

54. "猫"与"鱼"就如同"牛"与：
① 牛乳
② 牧草
③ 盐

55. 在为人处事的各个方面，我的父母很值得敬佩。
① 是的
② 不一定
③ 不是的

56. 我觉得我有一些别人所不及的优良品质。
① 是的
② 不一定
③ 不是的

57. 只要有利于大家，尽管别人认为是卑贱的工作，我也乐而为之，不以为耻。
① 是的
② 不太确定
③ 不是的

58. 我喜欢看电视或参加其他娱乐活动。
① 每周一次以上（比一般人多）
② 每周一次（与通常人相似）
③ 偶然一次（比通常人少）

59. 我喜欢从事需要精确技术的工作。
① 是的
② 介乎①与③之间
③ 不是的

60. 在有思想、有地位的长者面前，我总是较为谨慎和沉默。
① 是的
② 介乎①与③之间

③ 不是的

61. 就我来说，在大众前演讲或表演是一件不容易的事。
① 是的
② 介乎①与③之间
③ 不是的

62. 我宁愿：
① 指挥几个人工作
② 不确定
③ 和团体共同工作

63. 纵使我做了一桩贻笑大方的事，我也仍然能够将它淡然忘却。
① 是的
② 介乎①与③之间
③ 不是的

64. 没有人会幸灾乐祸地希望我遭遇困难。
① 是的
② 不确定
③ 不是的

65. 堂堂的男子汉应该：
① 考虑人生的意义
② 不确定
③ 谋求家庭的温饱

66. 我喜欢解决别人已弄得一塌糊涂的问题。
① 是的
② 介乎①与③之间
③ 不是的

67. 当我十分高兴的时候，总有"好景不长"之感。
① 是的
② 介乎①与③之间
③ 不是的

68. 在一般的困难处境下，我总能保持乐观。
① 是的
② 不一定
③ 不是的

69. 迁居是一桩极不愉快的事。
① 是的
② 介乎①与③之间
③ 不是的

70. 在我年轻的时候，如果我和父母的意见不同，我经常：
① 坚持自己的意见
② 介乎①与③之间

③ 接受他们的意见
71. 我希望我的爱人能够使家庭：
① 成为适合自身活动和娱乐的地方
② 介乎①与③之间
③ 成为邻里社交活动的一部分
72. 我解决问题多数依靠：
① 个人独立思考
② 介乎①与③之间
③ 与人互相讨论
73. 在需要"当机立断"时，我总：
① 镇静地运用理智
② 介乎①与③之间
③ 常常紧张兴奋，不能冷静思考
74. 最近，在一两桩事情上，我觉得自己是无辜受累。
① 是的
② 介乎①与③之间
③ 不是的
75. 我善于控制我的表情。
① 是的
② 介乎①与③之间
③ 不是的
76. 如果薪水待遇相等，我宁愿做：
① 一个化学研究师
② 不确定
③ 旅行社经理
77. "惊讶"与"新奇"，犹如"惧怕"与：
① 勇敢
② 焦虑
③ 恐怖
78. 下列三个分数中，哪一个与其他两个属不同类别。
① 3/7
② 3/9
③ 3/11
79. 不知什么缘故，有些人故意回避或冷淡我。
① 是的
② 不一定
③ 不是的
80. 我虽善意待人，却得不到好报。
① 是的
② 不一定

③ 不是的
81. 我不喜欢那些夜郎自大、目空一切的人。
    ① 是的
    ② 介乎①与③之间
    ③ 不是的
82. 和一般人相比,我的朋友的确太少。
    ① 是的
    ② 介乎①与③之间
    ③ 不是的
83. 在万不得已时,我才参加社交集会,否则我总设法回避。
    ① 是的
    ② 不一定
    ③ 不是的
84. 对上级的逢迎得当,比工作上的表现更为重要。
    ① 是的
    ② 介乎①与③之间
    ③ 不是的
85. 在参加竞赛时,我看重的是竞赛活动,而不计较其成败。
    ① 总是如此
    ② 一般如此
    ③ 偶然如此
86. 我宁愿我所从事的职业有:
    ① 固定可靠的薪水
    ② 介乎①与③之间
    ③ 薪资高低能随我工作的表现而随时调整
87. 我宁愿阅读:
    ① 军事与政治的事实记载
    ② 不一定
    ③ 一部富有情感与幻想的作品
88. 有许多人不敢欺骗犯罪,主要原因是怕受到惩罚。
    ① 是的
    ② 介乎①与③之间
    ③ 不是的
89. 我的父母(或监护人)从来没有很严格地要我事事顺从。
    ① 是的
    ② 不一定
    ③ 不是的
90. "百折不挠、再接再厉"的精神似乎完全被现代人忽视了。
    ① 是的
    ② 不一定

③ 不是的

91．如果有人对我发怒，我总：
① 设法使他镇静下来
② 不太确定
③ 也会恼怒起来

92．我希望大家都提倡：
① 多吃蔬菜以避免杀生
② 不一定
③ 发展农业并捕杀对农产品有害的动物

93．无论在极高的屋顶上或极深的隧道中，我很少感到胆怯不安。
① 是的
② 介乎①与③之间
③ 不是的

94．我只要没有过错，不管人家怎样归咎于我，我总能心安理得。
① 是的
② 介乎①与③之间
③ 不是的

95．凡是无法运用理智来解决的问题，有时就不得不靠权力来处理。
① 是的
② 介乎①与③之间
③ 不是的

96．在我十六岁左右时与异性朋友的交往：
① 极多
② 介乎①与③之间
③ 比别人少

97．我在交际场合或所参加的组织中是一个活跃分子。
① 是的
② 介乎①与③之间
③ 不是的

98．在人声嘈杂的环境下，我仍能不受妨碍，专心工作。
① 是的
② 介乎①与③之间
③ 不是的

99．在某些心境下，我常因困惑陷入空想而将工作搁置下来。
① 是的
② 介乎①与③之间
③ 不是的

100．我很少用难堪的话去中伤别人的感情。
① 是的
② 不太确定

③ 不是的

101．我更愿意做一名：
① 列车员
② 不确定
③ 描图员

102."理不胜辞"的意思是：
① 理不如辞
② 理多而辞寡
③ 辞藻丰富而理由不足

103."锄头"与"挖掘"犹如"刀子"与：
① 雕刻
② 切剖
③ 铲除

104．我常横过街道，以回避我不愿招呼的人。
① 很少如此
② 偶然如此
③ 有时如此

105．在我倾听音乐时，如果人家高谈阔论：
① 我仍然能够专心倾听，不受影响
② 介乎①与③之间
③ 我会不能专心欣赏而感到恼怒

106．在课堂上，如果我的意见与教师不同，我常：
① 保守缄默
② 不一定
③ 当场表明立场

107．在我和异性朋友交谈时，竭力避免涉及有关"性"的话题。
① 是的
② 介乎①与③之间
③ 不是的

108．我待人接物的确不太成功。
① 是的
② 不尽然
③ 不是的

109．每当考虑困难问题时，我总是：
① 一切都未雨绸缪
② 介乎①与③之间
③ 相信到时候会自然解决

110．在我所结交的朋友中，男女各占一半。
① 是的
② 介乎①与③之间

③ 不是的
111．我宁可：
① 结识很多的人
② 不一定
③ 维持几个深交的朋友
112．我宁愿做哲学家，也不愿做机械工程师。
① 是的
② 不一定
③ 不是的
113．如果我发现某人自私、不义，我总不顾一切指责他的弱点。
① 是的
② 介乎①与③之间
③ 不是的
114．我喜欢设法去影响同伴，使他们能协助实现我所计划的目标。
① 是的
② 介乎①与③之间
③ 不是的
115．我喜欢做戏剧、音乐、歌剧等新闻采访工作。
① 是的
② 不一定
③ 不是的
116．当人们赞扬我时，我总觉得不好意思。
① 是的
② 介乎①与③之间
③ 不是的
117．我认为现代最需要解决的问题是：
① 政治问题
② 不太确定
③ 道德问题
118．我有时会无缘无故地产生一种面临横祸的恐惧。
① 是的
② 有时如此
③ 不是的
119．我在童年时，害怕黑暗的次数：
① 极多
② 不太多
③ 没有
120．黄昏闲暇，我喜欢：
① 看一部历史探险影片
② 不一定

③ 读一本科学幻想小说

121．当人们批评我古怪时，我觉得：
① 非常气恼
② 有些动气
③ 无所谓

122．在一个陌生的城市寻找住址时，我经常：
① 找人问路
② 介乎①与③之间
③ 参考市区地图

123．当朋友们说要在家休息时，我仍设法怂恿他们外出。
① 是的
② 不一定
③ 不是的

124．在就寝时，我：
① 不易入睡
② 介乎①与③之间
③ 极容易入睡

125．在有人烦扰我时，我：
① 能不露声色
② 介乎①与③之间
③ 要说给别人听，以泄气愤

126．如果薪水相当，我宁愿做一个：
① 律师
② 不确定
③ 飞行员或航海员

127．时间永恒是比喻：
① 时间过得很慢
② 忘了时间
③ 光阴一去不复返

128．下列三项记号中，哪一项应紧接×○○○○××○○○×××：
① ×○×
② ○○×
③ ○××

129．在陌生的地方，我仍能清楚地辨别东西南北的方向。
① 是的
② 介乎①与③之间
③ 不是的

130．我的确比一般人幸运，因为我能从事自己喜欢的工作。
① 是的
② 不一定

③ 不是的
131. 如果我急于想借用别人的东西而物主恰巧又不在，我认为不问而取亦无大碍。
① 是的
② 介乎①与③之间
③ 不是的
132. 我喜欢向友人追述一些以往有趣的社交经验。
① 是的
② 介乎①与③之间
③ 不是的
133. 我更愿意做一名：
① 演员
② 不确定
③ 建筑师
134. 在工作学习之余，我总要安排计划，不使时间浪费。
① 是的
② 介乎①与③之间
③ 不是的
135. 在与人交际时，我常会无端地产生一种自卑感。
① 是的
② 介乎①与③之间
③ 不是的
136. 主动与陌生人交谈：
① 毫无困难
② 介乎①与③之间
③ 是一桩难事
137. 我喜欢的音乐，多数是：
① 轻松快乐活泼
② 介乎①与③之间
③ 富于情感
138. 我爱做"白日梦"，即"完全沉浸于幻想之中"。
① 是的
② 不一定
③ 不是的
139. 未来二十年的世界局势定将好转。
① 是的
② 不一定
③ 不是的
140. 童年时，我喜欢阅读：
① 神话幻想故事
② 不确定

③ 战争故事
141. 我素来对机械、汽车、飞机等有兴趣。
① 是的
② 介乎①与③之间
③ 不是的
142. 我愿意做一个缓刑释放罪犯的管理监视人。
① 是的
② 介乎①与③之间
③ 不是的
143. 人们认为我只不过是一个能苦干、稍有成就的人而已。
① 是的
② 介乎①与③之间
③ 不是的
144. 在逆境中，我总能保持精神振奋。
① 是的
② 介乎①与③之间
③ 不是的
145. 我以为人工节育是解决世界经济与和平问题的要诀。
① 是的
② 不太确定
③ 不是的
146. 我喜欢独自筹划，避免他人的干涉和建议。
① 是的
② 介乎①与③之间
③ 不是的
147. 我相信"上司不可能没有过错，但他仍有权做当权者"。
① 是的
② 不一定
③ 不是的
148. 我总设法使自己不粗心大意，忽略细节。
① 是的
② 介乎①与③之间
③ 不是的
149. 在与人争辩或险遭事故后，我常发抖，筋疲力竭，不能安心工作。
① 是的
② 介乎①与③之间
③ 不是的
150. 没有医生处方，我从不乱用药。
① 是的
② 介乎①与③之间

③ 不是的

151．为了培养个人的兴趣，我愿意参加：
① 摄影组
② 不确定
③ 辩论会

152．"星火"与"燎原"，犹如"姑息"与：
① 同情
② 养奸
③ 纵容

153．"钟表"与"时间"，犹如"裁缝"与：
① 西装
② 剪刀
③ 布料

154．生动的梦境常常滋扰我的睡眠。
① 时常如此
② 偶然如此
③ 从未如此

155．我爱打抱不平。
① 是的
② 介乎①与③之间
③ 不是的

156．在一个陌生的城市中，我会：
① 到处闲游
② 不确定
③ 避免去较不安全的地方

157．我宁愿服饰素洁大方，而不愿争奇斗艳惹人注目。
① 是的
② 不太确定
③ 不是的

158．在黄昏时，安静的娱乐远胜过热闹的宴会。
① 是的
② 不太确定
③ 不是的

159．我常常明知故犯，不愿意接受好心的建议。
① 偶然如此
② 罕有如此
③ 从不如此

160．我总把"是非""善恶"作为判断或取舍的原则。
① 是的
② 介乎①与③之间

③ 不是的

161．我工作时不喜欢有许多人在旁参观。
① 是的
② 介乎①与③之间
③ 不是的

162．故意去侮辱那些即使犯错误的有文化教养的人，如医生、教师等，也是不应该的。
① 是的
② 介乎①与③之间
③ 不是的

163．在各种课程中，我较喜欢：
① 语文
② 不确定
③ 数学

164．那些自以为是、道貌岸然的人最使我生气。
① 是的
② 介乎①与③之间
③ 不是的

165．与平常循规蹈矩的人交谈：
① 颇有兴趣，亦有所得
② 介乎①与③之间
③ 他们思想的肤浅使我厌烦

166．我喜欢：
① 有几个有时对我很苛求但富有感情的朋友
② 介乎①与③之间
③ 不受别人的牵涉

167．在做民意投票时，我宁愿投票赞同：
① 切实根绝有心理缺陷者的生育
② 不确定
③ 对杀人犯判处死刑

168．我有时会无端地感到沮丧痛苦。
① 是的
② 介乎①与③之间
③ 不是的

169．当我与立场相反的人辩论时，我主张：
① 尽量找出基本观点的差异
② 不一定
③ 彼此让步以解决矛盾

170．我一向重感情而不重理智，因此我的观点常动摇不定。
① 是的
② 不致如此

③ 不是的
171．我的学习效率多赖于：
① 阅读好书
② 介乎①与③之间
③ 参加团体讨论
172．我宁愿选一个薪水高的工作，不在乎有无保障，也不愿选薪水低的固定工作。
① 是的
② 不太确定
③ 不是的
173．在参加辩论以前，我总先把握住自己的立场。
① 经常如此
② 一般如此
③ 必要时才如此
174．我常被一些无谓的琐事所烦扰。
① 是的
② 介乎①与③之间
③ 不是的
175．我宁愿住在嘈杂的城市，而不愿住在安静的乡村。
① 是的
② 不太确定
③ 不是的
176．我宁愿：
① 负责领导儿童游戏
② 不确定
③ 协助钟表修理
177．一人＿＿＿事，众人受累。
① 债
② 愤
③ 喷
178．望子成龙的家长往往＿＿＿苗助长。
① 揠
② 堰
③ 偃
179．气候的转变并不影响我的情绪。
① 是的
② 介乎①与③之间
③ 不是的
180．因为我对于一切问题都有些见解，大家都公认我是个有思想的人。
① 是的
② 介乎①与③之间

③ 不是的
181．我讲话的声音：
① 宏亮
② 介乎①与③之间
③ 低沉
182．人们公认，我是一个活跃热情的人。
① 是的
② 介乎①与③之间
③ 不是的
183．我喜欢有旅行和变动机会的工作，而不计较工作本身是否有保障。
① 是的
② 介乎①与③之间
③ 不是的
184．我做事严格，凡事都务求正确尽善。
① 是的
② 介乎①与③之间
③ 不是的
185．在取回或还东西时，我总仔细检查东西是否还保持原状。
① 是的
② 介乎①与③之间
③ 不是的
186．我通常精力充沛，忙忙碌碌。
① 是的
② 不一定
③ 不是的
187．我确信我没有遗漏或不经心回答上面任何问题。
① 是的
② 不一定
③ 不是的

第二节 大五人格量表

一、测验简介

1. 测验的基本信息

《大五人格量表》(NEO Personality Inventory, NEO-PI),是建立在"大五人格理论"的基础之上的,它由美国心理学家科斯塔(P. Costa)和麦克雷(R. McCrae)在1987年编制而成,后来经过两次修订[1]。该测验的中文版由张建新修订,属于人格理论中特质流派的人格测试工具。

2. 量表的结构

《大五人格量表》由5个维度构成,分别为:开放性O、严谨性C、外倾性E、宜人性A、情绪稳定性N。

开放性O:指对经验持开放、探求态度,而不仅仅是一种人际意义上的开放。得分高者不墨守成规、保持独立思考;得分低者多数比较传统,喜欢熟悉的事物多过喜欢新事物。

严谨性C:指我们如何自律、控制自己。处于维度高端的人做事有计划、有条理,并能持之以恒;居于低端的人马虎大意,容易见异思迁,不可靠。

外倾性E:它一端是极端外向,另一端是极端内向。外向者爱交际,表现得精力充沛、乐观、友好和自信;内向者的这些表现则不突出,但这并不等于说他们就是自我中心的和缺乏精力的,他们偏向于含蓄、自主与稳健。

宜人性A:得高分的人乐于助人、可靠、富有同情;而得分低的人多抱敌意,为人多疑。前者注重合作而不是竞争,后者喜欢为了自己的利益和信念而争斗。

情绪稳定性N:得高分者更容易因为日常生活的压力而感到心烦意乱;得低分者多自我调适良好,不易于出现极端反应。

姚若松等人对1255名大学生进行了《大五人格量表》(简化版)的测试,发现该量表具有良好的信度、效度,开放性、严谨性、外倾性、宜人性、情绪稳定性各维度的内部一致性信度分别是0.78、0.74、0.63、0.72、0.77[2]。

二、测验计分方式

《大五人格量表》包含25个题目,每个题目有两个相反的描述性格特点的词,个体需要在5点量表上评价自己在每个题目上的程度。各题目所属维度如下。

开放性O:3、8、13、18、23。
严谨性C:5、10、15、20、25。
外倾性E:2、7、12、17、22。
宜人性A:4、9、14、19、24。
情绪稳定性N:1、6、11、16、21。

三、测验的统计学指标

1. 样本分布

为了编制《大五人格量表》的常模,我们采用纸质调查和网络调查相结合的方式,在北京市选取中学生和教师参与测试。

在选取样本的过程中,考虑到了学校的地域分布(市区还是郊区)、学校性质(示范高中还是普通高中)、以及性别(男、女)各因素的平衡情况,以保证样本的代表性。

《大五人格量表》最终收回有效问卷1704份,详细的被试分布情况见表6-5至表6-7。

表6-5 被试具体分布情况(地域分布)

	市区	郊区	合计
初中	209	340	549
高中	222	668	890
教师	139	126	265
合计	570	1134	1704

表6-6 被试具体分布情况(学校性质)

	示范高中	普通高中	合计
学生	702	188	890
教师	215	50	265
合计	917	238	1155

表6-7 被试具体分布情况(性别)

		性别		
		男生	女生	合计
初中	初一	65	91	156
	初二	81	99	180
	初三	116	97	213
高中	高一	223	164	387
	高二	215	200	415
	高三	38	50	88

2. 信度

总量表的内部一致性信度为0.676,5个维度的内部一致性在0.411~0.684之间,各维度的具体信度指标见表6-8。

表6-8 各维度的具体信度指标

总量表	开放性	严谨性	外倾性	宜人性	情绪稳定性
0.676	0.411	0.518	0.480	0.684	0.509

3. 常模基础数据

	总分		开放性		严谨性		外倾性		宜人性		情绪稳定性	
	M.	SD.	M.	SD.	M.	SD.	M.	SD.	M.	SD.	M.	SD.
初中	64.57	10.623	13.35	3.419	12.09	3.563	12.95	3.562	10.64	3.702	15.57	3.651
高中	66.30	9.704	13.81	3.107	12.33	3.480	13.62	3.477	11.44	3.747	15.09	3.314
教师	67.56	8.979	15.76	2.930	11.67	3.238	13.58	2.879	10.57	3.568	15.83	3.202
总计	65.94	9.952	13.96	3.281	12.15	3.476	13.40	3.432	11.05	3.726	15.36	3.421

		总分		开放性		严谨性		外倾性		宜人性		情绪稳定性	
		M.	SD.	M.	SD.	M.	SD.	M.	SD.	M.	SD.	M.	SD.
男	初中	65.22	11.050	13.47	3.374	12.25	3.639	13.11	3.511	10.80	3.676	15.52	3.717
	高中	66.81	9.752	13.67	3.101	12.44	3.505	13.74	3.445	11.73	3.828	15.22	3.422
	教师	67.07	8.537	15.50	3.590	11.14	3.052	13.67	2.928	10.66	3.572	16.10	3.562
	总计	66.31	10.132	13.74	3.265	12.28	3.531	13.53	3.440	11.35	3.785	15.38	3.536
女	初中	63.99	10.201	13.24	3.462	11.94	3.491	12.79	3.607	10.50	3.725	15.62	3.595
	高中	65.72	9.626	13.97	3.109	12.20	3.450	13.47	3.512	11.11	3.627	14.94	3.182
	教师	67.70	9.118	15.84	2.720	11.82	3.280	13.56	2.872	10.54	3.575	15.75	3.098
	总计	65.62	9.784	14.16	3.285	12.04	3.426	13.28	3.421	10.79	3.654	15.34	3.318

		总分		开放性		严谨性		外倾性		宜人性		情绪稳定性	
		M.	SD.	M.	SD.	M.	SD.	M.	SD.	M.	SD.	M.	SD.
初中	初一	61.91	9.892	13.17	3.439	11.29	3.645	12.18	3.690	9.46	3.646	15.98	3.946
	初二	66.34	10.909	13.48	3.560	12.18	3.801	13.73	3.455	10.89	3.633	16.06	3.556
	初三	65.00	10.559	13.38	3.290	12.61	3.180	12.83	3.433	11.30	3.611	14.86	3.399
高中	高一	66.35	9.237	13.88	3.114	12.39	3.512	13.58	3.485	11.15	3.698	15.34	3.055
	高二	66.23	10.355	13.72	3.156	12.19	3.480	13.68	3.511	11.64	3.863	14.98	3.528
	高三	66.47	8.581	13.93	2.852	12.73	3.331	13.50	3.308	11.80	3.336	14.51	3.304

		总分		开放性		严谨性		外倾性		宜人性		情绪稳定性	
		M.	SD.	M.	SD.	M.	SD.	M.	SD.	M.	SD.	M.	SD.
初一	男	61.98	11.100	13.06	3.417	11.52	3.667	12.11	3.878	9.63	3.634	15.65	3.997
	女	61.86	9.015	13.26	3.469	11.08	3.602	12.09	3.489	9.30	3.679	16.13	3.955

(续表)

		总分		开放性		严谨性		外倾性		宜人性		情绪稳定性	
		M.	SD.	M.	SD.	M.	SD.	M.	SD.	M.	SD.	M.	SD.
初二	男	66.37	12.953	13.28	3.672	12.58	4.059	13.77	3.547	10.89	4.000	15.85	3.918
	女	66.31	8.967	13.64	3.477	11.85	3.564	13.71	3.396	10.90	3.324	16.22	3.241
初三	男	66.17	9.162	13.90	3.081	12.40	3.249	13.19	3.129	11.43	3.354	15.24	3.360
	女	63.57	11.947	12.74	3.439	12.87	3.091	12.43	3.740	11.12	3.940	14.41	3.342
高一	男	66.98	8.979	13.63	2.975	12.56	3.350	13.91	3.309	11.57	3.593	15.31	3.204
	女	65.49	9.536	14.24	3.256	12.15	3.717	13.13	3.681	10.57	3.776	15.39	2.853
高二	男	66.68	10.704	13.61	3.307	12.33	3.763	13.60	3.571	11.93	4.086	15.20	3.695
	女	65.73	9.963	13.86	2.990	12.03	3.152	13.77	3.459	11.33	3.598	14.75	3.345
高三	男	66.50	8.583	14.32	2.505	12.29	2.875	13.55	3.577	11.53	3.733	14.82	3.118
	女	66.44	8.667	13.64	3.082	13.06	3.633	13.46	3.125	12.00	3.024	14.28	3.453

四、参考文献

[1] 张兴贵,郑雪. 青少年学生大五人格与主观幸福感的关系研究[J]. 心理发展与教育,2005,21(2):98-103.

[2] 姚若松,梁乐瑶. 大五人格量表简化版(NEO-FFI)在大学生人群的应用分析[J]. 中国临床心理学杂志,2010,18(4):457-459.

五、《大五人格量表》题本

指导语：每道题有两个描述你性格特点的词,从以下五个数字中选择最符合你的词,并将数字填在答题纸上对应的题号旁。

例如：高兴的 1　2　3　4　5 悲伤的

如果你非常高兴,则选择1,如果你有点难过,则选择4；如果你的态度中等,则选择3。

1	迫切的	1	2	3	4	5	冷静的
2	群居的	1	2	3	4	5	独处的
3	爱幻想的	1	2	3	4	5	现实的
4	礼貌的	1	2	3	4	5	粗鲁的
5	整洁的	1	2	3	4	5	混乱的
6	谨慎的	1	2	3	4	5	自信的
7	乐观的	1	2	3	4	5	悲观的
8	理论的	1	2	3	4	5	实践的
9	大方的	1	2	3	4	5	自私的
10	果断的	1	2	3	4	5	开放的

(续表)

11	泄气的	1	2	3	4	5	乐观的
12	外显的	1	2	3	4	5	内隐的
13	跟从想象的	1	2	3	4	5	服从权威的
14	热情的	1	2	3	4	5	冷漠的
15	自制的	1	2	3	4	5	易受干扰的
16	易难堪的	1	2	3	4	5	老练的
17	开朗的	1	2	3	4	5	冷淡的
18	追求新奇的	1	2	3	4	5	追求常规的
19	合作的	1	2	3	4	5	独立的
20	喜欢次序的	1	2	3	4	5	适应喧闹的
21	易分心的	1	2	3	4	5	镇静的
22	保守的	1	2	3	4	5	有思想的
23	适于模棱两可的	1	2	3	4	5	适于轮廓清楚的
24	信任的	1	2	3	4	5	怀疑的
25	守时的	1	2	3	4	5	拖延的

第三节 气质量表

一、测验简介

1. 测验的基本信息

气质是个性心理特点之一，现代心理学理论认为，气质主要是由生物原因决定的相当稳定而持久的心理特征，是行为的表现方式，体现了行为的速度、强度、灵活性等特点[1]。2000多年前，古代希腊哲学家希波克拉底指出，人体里有四种液体：出自心脏的血液，出自肝脏的黄胆汁，出自胃部的黑胆汁，出自胸部的黏液。这几种液体在不同人的身体中占有的比例不同，造成了不同的人有不同的思维模式和行为方式。这就是古代医学上的体液学说。现代医学和心理学家，在此基础上形成了现代气质学说。

气质是一个人表现在心理活动和动作方面的动力特征，即心理过程和动作发生的强度、速度、灵活性、持久性和心理指向性等方面特点的总和。在人的各项活动中可以看出，有的人活泼好动，反应灵活；有的人安静稳重，反应迟缓；有的人显得十分急躁，情绪明显外露；有的人则不动声色，情绪体验细腻深刻。人与人之间在这些心理特征方面的差异和相似，就表现为气质的异同。气质一般可分为胆汁质、多血质、黏液质和抑郁质四种类型。气质本身并无优劣、好坏之分。与一个人活动的社会价值和成就高低也无直接关系。然而气质与一个人处理问题的方式及反应是有关联的，因此气质对所从事的工作的性质和效率有一定的影响。

《气质量表》由陈会昌编制，张雨青、林薇、罗耀长对儿童气质进行研究发现，该量表的阿尔法系数为 0.83[2]。

2. 测验的结构

《气质量表》包含胆汁质、多血质、黏液质、抑郁质四个维度，每个维度的具体含义如下：

胆质汁的人直率、热情，精力旺盛，情绪易冲动，为人直爽坦诚，工作主动，行为果断，爱指挥人，心境变化剧烈，情绪明显外露。但自制力较差，容易感情用事，行为具有攻击性，又可称为"好斗型"。他们对工作生活中碰到的眼前困难能坚决克服，但如果短期内不能解决困难，则会情绪低落，主动性较差；情感和情绪发生迅速，爆发力很好，同时，情绪和情感消失得也快；智力活动灵敏有力，但理解问题时容易粗心大意；意志力坚强，不怕挫折，勇敢果断，但容易冲动的缺点会影响其决策；他们在工作中热情很高，雷厉风行，顽强有力。

多血质的人活泼、好动、敏感，反应迅速，善于交际，情感易外露。对一切吸引他的事物都会做出兴致勃勃的反应，在群体中比较受欢迎，语言富有感染力，表情生动，反应灵敏。但情绪不稳定，喜怒易变，常有不守信用的行为表现。注意力容易转移，对事物的热情维持时间不长，灵活性高，活泼好动，但往往不求甚解；工作适应能力强，讨人喜欢，交际广泛，容易接受新事物，也容易见异思迁因而显得轻浮。

黏液质的人安静，稳重，反应迟缓，沉默寡言，善于忍耐，不尚空谈，富有理性，情感不易外露，自制力强。他们行动缓慢沉着，善于完成需要意志力和长时间注意的工作；有时情感过于冷淡，行动拘谨，不善于随机应变，缺乏创新精神，灵活性差；情绪比较稳定，冷静踏实；对工作考虑周到细致，坚定地执行自己做出的决定，往往对已经习惯了的事情表现出高度热情，而不易适应新的工作环境和工作。

抑郁质的人孤僻，好静，行为迟缓，多愁善感，感情细腻，沉稳冷静，情绪体验深刻，富于想象，工作认真，不轻易许诺。他们的情绪不易外露，善于察觉别人不易觉察到的细小事物；在群体中能周到地领会别人的想法与感觉，但不善与人交往，在处理事情上优柔寡断，主动性较差；在工作中常显得信心不足，缺乏果断，交际面窄，孤独感强烈。

二、测验计分方式

《气质量表》为自陈形式，计分采取 5 点计分制，个体评价每个题目描述与自己的符合程度，"完全不符合"计-2 分，"多数不符合"计-1 分，"不确定"计 0 分，"多数符合"计 1 分，"完全符合"计 2 分。分别把属于每一种类型的题目分数相加，得出的和即为该类型的得分。最后的评分标准是：如果某种气质得分明显高出其他三种（均高出 4 分以上），则可定为该种气质；如两种气质得分接近（差异低于 3 分）而又明显高于其他两种（高出 4 分以上），则可定为二种气质的混合型；如果三种气质均高于第四种的得分且相接近，则为三种气质的混合型。研究结果表明，多数人的气质是两种气质的混合型，典型气质和三种气质混合型的人很少。《气质量表》的维度构成见表 6-9。

表 6-9 《气质量表》的维度构成

气质类型	题号
胆汁质	2、6、9、14、17、21、27、31、36、38、42、48、50、54、58
多血质	4、8、11、16、19、23、25、29、34、40、44、46、52、56、60
黏液质	1、7、10、13、18、22、26、30、33、39、43、45、49、55、57
抑郁质	3、5、12、15、20、24、28、32、35、37、41、47、51、53、59

三、量表统计学指标

1. 样本分布

为了编制《气质量表》的常模，我们采用纸质调查和网络调查相结合的方式，在北京市选取中学生参与测试。

在选取样本的过程中，考虑到了学校的地域分布（市区还是郊区）、学校性质（示范高中还是普通高中）、以及性别（男、女）各因素的平衡情况，保证样本的代表性。

《气质量表》最终收回有效问卷 1678 份，详细的被试分布情况见表 6-10 至表 6-12。

表 6-10 被试具体分布情况（地域分布）

	市区	郊区	合计
初中	301	697	998
高中	503	177	680
合计	804	874	1678

表 6-11 被试具体分布情况（学校性质）

	示范高中	普通高中	合计
合计	355	325	680

表 6-12 被试具体分布情况（性别）

		性别		
		男生	女生	合计
初中	初一	166	164	330
	初二	154	158	312
	初三	186	170	356
高中	高一	113	219	332
	高二	114	127	241
	高三	47	60	107

（续表）

		性别		合计
		男生	女生	
	合计	780	898	1678

2. 信度

量表整体的内部一致性信度为 0.820，量表的内部一致性信度见表 6-13。

表 6-13　量表的内部一致性信度

	总量表	胆汁质	多血质	粘液质	抑郁质
α	0.820	0.609	0.603	0.642	0.614

3. 常模基础数据

总	胆汁质		多血质		粘液质		抑郁质	
	M.	SD.	M.	SD.	M.	SD.	M.	SD.
初中	3.06	7.373	5.05	6.939	5.29	6.902	-1.13	7.660
高中	1.01	7.472	4.70	7.384	3.02	7.358	-0.27	7.588
总计	2.23	7.479	4.90	7.123	4.37	7.175	-0.78	7.640

		胆汁质		多血质		粘液质		抑郁质	
		M.	SD.	M.	SD.	M.	SD.	M.	SD.
男	初中	3.03	7.418	5.17	7.445	4.69	7.095	-2.11	7.497
	高中	0.67	7.944	4.83	8.018	2.55	7.304	-0.59	8.044
	总计	2.20	7.685	5.05	7.648	3.94	7.237	-1.58	7.723
女	初中	3.09	7.333	4.91	6.381	5.91	6.648	-0.12	7.701
	高中	1.24	7.137	4.61	6.933	3.33	7.386	-0.05	7.266
	总计	2.25	7.300	4.77	6.634	4.74	7.104	-0.09	7.504

	年级	胆汁质		多血质		粘液质		抑郁质	
		M.	SD.	M.	SD.	M.	SD.	M.	SD.
初中	初一	3.31	7.105	5.63	6.740	6.28	6.840	-0.45	7.287
	初二	2.20	7.294	3.78	6.965	4.78	7.461	-1.44	7.548
	初三	3.58	7.635	5.62	6.968	4.83	6.347	-1.49	8.062
高中	高一	0.44	7.692	4.67	7.636	2.67	7.705	-1.41	7.858
	高二	1.73	6.809	5.27	6.908	3.46	6.640	1.16	7.170
	高三	1.14	8.104	3.49	7.545	3.08	7.796	0.06	7.127

		胆汁质		多血质		粘液质		抑郁质	
		M.	SD.	M.	SD.	M.	SD.	M.	SD.
初一	男	3.85	6.766	6.12	7.036	5.73	7.092	-1.87	7.581
	女	2.77	7.413	5.13	6.410	6.85	6.549	0.99	6.696
初二	男	1.57	7.124	2.60	6.970	4.17	7.622	-2.21	7.212
	女	2.81	7.427	4.92	6.787	5.37	7.275	-0.68	7.812
初三	男	3.51	8.051	6.46	7.681	4.20	6.562	-2.25	7.685
	女	3.67	7.176	4.69	5.980	5.51	6.048	-0.67	8.400
高一	男	-1.06	7.890	3.73	8.365	1.88	7.739	-3.11	7.969
	女	1.21	7.489	5.16	7.203	3.08	7.673	-0.54	7.673
高二	男	1.88	7.719	5.85	7.720	3.20	7.020	1.49	7.627
	女	1.61	5.903	4.75	6.072	3.70	6.299	0.87	6.750
高三	男	1.89	8.006	5.00	7.690	2.57	6.902	0.40	7.697
	女	0.55	8.198	2.30	7.275	3.48	8.466	-0.22	6.700

四、参考文献

[1] 张履祥, 钱含芬. 气质与学业成就的相关及其机制的研究[J]. 心理学报, 1995, 27(1): 61-68.

[2] 张雨青, 林薇, 罗耀长. 教师用儿童气质量表的试用结果分析[J]. 中国临床心理学杂志, 1994, (4): 211-214.

五、《气质量表》题本

指导语：本量表包含60道题目，每题采用5级评分（1到5）。认真阅读下列各题，对于每一题，选择符合自己情况的选项，将数字填在答题纸上对应的题号旁。

序号	题目	完全不符合	多数不符合	不确定	多数符合	完全符合
1	做事力求稳妥，不做无把握的事	1	2	3	4	5
2	遇到可气的事就怒不可遏，想把心里话全说出来才痛快	1	2	3	4	5
3	宁肯一个人干事，也不愿很多人在一起	1	2	3	4	5
4	到一个新环境很快就能适应	1	2	3	4	5
5	厌恶那些强烈的刺激，如尖叫、噪声、危险的镜头等	1	2	3	4	5
6	和人争吵时，总是先发制人，喜欢挑衅	1	2	3	4	5
7	喜欢安静的环境	1	2	3	4	5

（续表）

序号	题目	完全不符合	多数不符合	不确定	多数符合	完全符合
8	喜欢和人交往	1	2	3	4	5
9	羡慕那种能克制自己感情的人	1	2	3	4	5
10	生活有规律，很少违反作息制度	1	2	3	4	5
11	在多数情况下，情绪是乐观的	1	2	3	4	5
12	碰到陌生人觉得很拘束	1	2	3	4	5
13	遇到令人气愤的事，能很好地自我克制	1	2	3	4	5
14	做事总是有旺盛的精力	1	2	3	4	5
15	遇到问题常常举棋不定，优柔寡断	1	2	3	4	5
16	在人群中从不觉得过分拘束	1	2	3	4	5
17	在情绪高昂时，觉得干什么都有趣	1	2	3	4	5
18	当注意力集中于一件事时，别的事很难使我分心	1	2	3	4	5
19	理解问题总比别人快	1	2	3	4	5
20	碰到危险情境，常有一种极度恐怖感	1	2	3	4	5
21	对学习、工作、事业怀有很高的热情	1	2	3	4	5
22	能够长时间做枯燥、单调的工作	1	2	3	4	5
23	符合兴趣的事情，干起来劲头十足，否则就不想干	1	2	3	4	5
24	一点小事就能引起情绪波动	1	2	3	4	5
25	讨厌做那种需要耐心、细致的工作	1	2	3	4	5
26	与人交往不卑不亢	1	2	3	4	5
27	喜欢参加热烈的活动	1	2	3	4	5
28	爱看感情细腻、描写人物内心活动的文学作品	1	2	3	4	5
29	工作、学习时间长了，常感到厌倦	1	2	3	4	5
30	不喜欢长时间谈论一个问题，愿意实际动手干	1	2	3	4	5
31	宁愿侃侃而谈，不愿窃窃私语	1	2	3	4	5
32	别人说我总是闷闷不乐	1	2	3	4	5
33	在疲倦时只要短暂的休息就能精神抖擞，重新投入工作	1	2	3	4	5
34	理解问题常比别人慢些	1	2	3	4	5
35	心里有话宁愿自己想，不愿说出来	1	2	3	4	5
36	认准一个目标就希望尽快实现，不达目的，誓不罢休	1	2	3	4	5

（续表）

序号	题目	完全不符合	多数不符合	不确定	多数符合	完全符合
37	学习、工作同样一段时间后，常比别人更疲倦	1	2	3	4	5
38	做事有些莽撞，常常不考虑后果	1	2	3	4	5
39	当老师或师傅讲授新知识、技术时，总希望他讲得慢些，多重复几遍	1	2	3	4	5
40	能够很快地忘记那些不愉快的事情	1	2	3	4	5
41	做作业或完成一件工作总比别人花的时间多	1	2	3	4	5
42	喜欢运动量大的剧烈体育活动，或参加各种文娱活动	1	2	3	4	5
43	不能很快地把注意力从一件事情转移到另一件事情上去	1	2	3	4	5
44	接受一个任务后，希望把它迅速完成	1	2	3	4	5
45	认为循规蹈矩要比冒风险强些	1	2	3	4	5
46	能够同时注意几件事物	1	2	3	4	5
47	当我烦闷的时候，别人很难使我高兴起来	1	2	3	4	5
48	爱看情节起伏跌宕、激动人心的小说	1	2	3	4	5
49	对工作持认真严谨、始终一贯的态度	1	2	3	4	5
50	和周围人们的关系总是相处不好	1	2	3	4	5
51	喜欢复习学过的知识，重复做已经掌握的工作	1	2	3	4	5
52	喜欢做变化大、花样多的工作	1	2	3	4	5
53	小时候会背的诗歌，我似乎比别人记得清楚	1	2	3	4	5
54	别人说我"出语伤人"，可我并不觉得这样	1	2	3	4	5
55	在体育活动中，常因反应慢而落后	1	2	3	4	5
56	反应敏捷，头脑机智	1	2	3	4	5
57	喜欢有条理而不甚麻烦的工作	1	2	3	4	5
58	兴奋的事常使我失眠	1	2	3	4	5
59	老师讲新概念，常常听不懂，但是弄懂以后就很难忘记	1	2	3	4	5
60	假如工作枯燥无味，马上就会情绪低落	1	2	3	4	5

第四节 DISC 性格测试

一、测验简介

1. 测验的基本信息

二十世纪二十年代，美国心理学家马斯顿（W. Marston）创建了一个理论来解释人的情绪反应。在此之前，这种研究工作主要局限于对精神病患者或精神失常人群的研究，而马斯顿则希望扩大研究范围，以运用于心理健康的普通人群。因此，马斯顿将他的理论构建为一个体系，发表了《正常人的情绪》(The Emotions of Normal People)。[1]

为了检验他的理论，马斯顿需要采用某种心理测评的方式来衡量人群的情绪反映——"人格特征"，因此，他采用了四个他认为是非常典型的人格特质因子，即支配(Dominance)、影响（Influence）、稳健（Steadiness）、服从（Compliance）。DISC，正是代表了这四个英文单词的首字母。1928 年，马斯顿在他的《正常人的情绪》一书中，提出了 DISC 测评以及理论说明。

由于 DISC 理论历史悠久、专业性强、权威性高，已被广泛应用于世界 500 强企业的人才招聘。

2. 测验的结构

（1）Dominance——支配型/控制者

高 D 型特质的人可以称为是"天生的领袖"，简称 D 型人。

在情感方面，D 型人是一个坚定果敢的人，酷好变化，喜欢控制，干劲十足，独立自主，超级自信。可是，由于比较不会顾及别人的感受，所以显得粗鲁、霸道、没有耐心、穷追不舍、不会放松。D 型人不习惯与别人进行感情上的交流，不会恭维人，不喜欢眼泪，缺乏同情心。

在工作方面，D 型人是一个务实和讲究效率的人，目标明确，眼光全面，组织力强，行动迅速，解决问题不过夜，果敢坚持到底，在反对声中成长。但是，因为过于强调结果，D 型人往往容易忽视细节，处理问题不够细致。爱管人、喜欢支使他人的特点使得 D 型人能够带动团队进步，但也容易激起同事的反感。

在人际关系方面，D 型人喜欢为别人做主，虽然这样能够帮助别人做出选择，但也容易让人有强迫感。由于关注自己的目标，D 型人在乎的是别人的可利用价值。喜欢控制别人，不会说对不起。

D 型人的描述性词语有：积极进取、争强好胜、强势、爱追根究底、直截了当、主动开拓、坚持意见、自信、直率。

（2）Influence——活泼型/社交者

高 I 型特质的人通常是较为活泼的团队活动组织者，简称 I 型人。

I 型人是一个情感丰富而外露的人，由于性格活跃，爱说，爱讲故事，幽默，能抓住听众，常常是聚会的中心人物。I 型人是一个天才的演员，天真无邪，热情诚挚，喜欢送礼和接受礼物，看重人缘。情绪化的特点使得 I 型人容易兴奋，喜欢吹牛、说大话，天真，永远长不大，富有喜剧色彩。但是，I 型人似乎也很容易生气，爱抱怨，大嗓门，不成熟。

在工作方面，I 型人是一个热情的推动者，总有新主意，色彩丰富，说干就干，能够鼓励和带领他人一起积极投入工作。可是，I 型人似乎总是情绪决定一切，想哪儿说哪儿，而且说得多干得少，遇到困难容易失去信心，杂乱无章，做事不彻底，爱走神，爱找借口，喜欢轻松友好的环境，非常害怕被拒绝。

在人际关系方面，I 型人容易交到朋友，朋友也多，他们关爱朋友，也被朋友称赞。I 型人爱当主角，受欢迎，喜欢控制谈话内容。可是，喜欢即兴表演的特点使得 I 型人常常不能仔细理解别人，而且健忘多变。

I 型人的描述性词语有：有影响力、有说服力、友好、善于言辞、健谈、乐观积极、善于交际。

（3）Steadiness——稳定型/支持者

高 S 型特质的人通常较为平和，知足常乐，不愿意主动前进，简称 S 型人。

在情感方面，S 型人是一个温和主义者，悠闲，平和，有耐心，感情内藏，待人和蔼，乐于倾听，遇事冷静，随遇而安。S 型人喜欢使用一句口头禅："不过如此"。这个特点使得 S 型人总是缺乏热情，不愿改变。

在工作方面，S 型人能够按部就班地管理事务，胜任工作并能够持之以恒。他们奉行中庸之道，平和可亲，一方面习惯于避免冲突，另一方面也能处变不惊。但是，S 型人似乎总是慢吞吞的，很难被鼓动，懒惰，马虎，得过且过。由于害怕承担风险和责任，S 型人宁愿站在一边旁观。很多时候，S 型人总是少有主意，有话不说，或折中处理。

在人际关系方面，S 型人是一个容易相处的人，喜欢观察人、琢磨人，乐于倾听，愿意支持。可是，由于不以为然，S 型人也可能显得漠不关心，或者嘲讽别人。

S 型人的描述性词语有：可靠、深思熟虑、亲切友好、有毅力、坚持不懈、善倾听、全面周到、自制力强。

（4）Compliance——完美型/服从者

高 C 型特质的人通常是喜欢追求完美的专业型人才，简称 C 型人。

在情感方面，C 型人是一个性格深沉的人，严肃认真，目的性强，善于分析，愿意思考人生与工作的意义，对他人敏感，理想主义。但是，C 型人总是习惯于记住负面的东西，容易情绪低落，过分自我反省，自我贬低，离群索居，有忧郁症倾向。

在工作方面，C 型人是一个完美主义者，高标准，计划性强，注重细节，有条理，整洁，能够发现问题并制定解决问题的办法，喜欢图表和清单，坚持己见，善始善终。但是，C 型人也很可能是一个优柔寡断的人，习惯于收集信息资料和分析，却很难投入到实际运作的工作中来，容易自我否定，因此需要别人的认同。同时，他们也习惯于挑剔别人，不能忍受别人的工作做不好。

在人际关系方面，C型人一方面在寻找理想伙伴，另一方面却交友谨慎。他们能够深切地关怀他人，善于倾听抱怨，帮助别人解决困难。但是，C型人似乎始终有一种不安全感，以致感情内向，退缩，怀疑别人，喜欢批评人和事，却不喜欢被别人反对。

C型人的描述性词语有：遵从、仔细、有条不紊、严谨、准确、完美主义、逻辑性。

二、测验计分方式

每个选项对应的人格特质如表6-14所示，对照该表计算各项得分，超过10分称为显性因子，可以作为性格测评的判断依据。低于10分称为隐性因子，对性格测评没有实际指导意义，可以忽略。如果有两项及以上得分超过10分，说明同时具备那两项特征。

表6-14 每个选项对应的人格特质

题号	选项1得分	选项2得分	选项3得分	选项4得分
1	D	S	I	C
2	C	I	D	S
3	S	C	I	D
4	C	S	D	I
5	I	S	C	D
6	S	C	D	I
7	C	S	D	I
8	D	I	C	S
9	C	S	D	I
10	C	S	I	D
11	D	I	S	C
12	I	S	C	D
13	C	D	S	I
14	I	D	S	C
15	S	C	D	I
16	C	D	I	S
17	S	C	D	I
18	S	D	C	I
19	C	S	D	I
20	I	D	S	C
21	S	C	I	D
22	I	D	S	C
23	D	S	C	I
24	S	C	I	D
25	I	D	S	C
26	D	S	C	I
27	S	C	D	I

(续表)

题号	选项1得分	选项2得分	选项3得分	选项4得分
28	C	D	I	S
29	S	C	D	I
30	S	D	C	I
31	C	D	I	S
32	S	C	D	I
33	S	S	C	I
34	C	S	D	I
35	I	C	S	D
36	S	C	D	I
37	I	D	S	C
38	D	S	C	I
39	S	C	I	D
40	S	C	D	I

三、测验统计学指标

1. 样本分布

为了编制《DISC性格测试》的常模，我们采用纸质调查和网络调查相结合的方式，在北京市选取中小学校的教师参与测试。

在选取样本的过程中，考虑到了学校的地域分布（市区还是郊区）、性别（男、女）等因素的平衡情况，保证样本的代表性。

《DISC性格测试》最终收回有效问卷264份，详细的被试分布情况见表6-15至表6-17。

表6-15 被试具体分布情况（地域分布）

市区	郊区	合计
135	129	264

表6-16 被试具体分布情况（性别）

性别		合计
男性	女性	
60	204	264

2. 常模基础数据

	支配型/控制者		活泼型/社交者		稳定型/支持者		完美型/服从者	
	M.	SD.	M.	SD.	M.	SD.	M.	SD.
总分	8.33	4.269	7.29	3.854	12.99	4.867	11.39	3.681

性别	支配型/控制者		活泼型/社交者		稳定型/支持者		完美型/服从者	
	M.	SD.	M.	SD.	M.	SD.	M.	SD.
男	8.42	3.976	7.60	4.291	13.58	4.276	10.40	3.810
女	8.31	4.360	7.20	3.722	12.81	5.025	11.68	3.600

四、参考文献

[1] 周科慧. DISC 性格测评的理论意义与现实意义[J]. 梧州学院学报, 2010, 20(6): 98-100.

五、《DISC 性格测试》题本

指导语：在每一个大标题中的四个选择题中只选择一个最符合你自己的，选择相应的数字。请按第一印象快速地选择。如果不能确定，可回忆童年时的情况，或者以你最熟悉的人对你的评价来进行选择，将数字填在答题纸上对应的题号旁。

序号	选项	你的选择	序号	选项	你的选择
1	对新事物有决心做好	1	2	完成一件事后才接手新事	1
	轻松自如融入环境	2		充满乐趣与幽默感	2
	表情多、动作多、手势多	3		用逻辑与事实服人	3
	准确知道所有细节之间的逻辑关系	4		在任何冲突中不受干扰，保持冷静	4
3	接受他人的观点，不坚持己见	1	4	关心别人的感觉与需要	1
	为他人利益愿意放弃个人意见	2		控制自己的情感，极少流露	2
	认为与人相处好玩，无所谓挑战或商量计划	3		把一切当成竞赛，总是有强烈的赢的欲望	3
	决心用自己的方式做事	4		因个人魅力或性格使人信服	4
5	给旁人清新振奋的刺激	1	6	容易接受任何情况和环境	1
	对人诚实尊重	2		对周围的人或事十分在乎	2
	自我约束情绪与热忱	3		独立性强，机智，凭自己的能力判断	3
	对任何情况都能很快做出有效的反应	4		充满动力与兴奋	4
7	事前做详尽计划，依计划进行工作	1	8	自信，极少犹豫	1
	不因延误而懊恼，冷静且容忍度大	2		不喜欢预先计划，或受计划牵制	2

(续表)

序号	选项	你的选择	序号	选项	你的选择
	相信自己有转危为安的能力	3		生活与处事均依时间表，不喜欢干扰	3
	运用性格魅力或鼓励推动别人参与	4		安静，不易开启话匣子的人	4
9	有系统、有条理地安排事情	1	10	不主动交谈，经常是被动的回答者	1
	愿意改变，很快与人协调配合	2		保持可靠、忠心、稳定	2
	毫不保留，坦率发言	3		时时表露幽默感，任何事都能讲成惊天动地的故事	3
	自信任何事都会好转	4		发号施令者，别人不敢造次反抗	4
11	敢于冒险，下决心做好	1	12	始终精神愉快，并把快乐推广到周围	1
	带给别人欢乐，令人喜欢，容易相处	2		情绪稳定，反应永远能让人预料到	2
	待人得体有耐心	3		对学术、艺术特别爱好	3
	做事秩序井然，条理清晰	4		自我肯定个人能力与成功	4
13	以自己完善的标准来设想衡量事情	1	14	忘情地表达出自己的情感、喜好，在与人娱乐时不由自主地接触别人	1
	自给自足，自我支持，无需他人帮忙	2		有很快做出判断与得出结论的能力	2
	从不说或做引起他人不满与反对的事	3		直接的幽默近乎讽刺	3
	游戏般地鼓励别人参与	4		认真、深刻，不喜欢肤浅的谈话或喜好	4
15	避免冲突，经常居中调和不同的意思	1	16	善解人意，能记住特别的日子，不吝于帮助别人	1
	爱好且认同音乐的艺术性，不单是表演	2		不达目的誓不罢休	2
	闲不住，努力推动工作，是别人跟随的领导	3		不断愉快地说话、谈笑，娱乐周围的人	3
	喜好周旋于宴会中，结交朋友	4		易接受别人的想法和方法，不愿与人相左	4

(续表)

序号	选项	你的选择	序号	选项	你的选择
17	愿意听别人想说的	1	18	满足自己拥有的,甚少羡慕人	1
	对理想、工作、朋友都有不可言喻的忠实	2		要求领导地位及别人跟随	2
	天生的带领者,不相信别人的能力能超过自己	3		用图表数字来组织生活,解决问题	3
	充满生机,精力充沛	4		讨人喜欢,令人羡慕,是人们注意的中心	4
19	对己对人高标准,一切事情有秩序	1	20	充满活力,生机勃勃的性格	1
	易相处,易说话,易让人接近	2		大无畏,不怕冒险	2
	不停地工作,不愿休息	3		时时保持自己举止合乎认同的道德规范	3
	聚会时的灵魂人物,受欢迎的宾客	4		稳定,走中间路线	4
21	面上极少流露表情或情绪	1	22	生活任性无秩序	1
	躲避别人的注意力	2		不易理解别人的问题与麻烦	2
	好表现,华而不实,说话声音大	3		不易兴奋,经常感到好事难成	3
	善命令支配,有时略傲慢	4		不易宽恕或忘记别人对自己的伤害,易嫉妒	4
23	抗拒或犹豫接受别人的方法,固执己见	1	24	经常感到强烈的担心、焦虑、悲戚	1
	不愿意参与,尤其当事物复杂时	2		坚持做琐碎事情,要求注意细节	2
	把实际或想象的别人的冒犯,经常放在心中	3		由于缺乏自我约束,不愿记无趣的事	3
	反复讲同一件事或故事,忘记自己已重复多次,总是不断找话题说话	4		直言不讳,不介意把自己的看法直说	4
25	滔滔不绝的发言者,不是好听众,不留意别人也在讲话	1	26	很难用语言或肢体当众表达感情	1
	难以忍受等待别人	2		无兴趣且不愿介入团体活动或别人生活	2
	很难下定决心	3		由于强烈要求完美,而拒人千里之外	3

（续表）

序号	选项	你的选择	序号	选项	你的选择
	感到担心且无信心	4		时而兴奋，时而低落，承诺总难兑现	4
27	犹豫不决，迟迟才有行动，不易参与	1	28	尽管期待好结果，但往往先看到事物的不利之处	1
	标准太高，很难满意	2		自我评价高，认为自己是最好的人选	2
	不依照方法做事	3		别人（包括孩子）做他喜欢做的事，为的是讨好别人，让人喜欢自己	3
	坚持依自己的意见行事	4		中间性格，无高低情绪，很少表露感情	4
29	不喜欢目标，也无意定目标	1	30	不关心，得过且过，以不变应万变	1
	容易感到被人疏离，经常无安全感或担心别人不喜欢与自己相处	2		充满自信，坚忍不拔，但常表现不适当	2
	易与人争吵，永远觉得自己是正确的	3		往往看到事物的反面，而少有积极的态度	3
	有小孩般的情绪，易激动，事后马上又忘了	4		孩子般的单纯，不喜欢去理解生命意义	4
31	需要大量时间独处	1	32	遇到困难退缩	1
	为回报或成就感，不断工作，耻于休息	2		在被人误解时感到冒犯	2
	需要他人认同、赞赏，如同演艺家，需要观众的掌声、笑声与接受	3		常用冒犯或未斟酌的方式表达自己	3
	时常感到不确定、焦虑、心烦	4		难以自控，滔滔不绝，不是好听众	4
33	事事不确定，又对事缺乏信心	1	34	思想兴趣放在内心，活在自己的世界里	1
	冲动地控制事情或别人，指挥他人	2		对多数事情均漠不关心	2
	很多时候情绪低落	3		不接受他人的态度、观点、做事方法	3
	缺乏组织生活秩序的能力	4		善变，互相矛盾，情绪与行动不合逻辑	4

(续表)

序号	选项	你的选择	序号	选项	你的选择
35	生活无秩序，经常找不到东西	1	36	行动思想均比较慢，通常是懒于行动	1
	情绪不易高涨，不被欣赏时很容易低落	2		不容易相信别人，寻究语言背后的真正动机	2
	低声说话，不在乎说不清楚	3		决心依自己的意愿行事，不易被说服	3
	精明处事，影响事物，使自己得利	4		要吸引人，要做注意力的集中点	4
37	说话声与笑声总是令全场震惊	1	38	当别人不能合乎自己的要求，如动作不够快时，容易因感到不耐烦而发怒	1
	毫不犹豫地表示自己的正确或控制能力	2		凡事起步慢，需要推动力	2
	总是先估量每件事要耗费多少精力	3		凡事易怀疑，不相信别人	3
	需大量时间独处，喜避开人群	4		无法专心或集中注意力	4
39	不甘愿、挣扎、不愿参与或投入	1	40	为避免矛盾，宁愿放弃自己的立场	1
	情感不定，记恨并力惩冒犯自己的人	2		不断地衡量和下判断，经常考虑提出相反的意见	2
	因无耐性，不经思考，草率行动	3		精明，总是有办法达到目的	3
	喜新厌旧，不喜欢长期做相同的事	4		像孩子般注意力短暂，需要各种变化，怕无聊	4

第五节　内在—外在心理控制源量表

一、测验简介

1. 测验的基本信息

所谓心理控制源是指人们对行为或事件结局的一般性看法。

心理控制源的内在性（内控性）指的是人们相信自己应对事情结果负责，即个人的行为、个性和能力是事情发展的决定因素。而心理控制源的外在性（外控性）则指人们认为事件结局主要由外部因素所影响，如运气、社会背景、其他人。[1]

1966年，罗特（J. Rotter）编制了《内在—外在心理控制源量表》（Internal-External Locus of Control Scale，IELCS）[2]。该量表为自评式量表，要求被试在15分钟内完成，最常应用于大学生，也可用于其他人群。

我们选用的是王登峰等人1991年所修订的版本，含29个题目（含6个不计分题目）。

2.测验的结构

《内在—外在心理控制源量表》为单一维度量表。

崔春华等人对958名师范专业的大学生进行了《内在—外在心理控制源量表》测试，发现该量表的内部一致性系数是0.70，间隔1个月的重测信度是0.72，2个月后的重测信度是0.55[3]。

二、测验计分方式

《内在—外在心理控制源量表》包含29个题目，每个题目由A、B两个选项构成。其中1、8、14、19、24、27等六个题目为不计分题；2、6、7、9、16、17、18、20、21、23、25、29选A计1分，选B不计分；3、4、5、10、11、12、13、15、22、26、28选B计1分，选A不计分。各题目得分累加计算量表总分，个体在《内在—外在心理控制源量表》上得分越高越偏向于外控，得分越低越偏向于内控。

三、测验统计学指标

1.样本分布

为了编制《内在—外在心理控制源量表》的常模，我们采用纸质调查和网络调查相结合的方式，在北京市选取高中学生和教师参与测试。

在选取样本的过程中，考虑到了学校的地域分布（市区还是郊区）、学校性质（示范高中还是普通高中）、以及性别（男、女）各因素的平衡情况，保证样本的代表性。

《内在—外在心理控制源量表》最终收回有效问卷914份，详细的被试分布情况见表6-17至表6-19。

表6-17 被试具体分布情况（地域分布）

	市区	郊区	合计
学生	480	192	672
教师	74	168	242
合计	554	360	914

表 6-18　被试具体分布情况（学校性质）

	示范高中	普通高中	合计
学生	394	278	672
教师	132	110	242
合计	526	388	914

表 6-19　被试具体分布情况（性别）

	男生	女生	合计
高一	97	132	229
高二	135	131	266
高三	73	104	177

2. 信度

总量表的内部一致性信度为 0.742。

3. 常模基础数据

	总分	
	M.	SD.
学生	10.66	4.232
教师	10.52	4.229
总计	10.62	4.229

		总分	
		M.	SD.
男	学生	10.88	4.239
	教师	10.69	4.531
	总计	10.86	4.266
女	学生	10.48	4.224
	教师	10.49	4.180
	总计	10.48	4.204

		总分	
	性别	M.	SD.
高一	男	9.86	4.446
	女	10.09	4.279
高二	男	11.58	3.713
	女	10.55	4.063
高三	男	10.96	4.638
	女	10.87	4.348

四、参考文献

[1] 张永红. 大学生心理控制源和时间管理倾向的相关研究[J]. 心理科学, 2003, 26(3): 568-568.

[2] 高丽娜, 李丽娜, 闫亚曼. 大学生时间管理倾向与心理控制源、一般自我效能感的相关研究[J]. 中国健康心理学杂志, 2009, 17(7): 838-840.

[3] 崔春华, 李春晖, 杨海荣等. 958名师范大学学生心理幸福感调查研究[J]. 中华行为医学与脑科学杂志, 2005, 14(4): 359-361.

五、《内在—外在心理控制源量表》题本

指导语：请认真阅读每道题目中的两句话，选择一个你同意的说法，将答案填在答题纸上对应的题号旁。

序号	题目	你的答案
1	A.孩子们出问题是因为他们的家长对他们责备太多了	A
	B.如今大多数孩子所出现的问题在于家长对他们太放任了	B
2	A.人们生活中很多不幸的事都与运气不好有一定关系	A
	B.人们的不幸起因于他们所犯的错误	B
3	A.产生战争的主要原因之一就在于人们对政治的关心不够	A
	B.不管人们怎样努力去阻止，战争总会发生	B
4	A.最终人们会得到他在世界上应得的尊重	A
	B.不幸的是，不管一个人如何努力，他的价值多半会得不到承认	B
5	A.那种认为教师对学生不够公平的看法是无稽之谈	A
	B.大多数学生都没认识到，他们的分数在一定程度上受偶然因素影响	B
6	A.如果没有合适的机遇，一个人不可能成为优秀的领导者	A
	B.有能力的人却未能成为领导者是因为他们未能利用机会	B
7	A.不管你怎样努力，有些人就是不喜欢你	A
	B.那些不能让其他人对自己有好感的人，不懂得如何与别人相处	B
8	A.遗传对一个人的个性起主要的决定作用	A
	B.一个人的生活经历决定了他是怎样的一个人	B
9	A.我常常发现那些将要发生的事果真发生了	A
	B.对我来说，信命远不如下决心干实事好	B
10	A.对于一个准备充分的学生来说，不公平的考试一类的事是不存在的	A
	B.很多时候测验题目总是同讲课内容毫不相干，复习功课一点用都没有	B
11	A.取得成功是要付出艰苦努力的，运气几乎甚至完全不相干	A
	B.找到一个好工作主要靠时间、地点合宜	B

(续表)

序号	题目	你的答案
12	A.普通老百姓也会对政府决策产生影响	A
	B.这个世界主要由少数几个掌权的操纵，小人物对此做不了什么	B
13	A.当我做计划时，我几乎可以肯定我可以实行它们	A
	B.事先做出计划并非总是上策，因为很多事情到头来只不过是运气好坏的产物	B
14	A.确有一种人一无是处	A
	B.每个人都有其好的一面	B
15	A.就我而言，能得到我想要的东西与运气无关	A
	B.很多时候宁愿凭掷硬币来做决定	B
16	A.谁能当上老板常常取决于他能很走运地先占据了有利的位置	A
	B.让人们去做合适的工作，取决于人们的能力，运气与此没什么关系	B
17	A.就世界事务而言，我们之中大多数人都是我们既不理解也无法控制的努力的牺牲品	A
	B.只要积极参与政治和社会事务，人们就能控制住世界上的事	B
18	A.大多数人都没有意识到，他们的生活在一定程度上受偶然事件的左右	A
	B.根本就没有"运气"这回事	B
19	A.一个人应该随时准备承认错误	A
	B.掩饰错误通常是最佳方法	B
20	A.想要知道一个人是否真的喜欢你很难	A
	B.你有多少朋友取决于你这个人怎么样	B
21	A.最终我们碰到的坏事和好事会均等	A
	B.大多数不幸都是缺乏才能、无知、懒惰造成的	B
22	A.只要付出足够的努力我们就能铲除政治腐败	A
	B.人们想要控制那些政治家在办公室里干的勾当太难了	B
23	A.有时我实在不明白教师是怎么打出卷面上的分数的	A
	B.我学习是否用功与成绩好坏有直接关系	B
24	A.一位好的领导者会鼓励人们对应该做什么自己拿主意	A
	B.一位好的领导者会给每个人做出明确的分工	B
25	A.很多时候我都感到我对自己的遭遇无能为力	A
	B.我根本不会相信机遇或运气在我生活中会起重要作用	B
26	A.那些人之所以孤独是因为他们不试图显得友善一些	A
	B.尽力讨好别人没什么用处，喜欢你的人，自然会喜欢你	B
27	A.中学里对体育的重视太过分了	A
	B.在塑造性格方面体育运动是一种极好的方式	B
28	A.事情的结局如何完全取决于我怎么做	A
	B.有时我感到自己不能完全把握住生活的方向	B

（续表）

序号	题目	你的答案
29	A.大多数时候我都不能理解为什么政治家如此行事	A
	B.从根本上讲，民众对国家及地方政府的劣迹负有责任	B

第六节　A型行为类型量表

一、测验简介

1.测验的基本信息

A型行为是美国心脏病学家弗里德曼（M. Friedman）和罗森曼（R. Roseman）于二十世纪五十年代首次提出的概念。他们发现许多冠心病人都表现出共同而典型的行为特点，如雄心勃勃，争强好胜，醉心于工作；但又缺乏耐心，容易产生敌对情绪，常有时间匆忙感和时间紧迫感。他们把这类人的行为表现特点称之为"A型行为类型"（Type A Behavior Pattern, TABP），而相对应地，把缺乏这种行为特点的称之为"B型行为类型"。A型行为类型被认为是一种冠心病的易患行为模式。1960年，他们开发出了第一个TABP测试工具。二十世纪六十年代后期，美国医学心理学家詹金斯（C. Jankins）编制了《詹金斯活动性量表》（Jankins Activity Survey, JAS）。

中国版《A型行为类型量表》由张伯源于1983年组织全国性的协作组修订而成[1]。研究参考了美国一些A型行为测查量表的内容，并根据中国人的自身特点，前后经过三次测试和修订，完成了信度、效度较高的《A型行为类型量表》的编制。

2.测验的结构

《A型行为类型量表》由时间匆忙紧迫感（TH）、争强好胜怀有戒心或敌意（CH）和一个掩饰分量表（L）构成。

李玲等人使用《A型行为类型量表》对320名护士进行调查，发现该量表的内部一致性系数是0.75[2]。

二、测验计分方式

《A型行为类型量表》由60个是否判断题构成，个体选"是"计1分，选"否"计0分，其中13、14、16、18、30、33、36、37、45、48、49、51、54、56为反向计分题，即选"是"计0分，选"否"计1分。各题目所属分量表如下：

时间匆忙紧迫感（TH）包含题目：1、4、5、9、12、15、17、18、23、25、27、28、31、32、35、36、39、41、45、47、49、51、57、59、60。

争强好胜怀有戒心或敌意（CH）包含题目：2、3、6、7、10、11、14、16、19、21、22、26、29、30、34、38、40、42、44、46、50、53、54、55、58。

掩饰分量表（L）包含题目：8、13、20、24、33、37、43、48、52、56。

在计分时先计算 L 量表，当 L 分量表分数大于等于 7 分时，证明真实性不大，数据无效；当 L 分量表分数小于 7 分时，证明数据是可信的。

时间匆忙紧迫感（TH）和争强好胜怀有戒心或敌意（CH）两个分量表得分累加即为总量表得分，得分越高越偏向 A 型，得分越低越偏向 B 型。

A 型人的表现特点是：好胜心强、追求成就、具有竞争性、做事匆忙、急躁、反应快而强烈、行动迅疾、易受激怒、常有时间紧迫感和敌意倾向。

B 型人的表现特点是：人际关系随和、很少生气动怒、不易紧张、不赶时间、竞争性不强、喜欢平静生活、悠然自得。

三、测验统计学指标

1. 样本分布

为了编制《A 型行为类型量表》的常模，我们采用纸质调查和网络调查相结合的方式，在北京市选取高中生和教师参与测试。

在选取样本的过程中，考虑到了学校的地域分布（市区还是郊区）、学校性质（示范高中还是普通高中）、以及性别（男、女）各因素的平衡情况，保证样本的代表性。

剔除无效问卷及在 L 分量表上得分大于等于 7 分的问卷，《A 型行为类型量表》最终收回有效问卷 1137 份，详细的被试分布情况见表 6-20 至表 6-22。

表 6-20　被试具体分布情况（地域分布）

	市区	郊区	合计
学生	502	386	888
教师	136	113	249
合计	638	499	1137

表 6-21　被试具体分布情况（学校性质）

	示范高中	普通高中	合计
学生	667	221	888
教师	123	126	249
合计	790	347	1137

表 6-22 被试具体分布情况（性别）

	性别		合计
	男生	女生	
高一	193	207	400
高二	83	204	287
高三	131	70	201

2. 信度

《A 型行为类型量表》总的内部一致性信度为 0.660，其中时间匆忙紧迫感分量表的内部一致性信度为 0.623，争强好胜怀有戒心或敌意分量表的内部一致性信度为 0.557。内部一致性数据见表 6-23。

表 6-23 量表的内部一致性信度

总分	时间匆忙紧迫感（TH）	争强好胜怀有戒心或敌意（CH）
0.660	0.623	0.557

3. 常模基础数据

	总分		时间匆忙紧迫感（TH）		争强好胜怀有戒心或敌意（CH）	
	M.	SD.	M.	SD.	M.	SD.
学生	25.01	6.146	13.29	3.725	11.72	3.505
教师	23.59	6.360	11.76	3.525	11.80	3.726
总计	24.70	6.218	12.96	3.735	11.74	3.553

		总分		时间匆忙紧迫感（TH）		争强好胜怀有戒心或敌意（CH）	
		M.	SD.	M.	SD.	M.	SD.
男	学生	25.04	6.260	13.28	3.703	11.76	3.628
	教师	23.74	6.978	11.96	4.060	11.76	3.895
	总计	24.89	6.355	13.12	3.767	11.76	3.656
女	学生	24.98	6.055	13.31	3.748	11.68	3.401
	教师	23.55	6.193	11.70	3.367	11.82	3.687
	总计	24.57	6.125	12.85	3.711	11.72	3.483

	总分		时间匆忙紧迫感（TH）		争强好胜怀有戒心或敌意（CH）	
	M.	SD.	M.	SD.	M.	SD.
高一	24.94	6.305	13.14	3.760	11.79	3.540
高二	25.65	6.010	13.70	3.800	11.97	3.274
高三	24.24	5.951	13.02	3.513	11.20	3.713

		总分		时间匆忙紧迫感（TH）		争强好胜怀有戒心或敌意（CH）	
		M.	SD.	M.	SD.	M.	SD.
高一	男	24.94	6.595	13.23	3.858	11.71	3.664
	女	24.93	6.045	13.08	3.676	11.85	3.431
高二	男	26.36	5.942	14.01	3.701	12.35	3.266
	女	25.36	6.028	13.55	3.846	11.80	3.277
高三	男	24.35	5.869	12.91	3.427	11.44	3.773
	女	24.01	6.142	13.23	3.687	10.78	3.601

四、参考文献

[1] 张伯源. 心血管病人的心身反应特点的研究-Ⅱ. 对冠心病人的行为类型特征的探讨[J]. 心理学报, 1985, (3): 314-321.

[2] 李玲, 沈勤. 护士工作压力、A型行为类型与主观幸福感的关系[J]. 中国心理卫生杂志, 2009, 23(4): 255-258.

五、《A型行为类型量表》题本

指导语：请认真阅读题目描述的内容，并根据与自己真实情况符合是否符合，选择相应的数字，将其填在答题纸上对应的题号旁。

序号	题目	是	否
1	我总是力图说服别人同意我的观点	1	2
2	即使没有什么要紧的事，我走路也快	1	2
3	我经常感到应该做的事太多，有压力	1	2
4	我自己决定的事，别人很难让我改变主意	1	2
5	有些人和事常常使我十分恼火	1	2
6	在急需买东西但又要排长队时，我宁愿不买	1	2
7	有些工作我根本安排不过来，只能临时挤时间去做	1	2
8	在上班或赴约会时，我从来不迟到	1	2
9	当我正在做事时，谁要是打扰我，不管有意无意，我总是感到恼火	1	2
10	我总看不惯那些慢条斯理，不紧不慢的人	1	2
11	我常常忙得透不过气来，因为该做的事情太多了	1	2
12	即使跟别人合作，我也总想单独完成一些更重要的部分	1	2
13	有时我真想骂人	1	2
14	我做事总是喜欢慢慢来，而且思前想后，拿不定主意	1	2
15	排队买东西，要是有人加塞，我就忍不住要指责他或出来干涉	1	2
16	我觉得自己是一个无忧无虑，悠闲自在的人	1	2

（续表）

序号	题目	是	否
17	有时连我自己都觉得，我所操心的事远远超过我应该操心的范围	1	2
18	无论做什么事，即使比别人差，我也无所谓	1	2
19	做什么事我也不着急，着急也没有用，不着急也误不了事	1	2
20	我从来没想过要按自己的想法办事	1	2
21	每天的事情都使我精神十分紧张	1	2
22	就是逛公园、赏花、观鱼等，我也总是先看完，等着同来的人	1	2
23	我常常不能宽容别人的缺点和毛病	1	2
24	在我认识的人里，个个我都喜欢	1	2
25	听到别人发表不正确的见解，我总想立即就去纠正他	1	2
26	无论做什么事，我都比别人快一些	1	2
27	当别人对我无礼时，我对他也不客气	1	2
28	我总觉得我有能力把一切事情办好	1	2
29	在聊天时，我也总是急于说出自己的想法，甚至打断别人的话	1	2
30	人们认为我是个安静、沉着、有耐心的人	1	2
31	我觉得在我认识的人之中值得我信任和佩服的人实在不多	1	2
32	对未来我有许多想法和打算，并总想都能尽快实现	1	2
33	有时我也会说人家的闲话	1	2
34	尽管时间很宽裕，我吃饭也快	1	2
35	听人讲话或报告讲得不好，我就非常着急，总想还不如我来讲	1	2
36	即使有人欺侮了我，我也不在乎	1	2
37	我有时会把今天该做的事拖到明天去做	1	2
38	人们认为我是一个干脆、利落、高效率的人	1	2
39	当有人对我或我的工作吹毛求疵时，很容易挫伤我的积极性	1	2
40	我常常感到时间已经晚了，可一看表时间还早呢	1	2
41	我觉得我是一个非常敏感的人	1	2
42	我做事总是匆匆忙忙的，力图用最少的时间办尽量多的事情	1	2
43	如果犯有错误，不管大小，我全都主动承认	1	2
44	坐公共汽车时，我常常感到车开得太慢	1	2
45	无论做什么事，即使看着别人做不好我也不想替他做	1	2
46	我常常为工作没做完，一天又过去了而感到忧虑	1	2
47	很多事情如果由我来负责，情况要比现在好得多	1	2
48	有时我会想到一些说不出口的坏念头	1	2
49	即使领导我的人能力差，水平低，不怎么样，我也能服从和合作	1	2
50	必须等待什么的时候，我总是心急如焚，缺乏耐心	1	2

(续表)

序号	题目	是	否
51	我常常感到自己能力不够，所以在做事不顺利时就想放弃不干了	1	2
52	我每天都看电视，也看电影，不然心里就不舒服	1	2
53	别人托我办的事，只要答应了，我从不拖延	1	2
54	人们都说我很有耐心，干什么事都不着急	1	2
55	外出乘车、船或跟人约定时间办事时，我很少迟到，如对方耽误，我就会恼火	1	2
56	偶尔我也会说一两句假话	1	2
57	许多事本来可以大家分担，可我喜欢一个人去干	1	2
58	我觉得别人对我的话理解太慢，甚至理解不了我的意思似的	1	2
59	我是一个性子暴躁的人	1	2
60	我常常容易看到别人的短处而忽视别人的长处	1	2

第七节　人性的哲学修订量表

一、测验简介

1. 测验的基本信息

本测验是在《人性的哲学量表》(Philosophies of Human Nature Scale) 基础上由怀特曼 (L. Wrightsman) 编制修订简化而来的[1]。《人性的哲学修订量表》用于测试关于人性的哲学，即受试者对他人一般行为模式的估计。原量表包含 84 个题目，修订版为 20 个题目，将人性分解为以下 6 个不同的成分。

值得信任 (Trustworthiness)：人们被视为有道德、诚实和可靠的程度。

利他主义 (Altruism)：无私、真挚的同情心以及对他人的关心。

独立性 (Independence)：面临社会求同趋势而坚持自己信念的坚定性。

愿望的强烈程度和合理性 (Strength of will and rationality)：人们对自己行为了解的程度以及克服自己缺点的信心。

人性的复杂 (Complexity of human nature)：人是复杂的还是简单的，是难以理解的还是容易理解的。

人性的变异性 (Variability)：个体间本性相差的程度以及基本人性的可变程度。

各分量表间的相关性分析揭示，理论上相互独立的 6 种人性特征实际上并非相互独立。

通过因子分析发现：一个名为"相信人基本上都是善良的"正因子和一个名为"愤世嫉俗"的负因子几乎包括了值得信任和利他主义分量表的所有内容，而且这两个因子的相关性只有-0.27左右。因此怀特曼进一步修订出一个20项的简表，即本量表《人性的哲学修订量表》，用来测查信任和愤世嫉俗的程度。

简佳、唐茂芹在对中国大学生实施《人性的哲学修订量表》的调查中发现，《人性的哲学修订量表》的α系数在0.891～0.932之间，分半信度系数在0.832～0.880之间，其重测信度系数在0.678～0.750之间[1]，说明量表的内部一致性较好，且具有一定的稳定性和可重复性。

2. 测验的结构

《人性的哲学修订量表》包括值得信任和愤世嫉俗两个维度，值得信任含1、3、6、8、9、11、13、15、16、19题，愤世嫉俗含2、4、5、7、10、12、14、17、18、20，其中愤世嫉俗维度题目反向计分。

二、测验计分方式

《人性的哲学修订量表》包括20个题目，采用6点计分，"非常同意"计6分，"有些同意"计5分，"稍同意"计4分，"稍不同意"计3分，"不太同意"计2分，"非常不同意"计1分，其中2、4、5、7、10、12、14、17、18、20题为反向计分题，即"非常同意"计1分，"有些同意"计2分，"稍同意"计3分，"稍不同意"计4分，"不太同意"计5分，"非常不同意"计6分。

三、测验统计学指标

1. 样本分布

为了编制《人性的哲学修订量表》的常模，我们采用纸质调查和网络调查相结合的方式，在北京市选取中学生和教师参与测试。

在选取样本的过程中，考虑到了学校的地域分布（市区还是郊区）、学校性质（示范高中还是普通高中）、以及性别（男、女）各因素的平衡情况，保证样本的代表性。

《人性的哲学修订量表》最终收回有效问卷1862份，详细的被试分布情况见表6-24至表6-26。

表6-24 被试具体分布情况（地域分布）

	市区	郊区	合计
初中学生	377	608	985
高中学生	381	270	651
教师	45	181	226
合计	803	1059	1862

表 6-25 被试具体分布情况（学校性质）

	示范高中	普通高中	合计
学生	538	113	651
教师	131	95	226
合计	669	208	877

表 6-26 被试具体分布情况（性别）

		性别		
		男生	女生	合计
初中	初一	146	197	343
	初二	99	119	218
	初三	200	224	424
高中	高一	185	96	281
	高二	111	160	271
	高三	27	72	99

2. 信度

整个量表的内部一致性信度为 0.770，值得信任和愤世嫉俗两个分量表的内部一致性信度分别为 0.826 和 0.761，详见表 6-27。

表 6-27 《人性的哲学修订量表》信度指标

总量表	值得信任	愤世嫉俗
0.770	0.826	0.761

3. 常模基础数据

	总分		值得信任		愤世嫉俗	
	M.	SD.	M.	SD.	M.	SD.
初中	61.92	14.385	34.27	10.506	27.63	8.067
高中	68.43	11.073	41.71	8.882	26.69	7.821
教师	65.27	13.468	36.22	9.889	28.90	9.464
总计	64.60	13.535	37.10	10.464	27.45	8.189

		总分		值得信任		愤世嫉俗	
		M.	SD.	M.	SD.	M.	SD.
男	初中	63.34	14.695	35.24	10.767	28.09	8.563
	高中	70.60	9.858	43.51	7.758	27.01	7.803
	教师	70.03	14.468	39.50	11.608	30.53	12.483
	总计	66.54	13.448	38.73	10.501	27.78	8.522
女	初中	60.75	14.028	33.47	10.225	27.24	7.620
	高中	66.33	11.775	39.95	9.543	26.38	7.838

(续表)

		总分		值得信任		愤世嫉俗	
		M.	SD.	M.	SD.	M.	SD.
	教师	64.29	13.081	35.56	9.399	28.57	8.726
	总计	63.12	13.421	35.86	10.269	27.21	7.920

		总分		值得信任		愤世嫉俗	
		M.	SD.	M.	SD.	M.	SD.
初中	初一	58.90	14.019	32.67	10.609	26.20	7.854
	初二	63.99	14.741	35.67	10.188	28.32	8.992
	初三	63.30	14.122	34.85	10.446	28.43	7.582
高中	高一	69.03	11.482	41.62	8.416	27.39	7.875
	高二	67.27	11.480	41.23	9.513	25.99	8.016
	高三	69.90	8.190	43.24	8.285	26.66	6.984

			总分		值得信任		愤世嫉俗	
			M.	SD.	M.	SD.	M.	SD.
初中	初一	男	59.98	13.579	32.92	10.404	27.06	8.963
		女	58.09	14.320	32.48	10.783	25.61	6.899
	初二	男	64.00	15.935	36.22	11.279	27.78	8.978
		女	63.97	13.738	35.21	9.207	28.76	9.018
	初三	男	65.47	14.469	36.46	10.546	29.01	7.981
		女	61.36	13.541	33.45	10.201	27.91	7.181
高中	高一	男	70.80	10.418	43.36	7.539	27.44	8.000
		女	65.69	12.662	38.28	9.040	27.41	7.718
	高二	男	69.74	9.455	43.35	8.439	26.39	7.724
		女	65.59	12.425	39.79	9.950	25.80	8.225
	高三	男	72.70	7.075	45.11	6.447	27.59	6.868
		女	68.85	8.374	42.54	8.814	26.31	7.042

四、参考文献

[1] 简佳, 唐茂芹. 人性的哲学修订量表用于中国大学生的信度效度研究[J]. 中国临床心理学杂志, 2006, 14(4): 347-348.

五、《人性的哲学修订量表》题本

指导语：下面是一系列有关态度的陈述句。每一个句子代表了一种常见的观点，但是它并没有正确错误之分。您可能同意其中一些说法而不同意另一些说法。我们很想了解您同意或不同意的程度。请仔细阅读每一个句子，然后依您同意或不同意的程度，选择对应的数字，将其填在答题纸上对应的题号旁。

在回答这些问题时，注意不要在一道题上思考太长时间，第一印象通常是最好的。如果您发现在作答时，卷面上提供的数字不能确切地表达您自己的看法，请选您在感觉上最接近的那个数字。

序号	题目	非常同意	有些同意	稍同意	稍不同意	不太同意	非常不同意
1	如果人们可以不买票溜进戏院去看电影而又不会被人捉到的话，他们就会这样做的	6	5	4	3	2	1
2	大多数人都有勇气坚持自己的信念	6	5	4	3	2	1
3	一般人都是自负的	6	5	4	3	2	1
4	大多数人即使是在当今这种复杂的社会里，仍然在遵循"己欲立而立人"这个金科玉律	6	5	4	3	2	1
5	大多数人都会停下车来，去帮助车坏了的人	6	5	4	3	2	1
6	一般的学生即使有一套道德标准，在别人都作弊时也会跟着作弊	6	5	4	3	2	1
7	大数人都会毫不犹豫，想尽办法去帮助在危难中的人	6	5	4	3	2	1
8	如果说谎可以不被捉到的话，大多数人都会这样做	6	5	4	3	2	1
9	在当今世界上无私的人会很悲哀，因为太多的人都会去占他的便宜	6	5	4	3	2	1
10	"己所不欲，勿施于人"是大多数人都遵行的一条箴言	6	5	4	3	2	1
11	人们总是称自己具有诚实和道德的准则，但是在关键时刻却很少人能坚守这些准则	6	5	4	3	2	1
12	大多数人都会为自己的信念而直言	6	5	4	3	2	1
13	人们对他人的关心是装出来的多于是真心的	6	5	4	3	2	1
14	人们通常是会说真话的，甚至在他们知道说谎会对自己有好处时亦如此	6	5	4	3	2	1
15	大多数人内心都不愿意伸出援手去帮助别人	6	5	4	3	2	1

（续表）

序号	题目	非常同意	有些同意	稍同意	稍不同意	不太同意	非常不同意
16	大多数人只要有机会，就会欺瞒以便少缴或避缴税捐	6	5	4	3	2	1
17	一般人如果认为自己是对的，即使其他人都不同意，也会坚持自己的主张	6	5	4	3	2	1
18	只要有机会，大多数人都会同情并援助苦难者	6	5	4	3	2	1
19	大多数人都不是为什么伟大的原因而诚实，他们诚实只不过是担心被抓到而已	6	5	4	3	2	1
20	一般人都真诚地关心他人的困难	6	5	4	3	2	1

第八节 人际信任量表

一、测验简介

1.测验的基本信息

《人际信任量表》（Interpersonal Trust Scale，ITS）是由罗特于1976年编制的，用于测查受试者对他人的行为、承诺或（口头和书面）陈述之可靠性的估计[1]。本量表共含25个题目，其内容涉及各种处境下的人际信任，涉及不同社会角色（包括父母、推销员、审判员、一般人群、政治人物以及新闻媒介）。《人际信任量表》中的多数题目与社会角色的可信赖性有关，但也有一些题目与对未来社会的乐观程度有关。

辛自强、周正关于我国大学生人际信任变迁的横断历史研究证实，《人际信任量表》有良好的信度和效度，例如有研究者报告量表内部一致性信度为0.91，重测信度为0.78，结构效度和效标效度均较为理想[2]。

2.测验的结构

《人际信任量表》为单一维度量表。

二、测验计分方式

本测验共有25个题目，采用5点计分，在5点量表上评价每个题目的描述与自己的符合程度，其中1、2、3、4、5、7、9、10、11、13、15、19和24为反向计分。所有项目得分累加即为总分。量表总分从25分（信赖程度最低）至125分（信赖程度最高），中间值为75分。得分高者人际信任度也高。

三、测验统计学指标

1. 样本分布

为了编制《人际信任量表》的常模，我们采用纸质调查和网络调查相结合的方式，在北京市选取中学生和教师参与测试。

在选取样本的过程中，考虑到了学校的地域分布（市区还是郊区）、学校性质（示范高中还是普通高中）、以及性别（男、女）各因素的平衡情况，保证样本的代表性。

《人际信任量表》最终收回有效问卷1630份，详细的被试分布情况见表6-28至表6-30。

表6-28 被试具体分布情况（地域分布）

	市区	郊区	合计
初中学生	144	326	470
高中学生	505	389	894
教师	119	147	266
合计	768	862	1630

表6-29 被试具体分布情况（学校性质）

	示范高中	普通高中	合计
学生	709	185	894
教师	99	167	266
合计	808	352	1160

表6-30 被试具体分布情况（性别）

		男生	女生	合计
初中	初一	76	68	144
	初二	86	105	191
	初三	70	65	135
高中	高一	201	107	308
	高二	167	236	403
	高三	54	129	183

2. 信度

《人际信任量表》总的内部一致性信度为 0.683。

3. 常模基础数据

总	总分	
	M.	SD.
初中	64.07	10.216
高中	65.85	9.363
教师	64.03	9.652
总计	65.04	9.698

		总分	
		M.	SD.
男	初中	65.35	10.070
	高中	66.65	9.717
	教师	64.73	8.390
	总计	66.04	9.726
女	初中	62.82	10.224
	高中	65.14	8.985
	教师	63.77	10.081
	总计	64.24	9.606

	年级	总分	
		M.	SD.
初中	初一	62.05	9.915
	初二	65.27	10.534
	初三	64.53	9.819
高中	高一	65.69	9.372
	高二	65.70	9.464
	高三	66.46	9.146

			总分	
			M.	SD.
初中	初一	男	62.91	9.545
		女	61.09	10.298
	初二	男	67.63	11.070
		女	63.33	9.704
	初三	男	65.20	8.744
		女	63.82	10.883

(续表)

			总分	
			M.	SD.
高中	高一	男	66.30	9.247
		女	64.55	9.542
	高二	男	66.92	10.125
		女	64.84	8.889
	高三	男	67.11	10.266
		女	66.19	8.663

四、参考文献

[1] 孙怀民，李建明. 535名教师人际信任量表（IT）评定报告[J]. 中国健康心理学杂志，1998，6(2)：145-146.

[2] 辛自强，周正. 大学生人际信任变迁的横断历史研究[J]. 心理科学进展，2012，20(3)：344-353.

五、《人际信任量表》题本

指导语：请使用以下标准表明你对下列每一陈述同意或不同意的程度。1 完全不同意；2 部分不同意；3 不确定；4 部分同意；5 完全同意。选择符合你真实情况的程度，将数字填在答题纸上对应的题号旁。

序号	题目	完全不同意	部分不同意	不确定	部分同意	完全同意
1	在我们这个社会里，虚伪的现象越来越多了	1	2	3	4	5
2	在与陌生人打交道时，你最好小心，除非他们拿出可以证明其值得信任的依据	1	2	3	4	5
3	除非我们吸引更多的人进入政界，不然这个国家的前途将十分黯淡	1	2	3	4	5
4	阻止多数人触犯法律的是恐惧、社会廉耻或惩罚，而不是良心	1	2	3	4	5
5	在考试时教师不到场监考可能会导致更多的人作弊	1	2	3	4	5
6	通常父母在遵守诺言方面是可以信赖的	1	2	3	4	5
7	联合国永远也不会成为维持世界和平的有效力量	1	2	3	4	5
8	法院是我们都能受到公正对待的场所	1	2	3	4	5
9	如果得知公众听到和看到的新闻有多少已被歪曲，多数人会感到震惊	1	2	3	4	5

（续表）

序号	题目	完全不同意	部分不同意	不确定	部分同意	完全同意
10	不管人们怎样表白，最好还是认为多数人主要关心其自身幸福	1	2	3	4	5
11	尽管在报纸、收音机和电视中均可获知新闻，但我们很难得到关于公共事件的客观报道	1	2	3	4	5
12	未来似乎很有希望	1	2	3	4	5
13	如果真正了解到国际上正在发生的政治事件，那么公众有理由比现在更加担心	1	2	3	4	5
14	多数获选官员在竞选中的许诺是诚恳的	1	2	3	4	5
15	许多重大的全国性体育比赛均受到某种形式的操纵和利用	1	2	3	4	5
16	多数专家有关其知识局限性的表白是可信的	1	2	3	4	5
17	多数父母关于实施惩罚的威胁是可信的	1	2	3	4	5
18	多数人如果说出自己的打算就一定会去实现	1	2	3	4	5
19	在这个竞争的年代里，如果不保持警惕，别人就可能占你的便宜	1	2	3	4	5
20	多数理想主义者是诚恳的并按照他们自己所宣扬的信条行事	1	2	3	4	5
21	多数推销人员在描述他们的产品时是诚实的	1	2	3	4	5
22	多数学生即使在有把握不会被发现时也不作弊	1	2	3	4	5
23	多数维修人员即使认为你不懂其专业知识也不会多收费	1	2	3	4	5
24	对保险公司的控告有相当一部分是假的	1	2	3	4	5
25	多数人诚实地回答民意测验中的问题	1	2	3	4	5

第九节　罗森伯格自尊量表

一、测验简介

1. 测验的基本信息

自尊是指个体对自身的一种积极或消极的态度。罗森伯格（M. Rosenberg）于1965年编制的《自尊量表》（Self-Esteem Scale，SES）绝对是测量自尊的经典之作，由王孟成等人修订为中文版[1]。

2. 测验的结构

该测验由10个条目组成，用于测量单一维度的整体自尊水平，其中有5个正向表述、五个负向表述。

梁成安等人对314名初中生进行了《罗森伯格自尊量表》的测试，得出量表的内部一致性系数为0.626[2]。

二、测验计分方式

《罗森伯格自尊量表》采用四点记分，1代表很不符合；2代表不符合；3代表符合；4代表非常符合，3、5、8、9、10题为反向记分，得分越高表明自尊水平越高。

三、测验统计学指标

1. 样本分布

为了编制《罗森伯格自尊量表》的常模，我们采用纸质调查和网络调查相结合的方式，在北京市选取中小学校的学生参与测试。

在选取样本的过程中，考虑到了学校的地域分布（市区还是郊区）、性别（男、女）等因素的平衡情况，保证样本的代表性。

《罗森伯格自尊量表》最终收回有效问卷1330份，详细的被试分布情况见表6-31至表6-32。

表6-31　被试具体分布情况（地域分布）

	市区	郊区	合计
小学	312	441	753
初中	197	380	577
合计	509	821	1330

表6-32　被试具体分布情况（性别）

		性别		合计
		男生	女生	
小学	三年级	108	128	236

（续表）

		性别		合计
		男生	女生	
	四年级	87	105	192
	五年级	101	85	186
	六年级	65	74	139
初中	初一	126	118	244
	初二	77	79	156
	初三	93	84	177
合计		657	673	1330

2. 信度

该测验整体的内部一致性信度为 0.797，具有良好的信度指标。

3. 常模基础数据

	总分	
	M.	SD.
小学	33.11	4.420
初中	32.63	4.934
总计	32.90	4.654

		总分	
		M.	SD.
男	小学	32.54	4.649
	初中	33.10	4.730
	总计	32.79	4.691
女	小学	33.64	4.134
	初中	32.13	5.103
	总计	33.01	4.620

		总分	
		M.	SD.
小学	三年级	33.16	4.329
	四年级	32.93	4.243
	五年级	33.64	4.419
	六年级	32.57	4.767
初中	初一	32.62	4.998
	初二	32.37	4.380
	初三	32.86	5.309

			总分	
			M.	SD.
小学	三年级	男	32.45	4.341
		女	33.75	4.244
	四年级	男	32.32	4.743
		女	33.44	3.726
	五年级	男	33.01	4.670
		女	34.39	4.000
	六年级	男	32.23	5.024
		女	32.86	4.543
初中	初一	男	33.13	4.846
		女	32.08	5.120
	初二	男	32.68	4.615
		女	32.06	4.146
	初三	男	33.41	4.689
		女	32.26	5.891

四、参考文献

[1] 王孟成，戴晓阳，吴燕. 中文Rosenberg自尊量表的心理测量学研究[C]. 全国教育与心理统计与测量学术年会暨海峡两岸心理与教育测验学术研讨会，2008.

[2] 梁成安，王培梅. 中文版Rosenberg自尊量表的信效度研究[J]. 教育曙光，2008，56(1)：13-22.

五、《罗森伯格自尊量表》题本

指导语：下面是一些关于自我描述的句子，请根据您的真实情况选择相应的数字。其中1代表"很不符合"，2代表"不符合"，3代表"符合"，4代表"非常符合"。

序号	题目	很不符合	不符合	符合	非常符合
1	我感觉我是一个有价值的人，至少与其他人在同一水平上	1	2	3	4
2	我感觉我有许多好的品质	1	2	3	4
3	归根到底，我倾向于觉得自己是一个失败者	1	2	3	4
4	我能像大多数人一样把事情做好	1	2	3	4
5	我感觉自己值得自豪的地方不多	1	2	3	4
6	我对自己持肯定的态度	1	2	3	4
7	总的来说，我对自己是满意的	1	2	3	4

(续表)

序号	题目	很不符合	不符合	符合	非常符合
8	我要是能看得起自己就好了	1	2	3	4
9	我确实时常感到自己毫无用处	1	2	3	4
10	我时常认为自己一无是处	1	2	3	4

第十节 思维风格量表

一、测验简介

1. 测验的基本信息

按照斯滕伯格（R. Sternberg）的观点，思维风格是指人们进行思考的偏好方式。思维风格不是一种能力，而是运用一种或几种能力进行思考的方式。思维风格不能反映思维能力的高低，仅仅反映个体运用自己思维能力的方式和特点[1]。因此思维风格没有好坏之分，但有有效与无效之分，我们不能说哪一种思维风格更好，或哪一种思维风格是普遍有效的，只能说哪一种思维风格对解决哪一类问题更加有效。

思维风格与静态、单一的人格特质也不相同，它常与如何运用智能的相关禀赋联系在一起。一个人的身上往往会同时存在多种思维风格，而且一个人的思维风格也不是一成不变的，会随着不同的工作和学习任务发生改变。

《思维风格量表》（Thinking Style Inventory，TSI）是斯滕伯格根据自己的理论编制的一套用于测量个体思维风格的问卷[2]。2007年秦浩等人对其进行了翻译，形成中文版本。

李洪玉、姜德红、胡中华在对中学生的思维风格发展特点的研究中，发现《思维风格量表》的 α 系数为0.83；13个诊断量表的 α 系数分别为0.56、0.62、0.62、0.31、0.69、0.49、0.41、0.56、0.23、0.66、0.71、0.79、0.72。由此可见，无论是总量表还是各诊断量表绝大多数都具有较高的同质性信度，这说明该量表具有较高的可靠性[3]。

2. 测验的结构

《思维风格量表》是一个自评量表，包括思维的功能、形式、水平、范围和倾向5个维度，并将思维风格分为13种类型。每个类型含有8个题目，共有104个题目。

（1）立法型风格（the legislative style）：此风格的特点是喜欢创造性地解决问题，依照自己的方式做事。他们喜欢创造和提出规则，是具有"创造性智力"的个体，善于推陈出新，引导社会潮流（第1~8题）。

（2）执法型风格（the executive style）：此风格的特点是喜欢按照既定的规则、程序解决问题，喜欢已构建好的活动，是具有"分析性智力"的个体，他们喜欢从事结构、程序和规则相对固定的工作（第9~16题）。

（3）审判型风格（the judicial style）：此风格的特点是喜欢判断和评价已有的办事规则、程序、事物和观念，善于从事分析和评价性工作，是现有体制得以巩固和完善必不可少的特质（第17~24题）。

（4）专制型风格（the monarchic style）：此风格的特点是喜欢在同一时间内集中精力处理一件事情或一个方面，做完一件事情再做另一件事情，并且在处事时不易受外界的干扰（第25~32题）。

（5）等级型风格（the hierarchic style）：此风格的特点是可以同时面对多项任务，有很好的秩序感，明确它们的轻重缓急，处事有条不紊（第33~40题）。

（6）平等竞争型风格（the oligarchic style）：此风格的特点是能同时面对多项任务，但不能根据事情的轻重缓急作出明确的安排，认为多个目标都同等重要（第41~48题）。

（7）无政府主义型风格（the anarchic style）：此风格的特点是喜欢没有规则、结构约束的任务，可极其灵活、随心所欲地工作（第49~56题）。

（8）全局型风格（the global style）：此风格的特点是喜欢面对全局，处理整体的、抽象的事物，喜欢概念化、观念化的任务（第57~64题）。

（9）局部型风格（the local style）：此风格的特点是喜欢处理具体的任务，做事情倾向关注细节，完成任务能够深思熟虑（第65~72题）。

（10）内倾型风格（the internal style）：此风格的特点是喜欢单独工作（第73~80题）。

（11）外倾型风格（the external style）：此风格的特点是喜欢与他人一起做事，或在团体中工作（第81~88题）。

（12）激进型风格（the liberal style）：此风格的特点是喜欢有新意、不确定的情景，不喜欢一成不变的任务，喜欢尝试新鲜事物（第89~96题）。

（13）保守型风格（the conservative style）：此风格的特点是喜欢熟悉的生活和遵循传统，喜欢提出自己的想法，只不过这些思想来源于现存的并为人们接受的习俗（第97~104题）。

二、测验计分方式

记分方法采用七点计分法，即完全不符合=1分，相当不符合=2分，比较不符合=3分，说不清=4分，比较符合=5分，相当符合=6分，完全符合=7分。

将每个分量表中8个题目的得分相加，然后除以8，得到平均分，作为此分量表的最终得分。被试在某个分量表上的得分越高，说明他在处理问题和思考时这种风格的特征越突出。

三、测验统计学指标

1. 样本分布

为了编制《思维风格量表》的常模，我们采用纸质调查和网络调查相结合的方式，在北京市选取中学生和教师参与测试。

在选取样本的过程中，考虑到了学校的地域分布（市区还是郊区）、学校性质（示范高中还是普通高中）、以及性别（男、女）各因素的平衡情况，保证样本的代表性。

《思维风格量表》最终收回有效问卷1593份，详细的被试分布情况见表6-33至表6-35。

表6-33 被试具体分布情况（地域分布）

	市区	郊区	合计
初中学生	276	340	616
高中学生	462	292	754
教师	50	173	223
合计	788	805	1593

表6-34 被试具体分布情况（学校性质）

	示范高中	普通高中	合计
学生	603	151	754
教师	112	111	223
合计	715	262	977

表6-35 被试具体分布情况（性别）

		性别		合计
		男生	女生	
初中	初一	176	171	347
	初二	83	74	157
	初三	57	55	112
高中	高一	129	126	255
	高二	217	145	362
	高三	76	61	137

2. 信度

总量表的内部一致性信度为0.952，13个类型的具体信度指标见表6-36。

表6-36 13个类型的具体信度指标

总分	立法型	执法型	审判型	专制型	等级型	平等型
0.952	0.833	0.826	0.804	0.695	0.848	0.776
无政府型	全局型	局部型	内倾型	外倾型	激进型	保守型
0.721	0.768	0.706	0.827	0.840	0.848	0.845

3. 常模基础数据

	立法型 M.	立法型 SD.	执法型 M.	执法型 SD.	审判型 M.	审判型 SD.	专制型 M.	专制型 SD.
初中	5.61	0.910	5.21	1.048	4.79	1.132	4.32	1.041
高中	5.35	1.004	5.00	1.078	4.51	1.061	4.24	1.005
教师	5.30	0.901	5.33	0.910	4.33	1.122	4.19	0.950
总计	5.45	0.963	5.13	1.051	4.60	1.110	4.26	1.012

	等级型 M.	等级型 SD.	平等型 M.	平等型 SD.	无政府型 M.	无政府型 SD.	全局型 M.	全局型 SD.	局部型 M.	局部型 SD.
初中	4.98	1.183	4.23	1.151	4.63	1.049	4.35	1.093	4.38	1.033
高中	4.76	1.067	4.18	1.107	4.51	0.982	4.36	1.023	4.24	0.968
教师	5.15	0.986	3.82	1.189	4.05	0.986	4.28	1.033	4.11	0.959
总计	4.90	1.111	4.15	1.143	4.49	1.026	4.34	1.052	4.27	0.996

	内倾型 M.	内倾型 SD.	外倾性 M.	外倾性 SD.	激进型 M.	激进型 SD.	保守型 M.	保守型 SD.
初中	4.51	1.223	5.03	1.165	5.04	1.156	4.42	1.320
高中	4.45	1.170	4.88	1.098	4.91	1.107	4.37	1.133
教师	4.21	1.156	5.03	0.941	4.96	0.925	4.49	1.046
总计	4.44	1.192	4.96	1.106	4.97	1.104	4.40	1.198

		立法型 M.	立法型 SD.	执法型 M.	执法型 SD.	审判型 M.	审判型 SD.	专制型 M.	专制型 SD.
男	初中	5.66	0.877	5.21	1.021	4.86	1.158	4.48	1.087
男	高中	5.38	1.097	4.92	1.158	4.53	1.119	4.33	1.031
男	教师	5.42	0.986	5.41	1.036	4.63	1.169	4.47	0.965
男	总计	5.50	1.015	5.07	1.108	4.67	1.148	4.40	1.050
女	初中	5.56	0.942	5.21	1.077	4.72	1.101	4.16	0.964
女	高中	5.32	0.870	5.11	0.959	4.49	0.984	4.13	0.960
女	教师	5.25	0.868	5.30	0.862	4.22	1.089	4.08	0.926
女	总计	5.40	0.906	5.19	0.988	4.52	1.066	4.13	0.954

		等级型 M.	等级型 SD.	平等型 M.	平等型 SD.	无政府型 M.	无政府型 SD.	全局型 M.	全局型 SD.	局部型 M.	局部型 SD.
男	初中	5.02	1.172	4.27	1.147	4.71	1.039	4.43	1.140	4.54	1.094
男	高中	4.73	1.103	4.18	1.148	4.49	1.022	4.46	1.061	4.33	1.051
男	教师	5.34	0.924	4.18	1.224	4.30	1.077	4.42	1.140	4.27	1.045
男	总计	4.89	1.133	4.22	1.152	4.56	1.039	4.45	1.098	4.41	1.072

(续表)

		等级型		平等型		无政府型		全局型		局部型	
		M.	SD.	M.	SD.	M.	SD.	M.	SD.	M.	SD.
女	初中	4.95	1.196	4.19	1.157	4.55	1.056	4.26	1.037	4.20	0.934
	高中	4.81	1.018	4.18	1.054	4.54	0.930	4.22	0.957	4.13	0.839
	教师	5.09	1.002	3.69	1.153	3.96	0.939	4.22	0.990	4.05	0.924
	总计	4.92	1.089	4.08	1.131	4.42	1.007	4.24	0.994	4.14	0.894

		内倾型		外倾性		激进型		保守型	
		M.	SD.	M.	SD.	M.	SD.	M.	SD.
男	初中	4.61	1.189	5.05	1.130	5.06	1.176	4.52	1.332
	高中	4.57	1.208	4.81	1.182	4.95	1.172	4.35	1.198
	教师	4.43	1.246	5.27	0.919	5.15	0.986	4.73	1.143
	总计	4.57	1.202	4.94	1.152	5.01	1.161	4.44	1.252
女	初中	4.40	1.251	5.00	1.201	5.01	1.136	4.31	1.303
	高中	4.29	1.103	4.97	0.976	4.87	1.020	4.39	1.045
	教师	4.13	1.115	4.95	0.937	4.89	0.895	4.40	0.998
	总计	4.30	1.166	4.98	1.058	4.93	1.043	4.36	1.140

		立法型		执法型		审判型		专制型	
		M.	SD.	M.	SD.	M.	SD.	M.	SD.
初中	初一	5.70	0.904	5.30	1.050	4.90	1.196	4.35	1.098
	初二	5.51	0.892	5.11	1.053	4.67	1.051	4.29	0.951
	初三	5.50	0.933	5.07	1.015	4.62	1.001	4.29	0.981
高中	高一	5.19	1.083	5.03	1.120	4.58	1.101	4.35	1.106
	高二	5.42	0.979	5.01	1.068	4.49	1.058	4.20	0.966
	高三	5.48	0.876	4.93	1.030	4.45	0.995	4.13	0.887

		等级型		平等型		无政府型		全局型		局部型	
		M.	SD.	M.	SD.	M.	SD.	M.	SD.	M.	SD.
初中	初一	5.10	1.225	4.24	1.207	4.68	1.112	4.37	1.149	4.41	1.071
	初二	4.90	1.122	4.18	1.064	4.52	0.953	4.22	1.017	4.30	0.953
	初三	4.75	1.096	4.28	1.096	4.64	0.972	4.44	1.012	4.38	1.021
高中	高一	4.78	1.065	4.39	1.134	4.63	1.025	4.49	1.028	4.43	1.015
	高二	4.75	1.106	4.08	1.082	4.43	0.947	4.28	1.036	4.16	0.950
	高三	4.78	0.967	4.07	1.073	4.51	0.979	4.31	0.957	4.10	0.875

		内倾型		外倾性		激进型		保守型	
		M.	SD.	M.	SD.	M.	SD.	M.	SD.
初中	初一	4.51	1.326	5.09	1.202	5.11	1.193	4.39	1.417
	初二	4.42	1.110	5.01	1.092	4.94	1.106	4.37	1.135
	初三	4.63	1.024	4.86	1.139	4.94	1.095	4.58	1.247

（续表）

		内倾型 M.	SD.	外倾性 M.	SD.	激进型 M.	SD.	保守型 M.	SD.
高中	高一	4.56	1.109	4.81	1.087	4.86	1.094	4.53	1.129
	高二	4.32	1.188	4.94	1.109	4.94	1.088	4.29	1.135
	高三	4.57	1.208	4.86	1.089	4.93	1.187	4.27	1.109

			立法型 M.	SD.	执法型 M.	SD.	审判型 M.	SD.	专制型 M.	SD.
初中	初一	男	5.77	0.896	5.34	1.041	5.05	1.194	4.55	1.170
		女	5.61	0.908	5.27	1.060	4.75	1.182	4.15	0.981
	初二	男	5.55	0.785	5.03	0.980	4.70	1.081	4.37	0.949
		女	5.47	1.003	5.20	1.129	4.63	1.024	4.20	0.951
	初三	男	5.49	0.909	5.10	0.979	4.53	1.060	4.42	1.005
		女	5.51	0.966	5.04	1.060	4.72	0.936	4.15	0.946
高中	高一	男	5.14	1.303	4.90	1.290	4.58	1.226	4.37	1.205
		女	5.25	0.799	5.16	0.900	4.59	0.961	4.34	0.998
	高二	男	5.47	0.992	4.98	1.107	4.56	1.092	4.31	0.986
		女	5.34	0.958	5.06	1.010	4.38	0.999	4.04	0.914
	高三	男	5.54	0.938	4.77	1.061	4.35	0.998	4.31	0.828
		女	5.40	0.791	5.13	0.962	4.57	0.987	3.89	0.908

			等级型 M.	SD.	平等型 M.	SD.	无政府型 M.	SD.	全局型 M.	SD.	局部型 M.	SD.
初中	初一	男	5.15	1.198	4.26	1.218	4.75	1.079	4.46	1.206	4.60	1.134
		女	5.04	1.254	4.21	1.200	4.60	1.144	4.28	1.082	4.22	0.970
	初二	男	4.89	1.126	4.24	1.029	4.63	0.899	4.35	1.016	4.39	0.951
		女	4.91	1.126	4.12	1.106	4.39	1.001	4.07	1.003	4.20	0.953
	初三	男	4.79	1.118	4.31	1.100	4.70	1.112	4.42	1.113	4.60	1.158
		女	4.70	1.080	4.23	1.101	4.59	0.807	4.47	0.904	4.15	0.802
高中	高一	男	4.70	1.197	4.34	1.256	4.56	1.153	4.56	1.140	4.47	1.160
		女	4.87	0.907	4.44	0.996	4.70	0.873	4.43	0.900	4.39	0.844
	高二	男	4.73	1.102	4.13	1.118	4.45	0.966	4.41	1.022	4.29	1.004
		女	4.77	1.114	4.00	1.024	4.39	0.920	4.09	1.031	3.95	0.825
	高三	男	4.75	0.942	4.07	1.020	4.49	0.949	4.45	1.039	4.19	0.972
		女	4.81	1.003	4.08	1.145	4.54	1.021	4.13	0.817	4.00	0.730

			内倾型 M.	SD.	外倾性 M.	SD.	激进型 M.	SD.	保守型 M.	SD.
初中	初一	男	4.63	1.273	5.07	1.138	5.11	1.251	4.41	1.468
		女	4.38	1.370	5.11	1.267	5.11	1.135	4.36	1.367
	初二	男	4.52	1.060	5.04	1.085	4.97	1.046	4.55	1.060
		女	4.31	1.161	4.97	1.106	4.90	1.177	4.16	1.187
	初三	男	4.67	1.107	5.03	1.190	5.00	1.123	4.79	1.220
		女	4.58	0.938	4.69	1.068	4.87	1.071	4.38	1.252

（续表）

			内倾型		外倾性		激进型		保守型	
			M.	SD.	M.	SD.	M.	SD.	M.	SD.
高中	高一	男	4.63	1.227	4.66	1.275	4.81	1.260	4.45	1.302
		女	4.48	0.973	4.96	0.833	4.92	0.894	4.60	0.918
	高二	男	4.47	1.187	4.93	1.152	4.99	1.110	4.37	1.149
		女	4.10	1.158	4.96	1.045	4.86	1.052	4.18	1.109
	高三	男	4.74	1.222	4.71	1.072	5.06	1.184	4.11	1.133
		女	4.36	1.164	5.05	1.089	4.78	1.182	4.46	1.055

四、参考文献

[1] 赵维燕，师玮玮. 斯滕伯格的思维风格理论及其在教育中的应用[C]. 第十届全国心理学学术大会论文摘要集(Vol.22)，2005，47-48.

[2] 秦浩，林志娟，陈景武. 思维风格量表的信度、效度评价[J]. 中国卫生统计，2007，24(5)：498-500.

[3] 李洪玉，姜德红，胡中华. 中学生思维风格发展特点的研究[J]. 心理发展与教育，2004，20(2)：22-28.

五、《思维风格量表》题本

指导语：表中的每个条目内容都以陈述式表达，候选条目以与您实际情况的符合程度从低到高都分为完全不符合、相当不符合、比较不符合、说不清、比较符合、相当符合、完全符合 7 个等级。请您根据自己的实际情况，选择最符合您意愿的答案，填在答题纸上对应的题号旁。

序号	题目	完全不符合	相当不符合	比较不符合	说不清	比较符合	相当符合	完全符合
1	当需要做决策时，我倾向于按照自己的想法和方式去办	1	2	3	4	5	6	7
2	当遇到问题时，我采用自己的想法和策略去解决它	1	2	3	4	5	6	7
3	我喜欢尝试自己的各种想法，并且试图了解这些想法的可行性	1	2	3	4	5	6	7
4	我喜欢那些可以尝试用自己的方法去解决的问题	1	2	3	4	5	6	7
5	每当做一项工作时，我喜欢先试着按照自己的想法去完成	1	2	3	4	5	6	7
6	在开始一项工作之前，我喜欢先弄明白自己将怎样开展这项工作	1	2	3	4	5	6	7

(续表)

序号	题目	完全不符合	相当不符合	比较不符合	说不清	比较符合	相当符合	完全符合
7	对于一项工作，如果我能自己决定做什么和怎样去做，我就觉得很高兴	1	2	3	4	5	6	7
8	我喜欢那些能用自己的方式和方法做事情的工作场合	1	2	3	4	5	6	7
9	当谈论或书面表达各种想法时，我总是遵循着规范的语言表达规则	1	2	3	4	5	6	7
10	在解决任何问题时，我都谨慎地选用适当的方法	1	2	3	4	5	6	7
11	我喜欢做那些具有明确的目标和计划的工作	1	2	3	4	5	6	7
12	在开始一项工作之前，我总是先选择好将要采用的方法或程序	1	2	3	4	5	6	7
13	我喜欢那种具有明确的角色分工或参与方式的工作场合	1	2	3	4	5	6	7
14	在解决问题之前，我喜欢先弄清楚如何按照确定的规则去做	1	2	3	4	5	6	7
15	我喜欢从事可以按照说明去做的工作	1	2	3	4	5	6	7
16	在解决问题或完成一项工作时，我喜欢按照明确的规定或说明去做	1	2	3	4	5	6	7
17	当谈论或书面表达各种想法时，我喜欢批评他人做事的方式和方法	1	2	3	4	5	6	7
18	当面对各种相互对立的想法时，我喜欢确定哪一种是做某件事情的正确方式和方法	1	2	3	4	5	6	7
19	我喜欢比较和评价各种相互对立的观点或相互冲突的想法	1	2	3	4	5	6	7
20	我喜欢从事那些可以研究和评价不同观点和想法的工作	1	2	3	4	5	6	7
21	我比较喜欢从事那些给他人的设计方案或方法进行打分的工作	1	2	3	4	5	6	7
22	当需要做决策时，我喜欢对那些相互对立的观点进行比较	1	2	3	4	5	6	7
23	我喜欢那些可以对各种不同工作方式进行比较和评价的工作场合	1	2	3	4	5	6	7
24	我喜欢从事那些可以分析、评价或比较各种事物的工作	1	2	3	4	5	6	7
25	当谈论或书面表达各种想法时，我始终坚持一种主要的想法	1	2	3	4	5	6	7

(续表)

序号	题目	完全不符合	相当不符合	比较不符合	说不清	比较符合	相当符合	完全符合
26	我喜欢处理主要的核心问题,而不喜欢处理细枝末节的事情	1	2	3	4	5	6	7
27	当努力完成一项工作时,我倾向于忽略其中所出现的新问题	1	2	3	4	5	6	7
28	为了表达自己的目标,我不惜采用任何手段	1	2	3	4	5	6	7
29	当试图做出一个决策时,我倾向于只考虑一种主要的因素	1	2	3	4	5	6	7
30	如果有几件重要的事情同时要做,我只会做对我来讲最重要的一件	1	2	3	4	5	6	7
31	我喜欢每次都集中精力完成一项工作	1	2	3	4	5	6	7
32	每次在开始做一项新工作之前,我都要求自己必须把手头的工作先做完	1	2	3	4	5	6	7
33	我喜欢在开始工作之前,先确定各种工作的轻重缓急	1	2	3	4	5	6	7
34	在谈论或书面表达各种想法时,我喜欢将各项要点按照其重要性程度排列好	1	2	3	4	5	6	7
35	在开始一项工作之前,我喜欢先了解必须要做哪些事情以及完成它们的先后顺序	1	2	3	4	5	6	7
36	在处理一堆难题时,我能很好地判断出每个难题的重要性程度,以及处理这些难题的先后顺序	1	2	3	4	5	6	7
37	当有许多事情要做时,我能明确判断出先做什么后做什么	1	2	3	4	5	6	7
38	在开始做事情之前,我喜欢将要做的各种事情先列成一个清单,并根据事情的重要性程度将它们排序	1	2	3	4	5	6	7
39	当正在完成一项任务时,我知道各部分工作与该项任务的总目标是如何联系在一起的	1	2	3	4	5	6	7
40	当谈论或书面表达各种想法时,我着重强调其中的主要想法以及主要想法与其他各种想法是如何联系在一起的	1	2	3	4	5	6	7
41	当要从事某项工作时,我通常是随机地将要做的几件事情中的任何一件事情作为工作的开头	1	2	3	4	5	6	7
42	如果工作中有几个同等重要的问题需要处理,我会尽力设法同时处理它们	1	2	3	4	5	6	7

(续表)

序号	题目	完全不符合	相当不符合	比较不符合	说不清	比较符合	相当符合	完全符合
43	当有许多事情需要去做时,我通常会把我的时间和注意力平均分配到这些事情上去	1	2	3	4	5	6	7
44	我喜欢把要做的几件事情都起个头,这样我就可以将这几件事情轮换着做	1	2	3	4	5	6	7
45	我通常同时做几件事情	1	2	3	4	5	6	7
46	对于需要做的多件事情,我有时很难确定轻重缓急	1	2	3	4	5	6	7
47	我通常知道需要做哪些事情,但有时很难决定先做哪一件,后做哪一件	1	2	3	4	5	6	7
48	当开展一项工作时,我通常倾向于把这项工作的每个方面都看得同等重要	1	2	3	4	5	6	7
49	当有许多事情需要做时,我先想起哪件就先做哪件	1	2	3	4	5	6	7
50	我可以轻而易举地把注意力从一件工作上转换到另一件工作上去,因为所有的工作对我来说似乎是同等重要	1	2	3	4	5	6	7
51	我喜欢处理各种各样的问题,即便是表面上看来无关紧要的问题	1	2	3	4	5	6	7
52	当谈论或书面表达各种想法时,我先想起什么就先说什么	1	2	3	4	5	6	7
53	我发现在解决一个问题的时候通常会导致许多其他的问题,而且这些问题也是同样重要	1	2	3	4	5	6	7
54	当试图做一个决策时,我会尽力将所有的观点都考虑在内	1	2	3	4	5	6	7
55	如果有许多件重要工作需要去做,无论有多少时间我都会尽可能地多做几件	1	2	3	4	5	6	7
56	当开展一项工作时,我喜欢想出所有可能的工作方式和方法,甚至包括最为荒谬的工作方式和方法	1	2	3	4	5	6	7
57	我喜欢做那些不需要考虑细节的工作	1	2	3	4	5	6	7
58	我比较关心我必须完成的工作的总体要求,而不大关心该项工作的细节	1	2	3	4	5	6	7
59	当进行一项工作时,我喜欢考虑一下我所做的事情将如何满足该项工作的总体要求	1	2	3	4	5	6	7
60	我倾向于强调问题的总体方面或工作的总体要求	1	2	3	4	5	6	7
61	我比较喜欢那些只需关注总体问题的工作场合,而不喜欢那些需要注意细节问题的工作场合	1	2	3	4	5	6	7

(续表)

序号	题目	完全不符合	相当不符合	比较不符合	说不清	比较符合	相当符合	完全符合
62	在谈论或书面表达各种想法时,我喜欢陈述我的各种想法的来龙去脉和适用范围	1	2	3	4	5	6	7
63	我倾向于忽略细节问题	1	2	3	4	5	6	7
64	我喜欢从事那些只需要处理总体问题,而不需要顾及复杂细节问题的工作	1	2	3	4	5	6	7
65	我喜欢解决特殊性问题,而不喜欢解决一般性问题	1	2	3	4	5	6	7
66	我喜欢处理具体的、单一问题的工作,而不喜欢处理抽象的或多个问题的工作	1	2	3	4	5	6	7
67	我倾向于将一个问题分解为许多可以解决的小问题,从而无须从整体角度看待问题	1	2	3	4	5	6	7
68	我喜欢为我从事的工作搜集具体的、细节性的信息	1	2	3	4	5	6	7
69	我喜欢需要注意细节的问题	1	2	3	4	5	6	7
70	我比较关注一项工作的各个组成部分,而不太注意该工作的总体要求或总体意义	1	2	3	4	5	6	7
71	当就某个话题进行谈论或书面表达时,我认为细节和事实要比整体印象更为重要	1	2	3	4	5	6	7
72	我喜欢记忆那些没有任何特别意义的事实和信息	1	2	3	4	5	6	7
73	我喜欢自己控制一项工作的全过程,而无须向他人请教	1	2	3	4	5	6	7
74	当试图做出一项决策时,我依赖于自己对当前情形的判断	1	2	3	4	5	6	7
75	我比较喜欢可以实施自己的想法而无须依赖他人的工作场合	1	2	3	4	5	6	7
76	当谈论或书面表达各种想法时,我只喜欢采用自己的想法	1	2	3	4	5	6	7
77	我喜欢那些完全能够自己独立完成的工作	1	2	3	4	5	6	7
78	我比较喜欢通过阅读有关的资料得到自己所需的信息,而不喜欢请教他人	1	2	3	4	5	6	7
79	当遇到问题时,我喜欢自己独立解决	1	2	3	4	5	6	7
80	我喜欢独自一个人工作	1	2	3	4	5	6	7
81	当开始进行一项工作时,我喜欢与朋友或同伴们一起出主意、想办法	1	2	3	4	5	6	7
82	如果需要更多的信息,我比较喜欢与他人一起讨论,而不喜欢独自阅读有关的资料	1	2	3	4	5	6	7

(续表)

序号	题目	完全不符合	相当不符合	比较不符合	说不清	比较符合	相当符合	完全符合
83	我喜欢参加那些可以作为集体中的一员与他人相互交流、相互协作的活动	1	2	3	4	5	6	7
84	我喜欢那些可以与他人合作来完成的工作	1	2	3	4	5	6	7
85	我喜欢那些可以与他人沟通、交流并且大家能合作的工作场合	1	2	3	4	5	6	7
86	在讨论或报告中,我喜欢将自己的想法与他人的想法结合在一起表达	1	2	3	4	5	6	7
87	当进行一项工作时,我喜欢与他人分享自己的想法并了解别人的想法	1	2	3	4	5	6	7
88	当要做出一项决策时,我会尽力考虑他人的意见	1	2	3	4	5	6	7
89	我喜欢从事那些能允许自己尝试新方法的工作	1	2	3	4	5	6	7
90	我喜欢那些可以自己尝试用新方法做事的工作场合	1	2	3	4	5	6	7
91	我喜欢打破常规,以便改进工作方法	1	2	3	4	5	6	7
92	我喜欢挑战陈旧的工作观念和工作方法,并且寻求更好的观念和方法	1	2	3	4	5	6	7
93	当遇到问题时,我比较喜欢尝试新的解决问题的策略和方法	1	2	3	4	5	6	7
94	我喜欢那些能允许自己从新的角度来看待问题的工作	1	2	3	4	5	6	7
95	我喜欢寻找解决问题的新方法	1	2	3	4	5	6	7
96	我喜欢采用过去未被他人使用的方法做事情	1	2	3	4	5	6	7
97	我喜欢采用过去一直使用的方法去做事情	1	2	3	4	5	6	7
98	当我负责某项工作时,我喜欢遵循过去曾经用过的方法和观念	1	2	3	4	5	6	7
99	我喜欢那些只要按固定规则去做就可以完成的工作	1	2	3	4	5	6	7
100	当用平常或习惯的方法做事时,我讨厌在这个过程中所出现的一些新问题	1	2	3	4	5	6	7
101	我严格遵守做事的规范	1	2	3	4	5	6	7
102	我喜欢那些可以按照常规做事的工作场合	1	2	3	4	5	6	7
103	当遇到问题时,我喜欢按照传统的方式方法去解决	1	2	3	4	5	6	7
104	我喜欢那些自己能担当传统角色的工作场合	1	2	3	4	5	6	7

第十一节　艾特肯拖延问卷

一、测验简介

1.测验的基本信息

拖延又称拖沓，其本来含义是"在明天之前把事情做好"。后来，拖延开始有了道德含义，它意味着个体没有履行自己应该履行的义务[1]。拖延是一个普遍和复杂的现象，有调查发现 25%的成年人承认拖延是他们生活中的一个严重问题，而 40%的人认为拖延行为已经造成他们经济上的损失。

《艾特肯拖延问卷》(Aitken Procrastination Inventory, API)是艾特肯(M. Aitken)于1982年编制一个用于评估大中小学生长期持续拖延行为的自评量表，由陈小莉等修订[2]。

刘明珠、陆桂芝在对中学生的拖延行为进行的研究中发现，《艾特肯拖延问卷》总问卷的 α 系数为 0.82，四个维度的 α 系数分别为 0.83、0.82、0.82、0.92，表明该量表具有良好的信度、效度[3]。

2.测验的结构

《艾特肯拖延问卷》是一个单维度的自评量表。

二、测验计分方式

《艾特肯拖延问卷》由 19 个题目构成，采用五点记分法，"完全不符合"计 1 分，"基本不符合"计 2 分，"不能确定"计 3 分，"基本符合"计 4 分，"完全符合"计 5 分，其中 2、4、7、11、12、14、16、17、18 题为反向记分。

三、测验统计学指标

1.样本分布

为了编制《艾特肯拖延问卷》的常模，我们采用纸质调查和网络调查相结合的方式，在北京市选取高中学生和教师参与测试。

在选取样本的过程中，考虑到了学校的地域分布（市区还是郊区）、学校性质（示范高中还是普通高中）、以及性别（男、女）各因素的平衡情况，保证样本的代表性。

《艾特肯拖延问卷》最终收回有效问卷 1076 份，详细的被试分布情况见表 6-37 至表 6-39。

表 6-37　被试具体分布情况（地域分布）

	市区	郊区	合计
学生	361	408	769
教师	171	136	307
合计	532	544	1076

表 6-38　被试具体分布情况（学校性质）

	示范高中	普通高中	合计
学生	372	397	769
教师	159	148	307
合计	531	545	1076

表 6-39　被试具体分布情况（性别）

	性别 男生	性别 女生	合计
高一	109	152	261
高二	172	149	321
高三	77	110	187

2. 信度

《艾特肯拖延问卷》整体的内部一致性信度为 0.803。

3. 常模基础数据

	总分 M.	总分 SD.
学生	47.14	10.427
教师	43.36	10.896
总计	46.06	10.694

		总分 M.	总分 SD.
男	学生	48.31	10.441
男	教师	46.16	10.785
男	总计	48.00	10.506
女	学生	46.12	10.319
女	教师	42.67	10.833
女	总计	44.83	10.638

	总分	
	M.	SD.
高一	46.04	10.521
高二	48.03	10.841
高三	47.13	9.429

		总分	
		M.	SD.
高一	男	47.30	10.691
	女	45.14	10.339
高二	男	48.07	10.796
	女	47.99	10.928
高三	男	50.27	9.052
	女	44.93	9.094

四、参考文献

[1] 包翠秋, 张志杰. 拖延现象的相关研究[J]. 中国临床康复, 2006, 10(34): 129-132.

[2] 戴晓阳. 常用心理评估量表手册[M]. 北京: 人民军医出版社, 2011.

[3] 刘明珠, 陆桂芝. Aitken拖延问卷在中学生中的信效度[J]. 中国心理卫生杂志, 2011, 25(5): 380-384.

五、《艾特肯拖延问卷》题本

指导语：请仔细阅读下面一些关于方式的问题，根据您自身的实际情况选择相应的数字，并将答案填在答题纸上对应的题号旁。

序号	题目	完全不符合	基本不符合	不确定	基本符合	完全符合
1	我总是等到最后一刻才开始做事情	1	2	3	4	5
2	我很注意按时归还图书馆的书	1	2	3	4	5
3	即便某件事情非做不可，我也不会立即开始做	1	2	3	4	5
4	我总是能按要求的进度完成每天的任务	1	2	3	4	5
5	我很愿意去参加一个关于如何改变拖延行为的研修班	1	2	3	4	5
6	在约会或开会时，我常常迟到	1	2	3	4	5

（续表）

序号	题目	完全不符合	基本不符合	不确定	基本符合	完全符合
7	我会利用课间的空闲时间来完成晚上要做的事情	1	2	3	4	5
8	做事情时我总是开始得太迟以至于不能按时完成	1	2	3	4	5
9	我常常会在最后期限到来之前拼命地赶任务	1	2	3	4	5
10	我开始做一件事情之前总是要磨蹭很久	1	2	3	4	5
11	当我认为必须做某样工作时，我不会拖延	1	2	3	4	5
12	如果有一个很重要的项目，我会尽可能快地开始	1	2	3	4	5
13	当考试期限逼近时，我常发现自己仍在忙别的事	1	2	3	4	5
14	我总是能按时完成任务	1	2	3	4	5
15	我总是要在最后期限即将来临时才会认真做这件事	1	2	3	4	5
16	当有一个重要的约会时，我会提前一天把要穿的衣服准备好	1	2	3	4	5
17	我在参加学校的活动时，一般都到得比较早	1	2	3	4	5
18	我通常能按时上课	1	2	3	4	5
19	我会过高地估计自己在指定时间内完成大量工作的能力	1	2	3	4	5

第十二节　一般自我效能感量表

一、测验简介

1. 测验的基本信息

一般来说，自我效能感是一个领域特定的概念，因为一个人在某一方面有较高的自我信念，在另一方面可能并不是这样。但研究者也发现有一种一般性的自我效能感存在，它指的是个体应付各种环境的挑战或面对新事物时的一种总体性的自信心[1]。

《一般自我效能感量表》(General Self-Efficacy Scale，GSES)，最早的德文版由德国健康心理学家施瓦泽（R. Schwarzer）和他的同事于 1981 年编制完成，开始时共有 20 个项目，后来改进为 10 个项目[1]。目前该量表已被翻译成至少 25 种语言，在国际上广泛使用。中文版的 GSES 最早由张建新和施瓦泽于 1995 年在中国香港的一年级大学生中使用[2]。中文版 GSES 已被证明具有良好的信度和效度。

陆昌勤等研究得出总方差解释量为 50.3%，同质信度为 0.82[3]，说明了本测量结果是可以接受的。

2.测验的结构

《一般自我效能感量表》为单一维度量表。

二、测验计分方式

《一般自我效能感量表》共 10 个项目，涉及个体遇到挫折或困难时的自信心，比如"当遇到困难时，我总是能找到解决问题的办法"。GSES 采用四点评分。对每个项目，被试根据自己的实际情况回答"完全不正确""有点正确""多数正确""完全正确"。在评分时，"完全不正确"计 1 分，"有点正确"计 2 分，"多数正确"计 3 分，"完全正确"计 4 分。

将 10 个题目的分数相加得到总分，然后再除以 10，以此作为量表最终得分。分数越高，表明一般自我效能感越强。

三、测验统计学指标

1.样本分布

为了编制《一般自我效能感量表》的常模，我们采用纸质调查和网络调查相结合的方式，在北京市选取中学生参与测试。

在选取样本的过程中，考虑到了学校的地域分布（市区还是郊区）、学校性质（示范高中还是普通高中）、以及性别（男、女）各因素的平衡情况，保证样本的代表性。

《一般自我效能感量表》最终收回有效问卷 1424 份，详细的被试分布情况见表 6-40 至表 6-42。

表 6-40 被试具体分布情况（地域分布）

	市区	郊区	合计
初中	283	664	947
高中	255	222	477
合计	538	886	1424

表 6-41 被试具体分布情况（学校性质）

	示范高中	普通高中	合计
合计	384	93	477

表 6-42 被试具体分布情况（性别）

		性别		合计
		男生	女生	
初中	初一	219	189	408
	初二	159	166	325
	初三	78	136	214
高中	高一	86	118	204
	高二	83	91	174
	高三	45	54	99
	合计	670	754	1424

2. 信度

总量表的内部一致性信度为 0.821。

3. 常模基础数据

	总分	
	M.	SD.
初中	2.52	0.534
高中	2.58	0.574
总计	2.54	0.548

		总分	
		M.	SD.
男	初中	2.59	0.515
	高中	2.65	0.578
	总计	2.61	0.536
女	初中	2.44	0.541
	高中	2.53	0.566
	总计	2.47	0.551

		总分	
		M.	SD.
初中	初一	2.57	0.554
	初二	2.53	0.512
	初三	2.39	0.508
高中	高一	2.59	0.578
	高二	2.48	0.523
	高三	2.75	0.612

			总分	
			M.	SD.
初中	初一	男	2.65	0.526
		女	2.48	0.574
	初二	男	2.53	0.490
		女	2.53	0.533
	初三	男	2.57	0.523
		女	2.29	0.471
高中	高一	男	2.68	0.545
		女	2.53	0.596
	高二	男	2.47	0.563
		女	2.48	0.488
	高三	男	2.92	0.564
		女	2.62	0.621

四、参考文献

[1] 王才康, 胡中锋, 刘勇. 一般自我效能感量表的信度和效度研究[J]. 应用心理学, 2001, 7(1): 37-40.

[2] 李育辉, 张建新. 中学生的自我效能感、应对方式及二者的关系[J]. 中国心理卫生杂志, 2004, 18(10): 711-713.

[3] 陆昌勤, 凌文辁, 方俐洛. 管理自我效能感与一般自我效能感的关系[J]. 心理学报, 2004, 36(5): 586-592.

五、《一般自我效能感量表》题本

指导语：以下10个句子关于你平时对自己的一般看法，请你根据你的实际情况（实际感受），选择相应的数字，填在答题纸上对应的题号旁。

序号	题目	完全不正确	有点正确	多数正确	完全正确
1	如果我尽力去做的话，我总是能够解决问题的	1	2	3	4
2	即使别人反对我，我仍有办法取得我所要的	1	2	3	4
3	对我来说，坚持理想和达成目标是轻而易举的	1	2	3	4
4	我自信能有效地应付任何突如其来的事情	1	2	3	4
5	以我的才智，我定能应付意料之外的情况	1	2	3	4
6	如果我付出必要的努力，我一定能解决大多数的难题	1	2	3	4
7	我能冷静地面对困难，因为我信赖自己处理问题的能力	1	2	3	4
8	在面对一个难题时，我通常能找到几个解决方法	1	2	3	4

（续表）

序号	题目	完全不正确	有点正确	多数正确	完全正确
9	有麻烦的时候，我通常能想到一些应付的方法	1	2	3	4
10	无论什么事在我身上发生，我都能应付自如	1	2	3	4

第七章 临床测验常模基础数据

有些临床测验为标准参照测验。对于这些临床测验，我们提供常模基础数据，并无意改变原来测验的结果解释方式，只是希望提供给测验使用者多一种数据参考，以便解释结果时更加准确。

第一节 皮尔斯—哈里斯儿童自我意识量表

一、测验简介

1. 测验的基本信息

儿童自我意识反映了儿童对自己在环境和社会中所处的地位的认识，也反映了其评价自身的价值观念，是个体实现社会化目标、完善人格特征的重要保证。自我意识包括自我观察、自我监督、自我评价、自我体验、自我教育和自我控制等方面，它对人的心理活动和行为起着调节作用。儿童从婴儿期起自我意识就开始萌芽，至青春期渐趋成熟。如果在发育过程中受内外因素的影响，使儿童的自我意识出现不良倾向，则会对儿童的行为、学习和社会能力造成不良影响，使儿童的人格发生偏异。

《皮尔斯—哈里斯儿童自我意识量表》(Piers-Harris Children's Self-Concept Scale)

是美国心理学家皮尔斯（E. Piers）和哈里斯（D. Harris）于1969年编制、1974年修订的[1]，主要用于临床对行为障碍、情绪障碍儿童的自我意识的评价、治疗追踪，也可用于流行病学调查。

2.测验的结构

《皮尔斯—哈里斯儿童自我意识量表》分六个分量表，即行为、智力与学校情况、躯体外貌与属性、焦虑、合群、幸福、满足。本量表为正性记分，凡得分高者表明该分量表评价好，即无此类问题，例如，"行为"得分高，表明该儿童行为较适当；"焦虑"得分高，表明该儿童情绪好，不焦虑；总分得分高则表明该儿童自我意识水平较高。

苏林雁等人在全国20个城市取样1698人进行《皮尔斯—哈里斯儿童自我意识量表》的测量，总量表的内部一致性系数是0.858；分半信度是0.818；各维度间隔半个月的重测信度在0.598～0.936之间，间隔3个月的重测信度在0.432～0.695[2]。

二、测验计分方式

《皮尔斯—哈里斯儿童自我意识量表》含80项是否选择型题目，与标准答案相同计1分，否则计0分。各项目标准答案如下表7-1所示。

表7-1　《皮尔斯—哈里斯儿童自我意识量表》各项目标准答案

1.否	11.否	21.是	31.否	41.是	51.是	61.否	71.否
2.是	12.是	22.否	32.否	42.是	52.是	62.否	72.是
3.否	13.否	23.否	33.否	43.否	53.否	63.否	73.否
4.否	14.否	24.否	34.否	44.是	54.否	64.否	74.否
5.是	15.否	25.否	35.否	45.是	55.否	65.否	75.否
6.否	16.是	26.否	36.否	46.否	56.否	66.否	76.是
7.否	17.否	27.否	37.否	47.否	57.否	67.否	77.否
8.否	18.否	28.否	38.否	48.是	58.否	68.否	78.否
9.是	19.否	29.是	39.是	49.否	59.否	69.否	79.否
10.否	20.否	30.是	40.否	50.否	60.是	70.否	80.是

六个分量表，每个分量表包含题目如下：

行为：12、13、14、21、22、25、34、35、38、45、48、56、59、62、78、80。

智力与学校情况：5、7、9、12、16、17、21、26、27、30、31、33、42、49、53、66、70。

躯体外貌与属性：5、8、15、29、33、41、49、54、57、60、63、69、73。

焦虑：4、6、7、8、10、20、28、37、39、40、43、50、74、79。

合群：1、3、6、11、40、46、49、51、58、65、69、77。

幸福与满足：2、8、36、39、43、50、52、60、67、80。

三、测验统计学指标

1. 样本分布

为了编制《皮尔斯—哈里斯儿童自我意识量表》的常模，我们采用纸质调查和网络调查相结合的方式，在北京市选取中小学校的学生参与测试。

在选取样本的过程中，考虑到了学校的地域分布（市区还是郊区）、性别（男、女）等因素的平衡情况，保证样本的代表性。

《皮尔斯—哈里斯儿童自我意识量表》最终收回有效问卷1291份，详细的被试分布情况见表7-2至表7-3。

表7-2 被试具体分布情况（地域分布）

	市区	郊区	合计
小学	307	429	736
初中	212	343	555
合计	519	772	1291

表7-3 被试具体分布情况（性别）

		性别		合计
		男生	女生	
小学	三年级	79	69	148
	四年级	58	55	113
	五年级	130	147	277
	六年级	102	96	198
初中	初一	65	91	156
	初二	82	99	181
	初三	120	98	218

2. 信度

量表总的内部一致性信度为0.900，各分量表的内部一致性信度在0.533~0.756之间，具体各分量表的信度指标见表7-4。

表7-4 内部一致性信度指标

总分	行为	智力与学校情况	躯体外貌与属性	焦虑	合群	幸福与满足
0.900	0.756	0.729	0.694	0.676	0.589	0.533

3. 常模基础数据

	总分		行为		智力与学校情况		躯体外貌与属性	
	M.	SD.	M.	SD.	M.	SD.	M.	SD.
小学	56.93	12.024	12.60	2.902	11.05	3.470	7.97	2.909
初中	53.09	11.479	11.99	3.151	10.32	3.408	7.50	2.771

(续表)

	总分		行为		智力与学校情况		躯体外貌与属性	
	M.	SD.	M.	SD.	M.	SD.	M.	SD.
总计	55.28	11.941	12.33	3.026	10.74	3.461	7.77	2.859

	焦虑		合群		幸福与满足	
	M.	SD.	M.	SD.	M.	SD.
小学	9.59	2.737	8.70	2.210	7.51	1.765
初中	8.56	2.784	8.52	2.191	7.26	1.841
总计	9.15	2.803	8.62	2.203	7.41	1.802

		总分		行为		智力与学校情况		躯体外貌与属性	
		M.	SD.	M.	SD.	M.	SD.	M.	SD.
男	小学	55.81	11.788	12.24	2.955	10.80	3.482	7.78	2.966
	初中	52.50	11.183	11.47	3.145	10.11	3.241	7.63	2.665
	总计	54.42	11.644	11.92	3.057	10.51	3.398	7.71	2.842
女	小学	58.06	12.168	12.96	2.807	11.30	3.444	8.16	2.842
	初中	53.64	11.740	12.46	3.086	10.52	3.550	7.38	2.866
	总计	56.12	12.172	12.74	2.941	10.96	3.510	7.82	2.877

		焦虑		合群		幸福与满足	
		M.	SD.	M.	SD.	M.	SD.
男	小学	9.67	2.644	8.42	2.078	7.43	1.713
	初中	8.90	2.850	8.31	2.280	7.24	1.918
	总计	9.34	2.756	8.37	2.164	7.35	1.803
女	小学	9.52	2.829	8.98	2.304	7.60	1.814
	初中	8.25	2.689	8.71	2.090	7.29	1.770
	总计	8.96	2.837	8.86	2.215	7.46	1.800

		总分		行为		智力与学校情况		躯体外貌与属性	
		M.	SD.	M.	SD.	M.	SD.	M.	SD.
小学	三年级	63.05	10.153	13.57	2.572	12.36	3.028	9.06	2.739
	四年级	55.62	11.225	12.72	2.586	10.31	3.568	7.33	2.929
	五年级	54.13	12.498	11.91	3.233	10.94	3.263	7.95	2.768

(续表)

		总分		行为		智力与学校情况		躯体外貌与属性	
		M.	SD.	M.	SD.	M.	SD.	M.	SD.
	六年级	57.03	11.484	12.76	2.575	10.65	3.761	7.55	3.010
初中	初一	55.83	10.715	12.95	2.864	10.90	3.542	7.69	2.805
初中	初二	54.55	11.345	12.34	2.821	10.59	3.417	7.74	2.965
初中	初三	49.93	11.420	11.00	3.337	9.69	3.212	7.16	2.550

		焦虑		合群		幸福与满足	
		M.	SD.	M.	SD.	M.	SD.
小学	三年级	11.02	2.174	9.43	1.928	8.29	1.495
小学	四年级	9.07	2.951	8.62	2.054	7.41	1.725
小学	五年级	9.06	2.728	8.14	2.333	7.07	1.887
小学	六年级	9.57	2.638	8.98	2.121	7.61	1.592
初中	初一	8.51	2.599	8.93	1.771	7.40	1.773
初中	初二	8.91	2.898	8.54	2.192	7.54	1.714
初中	初三	8.32	2.798	8.20	2.409	6.94	1.945

			总分		行为		智力与学校情况		躯体外貌与属性	
			M.	SD.	M.	SD.	M.	SD.	M.	SD.
小学	三年级	男	59.89	10.767	12.87	2.946	11.56	3.120	8.38	3.023
小学	三年级	女	66.67	8.060	14.38	1.767	13.28	2.656	9.84	2.139
小学	四年级	男	55.40	11.814	12.43	2.890	10.38	3.884	7.64	2.795
小学	四年级	女	55.85	10.673	13.02	2.207	10.24	3.237	7.00	3.055
小学	五年级	男	53.82	12.223	11.72	3.199	10.93	3.078	7.98	2.780
小学	五年级	女	54.41	12.771	12.07	3.265	10.95	3.429	7.92	2.766
小学	六年级	男	55.42	11.351	12.29	2.578	10.29	3.901	7.14	3.156
小学	六年级	女	58.73	11.438	13.25	2.492	11.03	3.588	7.99	2.797
初中	初一	男	54.32	10.973	12.31	3.177	10.57	3.400	7.58	2.800
初中	初一	女	56.90	10.455	13.41	2.538	11.13	3.640	7.76	2.822

(续表)

			总分		行为		智力与学校情况		躯体外貌与属性	
			M.	SD.	M.	SD.	M.	SD.	M.	SD.
	初二	男	53.93	10.786	11.85	2.776	10.24	3.057	7.90	2.874
		女	55.06	11.817	12.75	2.808	10.87	3.680	7.61	3.047
	初三	男	50.53	11.334	10.76	3.231	9.77	3.264	7.46	2.439
		女	49.18	11.540	11.30	3.456	9.60	3.161	6.80	2.648

			焦虑		合群		幸福与满足	
			M.	SD.	M.	SD.	M.	SD.
小学	三年级	男	10.76	2.179	8.89	1.874	7.92	1.647
		女	11.32	2.145	10.06	1.806	8.71	1.177
	四年级	男	9.31	2.945	8.38	2.033	7.45	1.624
		女	8.82	2.963	8.87	2.064	7.36	1.840
	五年级	男	9.28	2.668	7.98	2.124	7.02	1.888
		女	8.87	2.775	8.27	2.504	7.12	1.890
	六年级	男	9.52	2.567	8.63	2.115	7.56	1.460
		女	9.61	2.724	9.35	2.072	7.66	1.728
初中	初一	男	8.58	2.778	8.57	1.920	7.22	1.807
		女	8.46	2.478	9.19	1.619	7.53	1.747
	初二	男	9.37	2.738	8.39	2.232	7.59	1.825
		女	8.53	2.984	8.67	2.162	7.51	1.625
	初三	男	8.75	2.946	8.11	2.483	7.01	2.015
		女	7.79	2.521	8.32	2.322	6.85	1.863

四、参考文献

[1] 刘丽荣, 徐改玲, 甄龙等. Piers-Harris 儿童自我意识量表用于河南农村儿童的信、效度检验[J]. 神经疾病与精神卫生, 2013, 13(1): 43-46.

[2] 苏林雁, 罗学荣, 张纪水等. 儿童自我意识量表的中国城市常模[J]. 中国心理卫生杂志, 2002, 16(1): 31-34.

五、《皮尔斯—哈里斯儿童自我意识量表》题本

指导语：下面有 80 个问题，如果你认为某一个问题符合或基本符合你的实际情况，就选"1=是"。如果不符合或基本不符合你的实际情况，就选"2=否"。对于每一个问题你只

能作一种回答,并且每个问题都应该回答。请注意:这里要回答的是你实际上认为你怎样,而不是回答你认为你应该怎样。请将所选的答案填在答题纸对应的题号旁。

序号	题目	是	否	序号	题目	是	否
1	我的同学嘲弄我	1	2	2	我是一个幸福的人	1	2
3	我很难交朋友	1	2	4	我经常悲伤	1	2
5	我聪明	1	2	6	我害羞	1	2
7	当老师找我时,我感到紧张	1	2	8	我的容貌使我烦恼	1	2
9	我长大后将成为一个重要的人物	1	2	10	当学校要考试时,我就烦恼	1	2
11	我和别人合不来	1	2	12	在学校里我表现好	1	2
13	当某件事做错时,常常是我的过错	1	2	14	我给家里带来麻烦	1	2
15	我是强壮的	1	2	16	我常常有好主意	1	2
17	我在家里是重要的一员	1	2	18	我常常想按自己的主意办事	1	2
19	我善于做手工劳动	1	2	20	我易于泄气	1	2
21	我的学校作业做得好	1	2	22	我干许多坏事	1	2
23	我很会画画	1	2	24	在音乐方面我不错	1	2
25	我在家表现不好	1	2	26	我完成学校作业很慢	1	2
27	在班上我是一个重要的人	1	2	28	我容易紧张	1	2
29	我有一双漂亮的眼睛	1	2	30	在全班同学面前讲话我可以讲得很好	1	2
31	在学校我是一个幻想家	1	2	32	我常常捉弄我的兄弟姐妹	1	2
33	我的朋友喜欢我的主意	1	2	34	我常常遇到麻烦	1	2
35	在家里我听话	1	2	36	我运气好	1	2
37	我常常很担忧	1	2	38	我的父母对我期望过高	1	2
39	我喜欢按自己的方式做事	1	2	40	我觉得自己做事丢三落四	1	2
41	我的头发很好	1	2	42	在学校我自愿做一些事	1	2
43	我希望我与众不同	1	2	44	我晚上睡得好	1	2
45	我讨厌学校	1	2	46	在游戏活动中我是最后几个被选入的成员之一	1	2
47	我常常生病	1	2	48	我常常对别人小气	1	2
49	在学校里同学们认为我有好主意	1	2	50	我不高兴	1	2

(续表)

序号	题目	是	否	序号	题目	是	否
51	我有许多朋友	1	2	52	我快乐	1	2
53	对大多数事我不发表意见	1	2	54	我长得漂亮	1	2
55	我精力充沛	1	2	56	我常常打架	1	2
57	我与男孩子合得来	1	2	58	别人常常捉弄我	1	2
59	我家人对我失望	1	2	60	我有一张令人愉快的脸	1	2
61	当我要做什么事时总觉得不顺心	1	2	62	在家里我常常被捉弄	1	2
63	在游戏和体育活动中我是一个带头人	1	2	64	我笨拙	1	2
65	在游戏和体育活动中我只看不参加	1	2	66	我常常忘记我所学的东西	1	2
67	我容易与别人相处	1	2	68	我容易发脾气	1	2
69	我与女孩子合得来	1	2	70	我喜欢阅读	1	2
71	我宁愿独自干事,而不愿与许多人一起做事情	1	2	72	我喜欢我的兄弟姐妹	1	2
73	我的身材好	1	2	74	我常常害怕	1	2
75	我总是摔坏东西或打坏东西	1	2	76	我能得到别人的信任	1	2
77	我与众不同	1	2	78	我常常有一些坏的想法	1	2
79	我容易哭叫	1	2	80	我是一个好人	1	2

第二节 青少年自评生活事件量表

一、测验简介

1. 测验的基本信息

自二十世纪三十年代谢耶(H. Selye)提出应激的概念以来,生活事件作为一种心理社会应激源对身心健康的影响引起广泛的关注。1967年霍姆斯(T. Holmes)和拉赈(R. Rahe)编制了第一份包含43个项目的《社会再适应量表》(Social Readjustment Rating Scale, SRRS),开辟了生活事件量化研究的途径。由于不同民族、文化背景、年龄、性别及职业群体中生活事件发生的频度及认知评价方式的差异,针对特殊群体的生活事件量表也相继问世。刘贤臣等人在综括国内外文献的基础上,结合青少年的生理、心理特点和所扮演的家庭社会角色,于1987年编制了《青少年自评生活事件量表》(Adolent Self-Rating Life Events Checklist,ASLEC),经过对1473名中学生的测试,证明该量表有较好的信度和效度,现已用于多项研究[1]。

《青少年自评生活事件量表》用于对我国较常见的生活事件(引起人们精神刺激的事件)进行定性定量,测查在某时间段内所受的精神负荷,以甄别高危人群,预防心理障碍和心身疾病。本量表目前多应用于综合性医院各科门诊以确定心理因素对疾病发生、发展中的作用,也用于指导心理治疗、危机干预,以及指导正常人了解自己的精神负荷,适用于青少年尤其是中学生和大学生生活事件发生频度和应激强度的评定。[1]

张宇等人使用《青少年自评生活事件量表》对灾区的青少年进行调查研究发现,ASLEC及其分量表的α系数为0.863,量表总分的分半信度系数为0.823[2]。

2.测验的结构

《青少年自评生活事件量表》包括人际关系、学习压力、受惩罚、丧失、健康适应及其他6个维度。刘贤成等人在量表编制的相关论文中,第18、23题同时归为两个维度,第10、21、26题没有归为任何维度,这对于量表的计分来说是有问题的。参考其论文和其他相关研究论文数据,并结合题目的题干本身的内容,我们进行了简要调整,将第18、23题归为了一个维度,将10、21、26题也归到了相应维度[1-3]。

二、测验计分方式

《青少年自评生活事件量表》描述的生活事件"未发生"计0分,发生过,对个体的影响程度分为5级评定,无影响计1分,轻度计2分,中度计3分,重度计4分,极重度计5分,各题目累加即为维度分及量表总分。各题目所属维度如下。

人际关系:1,2,4,15,25。
学习压力:3,9,10,16,18,22。
受惩罚:17,19,20,21,23,24。
丧失:12,13,14。
健康适应:5,8,11,26。
其他:6,7,27。

本量表为负性计分,分数越高表明生活事件所引起的精神负荷越大。

三、测验统计学指标

1.样本分布

为了编制《青少年自评生活事件量表》的常模,我们采用纸质调查和网络调查相结合的方式,在北京市选取中学生参与测试。

在选取样本的过程中,考虑到了学校的地域分布(市区还是郊区)、学校性质(示范高中还是普通高中)、以及性别（男、女）各因素的平衡情况，保证样本的代表性。

《青少年自评生活事件量表》最终收回有效问卷1251份，详细的被试分布情况见表7-5至表7-7。

表7-5 被试具体分布情况（地域分布）

	市区	郊区	合计
初中	175	312	487
高中	356	408	764
合计	531	720	1251

表7-6 被试具体分布情况（学校性质）

	示范高中	普通高中	合计
合计	275	489	764

表7-7 被试具体分布情况（性别）

		性别		合计
		男生	女生	
初中	初一	121	107	228
	初二	41	43	84
	初三	93	82	175
高中	高一	96	116	212
	高二	163	230	393
	高三	61	98	159
合计		575	676	1251

2. 信度

测验总的内部一致性信度为0.931，各维度具体的信度指标见表7-8。

表7-8 量表的内部一致性信度

总分	人际关系	学习压力	受惩罚	丧失	健康适应	其他
0.931	0.784	0.691	0.831	0.769	0.668	0.563

3. 常模基础数据

	总分		人际关系		学习压力		受惩罚		丧失		健康适应		其他	
	M.	SD.	M.	SD.	M.	SD.	M.	SD.	M.	SD.	M.	SD.	M.	SD.
初中	38.40	26.517	9.34	5.918	8.91	5.118	8.02	7.693	3.79	4.429	4.86	4.662	3.46	3.567
高中	29.19	21.163	7.20	5.049	7.34	4.804	4.94	5.933	2.77	3.604	3.91	3.737	3.05	3.018
总计	32.78	23.813	8.04	5.502	7.95	4.986	6.14	6.838	3.17	3.976	4.28	4.146	3.21	3.248

		总分		人际关系		学习压力		受惩罚		丧失		健康适应		其他	
		M.	SD.	M.	SD.	M.	SD.	M.	SD.	M.	SD.	M.	SD.	M.	SD.
男	初中	40.87	27.920	9.47	5.733	8.89	5.052	9.00	7.949	4.38	4.829	5.29	5.029	3.82	3.825
	高中	31.84	22.098	7.54	4.887	7.55	4.858	5.81	6.323	3.18	3.884	4.20	3.931	3.58	3.172
	总计	35.85	25.233	8.40	5.363	8.14	4.986	7.22	7.258	3.71	4.366	4.68	4.480	3.68	3.476
女	初中	35.70	24.668	9.20	6.124	8.94	5.200	6.96	7.270	3.15	3.852	4.38	4.181	3.07	3.223
	高中	27.29	20.278	6.96	5.154	7.19	4.765	4.31	5.558	2.47	3.360	3.70	3.580	2.66	2.846
	总计	30.18	22.230	7.73	5.604	7.79	4.985	5.22	6.320	2.70	3.548	3.93	3.808	2.80	2.984

		总分		人际关系		学习压力		受惩罚	
		M.	SD.	M.	SD.	M.	SD.	M.	SD.
初中	初一	35.77	26.036	8.99	5.925	8.12	5.153	7.68	7.512
	初二	30.43	21.291	7.57	5.297	8.17	4.620	5.42	5.742
	初三	45.70	27.761	10.66	5.935	10.30	5.032	9.73	8.346
高中	高一	32.95	21.138	8.08	5.188	8.03	4.771	5.43	6.017
	高二	28.67	22.663	6.98	5.295	7.16	5.109	5.20	6.368
	高三	25.39	15.996	6.57	4.001	6.85	3.908	3.61	4.320

		丧失		健康适应		其他	
		M.	SD.	M.	SD.	M.	SD.
初中	初一	3.59	4.303	4.25	4.454	3.14	3.466
	初二	2.56	3.444	4.18	4.157	2.54	2.822
	初三	4.65	4.843	5.98	4.959	4.33	3.841
高中	高一	3.20	3.912	4.79	4.098	3.42	3.175
	高二	2.75	3.569	3.49	3.678	3.09	3.170
	高三	2.25	3.188	3.77	3.151	2.44	2.243

			总分		人际关系		学习压力		受惩罚	
			M.	SD.	M.	SD.	M.	SD.	M.	SD.
初中	初一	男	35.47	26.177	8.55	5.539	7.85	4.978	7.90	7.409
		女	36.10	25.996	9.48	6.324	8.43	5.350	7.43	7.654

（续表）

			总分		人际关系		学习压力		受惩罚	
			M.	SD.	M.	SD.	M.	SD.	M.	SD.
	初二	男	33.95	24.117	8.00	5.128	8.29	4.417	6.61	6.767
		女	27.07	17.838	7.16	5.481	8.05	4.855	4.28	4.339
	初三	男	51.05	29.032	11.35	5.837	10.48	5.074	11.50	8.525
		女	39.70	25.101	9.90	6.020	10.07	5.035	7.74	7.719
高中	高一	男	34.98	21.907	8.57	5.303	8.14	4.772	6.13	5.948
		女	31.28	20.422	7.66	5.077	7.95	4.789	4.86	6.039
	高二	男	30.85	23.460	6.91	4.805	7.15	5.185	6.18	6.847
		女	27.12	21.998	7.03	5.628	7.16	5.077	4.51	5.936
	高三	男	29.46	17.911	7.54	4.174	7.75	3.968	4.27	5.232
		女	22.95	14.269	5.95	3.795	6.34	3.804	3.17	3.641

			丧失		健康适应		其他	
			M.	SD.	M.	SD.	M.	SD.
初中	初一	男	3.85	4.645	4.26	4.635	3.05	3.413
		女	3.30	3.881	4.22	4.263	3.24	3.539
	初二	男	3.15	3.985	4.98	4.419	2.93	3.205
		女	2.00	2.769	3.42	3.787	2.16	2.380
	初三	男	5.65	5.190	6.80	5.466	5.27	4.186
		女	3.55	4.211	5.10	4.195	3.33	3.123
高中	高一	男	3.26	4.003	4.94	4.250	3.95	3.278
		女	3.15	3.852	4.67	3.982	2.98	3.033
	高二	男	3.20	3.872	3.82	3.899	3.59	3.233
		女	2.43	3.315	3.25	3.503	2.74	3.090
	高三	男	2.90	3.768	4.07	3.403	2.93	2.809
		女	1.79	2.668	3.58	3.022	2.12	1.789

四、参考文献

[1] 刘贤臣, 刘连启, 杨杰等. 青少年生活事件量表的信度效度检验[J]. 中国临床

心理学杂志, 1997, 5(1): 34-36.

[2] 张宇, 廖彩之, 魏青. 青少年生活事件量表灾区正式版的信效度检验[J]. 中国健康心理杂志, 2015, 23(6): 929-932.

[3] 辛秀红, 姚树桥. 青少年生活事件量表效度与信度的再评价及常模更新[J]. 中国心理卫生杂志, 2015, 29(5): 355-360.

五、《青少年自评生活事件量表》题本

指导语：在过去12个月内，你和你的家庭成员是否发生过下列事件？仔细阅读下列每一个项目，如某事件发生过，请根据事件给你造成的苦恼程度选择相应的数字，将其填在答题纸上对应的题号旁。如果某事件未发生，选择"0"即可。

序号	题目	未发生	发生 无影响	发生 轻度	发生 中度	发生 重度	发生 极重度
1	被人误会或错怪	0	1	2	3	4	5
2	受人歧视	0	1	2	3	4	5
3	考试失败或不理想	0	1	2	3	4	5
4	与同学或好友发生纠纷	0	1	2	3	4	5
5	生活习惯（饮食、休息等）明显恶化	0	1	2	3	4	5
6	不喜欢上学	0	1	2	3	4	5
7	恋爱不顺利或失恋	0	1	2	3	4	5
8	长期远离家人不能团聚	0	1	2	3	4	5
9	学习负担重	0	1	2	3	4	5
10	与老师关系紧张	0	1	2	3	4	5
11	本人患急重病	0	1	2	3	4	5
12	亲友患急重病	0	1	2	3	4	5
13	亲友死亡	0	1	2	3	4	5
14	被盗或丢失东西	0	1	2	3	4	5
15	当众丢面子	0	1	2	3	4	5
16	家庭经济困难	0	1	2	3	4	5
17	家庭内部有矛盾	0	1	2	3	4	5
18	预期的评选（如三好学生）落选	0	1	2	3	4	5
19	受批评或处分	0	1	2	3	4	5
20	转学或休学	0	1	2	3	4	5
21	被罚款	0	1	2	3	4	5
22	升学压力	0	1	2	3	4	5
23	与人打架	0	1	2	3	4	5
24	遭父母打骂	0	1	2	3	4	5

(续表)

序号	题目	未发生	发生 无影响	发生 轻度	发生 中度	发生 重度	发生 极重度
25	家庭给你施加学习压力	0	1	2	3	4	5
26	意外惊吓、事故	0	1	2	3	4	5
27	其他的挫折事件，请注明：_____	0	1	2	3	4	5

第三节 人生意义问卷

一、测验简介

1. 测验的基本信息

追寻意义（seeking for meaning）是人类的基本动机之一。西方心理学对人生意义的实证研究已有40多年的历史，特别是伴随着积极心理学运动的兴起，对人生意义的研究更是出现了复兴的势头。在积极心理学的幸福五元素中，人生意义被认为是心理幸福感（psychological well-being）的重要成分或来源[1]。大量的实证研究发现，人生意义在缓解考试焦虑、压力调节和疾病应对中起着重要的作用，而且生命意义能够持续地预测心理健康。

《人生意义问卷》（Meaning in Life Questionnaire, MLQ）由美国学者斯泰格（M. Steger）等人于2006年编制，王孟成、戴晓阳等进行了修订。调查结果显示该量表具有较好的内部一致性和跨时间的稳定性，体验和追寻分问卷的内部一致性 α 系数分别为 0.85 和 0.82，人生意义体验5个题目与分测验总分之间的相关在0.60～0.71之间（P<0.01），人生意义寻求5个题目与分测验总分相关在0.56～0.68之间（P<0.01），表现出良好的内部一致性[2]。

2. 量表的结构

《人生意义问卷》由人生意义体验和人生意义寻求两个维度构成。

二、测验计分方式

《人生意义问卷》由10个题目构成，采用7点量表评分。1代表"完全不同意"，2代表"基本不同意"，3代表"有点不同意"，4代表"不确定"，5代表"有点同意"，6代表"基本同意"，7代表"完全同意"，其中第9题为反向计分题。各题目所属维度如下。

人生意义体验：1、4、5、6、9。
人生意义寻求：2、3、7、8、10。

所属各题目得分相加即为维度分，两个维度得分相加即为总量表得分，得分越高，说明人生意义的体验或寻求越强烈。

三、测验统计学指标

1. 样本分布

为了编制《人生意义问卷》的常模，我们采用纸质调查和网络调查相结合的方式，在北京市选取高中学生和教师参与测试。

在选取样本的过程中，考虑到了学校的地域分布（市区还是郊区）、学校性质（示范高中还是普通高中）、以及性别（男、女）各因素的平衡情况，保证样本的代表性。

《人生意义问卷》最终收回有效问卷1080份，详细的被试分布情况见表7-9至表7-11。

表7-9 被试具体分布情况（地域分布）

	市区	郊区	合计
学生	383	421	804
教师	90	186	276
合计	473	607	1080

表7-10 被试具体分布情况（学校性质）

	示范高中	普通高中	合计
学生	390	414	804
教师	108	168	276
合计	498	582	1080

表7-11 被试具体分布情况（性别）

	性别		合计
	男生	女生	
高一	118	160	278
高二	180	155	335
高三	82	109	191

2. 信度

量表整体的内部一致性信度为0.777，人生意义体验和人生意义寻求两个维度的内部一致性信度分别为0.797和0.847。具体见表7-12。

表7-12 量表内部一致性信度

总分	人生意义体验	人生意义寻求
0.777	0.797	0.847

3.常模基础数据

	总分		人生意义体验		人生意义寻求	
	M.	SD.	M.	SD.	M.	SD.
学生	51.10	9.990	24.96	6.405	26.14	6.787
教师	50.55	11.138	26.39	6.717	24.15	7.769
总计	50.96	10.291	25.33	6.513	25.64	7.099

		总分		人生意义体验		人生意义寻求	
		M.	SD.	M.	SD.	M.	SD.
男	学生	51.00	10.118	25.11	6.261	25.89	7.144
	教师	48.51	11.026	25.91	6.910	22.60	8.004
	总	50.57	10.308	25.24	6.375	25.33	7.392
女	学生	51.20	9.884	24.83	6.536	26.37	6.450
	教师	51.36	11.106	26.59	6.647	24.77	7.606
	总	51.25	10.277	25.39	6.617	25.86	6.871

年级	总分		人生意义体验		人生意义寻求	
	M.	SD.	M.	SD.	M.	SD.
高一	51.10	9.579	25.41	6.255	25.69	6.577
高二	51.33	10.087	25.10	6.189	26.23	6.923
高三	50.71	10.434	24.07	6.920	26.64	6.840

		总分		人生意义体验		人生意义寻求	
		M.	SD.	M.	SD.	M.	SD.
高一	男	51.34	9.553	25.75	6.336	25.59	7.173
	女	50.92	9.624	25.16	6.204	25.77	6.123
高二	男	51.67	10.308	25.68	5.990	25.99	7.247
	女	50.94	9.844	24.43	6.364	26.52	6.538
高三	男	49.04	10.360	22.94	6.327	26.10	6.942
	女	51.97	10.358	24.93	7.247	27.05	6.765

四、参考文献

[1] 李金珍,王文忠,施建农. 积极心理学：一种新的研究方向[J]. 心理科学进展, 2003, 11(3): 321-327.

[2] 王孟成,戴晓阳. 中文人生意义问卷(C-MLQ)在大学生中的适用性[J]. 中国临床心理学杂志, 2008, 16(5): 459-461.

五、《人生意义问卷》题本

指导语：首先，请您花一点时间思考一下，"对您来说，什么使您感觉到您的生活是很重要的？"这个问题。然后，根据下列的描述与您的情况相符合的程度，在1~7中做出选择，并将所选的答案填在答题纸上对应的题号旁。请您尽可能准确和真实地做出回答，下列问题的主观性很强，每个人的回答都会有所不同，并无对错之分。如下所示，1对应的是"完全不同意"，2对应的是"基本不同意"，以此类推。

序号	题目	完全不同意	基本不同意	有点不同意	不确定	有点同意	基本同意	完全同意
1	我很了解自己的人生意义	1	2	3	4	5	6	7
2	我正在寻找某种使我的生活有意义的东西	1	2	3	4	5	6	7
3	我总是在寻找自己人生的目标	1	2	3	4	5	6	7
4	我的生活有很明确的目标感	1	2	3	4	5	6	7
5	我很清楚什么使我的人生变得有意义	1	2	3	4	5	6	7
6	我已经发现了一个令人满意的人生目标	1	2	3	4	5	6	7
7	我一直在寻找某样能使我的生活感觉起来是重要的东西	1	2	3	4	5	6	7
8	我正在寻找自己人生的目标和"使命"	1	2	3	4	5	6	7
9	我的生活没有很明确的目标	1	2	3	4	5	6	7
10	我正在寻找自己人生的意义	1	2	3	4	5	6	7

第四节 心理健康诊断测验

一、测验简介

1. 测验的基本信息

《心理健康诊断测验》（Mental Health Test，MHT）由周步成等人借鉴日本铃木清等人编制的《不安倾向诊断测验》修订而成，适应于中小学生。

中小学生正处在身心迅速发展的时期，他们所面临的内外压力普遍增多，虽然适度的压力可以提高个体的动机，促进学习和工作的效率，但当前，不少压力已超过了他们所能负荷的程度，这常常会引起不良后果，这些不良后果可能包括身体的症状，或者焦虑、紧张、不安、抑郁、恐惧等情绪困扰，以及种种适应问题，甚至引发精神症状。

本测验对于教师和家长正确地了解和指导孩子，以及对中小学生的心理健康进行科学研究都非常有价值。

张帆使用《心理健康诊断测验》对 922 名三峡水库留守儿童的心理健康状况进行调查发现，总量表的 α 系数为 0.897，八个分量表的 α 系数在 0.520～0.788 之间；总量表的分半信度为 0.862，分量表的分半信度在 0.502～0.791 之间；总量表的重测信度是 0.801，分量表的重测信度在 0.502～0.769 之间[1]。

2. 测验的结构

总测验由 8 个内容量表构成，这 8 个内容量表包括：学习焦虑、对人焦虑、孤独倾向、自责倾向、过敏倾向、身体症状、恐怖倾向、冲动倾向。

二、测验计分方式

1. 总测验共 100 个题目，选"是"得 1 分；选"否"得 0 分。

2. 在整个测验题目中的第 82、84、86、88、90、92、94、96、98、100 项，即组成效度量表的这些题目，如果它们的得分合计起来比较高，则可以认为该被试是为了获得好成绩而有作假倾向，所以测验结果不可信。

3. 除去效度量表题目，将余下的全部问卷题目得分累加起来，即可得到总测验分。总测验分从整体上表示心理障碍的强弱程度，这种人在日常生活中有不适应行为，但不适应的方向可能不同，因而需要制订特别的个人指导计划。

学习焦虑由第 1、2、3、4、5、6、7、8、9、10、11、12、13、14、15 项组成。

对人焦虑由第 16、17、18、19、20、21、22、23、24、25 项组成。

孤独倾向由第 26、27、28、29、30、31、32、33、34、35 项组成。

自责倾向由第 36、37、38、39、40、41、42、43、44、45 项组成。

过敏倾向由第 46、47、48、49、50、51、52、53、54、55 项组成。

身体症状由第 56、57、58、59、60、61、62、63、64、65、66、67、68、69、70 项组成。

恐怖倾向由第 71、72、73、74、75、76、77、78、79、80 项组成。

冲动倾向由第 81、83、85、87、89、91、93、95、97、99 项组成。

本测验为负性计分，分数越高表明心里不健康的程度越强。

三、量表统计学指标

1. 样本分布

为了编制《心理健康诊断测验》的常模，我们采用纸质调查和网络调查相结合的方式，在北京市选取中小学校的学生参与测试。

在选取样本的过程中，考虑到了学校的地域分布（市区还是郊区）、学校性质（示范高中还是普通高中）、以及性别（男、女）各因素的平衡情况，保证样本的代表性。

《心理健康诊断测验》最终收回有效问卷3632份，根据问卷的计分方式，效度量表的得分在7分以上的可考虑问卷作废，剔除此部分废卷后最终计入统计数据的问卷共计3435份，详细的被试分布情况见表7-13至表7-15。

表7-13 被试具体分布情况（地域分布）

	市区	郊区	合计
小学	589	588	1177
初中	338	532	870
高中	980	408	1388
合计	1907	1528	3435

表7-14 被试具体分布情况（学校性质）

	示范高中	普通高中	合计
合计	554	834	1388

表7-15 被试具体分布情况（性别）

		性别 男生	性别 女生	合计
小学	三年级	143	127	270
小学	四年级	178	156	334
小学	五年级	175	157	332
小学	六年级	98	143	241
初中	初一	44	34	78
初中	初二	194	250	444
初中	初三	154	194	348
高中	高一	148	370	518
高中	高二	204	302	506
高中	高三	156	208	364
	合计	1494	1941	3435

2. 信度

总量表的内部一致性信度为0.917，各内容量表的内部一致性信度指标见表7-16。

表7-16 各内容量表的内部一致性信度指标

	总量表	学习焦虑	对人焦虑	孤独倾向	自责倾向
α	0.917	0.745	0.622	0.694	0.682
	过敏倾向	身体症状	恐怖倾向	冲动倾向	
α	0.633	0.700	0.764	0.735	

3. 常模基础数据

	总分		学习焦虑		对人焦虑		孤独倾向	
	M.	SD.	M.	SD.	M.	SD.	M.	SD.
小学	32.77	13.888	7.15	3.138	3.83	2.046	2.02	1.889
初中	37.71	14.299	7.91	3.214	4.17	2.220	2.54	2.222
高中	37.64	14.027	7.46	3.192	4.35	2.145	2.83	2.366
总计	35.98	14.237	7.47	3.191	4.13	2.143	2.48	2.204

	自责倾向		过敏倾向		身体症状		恐怖倾向		冲动倾向	
	M.	SD.	M.	SD.	M.	SD.	M.	SD.	M.	SD.
小学	4.86	2.455	4.92	2.202	4.57	2.778	3.01	2.486	2.50	2.305
初中	5.23	2.572	5.48	2.283	5.44	3.110	3.37	2.690	3.54	2.647
高中	4.92	2.418	5.87	2.279	5.62	3.069	3.04	2.549	3.61	2.423
总计	4.98	2.474	5.44	2.291	5.21	3.019	3.11	2.568	3.21	2.496

		总分		学习焦虑		对人焦虑		孤独倾向	
		M.	SD.	M.	SD.	M.	SD.	M.	SD.
男	小学	32.25	13.349	7.10	3.105	3.78	1.967	2.16	1.890
	初中	34.21	14.575	7.39	3.414	3.71	2.200	2.53	2.226
	高中	33.03	14.092	6.66	3.117	3.75	2.169	2.66	2.292
	总计	33.03	13.946	7.03	3.203	3.75	2.098	2.42	2.133
女	小学	33.29	14.406	7.20	3.173	3.87	2.125	1.87	1.879
	初中	40.60	13.411	8.33	2.978	4.55	2.167	2.56	2.221
	高中	40.28	13.293	7.92	3.146	4.70	2.053	2.93	2.404
	总计	38.25	14.045	7.81	3.141	4.41	2.133	2.52	2.257

		自责倾向		过敏倾向		身体症状		恐怖倾向		冲动倾向	
		M.	SD.	M.	SD.	M.	SD.	M.	SD.	M.	SD.
男	小学	4.72	2.396	4.96	2.156	4.47	2.801	2.65	2.307	2.49	2.033
	初中	4.85	2.568	4.99	2.363	4.84	3.124	2.93	2.594	2.97	2.540
	高中	4.41	2.430	5.17	2.374	5.03	3.040	2.17	2.311	3.06	2.365
	总计	4.65	2.459	5.04	2.287	4.76	2.979	2.56	2.404	2.81	2.302
女	小学	4.99	2.508	4.88	2.250	4.67	2.753	3.36	2.609	2.51	2.554
	初中	5.54	2.536	5.88	2.135	5.93	3.013	3.73	2.716	4.01	2.645
	高中	5.22	2.360	6.28	2.119	5.95	3.037	3.53	2.548	3.93	2.401
	总计	5.23	2.456	5.76	2.244	5.56	3.004	3.53	2.611	3.52	2.593

		总分		学习焦虑		对人焦虑		孤独倾向	
		M.	SD.	M.	SD.	M.	SD.	M.	SD.
小学	三年级	31.71	11.584	6.97	2.999	3.83	1.823	1.93	1.840
	四年级	34.41	14.382	7.66	3.180	4.17	2.046	2.01	1.836
	五年级	30.94	15.135	6.60	3.175	3.42	2.170	2.06	2.037
	六年级	34.19	13.384	7.39	3.059	3.90	2.022	2.06	1.811
初中	初一	37.72	13.931	8.87	3.397	4.54	1.998	2.44	2.160
	初二	35.12	13.824	7.40	3.187	3.87	2.113	2.20	2.086
	初三	41.03	14.331	8.34	3.100	4.47	2.351	3.00	2.328
高中	高一	39.97	13.564	7.59	3.086	4.67	2.092	3.00	2.261
	高二	34.66	15.085	7.22	3.460	3.98	2.150	2.64	2.429
	高三	38.52	12.273	7.61	2.929	4.43	2.137	2.85	2.413

		自责倾向		过敏倾向		身体症状		恐怖倾向		冲动倾向	
		M.	SD.	M.	SD.	M.	SD.	M.	SD.	M.	SD.
小学	三年级	4.39	2.316	4.95	1.989	4.61	2.317	3.04	2.290	1.97	1.754
	四年级	5.40	2.552	5.16	2.155	4.68	2.776	3.14	2.714	2.23	2.150
	五年级	4.78	2.386	4.56	2.378	4.18	2.915	2.83	2.406	2.61	2.488
	六年级	4.73	2.441	5.04	2.193	4.90	3.004	3.01	2.473	3.32	2.552
初中	初一	5.62	2.461	5.41	2.195	5.28	2.927	3.13	2.281	2.44	2.526
	初二	5.02	2.544	5.20	2.263	4.94	2.886	3.16	2.697	3.33	2.551
	初三	5.41	2.615	5.84	2.284	6.11	3.302	3.69	2.739	4.06	2.688
高中	高一	5.36	2.334	6.20	2.187	5.98	3.070	3.41	2.566	4.07	2.414
	高二	4.53	2.512	5.34	2.538	5.28	3.335	2.70	2.556	3.13	2.464
	高三	4.86	2.303	6.15	1.853	5.57	2.594	2.97	2.448	3.64	2.253

			总分		学习焦虑		对人焦虑		孤独倾向	
			M.	SD.	M.	SD.	M.	SD.	M.	SD.
小学	三年级	男	33.37	12.441	7.27	2.873	3.98	1.868	2.34	1.974
		女	29.85	10.275	6.67	3.076	3.67	1.777	1.37	1.457
	四年级	男	34.69	13.729	7.84	3.111	4.35	1.956	2.05	1.703
		女	34.09	15.123	7.43	3.261	3.97	2.142	1.93	1.938
	五年级	男	28.93	13.625	6.30	3.063	3.17	2.069	1.97	1.966
		女	33.19	16.414	6.92	3.282	3.66	2.256	2.12	2.079
	六年级	男	32.17	12.350	6.95	3.140	3.50	1.563	2.23	1.849
		女	35.57	13.919	7.69	2.991	4.12	2.244	1.87	1.752
初中	初一	男	36.55	16.083	8.68	3.740	4.50	2.063	2.23	1.998
		女	39.24	10.563	9.12	2.931	4.59	1.940	2.71	2.355
	初二	男	31.81	13.775	6.76	3.314	3.64	2.117	2.24	2.075

（续表）

			总分		学习焦虑		对人焦虑		孤独倾向	
			M.	SD.	M.	SD.	M.	SD.	M.	SD.
		女	37.69	13.334	7.89	3.000	4.05	2.097	2.18	2.098
	初三	男	36.56	14.711	7.82	3.293	3.57	2.306	2.97	2.404
		女	44.62	12.981	8.83	2.809	5.19	2.133	3.04	2.274
高中	高一	男	34.89	15.725	6.63	3.162	3.97	2.197	3.01	2.352
		女	42.03	12.007	7.91	2.919	4.88	1.931	2.93	2.193
	高二	男	30.80	15.075	6.73	3.438	3.50	2.273	2.51	2.425
		女	37.28	14.544	7.53	3.454	4.26	1.997	2.67	2.408
	高三	男	34.25	10.048	6.70	2.571	3.89	1.969	2.49	2.008
		女	41.60	12.822	8.37	2.948	4.96	2.116	3.13	2.653

			自责倾向		过敏倾向		身体症状		恐怖倾向		冲动倾向	
			M.	SD.	M.	SD.	M.	SD.	M.	SD.	M.	SD.
小学	三年级	男	4.52	2.184	5.22	1.851	4.90	2.571	2.76	2.161	2.37	1.883
		女	4.27	2.451	4.66	2.044	4.34	1.964	3.33	2.382	1.53	1.516
	四年级	男	5.27	2.548	5.33	2.215	4.69	2.836	2.84	2.536	2.32	1.989
		女	5.54	2.571	4.97	2.090	4.66	2.716	3.45	2.874	2.15	2.330
	五年级	男	4.33	2.225	4.53	2.308	3.85	2.789	2.28	2.103	2.49	2.125
		女	5.26	2.462	4.58	2.471	4.52	3.019	3.42	2.588	2.72	2.842
	六年级	男	4.65	2.492	4.64	1.936	4.56	2.966	2.68	2.310	2.97	2.135
		女	4.74	2.386	5.24	2.317	5.12	3.058	3.24	2.560	3.55	2.809
初中	初一	男	5.32	2.522	4.95	2.145	5.36	3.404	3.09	2.301	2.41	2.773
		女	6.00	2.361	6.00	2.146	5.18	2.208	3.18	2.289	2.47	2.205
	初二	男	4.60	2.475	4.71	2.216	4.43	3.050	2.48	2.379	2.95	2.589
		女	5.34	2.554	5.58	2.229	5.34	2.691	3.68	2.816	3.63	2.485
	初三	男	5.03	2.676	5.35	2.560	5.21	3.086	3.44	2.835	3.17	2.395

(续表)

			自责倾向		过敏倾向		身体症状		恐怖倾向		冲动倾向	
			M.	SD.	M.	SD.	M.	SD.	M.	SD.	M.	SD.
		女	5.74	2.537	6.24	1.967	6.90	3.260	3.92	2.647	4.77	2.717
高中	高一	男	4.88	2.546	5.21	2.540	5.19	3.291	2.62	2.614	3.38	2.370
		女	5.54	2.190	6.60	1.863	6.22	2.921	3.66	2.442	4.29	2.350
	高二	男	4.05	2.497	4.74	2.565	4.68	3.244	1.78	2.277	2.79	2.525
		女	4.79	2.473	5.73	2.453	5.64	3.352	3.32	2.556	3.33	2.405
	高三	男	4.47	2.166	5.79	1.710	5.40	2.417	2.29	1.962	3.22	2.109
		女	5.21	2.358	6.47	1.869	5.88	2.618	3.55	2.641	4.04	2.283

四、参考文献

[1] 张帆, 刘琴, 郭雪等. 三峡库区农村留守儿童心理健康现状及其与心理弹性关系的调查[J]. 重庆医科大学学报, 2013, (8): 822-826.

五、《心理健康诊断测验》题本

指导语：同学您好，这是一项了解您心理健康水平的测验，答案没有对错好坏之分，请根据您的真实情况如实作答。注意不要在一道题上思考太长时间，选择您最先想到的答案即可。

每个题目有"是"和"不是"两个可供选择的答案，请选择一个符合您实际情况的答案，填在答题纸对应的题号旁。

序号	题目	是	不是
1	当你夜里睡觉时，是否总是想着明天的功课	1	2
2	当老师向全班提问时，你是否会觉得是在提问自己而感到不安	1	2
3	你是否听说"要考试"心里就紧张	1	2
4	当你考试成绩不好时，心里是否感到不安	1	2
5	当你学习成绩不好时，是否总是提心吊胆	1	2
6	当你在考试中想不起来原先掌握的知识时，是否会感到焦急	1	2
7	考试后，在没有知道成绩之前，你是否总是放心不下	1	2
8	你是否一遇到考试，就担心会考坏	1	2
9	你是否希望考试能顺利通过	1	2
10	你在没有完成任务之前，是否总担心完不成任务	1	2

（续表）

序号	题目	是	不是
11	在你当着大家朗读课文时，是否总是害怕读错	1	2
12	你是否认为学校里得到的学习成绩总是不大可靠	1	2
13	你是否认为你比别人更担心学习	1	2
14	你是否做过考试考坏了的梦	1	2
15	你是否做过因学习成绩不好，受到爸爸妈妈或老师训斥的梦	1	2
16	你是否经常觉得有同学在背后说你的坏话	1	2
17	在你受到父母批评后，是否总是想不开，放在心上	1	2
18	你在游戏或与别人的竞赛中输给了对方，是否就不想再干了	1	2
19	人家在背后议论你，你是否感到讨厌	1	2
20	当你在大家面前或被老师提问时，是否会脸红	1	2
21	你是否很担心叫你担任班干部	1	2
22	你是否总是觉得好像有人在注意你	1	2
23	当你工作或学习时，如果有人在注意你，你心里是否紧张	1	2
24	当你受到批评时，心情是否不愉快	1	2
25	当你受到老师批评时，心里是否总是不安	1	2
26	当同学们在笑时，你是否也不大会笑	1	2
27	你是否觉得到同学家里去玩不如在自己家里玩	1	2
28	当你和大家在一起时，是否也觉得自己是孤单的一个人	1	2
29	你是否觉得和同学一起玩，不如自己一个人玩	1	2
30	当同学们在交谈时，你是否不想加入	1	2
31	当你和大家在一起时，是否觉得自己是多余的人	1	2
32	你是否讨厌参加运动会和文艺演出会	1	2
33	你的朋友是否很少	1	2
34	你是否不喜欢同别人谈话	1	2
35	在人多的地方，你是否觉得很怕	1	2
36	你在排球、篮球、足球、拔河、广播操等体育比赛输了时，心里是否一直认为自己不好	1	2
37	你受到批评后，是否总认为是自己不好	1	2
38	当别人笑你的时候，你是否会认为是自己做错了什么事	1	2
39	当你学习成绩不好时，是否总是认为是自己不用功的缘故	1	2
40	当你失败的时候，是否总是认为是自己的责任	1	2
41	当大家受到责备时，你是否认为主要是自己的过错	1	2
42	你在乒乓球、羽毛球、排球、篮球、足球、拔河、广播操等体育比赛时，是否一出错就特别留神和紧张	1	2
43	在碰到为难的事时，你是否认为自己难以应付	1	2
44	你是否有时会后悔，某件事不做就好了	1	2
45	你和同学吵架以后，是否总是认为是自己的错	1	2

(续表)

序号	题目	是	不是
46	你心里是否总想为班级做点好事	1	2
47	在你学习的时候,是否经常思想开小差	1	2
48	在你把东西借给别人时,是否总担心别人会把东西弄坏	1	2
49	在碰到不顺利的事情时,你心里是否很烦躁	1	2
50	你是否非常担心家里有人生病或死去	1	2
51	你是否在梦里见到过死去的人	1	2
52	你对收音机和汽车的声音是否特别敏感	1	2
53	你心里是否总觉得好像有什么事没有做好	1	2
54	你是否担心会发生什么意外的事	1	2
55	你在决定要做什么时,是否总是犹豫不决	1	2
56	你手上是否经常出汗	1	2
57	当你害羞时是否会脸红	1	2
58	你是否经常头痛	1	2
59	当你被老师提问时,心里是否总是很紧张	1	2
60	当你没有参加运动时,心脏是否经常扑通扑通地跳	1	2
61	你是否很容易疲劳	1	2
62	你是否很不愿意吃药	1	2
63	夜里你是否很难入睡	1	2
64	你是否总觉得身体好像有什么毛病	1	2
65	你是否经常认为自己的体型和面孔比别人难看	1	2
66	你是否经常觉得肠胃不好	1	2
67	你是否经常咬指甲	1	2
68	你是否会舔手指头	1	2
69	你是否经常感到呼吸困难	1	2
70	你去厕所的次数是否比别人多	1	2
71	你是否很怕到高的地方去	1	2
72	你是否害怕很多东西	1	2
73	你是否常做噩梦	1	2
74	你胆子是否很小	1	2
75	夜里,你是否很怕一个人在房间里睡觉	1	2
76	当你乘车穿过隧道或路过高桥时,是否害怕	1	2
77	你是否喜欢整夜开着灯睡觉	1	2
78	你听到打雷声是否非常害怕	1	2
79	你是否非常害怕黑暗	1	2
80	你是否经常感到有人在后面跟着你	1	2
81	你是否经常生气	1	2

（续表）

序号	题目	是	不是
82	你是否不想得到好的成绩	1	2
83	你是否经常会突然想哭	1	2
84	你以前是否说过谎话	1	2
85	你有时是否会觉得，还是死了好	1	2
86	你是否一次也没有失约过	1	2
87	你是否经常想大声喊叫	1	2
88	你是否不愿说出别人不让说的事	1	2
89	你有时是否想过自己一个人到遥远的地方去	1	2
90	你是否总是很有礼貌	1	2
91	你被人说了坏话，是否想立即采取报复行动	1	2
92	老师或父母说的话，你是否都照办	1	2
93	你心里不开心，是否会乱丢、乱砸东西	1	2
94	你是否发过怒	1	2
95	你想要的东西，是否就一定要拿到手	1	2
96	你不喜欢的课，老师提前下课，是否会感到特别高兴	1	2
97	你是否经常想从高的地方跳下来	1	2
98	你是否无论对谁都很热情	1	2
99	你是否会经常急躁得坐立不安	1	2
100	对不认识的人，你是否会都喜欢	1	2

第五节 简明心境量表

一、测验简介

1. 测验的基本信息

《简明心境量表》（Profile of Mood States，POMS）由麦克奈尔（D. McNair）等人于1971年编制，共65题。其最初的目的是评定简短心理治疗、情绪刺激及相似的实验操作后所引起的心境变化和情绪状态。广泛用于评定精神科门诊病人的情绪和病人对各种心理治疗方法的反应[1]。

1995年，祝蓓里将澳大利亚格罗夫（J. Grove）简化的《简明心境量表》进行修订，简化为40题。总量表的 α 系数为0.746，六个分量表紧张、愤怒、疲劳、抑郁、精力、

慌乱的 α 系数在 0.676～0.863 之间，信度较高。

高飞、张林对中学生的休闲活动与心境状态进行了研究，采用《简明心境量表》，得出量表的信度在 0.62～0.82 之间，平均值为 0.71[2]，并且有较好的效度。

2.测验的结构

《简明心境量表》由 40 个题目组成，皆为形容词。其包含七个分量表：紧张、愤怒、疲劳、抑郁、精力、慌乱、与自我有关的情绪。紧张、愤怒、疲劳、抑郁、慌乱五个分量表的得分含义为得分越高心情越不好（负性量表），精力、与自我有关的情绪两个分量表的得分含义则相反（正性量表）。总分可单独使用，且是一个应用很广的指标。

二、测验计分方式

七个分量表包含的题目如下。

紧张分量表：1、8、15、21、28、35。

愤怒分量表：2、9、16、22、29、36、37。

疲劳分量表：3、10、17、23、30。

抑郁分量表：4、11、18、24、31、38。

精力分量表：5、12、19、25、32、39。

慌乱分量表：6、13、20、26、33。

与自我有关的情绪：7、14、27、34、40。

总分=紧张+愤怒+疲劳+抑郁+慌乱−精力−与自我有关的情绪

本测验采用 5 点计分。几乎没有=0 分，有一点=1 分，适中=2 分，比较多=3 分，非常多=4 分。

正性量表的得分越高，表明心情越好；负性量表的得分和整个测验的总分越高，表明心情越不好。

三、测验统计学指标

1.样本分布

为了编制《简明心境量表》的常模，我们采用纸质调查和网络调查相结合的方式，在北京市选取中学生和教师参与测试。

在选取样本的过程中，考虑到了学校的地域分布（市区还是郊区）、学校性质（示范高中还是普通高中）、以及性别（男、女）各因素的平衡情况，保证样本的代表性。

《简明心境量表》最终收回有效问卷 1626 份,详细的被试分布情况见表 7-17 至表 7-19。

表 7-17　被试具体分布情况（地域分布）

	市区	郊区	合计
初中	187	392	579
高中	542	246	788
教师	114	145	259

（续表）

	市区	郊区	合计
合计	843	783	1626

表7-18　被试具体分布情况（学校性质）

	示范高中	普通高中	合计
学生	424	364	788
教师	97	162	259
合计	521	526	1047

表7-19　被试具体分布情况（性别）

		性别		
		男生	女生	合计
初中	初一	127	105	232
	初二	111	117	228
	初三	47	72	119
高中	高一	128	240	368
	高二	148	165	313
	高三	47	60	107

2. 信度

量表整体的内部一致性信度为0.892，各分量表的内部一致性信度指标见表7-20。

表7-20　各分量表的内部一致性信度指标

总分	紧张	愤怒	疲劳	抑郁	精力	慌乱	与自我有关的情绪
0.892	0.762	0.882	0.831	0.831	0.844	0.691	0.662

3. 常模基础数据

	总分		紧张		愤怒		疲劳	
	M.	SD.	M.	SD.	M.	SD.	M.	SD.
初中	9.05	25.016	6.87	4.765	6.18	5.992	5.84	4.564
高中	12.86	23.976	7.10	4.632	6.18	5.648	7.07	4.687
教师	11.38	24.289	6.95	4.174	7.22	5.588	7.06	4.386
总计	11.27	24.447	6.99	4.609	6.35	5.772	6.63	4.631

	抑郁		精力		慌乱		与自我有关的情绪	
	M.	SD.	M.	SD.	M.	SD.	M.	SD.
初中	5.12	4.916	11.65	5.714	4.65	3.758	7.95	3.982
高中	5.66	4.976	10.87	5.428	5.57	3.754	7.84	3.833

(续表)

	抑郁		精力		慌乱		与自我有关的情绪	
	M.	SD.	M.	SD.	M.	SD.	M.	SD.
教师	5.25	4.526	11.53	5.473	5.32	3.550	8.89	3.294
总计	5.40	4.889	11.25	5.548	5.20	3.745	8.05	3.823

		总分		紧张		愤怒		疲劳	
		M.	SD.	M.	SD.	M.	SD.	M.	SD.
男	初中	7.92	25.446	6.76	4.901	6.15	6.098	5.88	4.765
	高中	15.88	24.511	7.63	4.830	6.67	5.791	7.86	4.766
	教师	9.90	23.157	6.54	3.947	6.62	5.347	6.48	4.164
	总计	11.92	25.036	7.15	4.794	6.45	5.877	6.89	4.795
女	初中	10.15	24.585	6.97	4.635	6.20	5.897	5.80	4.369
	高中	10.77	23.396	6.74	4.459	5.84	5.528	6.52	4.556
	教师	11.92	24.724	7.11	4.254	7.43	5.671	7.27	4.456
	总计	10.81	24.020	6.88	4.472	6.27	5.699	6.44	4.504

		抑郁		精力		慌乱		与自我有关的情绪	
		M.	SD.	M.	SD.	M.	SD.	M.	SD.
男	初中	5.09	4.944	12.09	5.621	4.65	3.780	8.53	4.132
	高中	6.53	5.309	10.71	5.471	6.05	3.940	8.14	3.839
	教师	5.13	4.335	10.94	6.068	4.77	3.379	8.70	3.824
	总计	5.78	5.108	11.32	5.628	5.33	3.875	8.36	3.964
女	初中	5.14	4.897	11.21	5.780	4.65	3.744	7.39	3.755
	高中	5.05	4.642	10.99	5.401	5.23	3.586	7.63	3.818
	教师	5.29	4.604	11.74	5.242	5.52	3.599	8.96	3.087
	总计	5.13	4.711	11.21	5.492	5.11	3.649	7.82	3.705

		总分		紧张		愤怒		疲劳	
		M.	SD.	M.	SD.	M.	SD.	M.	SD.
初中	初一	1.16	22.401	5.95	4.504	5.08	5.222	4.44	3.801
	初二	11.70	23.803	7.00	4.539	6.02	5.935	6.05	4.476
	初三	19.37	27.378	8.39	5.276	8.64	6.794	8.17	5.080
高中	高一	10.20	23.592	6.48	4.586	5.74	5.578	6.70	4.675
	高二	14.90	24.582	7.45	4.664	6.31	5.580	7.38	4.762
	高三	16.06	22.701	8.21	4.423	7.33	5.951	7.43	4.449

		抑郁		精力		慌乱		与自我有关的情绪	
		M.	SD.	M.	SD.	M.	SD.	M.	SD.
初中	初一	4.02	4.300	13.17	5.791	3.81	3.201	8.97	3.935
	初二	5.40	4.788	10.45	5.758	4.56	3.495	6.87	3.975
	初三	6.71	5.745	10.97	4.768	6.47	4.569	8.03	3.558
高中	高一	5.17	4.855	10.97	5.441	5.05	3.500	7.96	3.853
	高二	5.86	4.997	10.45	5.383	5.85	3.945	7.50	3.576
	高三	6.73	5.163	11.78	5.438	6.54	3.777	8.40	4.395

			总分		紧张		愤怒		疲劳	
			M.	SD.	M.	SD.	M.	SD.	M.	SD.
初中	初一	男	1.76	22.109	6.25	4.572	5.31	5.599	4.62	4.020
		女	0.42	22.833	5.58	4.413	4.79	4.737	4.22	3.525
	初二	男	10.75	24.235	6.91	4.701	6.25	5.894	6.22	4.685
		女	12.61	23.453	7.09	4.397	5.79	5.991	5.89	4.283
	初三	男	17.85	32.084	7.77	6.033	8.19	7.380	8.51	5.629
		女	20.36	24.006	8.81	4.716	8.93	6.420	7.94	4.714
高中	高一	男	11.95	23.009	6.55	4.611	5.73	5.287	7.32	4.575
		女	9.27	23.892	6.44	4.582	5.74	5.738	6.37	4.704
	高二	男	18.36	25.017	7.99	4.660	6.91	5.607	8.07	4.859
		女	11.80	23.836	6.98	4.629	5.78	5.518	6.76	4.600
	高三	男	18.79	25.938	9.43	5.319	8.47	7.150	8.68	4.913
		女	13.92	19.768	7.25	3.312	6.43	4.681	6.45	3.811

			抑郁		精力		慌乱		与自我有关的情绪	
			M.	SD.	M.	SD.	M.	SD.	M.	SD.
初中	初一	男	4.20	4.305	13.18	5.295	4.09	3.358	9.54	3.974
		女	3.80	4.304	13.15	6.365	3.46	2.978	8.28	3.791
	初二	男	5.41	4.508	11.13	6.000	4.65	3.487	7.57	4.248
		女	5.39	5.060	9.81	5.468	4.47	3.515	6.21	3.593
	初三	男	6.74	6.809	11.45	5.119	6.13	5.016	8.04	3.701
		女	6.68	4.981	10.67	4.535	6.69	4.275	8.03	3.488
高中	高一	男	5.70	4.998	10.62	5.427	5.24	3.420	7.98	3.824
		女	4.89	4.763	11.16	5.451	4.94	3.545	7.95	3.876
	高二	男	6.85	5.305	10.17	5.366	6.37	4.119	7.66	3.436
		女	4.98	4.538	10.70	5.401	5.38	3.732	7.36	3.702
	高三	男	7.74	5.885	12.66	5.596	7.21	4.313	10.09	4.520

(续表)

		抑郁		精力		慌乱		与自我有关的情绪	
		M.	SD.	M.	SD.	M.	SD.	M.	SD.
	女	5.93	4.407	11.08	5.254	6.02	3.239	7.08	3.841

四、参考文献

[1] 王建平，林文娟. 简明心境量表（POMS）在中国的试用报告[J]. 心理学报，2000，32(1)：110-114.

[2] 高飞，张林. 中学生休闲活动与心境状态的交叉滞后分析[J]. 心理研究，2014，7(6)：75-79.

五、《简明心境量表》题本

指导语：请根据下列单词表达您在上一周（包括今天）的感受。对每一个形容词只能在五种选择中选出一项最符合您的实际情况感受。

序号	题目	几乎没有	有一点	适中	比较多	非常多
1	紧张的	0	1	2	3	4
2	生气的	0	1	2	3	4
3	无精打采的	0	1	2	3	4
4	不快活的	0	1	2	3	4
5	轻松愉快的	0	1	2	3	4
6	慌乱的	0	1	2	3	4
7	为难的	0	1	2	3	4
8	心烦意乱的	0	1	2	3	4
9	气坏的	0	1	2	3	4
10	劳累的	0	1	2	3	4
11	悲伤的	0	1	2	3	4
12	精神饱满的	0	1	2	3	4
13	集中不了注意力的	0	1	2	3	4
14	自信的	0	1	2	3	4
15	内心不安的	0	1	2	3	4
16	气恼的	0	1	2	3	4
17	筋疲力尽的	0	1	2	3	4
18	沮丧的	0	1	2	3	4
19	主动积极的	0	1	2	3	4
20	慌张的	0	1	2	3	4
21	坐卧不宁的	0	1	2	3	4

(续表)

序号	题目	几乎没有	有一点	适中	比较多	非常多
22	烦恼的	0	1	2	3	4
23	倦怠的	0	1	2	3	4
24	忧郁的	0	1	2	3	4
25	兴致勃勃的	0	1	2	3	4
26	健忘的	0	1	2	3	4
27	有能力感的	0	1	2	3	4
28	易激动的	0	1	2	3	4
29	愤怒的	0	1	2	3	4
30	疲惫不堪的	0	1	2	3	4
31	毫无价值的	0	1	2	3	4
32	富有活动的	0	1	2	3	4
33	有不确定感的	0	1	2	3	4
34	满意的	0	1	2	3	4
35	担忧的	0	1	2	3	4
36	狂怒的	0	1	2	3	4
37	抱怨的	0	1	2	3	4
38	孤弱无助的	0	1	2	3	4
39	劲头十足的	0	1	2	3	4
40	自豪的	0	1	2	3	4

第六节　状态与特质性孤独量表

一、测验简介

1. 测验的基本信息

《状态与特质性孤独量表》(State versus Trait Loneliness Scale，SvTLS) 由格尔松（A. Gerson）、佩尔曼（D. Perlman）和谢维尔（P. Shaver）等人编制，主要用于测量个体的状态性孤独和特质性孤独，为五级评分量表，得分越高表示孤独程度越高[1]。

2. 测验的结构

《状态与特质性孤独量表》包括状态性孤独和特质性孤独两个分量表，每个分量表包含 12 个题目。状态性孤独指暂时性孤独和情景性孤独；特质性孤独是一种慢性和长期存在的孤独，是个体长期人际关系不良或社交不足的反应，也可以说是一种人格特质，该量表可对这两种孤独进行区分[1]。

李传银等人研究显示状态与特质性孤独量表的两个分量表的 α 系数分别是 0.839、0.830，重测信度分别为 0.499、0.796[2]。

二、测验计分方式

测验采用五点计分，完全同意=1 分，同意=2 分，不确定=3 分，不同意=4 分，完全不同意=5 分，题目累加即为总得分。问卷包括两部分，第一部分为状态性孤独分量表，第二部分为特质性孤独分量表，第一部分和第二部分的 2、4、6、7、9、10、11、12 为反向计分题。

本测验为负性计分，分数越高表明孤独感越强、

三、测验统计学指标

1. 样本分布

为了编制《状态与特质性孤独量表》的常模，我们采用纸质调查和网络调查相结合的方式，在北京市选取中学生与教师参与测试。

在选取样本的过程中，考虑到了学校的地域分布（市区还是郊区）、学校性质（示范高中还是普通高中）、以及性别（男、女）各因素的平衡情况，保证样本的代表性。

《状态与特质性孤独量表》最终收回有效问卷 1726 份，详细的被试分布情况见表 7-21 至表 7-23。

表 7-21　被试具体分布情况（地域分布）

	市区	郊区	合计
初中	267	313	580
高中	493	389	882
教师	118	146	264
合计	878	848	1726

表 7-22　被试具体分布情况（学校性质）

	示范高中	普通高中	合计
学生	696	186	882
教师	102	162	264
合计	798	348	1146

表 7-23　被试具体分布情况（性别）

		性别		合计
		男性	女性	
初中	初一	115	120	235

(续表)

		性别		合计
		男性	女性	
	初二	51	69	120
	初三	101	124	225
高中	高一	200	109	309
	高二	166	234	400
	高三	51	122	173
教师	小学	11	61	72
	初中	34	88	122
	高中	18	27	45
	中职	10	15	25
	合计	757	969	1726

2. 信度

总量表的内部一致性信度为0.908，其中状态性孤独分量表的内部一致性信度为0.844，特质性孤独分量表的内部一致性信度为0.849，见表7-24。

表7-24 《状态与特质性孤独量表》的内部一致性信度

	总量表	状态性孤独	特质性孤独
α	0.908	0.844	0.849

3. 常模基础数据

	总分		状态性孤独		特质性孤独	
	M.	SD.	M.	SD.	M.	SD.
初中	52.31	15.761	26.11	8.589	29.72	8.814
高中	59.27	16.387	29.55	8.786	27.00	7.334
教师	53.05	14.217	26.06	7.726	28.12	8.697
总计	55.98	16.208	27.86	8.734	26.20	8.634

		总分		状态性孤独		特质性孤独	
		M.	SD.	M.	SD.	M.	SD.
男	初中	52.47	15.719	26.16	8.771	26.31	8.777
	高中	61.26	16.101	30.59	8.867	30.67	8.765
	教师	56.82	16.743	28.37	8.693	28.45	8.649
	总计	57.73	16.523	28.82	9.043	28.92	8.979
女	初中	52.18	15.822	26.06	8.444	26.12	8.524
	高中	57.49	16.452	28.61	8.616	28.88	8.780
	教师	51.61	12.884	25.17	7.151	26.44	6.706
	总计	54.62	15.833	27.11	8.413	27.50	8.423

年级		总分		状态性孤独		特质性孤独	
		M.	SD.	M.	SD.	M.	SD.
初中	初一	50.74	15.158	25.47	8.233	25.27	8.596
	初二	55.03	16.095	27.67	9.267	27.37	8.251
	初三	52.51	16.058	25.95	8.514	26.56	8.808
高中	高一	58.59	16.913	29.23	8.972	29.36	9.236
	高二	58.97	16.014	29.47	8.639	29.50	8.595
	高三	61.20	16.233	30.32	8.796	30.88	8.487

			总分		状态性孤独		特质性孤独	
			M.	SD.	M.	SD.	M.	SD.
初中	初一	男	49.30	13.698	24.48	7.542	24.83	8.346
		女	52.11	16.376	26.42	8.772	25.69	8.843
	初二	男	57.73	14.878	29.35	9.031	28.37	7.113
		女	53.04	16.767	26.42	9.306	26.62	8.979
	初三	男	53.43	17.496	26.48	9.512	26.95	9.751
		女	51.77	14.815	25.52	7.619	26.24	7.984
高中	高一	男	60.36	16.447	30.28	8.899	30.08	9.048
		女	55.35	17.348	27.30	8.825	28.05	9.474
	高二	男	62.51	15.722	31.28	8.803	31.23	8.402
		女	56.45	15.772	28.18	8.301	28.27	8.536
	高三	男	60.75	15.999	29.61	8.958	31.14	8.816
		女	61.39	16.392	30.61	8.748	30.78	8.381

四、参考文献

[1] 刘俊, 武艳红, 苏献红等. 小组社会工作对改善精神疾病患者孤独感的效果[J]. 中国健康心理学杂志, 2013, 21(10): 1524-1526.

[2] 李传银. 549名大学生孤独心理及相关因素分析[J]. 中华行为医学与脑科学杂志, 2000, 9(6): 429-430.

五、《状态与特质性孤独量表》题本

指导语：您好，这是了解您对生活感受的一项测验，结果无好坏对错之分，请根据您的实际情况作答。测验结果我们会严格遵守保密原则，未经您本人同意，绝对不会对外泄露，请放心作答。

第一部分

指导语：以下是对您过去几天里的感受的描述。请指明您对每个陈述同意或反对的程度，据此选择一个回答，并将数字填在答题纸上对应的题号旁。

序号	题目	完全同意	同意	不确定	不同意	完全不同意
1	最近几天，我觉得跟周围人很和谐	1	2	3	4	5
2	最近几天，我缺少伙伴	1	2	3	4	5
3	最近几天，我感到是朋友中的一员	1	2	3	4	5
4	最近几天，我的兴趣和想法跟周围人不一样	1	2	3	4	5
5	最近几天，我觉得有人与我关系密切	1	2	3	4	5
6	最近几天，我觉得被遗忘了	1	2	3	4	5
7	最近几天，没有人很了解我	1	2	3	4	5
8	最近几天，我有可以信赖的人	1	2	3	4	5
9	最近几天，独处时我感到孤独	1	2	3	4	5

序号	题目	选项1	选项2	选项3	选项4	选项5
10	最近几天，大约有多少时间你感到孤独	几乎总是	经常	大约一半时间	偶尔	没有或几乎没有
11	最近几天，当你感到孤独时，程度如何	极孤独	很孤独	一般的孤独	稍微孤独	未感到孤独
12	与别人相比，你觉得你最近几天的孤独程度如何	较一般人重得多	较一般人重一点	大约一般	较一般人轻一点	较一般人轻得多

第二部分

指导语：以下是对您过去几年里的感受的描述。请指明您对每个陈述同意或反对的程度，据此选择一个回答，并将数字填在答题纸上对应的题号旁。

序号	题目	完全同意	同意	不确定	不同意	完全不同意
1	最近几年，我觉得跟周围人交往很和谐	1	2	3	4	5
2	最近几年，我缺少伙伴	1	2	3	4	5
3	最近几年，我感到是朋友中的一员	1	2	3	4	5
4	最近几年，我的兴趣和想法跟周围人不一样	1	2	3	4	5
5	最近几年，我觉得有人与我关系密切	1	2	3	4	5
6	最近几年，我觉得被遗忘了	1	2	3	4	5
7	最近几年，没有人很了解我	1	2	3	4	5
8	最近几年，我有可以信赖的人	1	2	3	4	5
9	最近几年，独处时我感到孤独	1	2	3	4	5

序号	题目	选项1	选项2	选项3	选项4	选项5
10	最近几年，大约有多少时间你感到孤独	几乎总是	经常	大约一半时间	偶尔	没有或几乎没有
11	最近几年，当你感到孤独时，程度如何	极孤独	很孤独	一般的孤独	稍微孤独	未感到孤独
12	与别人相比，你觉得你最近几年的孤独程度如何	较一般人重得多	较一般人重一点	大约一般	较一般人轻一点	较一般人轻得多

第七节　UCLA 孤独量表

一、测验简介

1. 测验的基本信息

《UCLA 孤独量表》（UCLA Loneliness Scale）由加州大学洛杉矶分校（University of California at Los Angels，UCLA）的罗塞尔（D. Russell）等人编制而成，首版发表于1978 年，印后曾经在 1980 年和 1988 年进行了两次修订，分别为第二版和第三版[1]。该量表为自评量表，主要评价由对社会交往的渴望与实际水平的差距而产生的孤独感。李旭等人的研究表明该量表的内部一致性 α 系数为 0.87[2]。

2. 测验的结构

《UCLA 孤独量表》为单一维度量表。

二、测验计分方式

《UCLA 孤独量表》共有 20 个条目，每个条目有四级频度评分：一直有此感觉=4；有时有此感觉=3；很少有此感觉=2；从未有此感觉=1。其中 1、5、6、9、10、15、16、19、20 这 9 个条目为反向计分；一直有此感觉=1；有时有此感觉=2；很少有此感觉=3；从未有此感觉=4。所有条目得分相加即为总量表得分，得分越高说明孤独程度越高。

三、测验统计学指标

1. 样本分布

为了编制《UCLA 孤独量表》的常模，我们采用纸质调查和网络调查相结合的方式，在北京市选取高中学生和教师参与测试。

在选取样本的过程中，考虑到了学校的地域分布（市区还是郊区）、学校性质（示范高中还是普通高中）、以及性别（男、女）各因素的平衡情况，保证样本的代表性。

《UCLA 孤独量表》最终收回有效问卷 1086 份，详细的被试分布情况见表 7-25 至表 7-27。

表 7-25 被试具体分布情况（地域分布）

	市区	郊区	合计
学生	409	487	896
教师	43	147	190
合计	452	634	1086

表 7-26 被试具体分布情况（学校性质）

	示范高中	普通高中	合计
学生	745	151	896
教师	129	61	190
合计	874	212	1086

表 7-27 被试具体分布情况（性别）

	性别 男生	女生	合计
高一	215	105	320
高二	91	151	242
高三	173	161	334

2. 信度

量表总的内部一致性信度为 0.844。

3. 常模基础数据

	总分	
	M.	SD.
学生	42.25	9.576
教师	41.68	9.217
总计	42.15	9.512

		总分	
		M.	SD.
男	学生	41.83	9.563
	教师	41.36	9.568
	总计	41.80	9.554
女	学生	42.74	9.580

(续表)

		总分	
		M.	SD.
	教师	41.76	9.163
	总计	42.47	9.471

年级	总分	
	M.	SD.
高一	42.59	9.444
高二	42.54	9.188
高三	41.72	9.974

		总分	
		M.	SD.
高一	男	42.32	9.205
	女	43.15	9.937
高二	男	43.02	9.041
	女	42.25	9.293
高三	男	40.60	10.167
	女	42.93	9.648

四、参考文献

[1] 王登峰. Russell 孤独量表的信度与效度研究[J]. 中国临床心理学杂志, 1995, 3(1): 23-25.

[2] 李旭, 陈世民, 郑雪. 成人依恋对病理性网络使用的影响：社交自我效能感和孤独感的中介作用[J]. 心理科学, 2004, 38(6): 721-727.

五、《UCLA 孤独量表》题本

指导语：下面是人们有时出现的一些感受。对每项描述，请指出你具有那种感觉的频度，选择相应的数字，填在答题纸上对应的题号旁。

举例如下：

你常感觉幸福吗？

如果你从未感觉到幸福，你应回答"从不"；如果一直感觉到幸福，应回答"一直"，依此类推。

序号	题目	从不	很少	有时	一直
1	你常感到与周围人的关系和谐吗	1	2	3	4
2	你常感到缺少伙伴吗	1	2	3	4
3	你常感到没有人可以信赖吗	1	2	3	4

(续表)

序号	题目	从不	很少	有时	一直
4	你常感到寂寞吗	1	2	3	4
5	你常感到属于朋友中的一员吗	1	2	3	4
6	你常感到与周围的人有许多共同点吗	1	2	3	4
7	你常感到与任何人都不亲密了吗	1	2	3	4
8	你常感到你的兴趣和想法与周围的人不一致吗	1	2	3	4
9	你常感到想要与人来往，结交朋友吗	1	2	3	4
10	你常感到与人亲近吗	1	2	3	4
11	你常感到被人冷落吗	1	2	3	4
12	你常感到你与别人来往毫无意义吗	1	2	3	4
13	你常感到没有人很了解你吗	1	2	3	4
14	你常感到与别人隔开了吗	1	2	3	4
15	你常感到当你愿意时就能找到伙伴吗	1	2	3	4
16	你常感到有人真正了解你吗	1	2	3	4
17	你常感到羞怯吗	1	2	3	4
18	你常感到人们围着你，但并不关心你吗	1	2	3	4
19	你常感到有人愿意与你交谈吗	1	2	3	4
20	你常感到有人值得你信赖吗	1	2	3	4

第八节 匹兹堡睡眠质量指数

一、测验简介

1. 测验的基本信息

在睡眠时间的需要上，个体差异很大，即有所谓的长睡眠者（需要9小时）和短睡眠者（需要6小时）。1989年，布依斯（D. Buysse）等人编制了《匹兹堡睡眠质量指数》（Pittsburgh Sleep Quality Index，PSQI），它从睡眠质量、入睡时间、睡眠时间、睡眠效率、睡眠障碍、催眠药物、日间功能障碍共7个方面来评定，按0~3级计分便于统计分析比较，量表的分值为0~21分，分数越高睡眠质量越差。评定时间为近一个月，以鉴别暂时性和持续性的睡眠障碍。

《匹兹堡睡眠质量指数》将睡眠的质与量有机地结合在一起进行评定，这样就使该量表不仅可以评价一般人的睡眠行为和习惯，也适用于睡眠障碍患者、精神障碍患者的睡眠质量评价、疗效观察。《匹兹堡睡眠质量指数》与多导睡眠脑电图的测评结果相关性较高。1996年刘贤臣等人将《匹兹堡睡眠质量指数》译为中文，并应用于临床，提出《匹兹堡睡眠质量指数》＞7分作为测评我国成人睡眠质量问题的参考值[1]。

2. 测验的结构

测验含睡眠质量、入睡时间、睡眠时间、睡眠效率、睡眠障碍、催眠药物、日间功能障碍七个维度。

殷睿宏等人对《匹兹堡睡眠质量指数》的信度进行了检测，发现总量表的α系数是0.796，各维度的α系数在0.623～0.810之间[2]。

二、测验计分方式

测验由9道大题组成，前4道大题为填空题，后5道大题为选择题，其中第5道大题包含10道小题。所以，按题目数计算的话，一共是18道题目。

各维度含义及计分方法如下。

1. 睡眠质量

根据题目6的应答计分："很好"计0分，"较好"计1分，"较差"计2分，"很差"计3分。

2. 入睡时间

（1）题目2的计分为："≤15分钟"计0分，"16～30分钟"计1分，"31～60分钟"计2分，"≥60分钟"计3分。

（2）题目5a的计分为："无"计0分，"＜1周/次"计1分，"1～2周/次"计2分，"≥3周/次"计3分。

（3）累加题目2和5a的计分作为"入睡时间"维度分数："累加分为0分"计0分，"累加分为1～2分"计1分，"累加分为3～4分"计2分，"累加分为5～6分"计3分。

3. 睡眠时间

根据题目4的应答计分，"＞7小时"计0分，"6～7小时"计1分，"5～6小时"计2分，"＜5小时"计3分。

4. 睡眠效率

（1）床上时间=题目3（起床时间）-题目1（上床时间）

（2）睡眠效率=题目4（睡眠时间）/床上时间×100%

（3）"睡眠效率"维度最终分数："睡眠效率＞85%"计为0分，"睡眠效率75%～84%"计1分，"睡眠效率65%～74%"计2分，"睡眠效率＜65%"计3分。

5. 睡眠障碍

（1）题目5b至5j的计分为："无"计0分，"＜1周/次"计1分，"1～2周/次"计2分，"≥3周/次"计3分。

（2）累加题目5b至5j的计分再转换作为"睡眠障碍"维度分数，"累加分为0"则计0分，"累加分为1～9分"计1分，"累加分为10～18分"计2分，"累加分为19～27

分"计3分。

6. 催眠药物

根据题目7的应答计分,"无"计0分,"＜1周/次"计1分,"1～2周/次"计2分,"≥3周/次"计3分。

7. 日间功能障碍

（1）根据题目8的应答计分,"无"计0分,"＜1周/次"计1分,"1～2周/次"计2分,"≥3周/次"计3分。

（2）根据题目9的应答计分,"没有"计0分,"偶尔有"计1分,"有时有"计2分,"经常有"计3分。

（3）累加题目8和题目9的得分再转换作为"日间功能障碍"维度分数,"累加分为0"计0分,"累加分为1～2分"计1分,"累加分为3～4分"计2分,"累加分为5～6分"计3分。

8. 睡眠质量总分=睡眠质量+入睡时间+睡眠时间+睡眠效率+睡眠障碍+催眠药物+日间功能障碍。总分范围为0～21,得分越高,表示睡眠质量越差。

三、测验统计学指标

1. 样本分布

为了编制《匹兹堡睡眠质量指数》的常模,我们采用纸质调查和网络调查相结合的方式,在北京市选取高中学生和教师参与测试。

在选取样本的过程中,考虑到了学校的地域分布（市区还是郊区）、学校性质（示范高中还是普通高中）、以及性别（男、女）各因素的平衡情况,保证样本的代表性。

《匹兹堡睡眠质量指数》最终收回有效问卷984份,详细的被试分布情况见表7-28至表7-30。

表7-28 被试具体分布情况（地域分布）

	市区	郊区	合计
学生	496	186	682
教师	168	134	302
合计	664	320	984

表7-29 被试具体分布情况（学校性质）

	示范高中	普通高中	合计
学生	409	273	682
教师	159	143	302
合计	568	416	984

表 7-30 被试具体分布情况（性别）

	性别		合计
	男生	女生	
高一	99	132	231
高二	145	132	277
高三	72	102	174

2.常模基础数据

	总分		睡眠质量		入睡时间		睡眠时间	
	M.	SD.	M.	SD.	M.	SD.	M.	SD.
学生	6.94	3.217	1.05	0.861	0.99	0.907	1.27	0.986
教师	6.55	3.349	1.11	0.843	0.85	0.852	1.12	0.909
总计	6.83	3.258	1.07	0.856	0.95	0.892	1.22	0.966

	睡眠效率		睡眠障碍		催眠药物		日间功能障碍	
	M.	SD.	M.	SD.	M.	SD.	M.	SD.
学生	0.77	1.200	0.95	0.524	0.05	0.297	1.87	0.907
教师	0.27	0.696	1.20	0.553	0.07	0.354	1.91	0.922
总计	0.62	1.100	1.02	0.545	0.06	0.315	1.88	0.911

		总分		睡眠质量		入睡时间		睡眠时间	
		M.	SD.	M.	SD.	M.	SD.	M.	SD.
男	高中	6.86	3.340	1.00	0.864	0.99	0.928	1.29	1.034
	教师	5.98	3.431	1.04	0.931	0.76	0.885	1.14	0.953
	总计	6.73	3.363	1.01	0.873	0.95	0.924	1.27	1.022
女	高中	7.01	3.114	1.10	0.858	1.00	0.889	1.25	0.944
	教师	6.69	3.322	1.12	0.822	0.87	0.844	1.11	0.900
	总计	6.89	3.193	1.11	0.844	0.95	0.873	1.20	0.929

		睡眠效率		睡眠障碍		催眠药物		日间功能障碍	
		M.	SD.	M.	SD.	M.	SD.	M.	SD.
男	高中	0.85	1.239	0.88	0.518	0.07	0.383	1.80	0.916
	教师	0.24	0.666	1.20	0.576	0.04	0.191	1.61	0.979
	总计	0.76	1.190	0.94	0.540	0.07	0.360	1.77	0.926
女	高中	0.71	1.162	1.01	0.523	0.03	0.196	1.93	0.896
	教师	0.27	0.705	1.19	0.549	0.08	0.382	1.98	0.896
	总计	0.54	1.032	1.08	0.541	0.05	0.285	1.95	0.895

	总分		睡眠质量		入睡时间		睡眠时间	
	M.	SD.	M.	SD.	M.	SD.	M.	SD.
高一	5.95	2.757	0.94	0.757	0.89	0.884	1.00	0.879
高二	6.85	3.367	1.04	0.924	1.02	0.889	1.32	0.987
高三	8.38	3.032	1.22	0.866	1.09	0.955	1.55	1.034

	睡眠效率		睡眠障碍		催眠药物		日间功能障碍	
	M.	SD.	M.	SD.	M.	SD.	M.	SD.
高一	0.36	0.867	0.92	0.500	0.05	0.326	1.82	0.813
高二	0.72	1.119	0.91	0.548	0.08	0.353	1.77	0.953
高三	1.41	1.432	1.05	0.507	0.01	0.076	2.10	0.912

		总分		睡眠质量		入睡时间		睡眠时间	
		M.	SD.	M.	SD.	M.	SD.	M.	SD.
高一	男	5.92	2.829	0.89	0.758	0.94	0.942	0.98	0.872
	女	5.98	2.712	0.97	0.743	0.88	0.852	1.01	0.851
高二	男	6.81	3.537	1.02	0.942	1.00	0.925	1.25	1.052
	女	6.90	3.206	1.07	0.898	1.04	0.873	1.36	0.894
高三	男	8.20	3.202	1.12	0.814	1.03	0.907	1.74	0.995
	女	8.51	2.913	1.28	0.883	1.07	0.959	1.46	1.009

		睡眠效率		睡眠障碍		催眠药物		日间功能障碍	
		M.	SD.	M.	SD.	M.	SD.	M.	SD.
高一	男	0.40	0.861	0.84	0.538	0.06	0.438	1.82	0.807
	女	0.34	0.882	0.98	0.468	0.01	0.090	1.80	0.816
高二	男	0.90	1.243	0.86	0.503	0.09	0.360	1.70	0.976
	女	0.56	0.962	0.95	0.587	0.05	0.247	1.87	0.917
高三	男	1.39	1.447	0.94	0.539	0.00	0.000	1.99	0.915
	女	1.38	1.423	1.13	0.489	0.01	0.103	2.17	0.919

四、参考文献

[1] 刘贤臣，唐茂芹，胡蕾等. 匹兹堡睡眠质量指数的信度和效度研究[J]. 中华精神科杂志，1996, 29(2): 103-107.

[2] 殷睿宏，谷永霞，唐冬梅等. 电子版匹兹堡睡眠质量指数量表信效度测评[J]. 医学美学美容旬刊，2014, (12): 610.

五、《匹兹堡睡眠质量指数》题本

指导语：下面是关于您最近一个月的睡眠情况的一些问题，请选择填写最符合您近一个月实际情况的答案，将其填在答题纸上对应的题号旁。

1. 近一个月，晚上上床睡觉通常在＿＿＿＿＿＿＿＿点钟。

2. 近一个月，从上床到入睡通常需要＿＿＿＿＿＿＿＿分钟。

3. 近一个月，通常早上＿＿＿＿＿＿＿＿点起床。

4. 近一个月，通常每夜实际睡眠＿＿＿＿＿＿＿＿小时（不等于卧床时间）。

5. 近一个月，是否因下列情况影响睡眠而烦恼，对下列问题请选择一个最适合您的答案。

序号	题目	无	<1次/周	1~2次/周	≥3次/周
5a	入睡困难（30分钟内不能入睡）	1	2	3	4
5b	夜间易醒或早醒	1	2	3	4
5c	夜间去厕所	1	2	3	4
5d	呼吸不畅	1	2	3	4
5e	咳嗽或鼾声高	1	2	3	4
5f	感觉冷	1	2	3	4
5g	感觉热	1	2	3	4
5h	做噩梦	1	2	3	4
5i	疼痛不适	1	2	3	4
5j	其它影响睡眠的事情	1	2	3	4

6. 近一个月，总的来说，您认为自己的睡眠质量：

    （1）很好　　（2）较好　　（3）较差　　（4）很差

7. 近一个月，您用药物催眠的情况：

    （1）无　　（2）<1次/周　　（3）1~2次/周　　（4）≥3次/周

8. 近一个月，您常感到困倦吗？

    （1）无　　（2）<1次/周　　（3）1~2次/周　　（4）≥3次/周

9. 近一个月，您做事情的精力不足吗？

    （1）没有　　（2）偶尔有　　（3）有时有　　（4）经常有

第九节　中文网络成瘾量表

一、测验简介

1.测验的基本信息

网络成瘾，也被称为网络过度使用或病理性网络使用，是指由于过度使用网络而导致明显的社会、心理损害的一种现象。其主要特征是：无节制地花费大量时间上网，必须增加上网时间才能获得满足感，当不能上网时出现异常情绪体验，学业失败、工作绩效变差或现实人际关系恶化，向他人说谎以隐瞒自己对网络的迷恋程度、症状反复发作等[1]。台湾学者陈淑惠于1999年依据美国精神病学会《诊断与统计手册：精神障碍》(DSM-IV)编制了《中文网络成瘾量表》(Chen Internet Addiction Scale, CIAS)。

陈伟伟、高亚兵、彭文波对浙江省933名大学生使用《中文网络成瘾量表》进行调查发现，该量表的内部一致性α系数为0.946，并有比较好的效标关联[2]。

2.测验的结构

本测验包含5个维度：强迫性上网行为、戒断行为与退瘾反应、网络成瘾耐受性、时间管理、人际及健康。其中强迫性上网行为、戒断行为与退瘾反应、网络成瘾耐受性属于网络成瘾核心症状，时间管理、人际及健康属于网络成瘾相关问题。

二、测验计分方式

《中文网络成瘾量表》采用4点计分，要求个体在4点量表上评价每个题目的描述与自己的符合程度，其中1代表"非常符合"，2代表"符合"，3代表"不符合"，4代表"极不符合"，维度所属题目累加即为该维度得分。各维度所属题目如下：

强迫性上网行为包含的题目：11、14、19、20、22。

戒断行为与退瘾反应包含的题目：2、4、5、10、16。

网络成瘾耐受性包含的题目：3、6、9、24。

时间管理包含的题目：1、8、23、25、26。

人际及健康包含的题目：7、12、13、15、17、18、21。

网络成瘾核心症状的总分是强迫性上网行为、戒断行为与退瘾反应、网络成瘾耐受性三个分量表的得分之和；网络成瘾相关问题的总分是时间管理、人际及健康这两个分量表之和；量表的总分是所有题目得分的总和。

本量表得分越高，表明网络成瘾行为越轻。

三、测验统计学指标

1.样本分布

为了编制《中文网络成瘾量表》的常模，我们采用纸质调查和网络调查相结合的方式，在北京市选取中小学校的学生参与测试。

在选取样本的过程中，考虑到了学校的地域分布（市区还是郊区）、学校性质（示范高中还是普通高中）、以及性别（男、女）各因素的平衡情况，保证样本的代表性。

《中文网络成瘾量表》最终收回有效问卷 2026 份，详细的被试分布情况见表 7-31 至表 7-33。

表 7-31　被试具体分布情况（地域分布）

	市区	郊区	合计
小学	411	390	801
初中	144	329	473
高中	358	394	752
合计	913	1113	2026

表 7-32　被试具体分布情况（学校性质）

	示范高中	普通高中	合计
合计	275	477	752

表 7-33　被试具体分布情况（性别）

		性别		合计
		男生	女生	
小学	三年级	96	115	211
	四年级	83	72	155
	五年级	104	94	198
	六年级	123	114	237
初中	初一	76	68	144
	初二	87	106	193
	初三	71	65	136
高中	高一	95	116	211
	高二	155	228	383
	高三	59	99	158
	合计	949	1077	2026

2.信度

总量表的内部一致性信度为 0.946，其中网络成瘾核心症状的内部一致性信度为 0.917，网络成瘾相关问题的内部一致性信度为 0.891，5 个维度的内部一致性在 0.756~0.835 之间，各维度的具体信度指标见表 7-34。

表 7-34　各维度的具体信度指标

	强迫性上网行为	戒断行为与退瘾反应	网络成瘾耐受性	时间管理	人际及健康
α	0.808	0.835	0.756	0.786	0.839

3. 常模基础数据

	总分		网络成瘾核心症状		网络成瘾相关问题	
	M.	SD.	M.	SD.	M.	SD.
小学	41.34	14.595	22.68	8.620	18.65	6.827
初中	46.80	13.738	26.11	8.154	20.68	6.302
高中	48.72	16.937	26.86	9.330	21.86	8.232
总计	45.35	15.672	25.03	8.991	20.32	7.404

	强迫性上网行为		戒断行为与退瘾反应		网络成瘾耐受性		时间管理		人际及健康	
	M.	SD.	M.	SD.	M.	SD.	M.	SD.	M.	SD.
小学	7.61	3.240	8.44	3.651	6.63	2.683	7.30	2.867	11.35	4.481
初中	8.48	2.997	9.93	3.484	7.70	2.561	8.22	2.817	12.46	4.084
高中	8.93	3.495	10.22	3.791	7.71	2.899	9.01	3.703	12.85	4.964
总计	8.30	3.333	9.45	3.756	7.28	2.787	8.15	3.277	12.17	4.628

		总分		网络成瘾核心症状		网络成瘾相关问题	
		M.	SD.	M.	SD.	M.	SD.
男	小学	44.14	15.432	24.42	9.181	19.71	7.207
	初中	47.64	13.180	26.47	7.893	21.17	6.107
	高中	51.57	18.044	27.90	9.934	23.67	8.703
	总计	47.42	16.139	26.06	9.256	21.36	7.673
女	小学	38.46	13.088	20.89	7.608	17.56	6.237
	初中	45.97	14.241	25.77	8.404	20.21	6.464
	高中	46.73	15.841	26.14	8.823	20.60	7.646
	总计	43.53	15.022	24.13	8.654	19.40	7.033

		强迫性上网行为		戒断行为与退瘾反应		网络成瘾耐受性		时间管理		人际及健康	
		M.	SD.	M.	SD.	M.	SD.	M.	SD.	M.	SD.
男	小学	8.20	3.512	9.16	3.913	7.07	2.833	7.68	3.149	12.04	4.655
	初中	8.45	2.819	10.19	3.547	7.83	2.498	8.45	2.795	12.72	4.059
	高中	9.28	3.681	10.62	3.942	8.00	3.122	9.78	3.830	13.90	5.294
	总计	8.61	3.442	9.89	3.887	7.56	2.884	8.55	3.427	12.81	4.801
女	小学	7.01	2.814	7.69	3.198	6.19	2.444	6.92	2.490	10.64	4.184
	初中	8.51	3.167	9.68	3.409	7.58	2.619	8.00	2.826	12.20	4.100
	高中	8.68	3.341	9.94	3.661	7.51	2.718	8.47	3.519	12.12	4.587
	总计	8.03	3.211	9.06	3.593	7.04	2.676	7.80	3.099	11.60	4.393

		总分		网络成瘾核心症状		网络成瘾相关问题	
		M.	SD.	M.	SD.	M.	SD.
小学	三年级	42.26	14.102	22.57	8.242	19.69	6.904
	四年级	38.42	14.564	21.69	9.365	16.73	5.903
	五年级	42.15	12.823	23.19	7.830	18.95	6.030
	六年级	41.74	16.199	23.01	9.057	18.73	7.683
初中	初一	43.82	12.337	24.41	7.671	19.41	5.362
	初二	47.05	13.333	26.22	7.757	20.82	6.315
	初三	49.60	15.111	27.76	8.871	21.83	6.970
高中	高一	49.31	15.284	27.77	8.971	21.54	7.229
	高二	48.13	17.549	26.33	9.472	21.80	8.594
	高三	49.35	17.571	26.92	9.415	22.44	8.604

		强迫性上网行为		戒断行为与退瘾反应		网络成瘾耐受性		时间管理		人际及健康	
		M.	SD.	M.	SD.	M.	SD.	M.	SD.	M.	SD.
小学	三年级	7.64	3.178	8.38	3.510	6.55	2.676	7.34	2.670	12.35	4.847
	四年级	7.23	3.460	8.34	4.147	6.12	2.678	6.76	2.629	9.97	3.656
	五年级	7.88	2.935	8.41	3.372	6.90	2.602	7.37	2.493	11.59	4.153
	六年级	7.62	3.381	8.57	3.670	6.82	2.725	7.57	3.397	11.16	4.670
初中	初一	7.98	2.747	9.29	3.395	7.14	2.505	7.51	2.350	11.90	3.792
	初二	8.49	3.024	9.93	3.210	7.80	2.368	8.38	2.763	12.44	4.064
	初三	8.99	3.142	10.61	3.830	8.16	2.781	8.76	3.187	13.07	4.344
高中	高一	9.04	3.442	10.77	3.792	7.97	2.761	8.77	3.351	12.77	4.408
	高二	8.76	3.434	9.94	3.834	7.63	2.999	9.00	3.820	12.80	5.208
	高三	9.18	3.705	10.18	3.623	7.56	2.829	9.35	3.859	13.08	5.078

			总分		网络成瘾核心症状		网络成瘾相关问题	
			M.	SD.	M.	SD.	M.	SD.
小学	三年级	男	43.99	14.291	23.99	8.363	20.00	7.050
		女	40.82	13.839	21.38	7.983	19.43	6.801
	四年级	男	41.48	15.881	23.66	10.216	17.82	6.400
		女	34.89	12.049	19.42	7.738	15.47	5.029

(续表)

			总分		网络成瘾核心症状		网络成瘾相关问题	
			M.	SD.	M.	SD.	M.	SD.
	五年级	男	44.29	12.591	24.60	8.089	19.69	5.986
		女	39.78	12.724	21.64	7.264	18.14	6.005
	六年级	男	45.92	17.894	25.13	9.946	20.79	8.503
		女	37.24	12.761	20.72	7.372	16.52	5.972
初中	初一	男	45.72	11.789	25.47	7.400	20.25	5.236
		女	41.69	12.672	23.22	7.847	18.47	5.382
	初二	男	48.45	11.665	26.83	6.866	21.62	5.719
		女	45.90	14.514	25.73	8.417	20.17	6.722
	初三	男	48.70	16.007	27.10	9.440	21.61	7.297
		女	50.57	14.126	28.49	8.216	22.08	6.643
高中	高一	男	51.09	17.076	27.98	10.052	23.12	7.944
		女	47.85	13.544	27.60	8.019	20.25	6.334
	高二	男	52.37	19.102	28.32	10.286	24.05	9.291
		女	45.25	15.816	24.98	8.640	20.27	7.742
	高三	男	50.24	16.840	26.64	8.792	23.59	8.357
		女	48.83	18.057	27.08	9.807	21.75	8.717

			强迫性上网行为		戒断行为与退瘾反应		网络成瘾耐受性		时间管理		人际及健康	
			M.	SD.	M.	SD.	M.	SD.	M.	SD.	M.	SD.
小学	三年级	男	8.02	3.359	9.03	3.579	6.94	2.714	7.37	2.796	12.63	4.930
		女	7.32	2.996	7.83	3.372	6.23	2.613	7.31	2.573	12.12	4.787
	四年级	男	8.02	3.988	9.10	4.446	6.54	2.830	7.19	3.010	10.63	3.863
		女	6.32	2.454	7.46	3.607	5.64	2.422	6.26	2.014	9.21	3.267
	五年级	男	8.42	2.932	8.97	3.698	7.20	2.711	7.59	2.514	12.11	4.240
		女	7.28	2.834	7.80	2.865	6.56	2.448	7.13	2.459	11.01	3.999
	六年级	男	8.26	3.757	9.46	3.986	7.41	2.997	8.32	3.842	12.47	5.098
		女	6.92	2.775	7.61	3.032	6.18	2.240	6.77	2.631	9.75	3.686

254

(续表)

			强迫性上网行为		戒断行为与退瘾反应		网络成瘾耐受性		时间管理		人际及健康	
			M.	SD.	M.	SD.	M.	SD.	M.	SD.	M.	SD.
初中	初一	男	8.14	2.627	9.76	3.509	7.57	2.380	7.61	2.060	12.64	3.955
		女	7.79	2.884	8.76	3.205	6.66	2.572	7.40	2.649	11.07	3.444
	初二	男	8.69	2.776	10.22	2.863	7.92	2.237	8.80	2.641	12.82	3.811
		女	8.33	3.218	9.69	3.465	7.71	2.476	8.04	2.825	12.13	4.254
	初三	男	8.48	3.070	10.61	4.271	8.01	2.906	8.92	3.426	12.69	4.496
		女	9.55	3.148	10.62	3.315	8.32	2.652	8.58	2.920	13.49	4.165
高中	高一	男	9.24	3.864	10.85	4.055	7.88	3.063	9.49	3.758	13.62	4.620
		女	8.87	3.060	10.70	3.578	8.03	2.498	8.17	2.857	12.00	4.118
	高二	男	9.42	3.687	10.68	4.074	8.22	3.343	9.90	3.917	14.15	5.770
		女	8.32	3.183	9.43	3.584	7.24	2.676	8.39	3.635	11.89	4.581
	高三	男	8.95	3.391	10.07	3.373	7.63	2.572	9.92	3.752	13.68	5.046
		女	9.31	3.890	10.24	3.780	7.53	2.984	9.02	3.902	12.73	5.089

四、参考文献

[1] 陈侠, 黄希庭, 白纲. 关于网络成瘾的心理学研究[J]. 心理科学进展, 2003, 11(3): 355-359.

[2] 陈伟伟, 高亚兵, 彭文波. 中文网络成瘾量表在浙江省933名大学生中的信效度研究[J]. 中国学校卫生, 2009, 30(7): 613-615.

五、《中文网络成瘾量表》题本

指导语：

请认真阅读下面的句子，并根据自己的实际情况作答。

如果你认为题目所描述的内容非常符合自己的实际情况，选"1 非常符合"；

如果你认为题目所描述的内容只是一般符合你的实际情况，选"2 符合"；

如果你认为题目所描述的内容与你的实际情况不符合，就选"3 不符合"；

如果你认为题目所描述的内容与你的实际情况非常不符合，选"4 极不符合"。

序号	题目	非常符合	符合	不符合	极不符合
1	曾不止一次有人告诉我，我花了太多时间在网络上	1	2	3	4
2	如果有一段时间没有上网，我就会觉得心里不舒服	1	2	3	4
3	我发现自己上网的时间越来越长	1	2	3	4
4	当网络断线或接不上时，我觉得自己坐立不安	1	2	3	4
5	就算再累，上网时我也觉得自己很有精神	1	2	3	4
6	我每次都只想上网玩一下，但常常一玩就很久不想停下	1	2	3	4
7	虽然上网对我日常与同学、家人的人际关系造成负面影响，我仍未减少上网时间	1	2	3	4
8	我曾不止一次因为上网的关系导致一天睡眠时间不足四小时	1	2	3	4
9	从上学期以来，我平均每周上网的时间比以前增加许多	1	2	3	4
10	我只要有一段时间没有上网，就会情绪低落	1	2	3	4
11	我不能控制自己的行动	1	2	3	4
12	我发现自己因投入在网络上，而减少了与周围朋友的交往	1	2	3	4
13	我曾经因为上网而腰酸背痛，或者有其他身体不适	1	2	3	4
14	我每天早上醒来，想到的第一件事就是上网	1	2	3	4
15	上网对我的学业已经造成了一些负面影响	1	2	3	4
16	我只要有一段时间没有上网，就会觉得自己好像错过什么	1	2	3	4
17	因为上网的关系，我与家人的互动减少了	1	2	3	4
18	因为上网的关系，我平常休闲活动的时间减少了	1	2	3	4
19	每次下网后，我其实是要去做其他的事，却又忍不住再上网看看	1	2	3	4
20	没有网络，我的生活就没有乐趣可言	1	2	3	4
21	上网对我的身体健康造成了负面影响	1	2	3	4
22	我曾经试想花较少的时间在网络上，却无法做到	1	2	3	4
23	我习惯减少睡眠时间，以便能有更多的时间上网	1	2	3	4
24	比起以前，我必须花更多的时间在网络上才能得到满足	1	2	3	4
25	我曾经因为上网而没有按时进食	1	2	3	4
26	我因为熬夜上网，导致白天精神不济	1	2	3	4

第十节 焦虑自评量表

一、测验简介

1. 测验的基本信息

《焦虑自评量表》(Self-rating Anxiety Scale, SAS)由庄(W. Zung)于1971年编制[1],是一种分析病人主观症状的相当简便的临床工具。国外研究认为,SAS能较准确地反映有焦虑倾向的精神病患者的主观感受。而焦虑则是心理咨询门诊中较常见的一种情绪障碍。近年来,SAS已越来越多地作为咨询门诊中了解焦虑症状的一种自评工具。

陶明、高静芳在研究中发现,SAS的总分与各题目的评分之间都有明显的相关性,反映了该量表的各个题目的信度均佳,内容一致性α系数为0.931,说明了各个题目间的内部一致性极好,因而表明SAS具有较高的信度[2]。

2. 测验的结构

《焦虑自评量表》为单一维度量表。

二、测验计分方式

《焦虑自评量表》含有20个反映焦虑主观感受的题目,每个题目按症状出现的频度分为4级评分,其标准为:"1"表示没有或很少时间;"2"表示小部分时间有;"3"表示相当多时间;"4"表示绝大部分或全部时间。20个题目得分累加即为量表总得分,其中5、9、13、17、19共5个题目为反向评分。本量表的得分越高说明焦虑程度越严重。

三、测验统计学指标

1. 样本分布

为了编制《焦虑自评量表》的常模,我们采用纸质调查和网络调查相结合的方式,在北京市选取中小学教师参与测试。

在选取样本的过程中,考虑到了学校的地域分布(市区还是郊区)、性别(男、女)等因素的平衡情况,保证样本的代表性。

《焦虑自评量表》最终收回有效问卷251份,详细的被试分布情况见表7-35。

表7-35 被试具体分布情况(地域分布)

	市区	郊区	合计
总计	76	175	251

2. 信度

量表整体的内部一致性信度为 0.879。

3. 常模基础数据

	总分	
	M.	SD.
男	36.88	9.450
女	37.09	9.784
总计	37.05	9.712

四、参考文献

[1] 刘贤臣, 彭秀桂. 焦虑自评量表 SAS 的因子分析[J]. 中国神经精神疾病杂志, 1995, (6): 359-360.

[2] 陶明, 高静芳. 修订焦虑自评量表（SAS-CR）的信度及效度[J]. 中国神经精神疾病杂志, 1994, (5): 301-303.

五、《焦虑自评量表》题本

指导语：下面有 20 条文字，请仔细阅读每一条，把意思弄明白，然后根据您最近一周的实际感觉，选择相应的数字，数字表示的意思是：1=没有或很少时间；2=小部分时间；3=相当多时间；4=绝大部分或全部时间。选择相应的数字，填在答题纸上对应的题号旁。

题号	题目	没有或很少时间	小部分时间	相当多时间	绝大部分或全部时间
1	我觉得比平时容易紧张或着急	1	2	3	4
2	我无缘无故会感到害怕	1	2	3	4
3	我容易心里烦乱或感到惊恐	1	2	3	4
4	我觉得我可能将要发疯	1	2	3	4
5	我觉得一切都很好	1	2	3	4
6	我手脚发抖	1	2	3	4
7	我因为头疼、颈痛和背痛而苦恼	1	2	3	4
8	我容易衰弱和疲乏	1	2	3	4
9	我觉得心平气和，并且容易安静坐着	1	2	3	4
10	我觉得心跳得很快	1	2	3	4
11	我因为一阵阵头晕而苦恼	1	2	3	4
12	我感觉有晕倒发作，或觉得要晕倒似的	1	2	3	4

(续表)

题号	题目	没有或很少时间	小部分时间	相当多时间	绝大部分或全部时间
13	我吸气呼气都感到很容易	1	2	3	4
14	我的手脚感觉麻木和刺痛	1	2	3	4
15	我因为胃痛和消化不良而苦恼	1	2	3	4
16	我常常要小便	1	2	3	4
17	我的手脚常常是干燥温暖的	1	2	3	4
18	我容易脸红发热	1	2	3	4
19	我容易入睡并且一夜睡得很好	1	2	3	4
20	我容易做噩梦	1	2	3	4

第十一节 贝克焦虑量表

一、测验简介

1. 测验的基本信息

《贝克焦虑量表》(Beck Anxiety Inventory，BAI)由美国心理学家贝克(A. Beck)等人于1985年编制，是一个含有21个题目的自评量表。该量表用4级评分，主要评定受试者被多种焦虑症状烦扰的程度，适用于具有焦虑症状的成年人，能比较准确地反映个体主观感受到的焦虑程度[1]。

《贝克焦虑量表》是一种分析受试者主观焦虑症状的相当简便的临床工具。总的特点是项目内容简明，容易理解，操作分析方便，能帮助了解近期心境体验及治疗期间焦虑症状的变化动态。

郑健荣、黄炽荣等人研究发现《贝克焦虑量表》的内部一致性良好，全量表 α 系数为 0.95，折半相关为 0.92 及 0.89[2]。

2. 测验的结构

《贝克焦虑量表》为单一维度量表。

二、测验计分方式

《贝克焦虑量表》共有 21 个自评项目，把受试者被多种焦虑症状烦扰的程度作为评定指标，评分标准为："0"表示无；"1"表示轻度，无多大烦扰；"2"表示中度，感到不适但尚能忍受；"3"表示重度，只能勉强忍受。所有项目的得分相加即为量表总分，总分能充分反映焦虑状态的严重程度，得分越高焦虑程度越严重。

三、测验统计学指标

1. 样本分布

为了编制《贝克焦虑量表》的常模，我们采用纸质调查和网络调查相结合的方式，在北京市选取高中学生和教师参与测试。

在选取样本的过程中，考虑到了学校的地域分布（市区还是郊区）、学校性质（示范高中还是普通高中）、以及性别（男、女）各因素的平衡情况，保证样本的代表性。

《贝克焦虑量表》最终收回有效问卷1132份，详细的被试分布情况见表7-36至表7-38。

表 7-36　被试具体分布情况（地域分布）

	市区	郊区	合计
学生	416	494	910
教师	57	165	222
合计	473	659	1132

表 7-37　被试具体分布情况（学校性质）

	示范高中	普通高中	合计
学生	760	150	910
教师	121	101	222
合计	881	251	1132

表 7-38　被试具体分布情况（性别）

	性别		
	男生	女生	合计
高一	219	104	323
高二	91	155	246
高三	180	161	341

2. 信度

该量表总的内部一致性信度为 0.946。

3. 常模基础数据

总分		
	M.	SD.
学生	11.42	11.730
教师	13.44	13.371
总计	11.82	12.090

		总分	
		M.	SD.
男	学生	10.81	12.138
	教师	16.47	13.141
	总计	11.22	12.287
女	学生	12.13	11.209
	教师	12.82	13.367
	总计	12.34	11.901

	总分	
	M.	SD.
高一	12.82	12.248
高二	10.77	10.789
高三	10.56	11.789

		总分	
		M.	SD.
高一	男	12.57	13.034
	女	13.36	10.441
高二	男	9.45	10.240
	女	11.55	11.058
高三	男	9.36	11.662
	女	11.89	11.823

四、参考文献

[1] 戴晓阳. 常用心理评估量表手册[M]. 北京：人民军医出版社，2011.

[2] 郑健荣，黄炽荣，黄洁晶等. 贝克焦虑量表的心理测量学特性、常模分数及因子结构的研究[J]. 中国临床心理学杂志，2002，10(1)：4-6.

五、《贝克焦虑量表》题本

指导语：请您仔细阅读下列各项症状，指出最近一周内（包括当天），被各种症状烦扰的程度，选择相应的数字，填在答题纸上对应的题号旁。

序号	题目	无	轻度,无多大烦扰	中度,感到不适但尚能忍受	重度,只能勉强忍受
1	麻木或刺痛	0	1	2	3
2	感到发热	0	1	2	3
3	腿部颤抖	0	1	2	3
4	不能放松	0	1	2	3
5	害怕发生不好的事情	0	1	2	3
6	头晕	0	1	2	3
7	心悸或心率加快	0	1	2	3
8	心神不定	0	1	2	3
9	惊吓	0	1	2	3
10	紧张	0	1	2	3
11	窒息感	0	1	2	3
12	手发抖	0	1	2	3
13	摇晃	0	1	2	3
14	害怕失控	0	1	2	3
15	呼吸困难	0	1	2	3
16	害怕快要死去	0	1	2	3
17	恐慌	0	1	2	3
18	消化不良或腹部不适	0	1	2	3
19	昏厥	0	1	2	3
20	脸发红	0	1	2	3
21	出汗（不是因为暑热冒汗）	0	1	2	3

第十二节　抑郁自评量表

一、测验简介

1. 测验的基本信息

《抑郁自评量表》（Self-rating Depression Scale，SDS）由庄于1965年编制，为美国教育卫生福利部推荐的用于精神药理学研究的量表之一，由量表协作研究组张明园、王春芳等人于1986年对我国正常人1340例进行分析评定修订中国常模[1]。

《抑郁自评量表》为短程自评量表，操作方便，容易掌握，不受年龄、性别、经济状况等因素影响，应用范围颇广，适用于各种职业、文化阶层及年龄段的正常人或各类精神病人，包括青少年病人、老年病人和神经症病人，也特别适用于早期发现的抑郁症病人。

忻丽云等研究表明，测验9个维度之间的相关值在0.412～0.557之间，而9个维度与总量表之间的相关值在0.723～0.879之间，相关均呈显著（P＜0.01），说明该测验具有良好的结构效度[2]。

2. 测验的结构

《抑郁自评量表》仅计算测验总分，为各题目得分相加总和。得分越高，代表其抑郁程度越严重。

二、测验计分方式

《抑郁自评量表》包含20个题目，选项为4点评分，"从无"计1分，"有时"计2分，"经常"计3分，"总是如此"计4分，其中2、5、6、11、12、14、16、17、18、20题为反向计分题目。

三、测验统计学指标

1. 样本分布

为了编制《抑郁自评量表》的常模，我们采用纸质调查和网络调查相结合的方式，在北京市选取高中学生和教师参与测试。

在选取样本的过程中，考虑到了学校的地域分布（市区还是郊区）、学校性质（示范高中还是普通高中）、以及性别（男、女）各因素的平衡情况，保证样本的代表性。

《抑郁自评量表》最终收回有效问卷1113份，详细的被试分布情况见表7-39至表7-41。

表7-39 被试具体分布情况（地域）

	学生	教师	合计
市区	515	73	588
郊区	343	182	525
合计	858	255	1113

表7-40 被试具体分布情况（学校性质）

	学生	教师	合计
示范高中	316	140	456
普通高中	542	115	657
合计	858	255	1113

表 7-41 被试具体分布情况（性别）

	男	女	合计
高一	150	158	308
高二	116	214	330
高三	87	133	220
教师	41	214	255
合计	394	719	1113

2. 信度

该量表总的内部一致性信度为 0.703，具有良好的信度指标。

3. 常模基础数据

	总分	
	M.	SD.
学生	45.86	6.535
教师	40.33	8.072
总计	44.59	7.295

		总分	
		M.	SD.
学生	男	45.04	7.183
	女	46.43	5.982
教师	男	40.10	7.155
	女	40.37	8.251

年级	总分	
	M.	SD.
高一	46.15	6.196
高二	44.79	7.072
高三	47.06	5.905

		总分	
		M.	SD.
高一	男	45.99	6.677
	女	46.30	5.720
高二	男	42.72	7.631
	女	45.91	6.499
高三	男	46.48	6.718
	女	47.44	5.298

四、参考文献

[1] 张明园. 精神科评定量表手册[M]. 长沙：湖南科学技术出版社，1998.

[2] 忻丽云，侯春兰，王润梅等. 抑郁症抑郁自评量表的因子结构分析及影响因素[J]. 中国健康心理学杂志，2012，20(10)：1521-1523.

五、《抑郁自评量表》题本

指导语：请仔细阅读每道题，把意思弄明白。每道题后有4个选项：1=从无，2=有时，3=经常，4=总是如此。根据您最近一周的实际感受，选择相应的数字，填在答题纸上对应的题号旁。填答时间为10分钟。

题号	题目	从无	有时	经常	总是如此
1	我感到情绪沮丧、郁闷	1	2	3	4
2	我感到早晨心情最好	1	2	3	4
3	我要哭或想哭	1	2	3	4
4	我夜间睡眠不好	1	2	3	4
5	我吃饭像平时一样多	1	2	3	4
6	我的性功能正常	1	2	3	4
7	我感到体重减轻	1	2	3	4
8	我为便秘烦恼	1	2	3	4
9	我的心跳比平时快	1	2	3	4
10	我无故感到疲劳	1	2	3	4
11	我的头脑像往常一样清楚	1	2	3	4
12	我做事情像平时一样不感到困难	1	2	3	4
13	我坐卧不安，难以保持平静	1	2	3	4
14	我对未来感到有希望	1	2	3	4
15	我比平时更容易被激怒	1	2	3	4
16	我觉得决定什么事很容易	1	2	3	4
17	我感到自己是有用的和不可缺少的人	1	2	3	4
18	我的生活很有意义	1	2	3	4
19	假如我死了，别人会过得更好	1	2	3	4
20	我仍旧喜爱自己平时喜爱的东西	1	2	3	4

第十三节　贝克抑郁量表

一、测验简介

1. 测验的基本信息

《贝克抑郁量表》(Beck Depression Inventory, BDI)，由美国心理学家贝克编制于二十世纪六十年代，是美国最早的抑郁自评量表之一，早年应用本量表者甚众，至今仍有一定影响[1]。

杨文辉、刘绍亮等人使用《贝克抑郁量表第二版中文版》对青少年群体的调查发现，在非临床样本中，BDI-II-C 的 α 系数为 0.89；在抑郁障碍样本中，BDI-II-C 的 α 系数为 0.93[2]。

2. 测验的结构

《贝克抑郁量表》为单一维度量表。

二、测验计分方式

《贝克抑郁量表》由 21 个项目构成，各项目类别名称见表 7-42。每个项目由 4 个描述构成，4 个描述分为 4 级，按其所显示的症状严重程度排列，从"无"直到"极重"级别赋值依次为 0～3 分。量表总得分越高其抑郁症状越严重。

表 7-42 《贝克抑郁量表》各项目类别名称

项目类别	类别名称	项目类别	类别名称
A	心情	L	社会退缩
B	悲观	M	犹豫不决
C	失败感	N	体象歪曲
D	不满	O	活动受抑制
E	罪恶感	P	睡眠障碍
F	惩罚感	Q	疲劳
G	自厌	R	食欲下降
H	自责	S	体重减轻
I	自杀意向	T	有关躯体的先占观念
J	痛哭	U	性欲减退
K	易被激惹		

三、测验统计学指标

1. 样本分布

为了编制《贝克抑郁量表》的常模，我们采用纸质调查和网络调查相结合的方式，在北京市选取高中学生和教师参与测试。

在选取样本的过程中，考虑到了学校的地域分布（市区还是郊区）、学校性质（示范高中还是普通高中）、以及性别（男、女）各因素的平衡情况，保证样本的代表性。

《贝克抑郁量表》最终收回有效问卷1054份，详细的被试分布情况见表7-43至表7-45。

表7-43 被试具体分布情况（地域分布）

	市区	郊区	合计
学生	536	303	839
教师	41	174	215
合计	577	477	1054

表7-44 被试具体分布情况（学校性质）

	示范高中	普通高中	合计
学生	678	161	839
教师	119	96	215
合计	797	257	1054

表7-45 被试具体分布情况（性别）

	性别		合计
	男生	女生	
高一	213	207	420
高二	177	130	307
高三	50	62	112

2. 信度

量表总的内部一致性信度为0.902。

3. 常模基础数据

	总分	
	M.	SD.
学生	13.54	10.472
教师	11.25	9.279
总计	13.07	10.278

		总分	
		M.	SD.
男	学生	13.54	11.172
	教师	12.19	9.636
	总计	13.44	11.060
女	学生	13.53	9.657

(续表)

		总分	
		M.	SD.
	教师	11.06	9.222
	总计	12.76	9.585

		总分	
		M.	SD.
	高一	13.13	10.316
	高二	13.32	10.673
	高三	15.66	10.338

		总分	
		M.	SD.
高一	男	12.75	10.602
	女	13.52	10.025
高二	男	13.46	11.658
	女	13.12	9.205
高三	男	17.20	11.283
	女	14.42	9.418

四、参考文献

[1] 王振,苑成梅,黄佳等. 贝克抑郁量表第 2 版中文版在抑郁症患者中的信效度[J]. 中国心理卫生杂志, 2011, 25(6): 476-480.

[2] 杨文辉,刘绍亮,周烃等. 贝克抑郁量表第 2 版中文版在青少年中的信效度[J]. 中国临床心理学杂志, 2014, 22(2): 240-245.

五、《贝克抑郁量表》题本

指导语：该量表由多个项目组成，请仔细看每组的项目，然后在每组内选择最适合你现在情况（最近一周，包括今天）的一项描述，并将符合选项的数字填在答题纸上对应的题号旁。请先读完一组内的各项描述，然后选择。

序号	题目	选项	序号	题目	选项
1	我不感到忧愁	0	2	对于将来我不感到悲观	0
	我感到忧愁	1		我对将来感到悲观	1
	我整天都感到忧愁，且不能改变这种情绪	2		我感到没有什么可指望的	2
	我非常忧伤或不愉快，以致我不能忍受	3		我感到将来无望，事事都不能变好	3

(续表)

序号	题目	选项	序号	题目	选项
3	我不像一个失败者	0	4	我对事物像往常一样满意	0
	我觉得我比一般人失败的次数多些	1		我对事物不像往常一样满意	1
	当我回首过去我看到的是许多失败	2		我不再对任何事物感到真正的满意	2
	我感到我是一个彻底失败了的人	3		我对每件事都不满意或讨厌	3
5	我没有特别感到内疚	0	6	我没有感到正在受惩罚	0
	在部分时间内我感到内疚	1		我感到我可能受处罚	1
	在相当一部分时间里我感到内疚	2		我预感会受惩罚	2
	我时时刻刻感到内疚	3		我感到我正在受惩罚	3
7	我感到我并不使人失望	0	8	我感觉我并不比别人差	0
	我对自己失望	1		我对自己的缺点和错误常自我反省	1
	我讨厌自己	2		我经常责备自己的过失	2
	我痛恨自己	3		每次发生糟糕的事我都责备自己	3
9	我没有任何自杀的想法	0	10	我并不比以往爱哭	0
	我有自杀的念头但不会真去自杀	1		我现在比以往爱哭	1
	我很想自杀	2		现在我经常哭	2
	如果我有机会我就会自杀	3		我以往能哭,但现在即使我想哭也哭不出来	3
11	我并不比以前容易被激怒	0	12	我对他人的兴趣没有减少	0
	我比以前容易被激怒或容易生气	1		我对他人的兴趣比以往减少了	1
	我现在经常容易发火	2		我对他人丧失了大部分兴趣	2
	以前能激惹我的那些事情现在则完全不能激惹我了	3		我对他人现在毫无兴趣	3
13	我与以往一样能作决定	0	14	我觉得自己看上去和以前差不多	0
	我现在作决定没有以前果断	1		我担心我看上去老了或没以前好看了	1
	我现在作决定比以前困难得多	2		我觉得我的外貌变得不好看了,而且是永久性的改变	2

（续表）

序号	题目	选项	序号	题目	选项
	我现在完全不能作决定	3		我认为我看上去很丑了	3
15	我能像以往一样工作	0	16	我睡眠像以往一样好	0
	我要经一番特别努力才能开始做事	1		我睡眠没有以往那样好	0
	我做任何事都必须作很大的努力，强迫自己去做	2		我比往常早醒1~2小时，再入睡有困难	1
	我完全不能工作	3		我比往常早醒几个小时，且不能再入睡	2
17	我现在并不比以往容易疲劳	0	18	我的食欲与以前一样好	3
	我现在比以往容易疲劳	1		我现在食欲没有往常那样好	0
	我做任何事都容易疲劳	2		我的食欲现在差多了	1
	我太疲劳了以致我不能做任何事情	3		我完全没有食欲了	2
19	我最近没有明显的体重减轻	0	20	与以往相比我并不过分担心身体健康	3
	我体重下降超过5斤	1		我担心我身体出现问题，如疼痛、反胃及便秘	0
	我体重下降超过10斤	2		我很担心身体的问题，而妨碍我思考其他问题	1
	我体重下降超过15斤	3		我非常担心身体疾病，以致不能思考任何其他事情	2
21	我的性欲最近没有什么变化	0			
	我的性欲比以往差些	1			
	现在我的性欲比以往减退了许多	2			
	我完全丧失了性欲	3			

第十四节 流调中心抑郁量表

一、测验简介

1. 测验的基本信息

《流调中心抑郁量表》（Center for Epidemiological Studies Depression Scale, CES-D）由美国国立精神研究所拉得罗夫（L. Radloff）编制于1977年。该量表是特别为评价当前抑郁症状的频度而设计的，着重于抑郁情感或心境，主要用于筛查出有抑郁症状的对象。CES-D 一般不能用于对治疗过程中抑郁严重程度变化的监测[1]。

陈祉妍、杨小冬、李新影对青少年进行《流调中心抑郁量表》的试用研究，计算出 CES-D 的 α 系数为 0.88，表明该量表的内部一致性信度良好，因素结构得到验证，适用于我国青少年[2]。

2. 测验的结构

《流调中心抑郁量表》为单一维度量表。

二、测验计分方式

《流调中心抑郁量表》由 20 个题目构成，填表时要求受试者说明最近一周内症状出现的频率。答案包括："偶尔或无（少于1天）""有时（1~2天）""经常或一般时间（3~4天）""大部分时间或持续（5~7天）"。各频度的得分依次为 1、2、3、4。各题目得分相加即为量表总得分，其中 4、8、12、16 题为反向计分题。整体得分越高表示抑郁出现频度越高，得分越低说明抑郁出现频度低。

三、测验统计学指标

1. 样本分布

为了编制《流调中心抑郁量表》的常模，我们采用纸质调查和网络调查相结合的方式，在北京市选取中学生和教师参与测试。

在选取样本的过程中，考虑到了学校的地域分布（市区还是郊区）、学校性质（示范高中还是普通高中）、以及性别（男、女）各因素的平衡情况，保证样本的代表性。

《流调中心抑郁量表》最终收回有效问卷 1734 份，详细的被试分布情况见表 7-46 至表 7-48。

表 7-46 被试具体分布情况（地域分布）

	市区	郊区	合计
初中	132	469	601
高中	498	332	830
教师	169	134	303

(续表)

	市区	郊区	合计
合计	799	935	1734

表 7-47　被试具体分布情况（学校性质）

	示范高中	普通高中	合计
学生	301	529	830
教师	159	144	303
合计	460	673	1133

表 7-48　被试具体分布情况（性别）

		性别		
		男性	女性	合计
初中	初一	62	60	122
	初二	97	132	229
	初三	113	137	250
高中	高一	146	150	296
	高二	110	205	315
	高三	85	134	219
教师	小学	16	77	93
	初中	28	100	128
	高中	13	69	82
	合计	670	1064	1734

2. 信度

量表整体的内部一致性信度为 0.856。

3. 常模基础数据

	总分	
	M.	SD.
初中	36.05	10.388
高中	35.43	9.623
教师	32.73	9.081
总计	35.17	9.868

		总分	
		M.	SD.
男	初中	36.25	9.905
	高中	34.95	9.559

（续表）

		总分	
		M.	SD.
	教师	33.67	8.885
	总计	35.37	9.667
	初中	35.89	10.783
女	高中	35.76	9.663
	教师	32.51	9.130
	总计	35.05	9.995

		总分	
		M.	SD.
	初一	33.80	10.382
初中	初二	36.14	9.992
	初三	37.07	10.616
	高一	35.06	9.522
高中	高二	34.80	9.446
	高三	36.81	9.913

			总分	
			M.	SD.
	初一	男	33.56	9.861
		女	34.05	10.974
初中	初二	男	36.12	8.651
		女	36.16	10.905
	初三	男	37.83	10.665
		女	36.44	10.572
	高一	男	34.30	9.631
		女	35.80	9.388
高中	高二	男	33.86	8.911
		女	35.31	9.705
	高三	男	37.46	9.904
		女	36.40	9.934

四、参考文献

[1] 章婕，吴振云，方格等．流调中心抑郁量表全国城市常模的建立[J]．中国心理卫生杂志，2010，24(2)：139-143．

[2] 陈祉妍，杨小冬，李新影．流调中心抑郁量表在我国青少年中的试用[J]．中国临床心理学杂志，2009，17(4)：443-445．

五、《流调中心抑郁量表》题本

指导语：下面是对您可能存在的或最近有过的感受的描述，请告诉我最近一周以来您出现这种感受的频度，选择符合您真实情况的选项，并将数字填在答题纸上对应的题号旁。

序号	题目	偶尔或无(少于1天)	有时(1~2天)	经常或一般时间(3~4天)	大部分时间或持续(5~7天)
1	一些原本并不困扰我的事使我心烦	1	2	3	4
2	我不想吃东西，胃口不好	1	2	3	4
3	我觉得即便有爱人或朋友帮助也无法摆脱这种苦闷	1	2	3	4
4	我感觉同别人一样好	1	2	3	4
5	我很难集中精力做事	1	2	3	4
6	我感到压抑	1	2	3	4
7	我感到做什么事都很吃力	1	2	3	4
8	我觉得未来有希望	1	2	3	4
9	我认为我的生活一无是处	1	2	3	4
10	我感到恐惧	1	2	3	4
11	我睡觉不能解乏	1	2	3	4
12	我很幸福	1	2	3	4
13	我比平时话少了	1	2	3	4
14	我感到孤独	1	2	3	4
15	人们对我不友好	1	2	3	4
16	我生活快乐	1	2	3	4
17	我曾经放声痛哭	1	2	3	4
18	我感到忧愁	1	2	3	4
19	我觉得别人厌恶我	1	2	3	4
20	我走路很慢	1	2	3	4

第十五节 康奈尔医学指数

一、测验简介

1. 测验的基本信息

《康奈尔医学指数》(Cornell Medical Index, CMI)是美国康奈尔大学沃尔夫(H. Wolff)和布罗德曼(R. Brodman)等人编制的自测式问卷[1]。

美国在二十世纪四十年代应用康奈尔筛查指数和康奈尔服役指数进行士兵体检,用以筛出有躯体和精神障碍者。CMI最初是为临床设计的,作为临床检查的辅助手段之一,通过CMI检查可以在短时间内收集到大量有关医学及心理学的资料,起到一个标准化病史检查及问诊指南的作用。后来精神病学家和流行病学家发现将CMI应用于精神障碍的筛查和健康水平的测定也有较好的效度,因此应用领域也日趋扩大。

《康奈尔医学指数》主要的特点是反映症状丰富,症状涉及多个系统。应用本量表不仅可以收集临床医生经常询问的资料,而且能收集大量在临床上容易忽视的躯体和行为问题,也能较全面地了解有关健康的问题。

2. 测验的结构

《康奈尔医学指数》分为18个部分,每部分按英文字母排序,共有195个问题。测验涉及4方面内容:①躯体症状;②家族史和既往史;③一般健康和习惯;④精神症状。男女测验除生殖系统的有关问题不同外,其他内容完全相同。M至R部分有51个题目,是关于与精神活动有关的情绪、情感和行为方面的问题。

王杨等人对新入伍的飞行员进行了《康奈尔医学指数》的测验,总量表的重测信度是0.95,各分量表的的重测信度在0.58~0.89之间[2]。

二、测验计分方式

1. 计算测验分:每一题目均为两级回答。凡回答"是"记1分,回答"否"记0分。分测验所有题目相加得分测验分,全部题目得分相加即得出CMI的总分。

2. 计算M-R分:将M至R部分每一项目的得分相加,即得出M-R值。CMI各分测验内容及题目数见表7-49。

表7-49 CMI各分测验内容及题目数

序号	内容	题目数	题目
A	眼和耳	9	1~9
B	呼吸系统	18	10~27
C	心血管系统	13	28~40
D	消化系统	23	41~63
E	肌肉骨骼系统	8	64~71
F	皮肤	7	72~78

（续表）

序号	内容	题目数	题目
G	神经系统	18	79～96
H	生殖泌尿系统	11	97～107
I	疲劳感	7	108～114
J	既往健康状况	9	115～123
K	既往病史	15	124～138
L	习惯	6	139～144
M	不适应	12	145～156
N	抑郁	6	157～162
O	焦虑	9	163～171
P	敏感	6	172～177
Q	愤怒	9	178～186
R	紧张	9	187～195

本测验得分越高，表明相关健康问题越严重。

三、测验统计学指标

1. 样本分布

为了编制《康奈尔医学指数》的常模，我们采用纸质调查和网络调查相结合的方式，在北京市选取高中学生和教师参与测试。

在选取样本的过程中，考虑到了学校的地域分布（市区还是郊区）、学校性质（示范高中还是普通高中）、以及性别（男、女）各因素的平衡情况，保证样本的代表性。

《康奈尔医学指数》最终收回有效问卷1356份，详细的被试分布情况见表7-50至表7-52。

表7-50　被试具体分布情况（地域分布）

	市区	郊区	合计
学生	600	408	1008
教师	209	139	348
合计	809	547	1356

表7-51　被试具体分布情况（学校性质）

	示范高中	普通高中	合计
学生	641	367	1008
教师	176	172	348
合计	817	539	1356

表 7-52　被试具体分布情况（性别）

	性别		合计
	男生	女生	
高一	230	210	440
高二	162	196	358
高三	88	122	210

2. 信度

量表整体的内部一致性信度为 0.964，M-R 的内部一致性信度为 0.934，18 个分测验的内部一致性信度在 0.612～0.822，具体信度指标见表 7-53。

表 7-53　《康奈尔医学指数》内部一致性信度指标

总分	M-R	A眼和耳	B呼吸系统	C心血管系统	D消化系统	E肌肉骨骼系统	F皮肤	G神经系统	H生殖泌尿系统
0.964	0.934	0.637	0.777	0.745	0.822	0.763	0.614	0.775	0.662
I疲劳感	J既往健康状况	K既往病史	L习惯	M不适应	N抑郁	O焦虑	P敏感	Q愤怒	R紧张
0.758	0.783	0.612	0.642	0.819	0.768	0.685	0.648	0.803	0.796

3. 常模基础数据

	总分		M-R		A眼和耳		B呼吸系统		C心血管系统	
	M.	SD.	M.	SD.	M.	SD.	M.	SD.	M.	SD.
学生	28.21	23.157	8.07	8.712	2.43	1.869	2.81	2.654	1.94	2.165
教师	32.23	26.044	6.21	7.716	2.62	2.132	3.67	3.554	2.79	2.746
总计	29.24	23.986	7.59	8.503	2.48	1.941	3.03	2.934	2.16	2.356

	D消化系统		E肌肉骨骼系统		F皮肤		G神经系统		H生殖泌尿系统	
	M.	SD.	M.	SD.	M.	SD.	M.	SD.	M.	SD.
学生	4.24	3.735	0.68	1.283	0.85	1.232	1.83	2.358	1.34	1.642
教师	4.83	4.400	1.26	1.893	1.11	1.423	1.75	2.626	1.70	1.833
总计	4.39	3.923	0.83	1.485	0.92	1.288	1.81	2.429	1.43	1.700

	I疲劳感		J既往健康状况		K既往病史		L习惯		M不适应	
	M.	SD.	M.	SD.	M.	SD.	M.	SD.	M.	SD.
学生	1.12	1.482	0.74	1.421	1.06	1.432	1.10	1.144	2.78	2.824
教师	2.05	2.095	1.24	1.969	1.37	1.707	1.61	1.192	2.16	2.621
总计	1.36	1.710	0.87	1.594	1.14	1.513	1.23	1.177	2.62	2.785

		N 抑郁		O 焦虑		P 敏感		Q 愤怒		R 紧张	
		M.	SD.	M.	SD.	M.	SD.	M.	SD.	M.	SD.
	学生	0.97	1.499	0.67	1.230	0.88	1.243	1.37	1.986	1.40	1.978
	教师	0.59	1.113	0.58	1.122	0.82	1.239	1.16	1.855	0.91	1.585
	总计	0.87	1.420	0.64	1.204	0.87	1.242	1.32	1.955	1.27	1.897

		总分		M-R		A 眼和耳		B 呼吸系统		C 心血管系统	
		M.	SD.	M.	SD.	M.	SD.	M.	SD.	M.	SD.
男	学生	24.25	22.273	6.47	8.150	2.36	1.929	2.83	2.710	1.68	2.080
男	教师	27.24	26.217	4.87	6.678	2.26	2.038	3.63	3.673	2.38	2.916
男	总计	24.76	23.005	6.19	7.933	2.34	1.947	2.96	2.911	1.80	2.259
女	学生	31.81	23.377	9.52	8.957	2.49	1.813	2.80	2.605	2.17	2.215
女	教师	34.24	25.754	6.76	8.046	2.77	2.156	3.69	3.513	2.96	2.663
女	总计	32.58	24.172	8.64	8.766	2.58	1.932	3.09	2.952	2.43	2.394

		D 消化系统		E 肌肉骨骼系统		F 皮肤		G 神经系统		H 生殖泌尿系统	
		M.	SD.	M.	SD.	M.	SD.	M.	SD.	M.	SD.
男	学生	3.69	3.511	0.63	1.243	0.79	1.256	1.65	2.303	0.46	1.041
男	教师	4.00	3.840	1.08	1.802	0.99	1.367	1.92	3.090	0.80	1.341
男	总计	3.74	3.568	0.71	1.365	0.82	1.277	1.69	2.456	0.52	1.105
女	学生	4.74	3.864	0.73	1.318	0.91	1.209	2.00	2.396	2.13	1.683
女	教师	5.17	4.571	1.34	1.927	1.15	1.446	1.69	2.417	2.06	1.882
女	总计	4.88	4.105	0.93	1.563	0.99	1.294	1.90	2.406	2.11	1.749

		I 疲劳感		J 既往健康状况		K 既往病史		L 习惯		M 不适应	
		M.	SD.	M.	SD.	M.	SD.	M.	SD.	M.	SD.
男	学生	0.99	1.443	0.64	1.340	1.15	1.547	0.90	1.102	2.24	2.623
	教师	1.55	1.987	1.06	1.763	1.31	2.029	1.39	1.286	1.63	2.200
	总计	1.09	1.563	0.72	1.429	1.18	1.639	0.99	1.149	2.13	2.563
女	学生	1.23	1.509	.83	1.487	0.97	1.315	1.27	1.153	3.27	2.913
	教师	2.25	2.107	1.31	2.045	1.40	1.563	1.70	1.142	2.38	2.747
	总计	1.56	1.786	0.98	1.699	1.11	1.412	1.41	1.166	2.98	2.889

		N 抑郁		O 焦虑		P 敏感		Q 愤怒		R 紧张	
		M.	SD.	M.	SD.	M.	SD.	M.	SD.	M.	SD.
男	学生	0.75	1.304	0.61	1.276	0.69	1.126	1.07	1.812	1.12	1.874
	教师	0.47	0.948	0.52	1.020	0.61	1.109	1.02	1.764	0.62	1.362
	总计	0.70	1.253	0.59	1.235	0.67	1.123	1.06	1.802	1.03	1.805
女	学生	1.17	1.633	0.72	1.186	1.06	1.316	1.65	2.097	1.66	2.036
	教师	0.64	1.172	0.60	1.162	0.91	1.280	1.22	1.891	1.02	1.655
	总计	1.00	1.521	0.68	1.179	1.01	1.306	1.51	2.041	1.45	1.944

	总分		M-R		A 眼和耳		B 呼吸系统		C 心血管系统	
	M.	SD.	M.	SD.	M.	SD.	M.	SD.	M.	SD.
高一	27.68	23.990	8.32	8.904	2.40	1.857	2.75	2.733	1.89	2.198
高二	26.16	22.163	6.94	8.697	2.27	1.796	2.77	2.593	1.84	2.142
高三	32.80	22.513	9.45	8.108	2.76	1.984	3.03	2.590	2.21	2.120

	D 消化系统		E 肌肉骨骼系统		F 皮肤		G 神经系统		H 生殖泌尿系统	
	M.	SD.	M.	SD.	M.	SD.	M.	SD.	M.	SD.
高一	3.95	3.655	0.68	1.273	0.76	1.164	1.80	2.411	1.19	1.574
高二	4.18	3.660	0.64	1.247	0.82	1.207	1.73	2.354	1.45	1.694
高三	4.97	3.944	0.77	1.364	1.10	1.379	2.07	2.243	1.45	1.674

	I 疲劳感		J 既往健康状况		K 既往病史		L 习惯		M 不适应	
	M.	SD.	M.	SD.	M.	SD.	M.	SD.	M.	SD.
高一	1.10	1.446	0.68	1.363	1.06	1.597	1.11	1.181	2.77	2.841
高二	0.94	1.406	0.66	1.360	1.00	1.340	0.92	1.070	2.42	2.827
高三	1.46	1.625	1.00	1.606	1.15	1.203	1.37	1.135	3.40	2.686

	N 抑郁		O 焦虑		P 敏感		Q 愤怒		R 紧张	
	M.	SD.	M.	SD.	M.	SD.	M.	SD.	M.	SD.
高一	1.11	1.616	0.73	1.282	0.84	1.221	1.40	2.007	1.47	2.037
高二	0.85	1.442	0.56	1.162	0.74	1.203	1.19	1.968	1.19	1.872
高三	0.88	1.312	0.73	1.224	1.20	1.302	1.62	1.953	1.61	2.004

		总分		M-R		A 眼和耳		B 呼吸系统		C 心血管系统	
		M.	SD.	M.	SD.	M.	SD.	M.	SD.	M.	SD.
高一	男	24.03	24.516	6.58	8.826	2.33	1.970	2.73	2.865	1.77	2.183
	女	31.69	22.792	10.22	8.615	2.47	1.726	2.77	2.587	2.03	2.210
高二	男	24.99	21.506	6.63	8.173	2.40	1.938	2.91	2.565	1.66	2.028
	女	27.12	22.701	7.20	9.120	2.17	1.666	2.66	2.618	1.98	2.227
高三	男	23.45	17.075	5.89	6.049	2.35	1.820	2.93	2.568	1.51	1.900
	女	39.53	23.592	12.02	8.448	3.05	2.052	3.10	2.614	2.72	2.133

		D 消化系统		E 肌肉骨骼系统		F 皮肤		G 神经系统		H 生殖泌尿系统	
		M.	SD.	M.	SD.	M.	SD.	M.	SD.	M.	SD.
高一	男	3.55	3.470	0.67	1.279	0.77	1.273	1.64	2.380	0.43	0.907
	女	4.38	3.810	0.69	1.270	0.75	1.033	1.97	2.440	2.03	1.719
高二	男	3.84	3.579	0.64	1.260	0.81	1.234	1.74	2.451	0.58	1.341
	女	4.45	3.712	0.64	1.239	0.82	1.187	1.72	2.277	2.17	1.617
高三	男	3.78	3.518	0.50	1.114	0.82	1.264	1.49	1.775	0.34	0.659
	女	5.82	4.027	0.97	1.493	1.31	1.426	2.49	2.450	2.25	1.728

		I 疲劳感		J 既往健康状况		K 既往病史		L 习惯		M 不适应	
		M.	SD.	M.	SD.	M.	SD.	M.	SD.	M.	SD.
高一	男	0.93	1.423	0.62	1.396	1.14	1.705	0.87	1.139	2.14	2.717
	女	1.27	1.453	0.75	1.325	0.98	1.469	1.38	1.172	3.46	2.820
高二	男	1.06	1.486	0.67	1.323	1.20	1.508	0.85	1.082	2.35	2.692
	女	0.84	1.332	0.65	1.393	0.83	1.159	0.97	1.059	2.47	2.939
高三	男	1.00	1.422	0.67	1.229	1.09	1.141	1.08	1.031	2.27	2.232
	女	1.79	1.687	1.25	1.797	1.19	1.249	1.58	1.163	4.20	2.703

		N 抑郁		O 焦虑		P 敏感		Q 愤怒		R 紧张	
		M.	SD.	M.	SD.	M.	SD.	M.	SD.	M.	SD.
高一	男	0.81	1.381	0.64	1.384	0.67	1.135	1.14	1.894	1.18	2.015
	女	1.43	1.787	0.81	1.157	1.03	1.284	1.69	2.090	1.80	2.017
高二	男	0.77	1.329	0.61	1.222	0.70	1.180	1.09	1.923	1.10	1.796
	女	0.92	1.529	0.51	1.112	0.78	1.224	1.27	2.006	1.26	1.934
高三	男	0.55	1.005	0.52	1.072	0.72	1.005	0.83	1.306	1.00	1.633
	女	1.12	1.452	0.89	1.306	1.56	1.379	2.19	2.141	2.06	2.133

四、参考文献

[1] 刘萍. 酒精所致精神和行为障碍 70 例康奈尔健康问卷测试结果分析[J]. 中华现代临床医学杂志, 2006, 4(3): 233-235.

[2] 王扬, 任洪, 陈育德等. 康奈尔健康量表评价新飞行学员精神健康的信度和效度研究[J]. 中国心理卫生杂志, 1995, 9(3): 113-114.

五、《康奈尔医学指数》题本

指导语：请您按要求回答下面的问题，选择相应的数字。例如：您读报时需要戴眼镜吗？1=是；2=否。这些问题都十分简单，请您按照自己的真实情况选择，将数字填在答题纸上对应的题号旁。

题目	是	否
1. 你读报时需要戴眼镜吗	1	2
2. 你看远处时需要戴眼镜吗	1	2
3. 你是否经常有一时性的眼前发黑（视力下降或看不见东西）的现象	1	2
4. 你是否频繁地眨眼和流泪	1	2
5. 你的眼睛是否经常很疼（或出现看物模糊的现象）	1	2
6. 你的眼睛是否经常发红或发炎	1	2
7. 你是否耳背（听力差）	1	2
8. 你是否有过中耳炎、耳朵流脓	1	2

(续表)

题目	是	否
9. 你是否经常耳鸣（耳中自觉有各种声响，以致影响听觉）	1	2
10. 你常常不得不为清嗓子而轻咳吗	1	2
11. 你经常有嗓子发堵的感觉（感觉喉咙里有东西）吗	1	2
12. 你经常连续打喷嚏吗	1	2
13. 你是否觉得鼻子老是堵	1	2
14. 你经常流鼻涕吗	1	2
15. 你是否有时鼻子出血很厉害	1	2
16. 你是否经常得重感冒（嗓子痛、扁桃体肿大）	1	2
17. 你是否经常有严重的慢性支气管炎（在感冒时咳嗽，吐痰拖很长时间）	1	2
18. 你在得感冒时总是必须要卧床（或经常吐痰）吗	1	2
19. 是否经常感冒使你一冬天都很难受	1	2
20. 你是否有过敏型哮喘（以某些过敏因素，如花粉等为诱因的哮喘）	1	2
21. 你是否有哮喘（反复发作的，暂时性的伴有喘音的呼吸困难）	1	2
22. 你是否经常因咳嗽而感到烦恼	1	2
23. 你是否有过咳血	1	2
24. 你是否有较重的盗汗（睡时出汗、醒时终止）	1	2
25. 你除结核外是否患过慢性呼吸道疾病（或有低烧（热）37-38度）	1	2
26. 你是否得过结核病	1	2
27. 你与得结核病的人在一起住过吗	1	2
28. 医生说过你血压很高吗	1	2
29. 医生说过你血压很低吗	1	2
30. 你有胸部或心区疼痛吗	1	2
31. 你是否经常心动过速（心跳过快）吗	1	2
32. 你是否经常心悸（平静时有心脏跳动过速的感觉），或感到脉搏有停跳	1	2
33. 你是否经常感到呼吸困难	1	2
34. 你是否比别人更容易发生气短（喘不上气）	1	2
35. 你即使在坐着的情况下有时也会感到气短吗	1	2
36. 你是否经常有严重的下肢浮肿	1	2
37. 你即使在热天也因手脚发凉而烦恼吗	1	2
38. 你是否经常腿抽筋	1	2
39. 医生说过你心脏有毛病吗	1	2
40. 你的家属中是否有心脏病人	1	2
41. 你是否已脱落了一半以上的牙齿	1	2
42. 你是否因牙龈（牙床）出血而烦恼	1	2
43. 你是否有经常的牙痛	1	2
44. 是否你的舌苔常常很厚	1	2

(续表)

题目	是	否
45. 你是否总是食欲不好（不想吃东西）	1	2
46. 你是否经常吃零食	1	2
47. 你是否吃东西时总是狼吞虎咽	1	2
48. 你是否经常胃部不舒服（或有时恶心呕吐）	1	2
49. 你饭后是否经常有胀满（腹部膨胀）的感觉	1	2
50. 你饭后是否经常打饱嗝（或烧心吐酸水）	1	2
51. 你是否经常犯胃病	1	2
52. 你是否有消化不良	1	2
53. 你是否因严重胃痛而常常不得不弯着身子	1	2
54. 你是否感到胃部持续不舒服	1	2
55. 你的家属中有患胃病的人吗	1	2
56. 医生说过你有胃或十二指肠溃疡病吗（或饭后、空腹时常感到胃痛）	1	2
57. 你是否经常腹泻（拉肚子）	1	2
58. 你腹泻时是否有严重血便或黏液（粪便发黑、有血液或黏稠物质）	1	2
59. 你是否因曾有过肠道寄生虫而感到烦恼	1	2
60. 你是否常有严重便秘（大便干燥）	1	2
61. 你是否有痔疮（大便时肛门疼痛不适，大便表面带血或便后滴血）	1	2
62. 你是否曾患过黄疸（眼、皮肤、尿发黄）	1	2
63. 你是否得过严重肝胆疾病	1	2
64. 你是否经常有关节肿痛	1	2
65. 你的肌肉和关节经常感到发僵或僵硬吗	1	2
66. 你的胳膊或腿是否经常感到严重疼痛	1	2
67. 严重的风湿病使你丧失活动能力吗（或有肩、脖子肌肉发紧的现象）	1	2
68. 你的家属中是否有人患风湿病	1	2
69. 脚发软、疼痛使你的生活严重不便（或经常感到腿、脚发酸）吗	1	2
70. 腰背痛是否达到使你不能持续工作的程度	1	2
71. 你是否因身体有严重的功能丧失或畸形（形态异常）而感到烦恼	1	2
72. 你的皮肤对温度、疼痛十分敏感，有压痛（或有皮下小出血点）	1	2
73. 你皮肤上的切口通常不易愈合吗	1	2
74. 你是否经常脸很红	1	2
75. 即使在冷天你也大量出汗吗	1	2
76. 是否严重的皮肤搔痒（发痒）使你感到烦恼	1	2
77. 你是否经常出皮疹（风疙瘩或疹子）或有时脸部浮肿	1	2
78. 你是否经常因生疖肿（肿包）而感到烦恼	1	2
79. 你是否经常由于严重头痛而感到十分难受	1	2
80. 你是否经常由于头痛、头发沉而感到生活痛苦	1	2

(续表)

题目	是	否
81. 在你的家属中头痛常见吗	1	2
82. 你是否有一阵发热、一阵发冷的现象	1	2
83. 你经常有一阵阵严重头晕的感觉吗	1	2
84. 你是否经常晕倒	1	2
85. 你是否晕倒过两次以上	1	2
86. 你身体某部分是否有经常麻木或震颤的感觉	1	2
87. 你身体某部分曾经瘫痪（感觉和运动能力完全或部分丧失）过吗	1	2
88. 你是否有被撞击后失去知觉（什么都不知道了）的现象	1	2
89. 你头、面、肩部是否有时有抽搐（突然而迅速的肌肉抽动）的感觉	1	2
90. 你是否抽过疯（癫痫发作，也叫抽羊角疯）	1	2
91. 你的家属中有无癫痫病人	1	2
92. 你是否有严重的咬指甲的习惯	1	2
93. 你是否因说话结巴或口吃而烦恼（或因舌头不灵活而导致说话困难）	1	2
94. 你是否有梦游症（睡眠时走来走去，事后不能回忆所做的事情）	1	2
95. 你是否尿床	1	2
96. 在 8～14 岁（小学和中学）阶段你是否尿床	1	2
97～102 题（男性回答）		
97. 你的生殖器是否有过某种严重毛病	1	2
98. 你是否经常有生殖器疼痛或触痛（一碰就痛）的现象	1	2
99. 你是否曾接受过生殖器的治疗	1	2
100. 医生说过你有脱肛（直肠脱出肛门以外）吗	1	2
101. 你是否有过尿血（无痛性的）	1	2
102. 你是否曾因排尿困难而烦恼	1	2
97～102 题（女性回答）		
97. 你是否经常痛经（月经期间及前后小肚子疼）	1	2
98. 你是否在月经期间经常得病或感到虚弱	1	2
99. 你是否经常有月经期卧床	1	2
100. 你在月经期是否经常情绪焦躁	1	2
101. 除月经期外，你是否有阴道流血	1	2
102. 你是否经常因白带（阴道白色黏液）异常而烦恼	1	2
103 题后男性、女性都回答		
103. 你是否每天夜里因小便起床	1	2
104. 你是否经常白天小便次数频繁	1	2
105. 你是否小便时经常有烧灼感（火烧样的疼痛）	1	2
106. 你是否有时有尿失控（不能由意识来控制排尿）	1	2
107. 是否医生说过你的肾、膀胱有病	1	2

(续表)

题目	是	否
108. 你是否经常感到一阵一阵很疲劳	1	2
109. 是否工作使你感到筋疲力竭	1	2
110. 你是否经常早晨起床后即感到疲倦和筋疲力尽	1	2
111. 你是否稍做一点工作就感到累	1	2
112. 你是否经常因累而吃不下饭	1	2
113. 你是否有严重的神经衰弱	1	2
114. 你的家属中是否有患神经衰弱的人	1	2
115. 你是否经常患病	1	2
116. 你是否经常由于患病而卧床	1	2
117. 你是否总是健康不良	1	2
118. 是否别人认为你体弱多病	1	2
119. 你的家属中是否有患病的人	1	2
120. 你是否曾经因严重的疼痛而不能工作	1	2
121. 你是否总是因为担心自己的健康而受不了	1	2
122. 你是否总是有病而且不愉快	1	2
123. 你是否经常由于健康不好而感到不幸	1	2
124. 你得过猩红热吗	1	2
125. 你小时候是否得过风湿热、四肢疼痛	1	2
126. 你曾患过疟疾吗	1	2
127. 你由于严重贫血而接受过治疗吗	1	2
128. 你接受过性病治疗吗	1	2
129. 你是否有糖尿病	1	2
130. 是否医生曾说过你有甲状腺肿（粗脖子病）	1	2
131. 你是否接受过肿瘤或癌的治疗	1	2
132. 你是否有什么慢性病（或曾接受过原子辐射）	1	2
133. 你是否过瘦（体重太轻）	1	2
134. 你是否过胖（体重增加）	1	2
135. 是否有医生说过你有腿部静脉曲张（腿部血管暴露）	1	2
136. 你是否住院做过手术	1	2
137. 你曾有过严重的外伤吗	1	2
138. 你是否经常发生小的事故或外伤	1	2
139. 你是否有入睡很困难或睡眠不深易醒（或经常做梦）的现象	1	2
140. 你是否不能做到每天有规律地放松一下（休息）	1	2
141. 你是否不容易做到每天有规律地锻炼	1	2
142. 你是否每天吸 20 支以上的烟	1	2
143. 你是否喝茶或喝咖啡比一般的人要多	1	2

(续表)

题目	是	否
144. 你是否每天喝两次以上的白酒	1	2
145. 当你考试或被提问时是否出汗很多或颤抖得很厉害	1	2
146. 接近你的主管上级时是否紧张和发抖	1	2
147. 当你的上级看着你工作时，你是否不知所措	1	2
148. 当必须快速做事情时，你是否有头脑完全混乱的现象	1	2
149. 为了避免出错，你做事必须很慢吗	1	2
150. 你经常把指令或意图体会（理解）错吗	1	2
151. 是否生疏的人或场所使你感到害怕	1	2
152. 身边没有熟人时你是否因孤单而恐慌	1	2
153. 你是否总是难以下决心（犹豫不决）	1	2
154. 你是否总是希望有人在你身边给你出主意	1	2
155. 别人认为你是一个很笨的人吗	1	2
156. 除了在你自己家以外，在其他任何地方吃东西都感到烦扰吗	1	2
157. 你在聚会中也感到孤独和悲伤吗	1	2
158. 你是否经常感到不愉快和情绪抑郁（情绪低落）	1	2
159. 你是否经常哭	1	2
160. 你是否总是感到凄惨与沮丧（灰心、失望）	1	2
161. 是否你对生活感到完全绝望	1	2
162. 你是否经常想死（一死了事）	1	2
163. 你是否经常烦恼（愁眉不展）	1	2
164. 在你的家属中是否有愁眉不展的人	1	2
165. 是否稍遇任何一件小事都使你紧张和疲惫	1	2
166. 是否别人认为你是一个神经质（紧张不安，易激动）的人	1	2
167. 你的家属中是否有神经质的人	1	2
168. 你曾有过精神崩溃的时候吗	1	2
169. 你的家属中曾有过精神崩溃的人吗	1	2
170. 你在精神病院看过病吗（因为你精神方面的问题）	1	2
171. 在你的家属中是否有人到精神病院看过病（因为精神方面的问题）	1	2
172. 你是否经常害羞和神经过敏	1	2
173. 你的家属中是否有害羞和神经过敏的人	1	2
174. 你的感情是否容易受到伤害	1	2
175. 你在受到批评时是否总是心烦意乱	1	2
176. 别人认为你是爱挑剔的人吗	1	2
177. 你是否经常被人误解	1	2
178. 你即使对朋友也必须存戒心吗（不放松警惕）	1	2
179. 你是否总是凭一时冲动做事情	1	2

(续表)

题目	是	否
180. 你是否容易烦恼和激怒	1	2
181. 你若不持续克制自己精神就垮了吗	1	2
182. 是否一点不快就使你紧张和发脾气	1	2
183. 在别人支使你时是否易生气	1	2
184. 别人常使你不快和激怒你吗	1	2
185. 当你不能马上得到你所需要的东西时就会发脾气吗	1	2
186. 你是否经常大发脾气	1	2
187. 你是否经常发抖和战栗	1	2
188. 你是否经常紧张焦急	1	2
189. 你是否会被突然的声音吓一大跳（跳起或发抖得厉害）	1	2
190. 是否不管何时，当别人对你大声说话时，你都被吓得发抖和发软	1	2
191. 你对夜间突然的动静是否感到恐惧（害怕）	1	2
192. 你是否经常因恶梦而惊醒	1	2
193. 你是否头脑中经常反复出现某种恐怖（可怕的）想法	1	2
194. 你是否常常毫无理由地突然感到畏惧（害怕）	1	2
195. 你是否经常有突然出冷汗的情况	1	2

第八章 学业测验常模基础数据

第一节 学习适应性测验

一、测验简介

1. 测验的基本信息

《学习适应性测验》（Academic Adaptability Test，AAT）由周步成组织全国十多个单位，对日本教育研究所的同名测验进行修订而成，非常适合中小学生[1]。

张玲在对职业高中学生学习适应性影响的研究中证实，该测验的分半信度为0.71～0.86，重测信度为0.75～0.88，具有较高的结构效度[2]。

2. 测验的结构

《学习适应性测验》共有150个题目，包括1个效度量表、4个一级维度分量表和12个二级维度分量表。其维度和题目构成见表8-1[3]。

表8-1 《学习适应性测验》维度和题目构成

一级维度	二级维度	题目数	包含题目	反向题目
学习态度	学习热情	13	1、2、3、4、5、6、7、8、9、10、143、147、149	4、5、7、8、10、143

（续表）

一级维度	二级维度	题目数	包含题目	反向题目
	学习计划	12	11、12、13、14、15、16、17、18、19、20、141、150	14、17、19
	听课方法	10	21、22、23、24、25、26、27、28、29、30	21、22、27、29
学习技术	读书和记笔记的方法	10	31、32、33、34、35、36、37、38、39、40	33、35、37
	记忆和思考的方法	16	41、42、43、44、45、46、47、48、49、50、136、137、138、139、140、142	
	应试方法	12	51、52、53、54、55、56、57、58、59、60、129、146	52、60
	家庭环境	10	61、62、63、64、65、66、67、68、69、70	62、64、68
学习环境	学校环境	10	71、72、73、74、75、76、77、78、79、80	71、72、73、74、75、76、77、78、80
	人际关系	10	81、82、83、84、85、86、87、88、89、90	82、83、88、89
	独立性	12	91、92、93、94、95、96、97、98、99、100、133、134	92、96、98、133
心身健康	意志力	11	101、102、103、104、105、106、107、108、109、110、130	130
	心身特点	16	111、112、113、114、115、116、117、118、119、120、131、132、135、144、145、148	111、113、114、115、116、118、119、120、131、135、144
效度量表	效度	8	121、122、123、124、125、126、127、128	127

二、测验计分方式

《学习适应性测验》由 150 个题目构成，有 2 个选项的题目，选项 1 计 2 分，选项 2 计 1 分；有 3 个选项的题目，选项 1 计 3 分，选项 2 计 2 分，选项 3 计 1 分；有 4 个选项的题目，选项 1 计 4 分，选项 2 计 3 分，选项 3 计 2 分，选项 4 计 1 分；多选题选择 1~2 个选项计 4 分，选择 3~4 个选项计 3 分，选择 5~6 个选项计 2 分，选择 7~8 个选项计 1 分。题目得分累加即为维度分及量表总分。

本测验得分越高，表明学习适应性越好。效度量表是以"回答的一贯性"作为测验结果可靠性的依据。

三、测验统计学指标

1. 样本分布

为了编制《学习适应性测验》的常模,我们采用纸质调查和网络调查相结合的方式,在北京市选取中小学校的学生参与测试。

在选取样本的过程中,考虑到了学校的地域分布(市区还是郊区)、学校性质(示范高中还是普通高中)、以及性别(男、女)各因素的平衡情况,保证样本的代表性。

《学习适应性测验》最终收回有效问卷1972份,详细的被试分布情况见表8-2至表8-4。

表8-2 被试具体分布情况(地域分布)

	市区	郊区	合计
小学	230	464	694
初中	158	349	507
高中	479	292	771
合计	867	1105	1972

表8-3 被试具体分布情况(学校性质)

	示范高中	普通高中	合计
合计	545	226	771

表8-4 被试具体分布情况(性别)

		性别		合计
		男生	女生	
小学	三年级	98	94	192
	四年级	79	79	158
	五年级	100	89	189
	六年级	78	77	155
初中	初一	105	107	212
	初二	78	103	181
	初三	53	61	114
高中	高一	208	209	417
	高二	114	180	294
	高三	19	41	60
	合计	932	1040	1972

2. 信度

量表整体的内部一致性信度为0.944,各分量表的内部一致性信度指标见表8-5至表8-6。

表 8-5　量表的内部一致性信度（一级维度）

	总分	学习态度	学习技术	学习环境	心身健康
α	0.944	0.872	0.821	0.795	0.770

表 8-6　量表的内部一致性信度（二级维度）

学习热情	学习计划	听课方法	读书和记笔记的方法	记忆和思考的方法	应试方法
0.726	0.673	0.708	0.362	0.716	0.668
家庭环境	学校环境	人际关系	独立性	意志力	心身特点
0.537	0.717	0.533	0.373	0.782	0.558

3. 常模基础数据

	总分 M.	总分 SD.	学习态度 M.	学习态度 SD.	学习技术 M.	学习技术 SD.	学习环境 M.	学习环境 SD.	心身健康 M.	心身健康 SD.
小学	334.29	29.044	84.08	8.821	83.60	9.052	72.32	7.836	93.27	8.073
初中	315.09	28.255	76.69	9.260	79.98	8.509	68.07	7.575	89.09	7.736
高中	302.85	25.623	72.08	8.941	77.24	7.861	65.31	6.957	86.14	7.055
总计	318.25	30.817	77.61	10.374	80.38	8.926	68.51	8.028	89.61	8.223

	学习热情 M.	学习热情 SD.	学习计划 M.	学习计划 SD.	听课方法 M.	听课方法 SD.	读书和记笔记的方法 M.	读书和记笔记的方法 SD.	记忆和思考的方法 M.	记忆和思考的方法 SD.	应试方法 M.	应试方法 SD.
小学	32.53	3.604	27.81	3.445	23.66	3.345	22.70	2.624	32.74	4.204	27.98	3.787
初中	29.79	3.919	25.21	3.566	21.55	3.300	22.33	2.562	31.38	4.011	26.01	3.724
高中	27.71	3.974	24.02	3.426	20.21	3.150	22.06	2.637	29.99	3.950	24.81	3.374
总计	29.95	4.359	25.69	3.844	21.77	3.580	22.36	2.626	31.40	4.231	26.26	3.869

	家庭环境 M.	家庭环境 SD.	学校环境 M.	学校环境 SD.	人际关系 M.	人际关系 SD.	独立性 M.	独立性 SD.	意志力 M.	意志力 SD.	心身特点 M.	心身特点 SD.
小学	23.63	3.080	24.69	3.526	24.01	2.929	26.16	2.519	27.42	3.837	39.37	4.002
初中	22.23	2.968	22.42	3.674	23.39	2.985	25.87	2.600	25.36	3.851	37.38	3.905
高中	21.54	2.854	21.16	3.496	22.59	2.915	25.51	2.900	24.20	3.411	35.85	3.642
总计	22.46	3.099	22.73	3.868	23.29	3.000	25.84	2.700	25.65	3.937	37.55	4.134

		总分 M.	总分 SD.	学习态度 M.	学习态度 SD.	学习技术 M.	学习技术 SD.	学习环境 M.	学习环境 SD.	心身健康 M.	心身健康 SD.
男	小学	328.62	30.464	82.81	9.030	82.51	9.858	70.85	8.194	91.64	8.335
	初中	314.03	28.799	75.93	9.674	79.73	8.367	67.79	7.644	88.44	8.057
	高中	298.24	23.751	71.19	8.859	75.85	7.757	63.81	6.452	84.77	6.602
	总计	315.91	30.895	77.02	10.432	79.76	9.293	67.54	8.054	88.64	8.276

(续表)

		总分		学习态度		学习技术		学习环境		心身健康	
		M.	SD.	M.	SD.	M.	SD.	M.	SD.	M.	SD.
女	小学	339.69	26.568	85.38	8.418	84.70	8.025	73.86	7.140	94.83	7.498
	初中	315.99	27.819	77.34	8.868	80.20	8.642	68.31	7.521	89.64	7.431
	高中	305.37	26.284	72.72	8.955	78.06	7.817	66.48	7.118	87.00	7.200
	总计	320.04	30.655	78.11	10.303	80.87	8.593	69.37	7.909	90.38	8.103

		学习热情		学习计划		听课方法		读书和记笔记的方法		记忆和思考的方法		应试方法	
		M.	SD.	M.	SD.	M.	SD.	M.	SD.	M.	SD.	M.	SD.
男	小学	32.06	3.795	27.32	3.450	23.29	3.540	22.22	2.823	32.62	4.461	27.52	3.948
	初中	29.26	4.136	25.13	3.697	21.32	3.359	21.67	2.457	31.82	3.871	25.86	3.753
	高中	27.26	4.040	23.78	3.372	20.02	3.149	21.23	2.644	30.09	3.894	24.23	3.217
	总计	29.61	4.485	25.52	3.811	21.61	3.641	21.72	2.700	31.64	4.274	25.95	3.920
女	小学	33.02	3.325	28.31	3.373	24.04	3.087	23.20	2.295	32.86	3.931	28.46	3.556
	初中	30.24	3.671	25.28	3.456	21.75	3.241	22.91	2.517	31.00	4.097	26.15	3.701
	高中	28.06	3.889	24.19	3.458	20.36	3.146	22.72	2.441	29.92	3.986	25.23	3.427
	总计	30.24	4.224	25.84	3.868	21.92	3.521	22.93	2.422	31.20	4.189	26.53	3.805

		家庭环境		学校环境		人际关系		独立性		意志力		心身特点	
		M.	SD.	M.	SD.	M.	SD.	M.	SD.	M.	SD.	M.	SD.
男	小学	23.04	3.282	24.23	3.787	23.57	3.025	25.63	2.523	26.75	4.065	38.93	4.056
	初中	22.11	3.062	22.62	3.607	23.03	3.064	25.63	2.652	25.24	4.056	37.07	3.947
	高中	21.15	2.676	20.86	3.399	21.78	2.998	24.85	2.823	23.73	3.357	35.43	3.581
	总计	22.12	3.123	22.59	3.882	22.78	3.123	25.37	2.684	25.28	4.035	37.29	4.152
女	小学	24.25	2.723	25.18	3.162	24.46	2.758	26.69	2.403	28.12	3.459	39.81	3.906
	初中	22.33	2.886	22.24	3.729	23.71	2.883	26.08	2.543	25.46	3.665	37.63	3.861
	高中	21.85	2.953	21.39	3.558	23.21	2.689	25.98	2.864	24.56	3.412	36.13	3.660
	总计	22.76	3.048	22.85	3.853	23.75	2.811	26.25	2.649	25.97	3.821	37.77	4.109

		总分		学习态度		学习技术		学习环境		心身健康	
		M.	SD.	M.	SD.	M.	SD.	M.	SD.	M.	SD.
小学	三年级	333.19	29.556	83.84	8.611	83.71	8.756	72.30	8.318	91.96	8.416
	四年级	333.21	27.890	83.44	8.439	82.36	9.322	72.39	7:136	93.88	7.253
	五年级	340.21	30.416	86.31	9.170	85.55	9.379	73.32	7.919	93.74	8.739
	六年级	329.61	27.020	82.36	8.576	82.37	8.381	71.08	7.694	93.58	7.529
初中	初一	321.75	25.921	78.79	8.063	81.45	8.179	67.42	7.932	90.54	7.500

(续表)

		总分		学习态度		学习技术		学习环境		心身健康	
		M.	SD.	M.	SD.	M.	SD.	M.	SD.	M.	SD.
	初二	316.83	27.433	77.16	9.369	80.57	7.990	69.64	7.428	89.71	7.263
	初三	302.28	29.030	72.18	9.618	76.93	9.071	66.72	6.712	85.98	8.020
高中	高一	304.38	25.995	72.06	8.862	77.41	7.954	65.51	6.858	86.75	7.033
	高二	302.59	25.413	72.51	8.999	77.25	7.810	65.36	7.134	85.81	7.159
	高三	294.16	22.706	70.21	9.125	76.08	7.541	63.71	6.657	83.78	6.198

		学习热情		学习计划		听课方法		读书和记笔记的方法		记忆和思考的方法		应试方法	
		M.	SD.	M.	SD.	M.	SD.	M.	SD.	M.	SD.	M.	SD.
小学	三年级	32.34	3.789	27.76	3.445	23.67	3.291	22.38	2.582	32.91	4.263	28.24	3.588
	四年级	32.79	3.611	27.49	3.151	23.02	3.171	22.18	2.584	32.09	4.261	28.00	3.773
	五年级	33.09	3.386	28.42	3.706	24.69	3.426	23.34	2.678	33.38	4.347	28.46	4.026
	六年级	31.81	3.516	27.47	3.345	23.03	3.191	22.83	2.496	32.44	3.802	27.04	3.602
初中	初一	30.45	3.403	26.27	3.245	21.85	3.065	22.20	2.538	32.09	3.820	26.44	3.725
	初二	30.02	4.113	25.15	3.465	21.92	3.312	22.83	2.366	31.52	3.983	26.24	3.675
	初三	28.14	4.087	23.43	3.578	20.40	3.461	21.79	2.779	30.09	4.061	24.93	3.624
高中	高一	27.73	3.936	23.99	3.397	20.23	3.158	22.08	2.551	29.87	3.909	24.88	3.460
	高二	27.87	4.151	24.09	3.477	20.37	3.027	22.17	2.786	30.14	3.961	24.82	3.254
	高三	26.75	3.219	23.86	3.429	19.37	3.570	21.43	2.424	30.06	4.220	24.30	3.389

		家庭环境		学校环境		人际关系		独立性		意志力		心身特点	
		M.	SD.	M.	SD.	M.	SD.	M.	SD.	M.	SD.	M.	SD.
小学	三年级	23.72	2.950	24.96	3.599	23.58	3.345	25.73	2.547	26.96	4.134	38.99	4.073
	四年级	23.52	3.147	25.06	3.165	23.90	2.582	26.25	2.388	27.83	3.536	39.43	3.806
	五年级	23.93	3.248	24.83	3.409	24.54	2.827	26.43	2.440	27.64	3.948	39.26	4.265
	六年级	23.28	2.942	23.82	3.801	23.99	2.754	26.27	2.662	27.30	3.593	39.92	3.747
初中	初一	22.44	2.934	22.22	3.694	22.72	3.293	25.90	2.466	25.63	3.928	37.85	3.818
	初二	22.46	2.901	22.89	3.802	24.29	2.592	26.24	2.630	25.78	3.611	37.52	3.988
	初三	21.46	3.034	22.02	3.371	23.22	2.606	25.25	2.677	24.20	3.896	36.37	3.763
高中	高一	21.48	2.825	21.28	3.573	22.75	2.754	25.61	2.856	24.33	3.384	35.99	3.719
	高二	21.73	2.936	21.04	3.372	22.53	3.158	25.54	2.954	24.12	3.436	35.80	3.616
	高三	21.12	2.617	20.90	3.585	21.72	2.617	24.67	2.848	23.67	3.466	35.19	3.192

			总分		学习态度		学习技术		学习环境		心身健康	
			M.	SD.	M.	SD.	M.	SD.	M.	SD.	M.	SD.
小学	三年级	男	323.85	29.039	81.82	8.316	81.71	9.399	70.81	7.428	89.51	8.184
		女	341.11	27.774	86.34	8.212	85.73	7.535	74.79	7.675	94.25	8.156

293

(续表)

			总分		学习态度		学习技术		学习环境		心身健康	
			M.	SD.	M.	SD.	M.	SD.	M.	SD.	M.	SD.
	四年级	男	327.88	30.242	82.89	9.232	81.74	10.659	71.32	7.549	91.92	7.374
		女	338.23	24.649	84.36	7.802	83.49	7.456	74.30	6.189	96.09	6.558
	五年级	男	334.26	33.586	84.88	10.135	84.03	10.185	72.99	7.982	92.35	9.158
		女	346.95	24.918	88.16	7.414	87.41	7.698	75.36	6.659	96.03	7.465
	六年级	男	327.22	27.254	81.95	7.296	82.22	8.866	69.94	8.187	93.11	7.979
		女	331.76	26.813	83.07	9.195	82.28	7.947	72.49	6.805	93.93	7.266
初中	初一	男	323.20	25.183	79.77	8.371	82.11	7.885	70.39	6.922	90.93	7.271
		女	320.24	26.762	78.97	8.450	81.10	8.370	68.94	7.804	91.22	7.272
	初二	男	312.89	29.759	76.20	10.095	79.47	8.102	68.74	8.240	88.47	8.025
		女	319.70	25.378	77.56	8.843	81.34	7.642	70.22	6.910	90.57	6.614
	初三	男	300.20	27.735	71.00	9.633	77.48	8.062	66.43	6.446	85.30	7.958
		女	303.95	30.176	73.40	9.500	76.78	9.651	67.24	7.000	86.53	8.087
高中	高一	男	302.55	23.171	73.10	8.801	76.95	7.935	66.40	5.936	86.09	6.297
		女	305.48	27.547	72.15	9.530	78.07	7.991	67.28	7.150	87.97	7.119
	高二	男	294.06	23.512	70.60	9.441	75.15	7.226	64.04	6.810	84.26	6.229
		女	307.05	25.312	73.75	8.090	78.62	7.862	67.66	7.095	87.02	7.355
	高三	男	283.25	21.558	66.92	7.501	71.25	6.497	62.75	7.806	82.33	7.878
		女	298.12	22.097	71.18	9.426	77.24	7.216	65.42	6.638	84.27	5.832

			学习热情		学习计划		听课方法		读书和记笔记的方法		记忆和思考的方法		应试方法	
			M.	SD.	M.	SD.	M.	SD.	M.	SD.	M.	SD.	M.	SD.
小学	三年级	男	31.64	3.843	26.90	3.557	23.28	3.370	21.87	2.653	32.49	4.322	27.35	3.839
		女	33.35	3.595	28.61	3.233	24.38	2.717	22.92	2.290	33.51	3.899	29.31	3.124
	四年级	男	32.97	3.973	26.89	3.263	23.03	3.328	21.77	2.822	32.23	4.663	27.74	4.365
		女	32.87	3.417	28.16	3.105	23.33	2.827	22.63	2.227	32.27	3.741	28.59	3.187
	五年级	男	32.87	3.892	27.76	3.899	24.26	3.669	22.81	2.864	33.13	4.622	28.09	4.200
		女	33.64	2.616	29.00	3.315	25.51	2.942	24.25	1.974	33.97	3.548	29.18	3.603
	六年级	男	31.69	2.904	27.35	2.858	22.91	2.941	22.51	2.807	32.65	3.842	27.06	3.513
		女	32.19	3.515	27.63	3.736	23.25	3.205	23.32	2.174	31.99	3.740	26.97	3.681
初中	初一	男	31.04	3.387	26.67	3.346	22.07	3.121	21.97	2.422	32.64	3.653	27.49	3.512
		女	30.65	3.616	26.04	3.164	22.28	2.913	22.94	2.385	31.61	3.952	26.54	3.707
	初二	男	29.34	4.643	24.94	3.362	21.91	3.383	22.13	2.334	31.71	3.830	25.63	3.723
		女	30.49	3.461	25.11	3.566	21.96	3.247	23.38	2.129	31.29	4.101	26.68	3.496
	初三	男	27.45	3.903	23.09	3.595	20.45	3.413	21.39	2.470	31.09	3.659	25.00	3.148
		女	28.85	4.071	23.98	3.467	20.56	3.431	22.40	2.819	29.40	4.117	24.98	3.890
高中	高一	男	28.34	4.274	24.14	3.019	20.62	3.141	21.95	2.377	30.38	3.810	24.62	3.342
		女	28.02	4.074	23.89	3.733	20.24	3.299	22.92	2.225	29.75	3.906	25.40	3.656
	高二	男	27.32	4.145	23.56	3.671	19.72	3.119	21.38	2.522	29.97	3.951	23.79	3.050
		女	28.74	3.897	24.36	3.175	20.65	2.611	23.02	2.454	30.28	3.998	25.32	3.271
	高三	男	24.83	3.380	23.00	3.303	19.08	3.343	19.50	2.355	29.00	3.219	22.75	2.958
		女	27.45	3.222	24.21	3.542	19.52	3.501	22.33	2.056	30.00	4.451	24.91	3.292

			家庭环境		学校环境		人际关系		独立性		意志力		心身特点	
			M.	SD.	M.	SD.	M.	SD.	M.	SD.	M.	SD.	M.	SD.
小学	三年级	男	23.00	2.941	24.71	3.498	23.10	2.809	25.06	2.437	26.01	4.244	38.44	3.925
		女	24.46	2.728	25.60	3.248	24.73	3.164	26.69	2.252	28.01	3.762	39.54	3.853
	四年级	男	23.09	3.472	24.39	3.508	23.83	2.698	25.79	2.284	27.39	3.410	38.74	4.104
		女	24.23	2.611	25.93	2.533	24.14	2.427	26.89	2.369	28.73	3.031	40.47	3.291
	五年级	男	23.44	3.349	24.87	3.416	24.67	2.694	26.03	2.471	27.23	4.256	39.08	4.201
		女	25.01	2.656	25.37	3.098	24.97	2.466	27.14	2.243	28.74	3.008	40.14	4.036
	六年级	男	22.89	3.173	23.48	4.261	23.57	2.856	26.02	2.655	27.60	3.669	39.49	3.937
		女	23.65	2.628	24.22	3.185	24.61	2.365	26.65	2.518	27.26	3.480	40.01	3.598
初中	初一	男	23.23	2.817	23.29	3.517	23.87	2.767	26.20	2.526	26.44	3.710	38.29	3.348
		女	22.97	2.853	22.71	3.902	23.26	2.993	26.21	2.403	26.25	3.710	38.76	3.740
	初二	男	22.33	2.957	22.83	4.125	23.59	2.990	25.47	3.001	25.99	3.685	37.01	4.292
		女	22.54	2.854	22.90	3.646	24.78	2.163	26.82	2.276	25.87	3.255	37.88	3.776
	初三	男	21.07	3.202	22.36	2.973	23.00	2.543	25.45	2.377	24.09	3.771	35.75	3.865
		女	21.95	2.635	21.65	3.571	23.64	2.613	25.33	2.554	24.27	3.923	36.93	3.600
高中	高一	男	21.89	2.627	21.49	3.333	23.02	2.554	25.41	2.655	24.77	3.022	35.92	3.218
		女	21.87	2.965	21.76	3.816	23.65	2.277	26.41	2.558	24.82	3.462	36.74	3.655
	高二	男	21.09	2.758	21.16	3.475	21.79	3.103	24.56	2.706	23.72	3.407	35.99	3.475
		女	22.31	2.874	21.65	3.263	23.70	2.814	26.09	2.862	24.89	3.240	36.04	3.556
	高三	男	20.67	2.605	20.92	4.641	21.17	2.623	23.92	3.370	22.67	2.425	35.75	3.841
		女	21.82	2.430	21.06	3.605	22.55	2.425	25.03	2.456	24.33	3.461	34.91	3.273

四、参考文献

[1] 一帆. 学习适应性测验[J]. 教育测量与评价(理论版), 2011, (1): 60.

[2] 张玲. 团体心理辅导对职业高中学生学习适应性影响[J]. 中国健康心理杂志, 2015, 23(3): 399-402.

[3] 崔崴嵬, 孟庆茂. 《学习适应性测验》结构效度的验证性因素分析[J]. 心理科学, 1998, 21(2): 176-177.

五、《学习适应性测验》题本

指导语：请认真阅读题目内容，根据你的实际情况，选择相应的选项，将答案填在答题纸上对应的题号旁。例如：早晨起来，你是否感到头痛。①时常头痛；②有时头痛；③不头痛。如果你经常感到头痛，就选择"①"；如果你有时会头痛，就选择"②"；如果你从来不头痛，就选择"③"。如果你觉得没有合适的答案，请选择一个相近的。只能选择一个答案。

序号	题目	选项①	选项②	选项③
1	没有大人督促，你能主动学习吗	主动	有时主动	不主动
2	你是否认为不努力学习是不行的	总是认为	时常认为	偶尔认为

(续表)

序号	题目	选项①	选项②	选项③
3	你学习时能否一坐到桌子前就马上开始学习	能	有时不能	怎么也不能
4	在坐到书桌前进行学习时,你是否感到厌烦	立刻厌烦	有时厌烦	不厌烦
5	在你讨厌学习时是否找头痛、肚子痛等理由为借口	有时找	常常不找	决不找
6	你是否认为,根据自己的情况,必须拼命学习	总是认为	常常认为	偶尔认为
7	你是否认为,自己不专心,没有毅力,不能继续学习	一直那样认为	有时那样认为	不认为
8	你是否认为学习没意思	经常认为	有时认为	不认为
9	成绩不好的科目你是否更努力去学习	会	有时会	不会
10	在学习时,你是否会因为思想开小差而浪费时间	经常这样	有时这样	不这样
11	在家学习时,你是否规定好,什么时间学习什么功课	有规定	有时规定	没有规定
12	你是不是遵守自己制订的学习计划	经常遵守	有时遵守	几乎不遵守
13	为了更好地学习,你是否考虑过你学习方法的优点和缺点	经常考虑	有时考虑	不考虑
14	你有没有因为看电视或和同学朋友玩耍的时间过长而挤掉了学习的时间	经常这样	有时这样	不这样
15	在学习时,你能努力在规定时间内完成任务吗	总是努力	有时努力	不努力
16	在假期中,你是否利用休息时间进行学习	常常利用	有时利用	不利用
17	你是否为了学习而不按时吃饭和睡觉	经常是	有时是	不是
18	你是否能在规定的时间内拼命学习,然后心情爽快地去做其他事情	基本上这样	有时这样	不这样
19	你是否因夜里看电视或看书刊等,而睡眠不足	经常是	有时是	不是
20	在家学习时,你是否先准备好必要的用品,中间不再花时间去寻找	经常是这样	有时这样	不这样
21	在学校学习中,你是否认为困难而不能理解	常常认为	有时认为	不认为
22	你是否会因为功课不理解而厌烦	经常厌烦	对有些学科厌烦	不厌烦
23	你是否预习功课	经常预习	有时预习	不预习
24	学过一遍的东西你是否及时复习	基本上及时复习	有时及时复习	往往不及时复习
25	老师留的课后作业,你是否尽早完成	基本上尽早完成	有时尽早完成	往往不尽早完成

(续表)

序号	题目	选项①	选项②	选项③
26	课本学完之后，你是否用参考书和习题集等来测试自己的能力	基本上是	有时是	不是
27	在上课时，你是否精神不集中，做小动作或小声讲话而不听老师讲课	经常	有时	从不
28	听课中有不明白的地方，你是否在休息时或放学后向老师或同学请教	基本上那样做	有时那样做	不那样做
29	在实验和实际操作时，你是否只看别人做，自己不动手	常常看别人做自己不动手	常常自己做	总是自己做
30	在教室里，如果可随便坐位置，你是否会坐到前面去	基本上坐到前面	有时坐到前面	不坐到前面
31	在看不懂课本和参考书时，你是否会去查辞典或问别人	总是那样做	有时不那样做	常常不那样做
32	在读课本和参考书时，你是否对感到麻烦的问题选择跳过不看	经常跳过	有时跳过	不跳过
33	学过课本和参考书之后，你是否会再考虑一下重要的地方	基本上考虑	有时考虑	不考虑
34	在学习参考书和习题集时，你能否和课本上的内容联系起来	基本上联系	有时联系	不联系
35	在只读一遍而不理解参考书的内容时，你是否认为内容太难而马上不读了	基本上是	有时是	不是
36	在上课时，即使老师不要求，你也记笔记吗	总是记	有时记	不记
37	在上课时，你是否为不能很好地记笔记而苦恼	经常苦恼	有时苦恼	不苦恼
38	在上课时，你是否在书上重要的地方画线	经常画	有时画	不画
39	在画图表时，你是否尽量画得整齐	画整齐	基本上画整齐	常画不整齐
40	在复习时，为了便于理解和记忆，你是否一边做摘录，一边用红笔做记号	基本上那样做	有时那样做	不那样做
41	在学习必须记住的东西时，你是否考虑它是什么意思，哪里重要	基本上考虑	有时考虑	不考虑
42	在记忆年代、地名、人名等内容时，你是否会自己动脑筋，想办法	基本上是	有时是	不是
43	课本学习过之后，你是否尝试不看书而回想出它的要点	基本上是	有时是	不是
44	已经学习过一次的东西，你还会再复习一次吗	几乎不复习	有时复习	经常复习

(续表)

序号	题目	选项①	选项②	选项③
45	你是否尝试利用课本和参考书的目录和索引，来检查自己记住了多少	经常是	有时是	不是
46	在学习课本和参考书时，你是否尝试自己提出和解答问题	经常这样	有时这样	不这样
47	解题时，你是否回想和利用以前学过的知识	基本上是	有时是	不是
48	在参考书和习题集上发现了你过去不能解答的问题的答案时，你是否会在两三天之内再次尝试去解决这个问题	基本上会	有时会	不会
49	遇到不会解答的难题时，你是否并不灰心，而是从多方面去思考	基本上是	有时是	不是
50	问题解答后，你是否重新检查和总结解题方法，并把它记住	基本上那样做	有时那样做	不那样做
51	在期中、期末等考试前，你是否制订计划进行复习	总是制订	有时制订	不制订
52	在期末考试时，你是否把没有学好的科目往后推，因而来不及复习	常常是	有时是	不是
53	为了随时都能考得好，你是否平时努力复习学过的知识	基本上是	有时是	不是
54	在做复习题时，你是否会像真正的考试那样去做	经常是	有时是	不是
55	你是否和朋友一起互相提问来检验自己的学习能力	经常是	有时是	不是
56	在准备考试时，你不是用"√"和"×"来回答问题，而是写出答案，以便准确记忆吗	是这样	有时这样	不这样
57	在考试时，你是否从简单的题目开始做起	总是这样	有时这样	不这样
58	考试写完答案后，你是否一定进行检查	一定检查	有时检查	不检查
59	试卷发回后，你是否不但看分数，而且还检查错在什么地方	必定检查	基本上检查	不检查
60	在考试中，你还会犯过去的错误吗	经常犯	有时犯	不犯
61	你在家里有固定的学习地方吗	有	有时有	没有
62	当在家学习时，周围一吵，你是否就烦躁起来停止学习	基本上是	有时是	不是
63	当在家学习时，为了学习更好，你是否动脑筋想办法	经常	有时	不是
64	当在家使用学习用品时，找来找去也找不到，实际上在你手里，这种情况你有吗	经常有	有时有	没有

(续表)

序号	题目	选项①	选项②	选项③
65	在家里为了改变学习场所的氛围,你是否移动桌子和书架或者换窗帘	经常那样做	有时那样做	不那样做
66	家里人对你的学习是否给予表扬和鼓励	经常是	有时是	不是
67	在家里人和你谈话时,你是否会好好听	总是好好听	基本上听	常常不听
68	你是否因为惦记家里的事而无法安心学习	经常	有时是	不是
69	在你带朋友回家时,家里人乐于接待吗	乐于接待	有时乐于接待	不接待
70	家里大人为了便于你学习是否考虑合适的吃饭时间	基本上考虑	有时考虑	不考虑
71	你讨厌上学吗	经常讨厌	有时讨厌	不讨厌
72	你是否认为老师讨厌你	经常认为	有时认为	不认为
73	你有没有不喜欢某个老师而讨厌他所上的课	时常有	偶尔有	不是
74	在上课时,你有时被老师说了什么,会不安心吗	经常有	有时有	不是
75	在教室里你坐的位置不好,你想换吗	想	有点想	不想
76	你是否不喜欢现在的学校,有可能的话,你想转入其他的学校吗	常常是	有时是	不是
77	你是否不喜欢现在的班级,有可能的话,你想转入其他班级吗	常常是	有时是	不是
78	由于教室里吵吵闹闹,你就不能专心学习吗	常常是	有时是	不是
79	你是否认为只要自己好好学习,在哪所学校都一样	总是这样认为	有时这样认为	不这样认为
80	你认为班级里学习氛围较差吗	总是这样认为	有时这样认为	不这样认为
81	你的朋友和你谈心里话吗	经常谈	有时谈	不谈
82	你和朋友争论和争吵吗	常常是	偶尔是	不是
83	你认为自己被朋友抛弃了吗	常常认为	偶尔认为	不认为
84	你想对朋友讲信用吗	常常想	偶尔想	不想
85	假日,你的同学会和你一起做作业和玩吗	没有	有时有	经常有
86	你看到朋友成绩好或学习进步,你是否也想像他那样,并且努力学习吗	经常想	有时想	不想
87	同学在学习上有不懂的地方,你是否把所有知道的知识都教给他们	总是教给他们	多半教给他们	不教给他们
88	在教室里,不合意的同学坐在你旁边,你是否能安心学习	不安心	有时不安心	能安心

(续表)

序号	题目	选项①	选项②	选项③
89	你是否想到异性朋友的事情就妨碍学习	妨碍	有些妨碍	一点不妨碍
90	在学习中,你和同学互相鼓励和竞争吗	经常这样	有时这样	不这样
91	没有别人督促,你能自己整理学习用品和衣服吗	完全能整理	有时能整理	不能整理
92	早晨起床和晚上上床睡觉,你是否给父母带来麻烦	经常是	有时是	不是
93	上学时,为了不把东西遗忘在家,你预先检查吗	总是检查	有时检查	常常不检查
94	即使没人看见,你也遵守纪律吗	基本上遵守	有时遵守	几乎不遵守
95	在决定某件事时,你是否反复考虑后再作决定	总是这样	有时这样	不这样
96	买参考书时,别人说好你就买吗	马上买	有时买	调查后再买
97	你自己做错了事,是否努力不再重犯	总是	有时是	不是
98	当朋友的意见和自己的想法不一致时,你是否会默默地听从他的意见	总是听从	有时听从	不听从
99	你是否不顾别人的指责,不断地去做你认为对的事	常常是	有时是	不是
100	你是否即使好朋友劝说,也不做不喜欢的事	总是	有时是	不是
101	生活中或学习上一旦决定了做什么,你能坚持到底吗	能坚持到底	只能坚持一周左右	坚持两、三天就停止
102	当你开始做一件事时,即使有些辛苦,你也能坚持做完吗	坚持做完	有时半途而废	大半是半途而废
103	进行听写、计算这样单调的学习,你是否会立即感到厌烦	不厌烦	有时厌烦	常常厌烦
104	当丢了东西又怎么也找不到时,你是否不厌其烦地坚持找下去	总是坚持找下去	有时半途而废	大多半途而废
105	遇到困难的问题,你是否有耐心,努力坚持到底	总是	有时不是	不是
106	你是否一件工作开始后,立即就会被其他事情吸引了注意力	不是	有时被其他事吸引	经常被其他事吸引
107	在比赛中即使输定了,你也信心十足坚持到底吗	一定坚持到底	有时中途放弃	中途放弃
108	在共同的活动中,如果不顺利,你是否会马上发牢骚不参加活动	决不这样	有时这样	常常这样

(续表)

序号	题目	选项①	选项②	选项③
109	你能否锲而不舍地把一项工作耐心地坚持下去	能够	有时不能	基本上不能
110	不管做什么事，你能否在结束时把东西都整理好	总是整理好	有时整理好	不能整理好
111	你是否考虑今后的事情，就感到担心	总是担心	有时担心	不担心
112	你在讲或做某种有趣的事情时，能让他人发笑吗	总是让人发笑	常常让人发笑	偶尔让人发笑
113	你是否认为自己不论做什么，都是徒劳无用的	常常认为	有时认为	不认为
114	你认为每天的生活无聊吗	常常认为	有时认为	不认为
115	你脸部或眼睑等处的肌肉会微微颤动吗	经常颤动	有时颤动	不颤动
116	你有咬指甲，或者摇动膝盖的习惯吗	常常有	有时有	不是
117	你是否有时感到恶心想呕吐	不觉得	有时觉得	常觉得
118	你稍有一点学习过度就会身体不好吗	经常有	有时有	没有
119	运动之后你是否累得不能学习	经常是	有时是	不是
120	你是否因病不上学	经常是	有时是	不是
121	别人不督促你，你也主动学习吗	总是主动学习	有时主动学习	不主动学习
122	你在家里高兴时才学习吗	按规定时间学习	有时按规定时间学习	高兴时才学习
123	你在家里有固定的学习地方吗	有固定的学习地方	基本上固定	没有固定的地方
124	你认为你在教室里的位置好吗	很好	较好	不好
125	你认为每天的生活快乐吗	快乐	有时快乐	不快乐

序号	题目	选项①	选项②	选项③	选项④
126	当你认为自己"考试成绩好"时，是怎么想的	自己聪明	自己用功	考题简单	运气好
127	当你认为自己"考试成绩不好"时，是怎么想的	自己笨	自己不用功	考试题目难	运气不好

序号	题目	选项①	选项②
128	考试时，你一看到题目就马上开始答卷吗	是	不是
129	在做计算题时，你是一边分析题意，一边做吗	是	不是

(续表)

序号	题目	选项①	选项②
130	在接连不断地解题时，你是否精神涣散，注意力不集中	是	不是
131	你是否因为怕羞而认为自己不好	是	不是
132	你是否从事情的结果上来判断事情的好坏	是	不是
133	你是否不注意生活细节，举止随便	是	不是
134	你是否先根据问题对还是不对，然后再解决问题	是	不是
135	你是否把失败总放在心上	是	不是
136	你觉得出声读书比不出声读书更容易记住吗	是	不是
137	一听收音机或录音带，在你眼前就会浮现出形象的场面吗	是	不是
138	学习时，你一看图解和表格，就能很容易地记住吗	是	不是
139	你是否认为看课本和参考书比听人讲解更容易理解	是	不是
140	你看过课本上的插图或图表之后，它们会清楚地浮现在你眼前吗	是	不是
141	你对你的英语听力很得意吗	是	不是
142	你在记歌词时是否认为听唱片或磁带比看文字更易于记住	是	不是

序号	题目	选项①	选项②	选项③	选项④
143	在家里，平时（假日除外）你每天大约学几小时	1小时以下	1～2小时	2～3小时	3小时以上
144	你平时的睡眠时间（睡着的时间）大约是多少	6小时以下	6～7小时	7～8小时	8小时以上

多选题：根据你的实际情况，选择所有符合的选项。

序号	题目	选项			
145	你现在担心哪些事情呢	①家里的事情	②身体和健康的事情	③学习和学校生活的事情	④升学的事情
		⑤前途找工作的事情	⑥朋友和异性的事情	⑦其他事情	⑧没有特别担心的事情

以下的146题至150题，请你把A～E同学当作同班同学加以回答。

序号	题目	选项①	选项②	选项③
146	A同学在考试时，因为得到的分数比自己预想分数低，所以担心考试成绩。你是怎么想的呢	必须更加努力学习	考虑周到点，再提出预想	成绩不好，最好不要老放在心上

(续表)

序号	题目	选项①	选项②	选项③
147	B 同学总是认为"现在的成绩实在不能说是拼命学习的结果,必须更加努力"。你是怎么想的呢	我也认为必须更加努力	不必考虑,任其自然也不错	有 B 同学那种想法,成绩会好起来的
148	C 同学总是为自己烦恼,认为"实际上不能像老师和家长期望的那样去学习,因为这是做不到的,但是总得要学习呀"。你是怎么想的呢	我也那样想自己的事情	确有那样的学生吧	不管别人怎么看,自己想怎样学就怎样学吧
149	D 同学因为非常喜欢理科,不太喜欢语文和社会学科,因而语文和社会学科成绩低,老师劝导他说:"每一门学科都要努力学习"。你是怎么想的呢	每门学科都要努力学习是没道理的	必须抛开对学科的好恶而努力学习	讨厌的学科不学,喜欢的学科多学,我认为还是这样好
150	E 同学的作文的内容是"目标始终放在高处,而且必须为之而努力,但是这种天真的想法是行不通的"。你是怎么想的呢	我也是那样想的	那样想的人也有吧	这种想法过于严重了

第二节 学业成就动机量表

一、测验简介

1. 测验的基本信息

学业成就动机是推动学生努力学习、取得学业成就的动力,它是一种稳定的人格特性。中小学生处于心理发展的过渡期,也是人格形成与发展的重要时期。了解和鉴别中小学生的学业成就动机,对于激发学生学习兴趣和有针对性地开展教学非常有帮助。

周国韬将学业成就动机定义为"能够促进中小学生取得学习方面成就的动力和心理原因",并在对经验丰富的班主任和品学兼优的学生调查访谈的基础上,了解了学习努力、各方面表现突出的学生各项行为表现的原因后,进而编制出了《学业成就动机量表》[1]。

刘志华、郭占基使用《学业成就动机量表》对初中生的学业成就动机、学习策略与学业成绩关系进行研究，得出该量表的再测信度 0.84，结构效度为 0.95 [2]。

2. 测验的结构

《学业成就动机量表》共 71 个题目，从外部行为表现与内部心理因素两方面来了解学生的学业成就动机。

该量表由两个分量表组成。

（1）第一个分量表（SA）了解的是学业成就动机的外部行为表现，含有以下 3 个维度。

S1-主动性：主要表现为学习自觉主动、计划性强。

S2-行为策略：在学习中能够运用一些有效的学习方法。

S3-坚持性：主要表现为遇到学习上的困难与障碍能够坚持努力。

（2）第二个分量表（SB）了解的是学业成就动机的内部心理因素，含有以下 4 个维度。

S4-能力感：对自身学习能力的认知。

S5-兴趣：对学习活动本身的兴趣。

S6-目的：学习的外部目标。

S7-知识价值观：对所学知识价值的认识。

二、测验计分方式

本量表采用 4 点计分，完全不符合=1 分，不太符合=2 分，比较符合=3 分，完全符合=4 分。

每个维度得分求和，得分越高，表示该维度的倾向性越高。《学生成就动机量表》维度构成见表 8-7。

表 8-7 《学业成就动机量表》维度构成

一级维度	二级维度	包含题目	反向计分
外部行为表现	主动性	1、2、3、4、5、6、7、8、9、10、11、12、13、14	2、9、10、11、13
	行为策略	15、16、17、18、19、20、21、22、23、24、25、26、27、28	20
	坚持性	29、30、31、32、33、34、35、36、37、38、39、40、41、42	29、30、31、32、39、41、42
内部心理因素	能力感	43、44、45、46、47、48	44、45、46、47、48
	兴趣	49、50、51、52、53、54	53
	目的	55、56、57、58、59、60	
	知识价值观	61、62、63、64、65、66、67、68、69、70、71、72	69、70

三、测验统计学指标

1. 样本分布

为了编制《学业成就动机量表》的常模，我们采用纸质调查和网络调查相结合的方式，在北京市选取中小学校的学生参与测试。

在选取样本的过程中,考虑到了学校的地域分布(市区还是郊区)、学校性质(示范高中还是普通高中)、以及性别(男、女)各因素的平衡情况,保证样本的代表性。

《学业成就动机量表》最终收回有效问卷 2336 份,详细的被试分布情况见表 8-8 至表 8-10。

表 8-8 被试具体分布情况(地域分布)

	市区	郊区	合计
小学	368	466	834
初中	202	388	590
高中	228	684	912
合计	798	1538	2336

表 8-9 被试具体分布情况(学校性质)

	示范高中	普通高中	合计
合计	718	194	912

表 8-10 被试具体分布情况(性别)

		性别 男生	性别 女生	合计
小学	三年级	91	107	198
小学	四年级	128	131	259
小学	五年级	71	76	147
初中	初一	132	121	253
初中	初二	78	80	158
初中	初三	94	85	179
高中	高一	224	166	390
高中	高二	223	206	429
高中	高三	41	52	93
缺失		109	121	230
合计		1191	1145	2336

2. 信度

总量表的内部一致性信度为 0.953,具体信度指标见表 8-11。

表 8-11 量表的内部一致性信度

	总分	外部行为表现	内部心理因素
α	0.953	0.958	0.799

3. 常模基础数据

	总分		外部行为表现		内部心理因素	
	M.	SD.	M.	SD.	M.	SD.
小学	231.22	26.964	141.45	19.828	89.57	9.179
初中	209.15	28.831	124.52	21.172	84.41	10.057
高中	187.88	26.829	109.08	19.587	78.77	10.296
总计	208.86	33.180	124.54	24.463	84.09	10.895

	主动性		行为策略		坚持性		能力感	
	M.	SD.	M.	SD.	M.	SD.	M.	SD.
小学	46.96	7.350	46.74	7.043	47.76	7.370	16.86	2.231
初中	41.11	7.733	40.99	7.354	42.42	7.925	16.32	2.307
高中	35.93	7.737	36.20	6.902	36.96	7.318	15.39	2.352
总计	41.18	8.966	41.17	8.406	42.19	8.827	16.15	2.385

	兴趣		目的		知识价值观	
	M.	SD.	M.	SD.	M.	SD.
小学	17.10	2.137	20.66	3.645	34.89	4.268
初中	16.27	2.091	18.91	4.243	32.91	4.864
高中	15.59	2.248	17.40	4.377	30.38	5.212
总计	16.30	2.265	18.94	4.329	32.65	5.182

		总分		外部行为表现		内部心理因素	
		M.	SD.	M.	SD.	M.	SD.
男	小学	228.03	29.379	138.73	21.389	88.95	9.830
	初中	206.66	31.163	122.99	23.055	83.26	10.972
	高中	185.14	27.349	107.15	20.109	77.98	10.500
	总计	205.17	34.401	121.77	25.265	83.05	11.416
女	小学	234.12	24.239	143.94	17.945	90.14	8.518
	初中	211.75	25.972	126.15	18.872	85.61	8.862
	高中	190.97	25.916	111.31	18.747	79.67	9.998
	总计	212.65	31.449	127.41	23.266	85.16	10.229

		主动性		行为策略		坚持性		能力感	
		M.	SD.	M.	SD.	M.	SD.	M.	SD.
男	小学	45.91	7.908	45.78	7.766	47.05	7.812	16.82	2.303
	初中	40.20	8.443	40.77	8.041	42.01	8.320	16.53	2.234
	高中	34.84	8.042	35.72	7.243	36.59	7.502	15.28	2.480
	总计	39.92	9.389	40.38	8.765	41.48	9.018	16.12	2.461
女	小学	47.92	6.663	47.61	6.188	48.42	6.884	16.89	2.164

(续表)

		主动性		行为策略		坚持性		能力感	
		M.	SD.	M.	SD.	M.	SD.	M.	SD.
	初中	42.08	6.782	41.21	6.552	42.86	7.473	16.09	2.366
	高中	37.18	7.177	36.75	6.452	37.38	7.086	15.51	2.192
	总计	42.48	8.308	41.99	7.936	42.94	8.563	16.18	2.304

		兴趣		目的		知识价值观	
		M.	SD.	M.	SD.	M.	SD.
男	小学	16.94	2.282	20.44	3.921	34.65	4.491
	初中	16.15	2.132	18.24	4.523	32.32	5.232
	高中	15.59	2.398	17.04	4.511	30.06	5.226
	总计	16.19	2.365	18.49	4.564	32.19	5.363
女	小学	17.25	1.987	20.86	3.364	35.12	4.047
	初中	16.39	2.042	19.61	3.807	33.52	4.372
	高中	15.60	2.064	17.80	4.186	30.75	5.178
	总计	16.42	2.150	19.42	4.019	33.11	4.950

		总分		外部行为表现		内部心理因素	
		M.	SD.	M.	SD.	M.	SD.
小学	三年级	237.45	21.082	145.70	16.341	91.75	7.079
	四年级	230.17	30.082	140.30	22.113	89.44	9.853
	五年级	228.50	26.732	139.10	19.795	89.40	8.897
初中	初一	214.24	27.754	128.52	19.954	85.76	9.908
	初二	205.99	28.379	121.54	20.595	83.87	9.889
	初三	204.65	29.737	121.51	22.491	82.95	10.220
高中	高一	185.14	28.578	106.25	21.112	78.93	10.658
	高二	189.76	26.064	110.94	18.641	78.70	10.250
	高三	190.86	21.343	112.41	15.374	78.45	8.982

		主动性		行为策略		坚持性		能力感	
		M.	SD.	M.	SD.	M.	SD.	M.	SD.
小学	三年级	48.59	6.081	47.94	5.997	49.17	6.571	17.12	2.000
	四年级	46.58	8.189	46.24	7.738	47.48	7.740	16.76	2.345
	五年级	46.24	7.498	45.83	7.080	47.03	7.163	16.47	2.300
初中	初一	42.29	7.394	42.40	6.907	43.83	7.552	16.50	2.235
	初二	40.36	7.216	40.36	7.372	40.82	8.039	15.96	2.570
	初三	40.11	8.431	39.55	7.631	41.85	8.042	16.38	2.133
高中	高一	34.93	8.090	35.22	7.310	36.10	7.859	15.30	2.325

(续表)

		主动性		行为策略		坚持性		能力感	
		M.	SD.	M.	SD.	M.	SD.	M.	SD.
	高二	36.66	7.487	36.98	6.675	37.30	7.011	15.48	2.311
	高三	36.74	6.912	36.69	5.593	38.98	5.714	15.37	2.649

		兴趣		目的		知识价值观	
		M.	SD.	M.	SD.	M.	SD.
小学	三年级	17.51	1.958	21.35	2.949	35.77	3.196
	四年级	17.02	2.205	20.65	3.910	34.87	4.667
	五年级	17.06	2.091	20.84	3.365	35.03	3.853
初中	初一	16.45	1.991	19.50	4.108	33.34	4.937
	初二	16.21	2.212	18.55	4.134	33.00	4.568
	初三	16.06	2.107	18.38	4.441	32.21	4.961
高中	高一	15.50	2.260	17.56	4.562	30.57	5.346
	高二	15.73	2.204	17.12	4.228	30.35	5.272
	高三	15.35	2.376	17.99	4.210	29.74	4.296

			总分		外部行为表现		内部心理因素	
			M.	SD.	M.	SD.	M.	SD.
小学	三年级	男	237.12	24.154	144.55	18.233	92.57	7.473
		女	237.73	18.178	146.67	14.557	91.06	6.681
	四年级	男	229.68	30.862	140.08	22.575	89.60	9.899
		女	230.63	29.436	141.34	21.493	89.29	9.845
	五年级	男	220.97	30.422	134.24	21.926	86.73	10.635
		女	235.54	20.577	143.64	16.457	91.89	5.957
初中	初一	男	214.16	29.856	129.04	21.529	85.12	10.571
		女	214.33	25.406	127.88	17.794	86.46	9.130
	初二	男	203.20	29.890	120.57	20.954	82.63	10.502
		女	208.63	26.787	123.58	19.229	85.05	9.182
	初三	男	198.80	31.895	117.67	23.449	81.13	11.568
		女	210.99	25.934	126.06	20.206	84.93	8.140
高中	高一	男	183.54	29.189	105.21	22.047	78.33	10.797
		女	187.29	27.677	107.55	20.001	79.74	10.447
	高二	男	186.68	26.144	108.85	18.975	77.82	10.297
		女	192.97	25.653	113.36	18.479	79.60	10.146
	高三	男	185.88	22.869	109.02	16.060	76.85	10.044
		女	194.79	19.386	115.08	14.410	79.71	7.922

			主动性		行为策略		坚持性		能力感	
			M.	SD.	M.	SD.	M.	SD.	M.	SD.
小学	三年级	男	47.93	6.566	47.20	6.853	49.42	6.622	17.35	1.741
		女	49.15	5.606	48.57	5.108	48.95	6.551	16.92	2.185
	四年级	男	46.34	8.356	46.21	8.010	47.53	7.827	16.95	2.252
		女	47.14	7.917	46.52	7.431	47.69	7.585	16.66	2.397
	五年级	男	44.44	8.328	44.13	8.057	45.68	7.863	16.15	2.584
		女	47.93	6.221	47.42	5.629	48.29	6.233	16.76	1.972
初中	初一	男	42.04	7.927	43.04	7.377	43.96	7.970	16.74	2.040
		女	42.51	6.720	41.69	6.159	43.68	7.031	16.22	2.423
	初二	男	39.47	7.659	40.12	7.690	40.99	7.410	16.35	2.523
		女	41.44	6.310	41.00	6.664	41.14	8.319	15.59	2.634
	初三	男	38.58	8.812	38.53	7.920	40.56	8.591	16.47	2.262
		女	41.98	7.314	40.70	7.101	43.38	7.167	16.37	1.944
高中	高一	男	34.27	8.491	34.84	7.739	36.10	8.080	15.30	2.399
		女	35.75	7.548	35.68	6.746	36.12	7.655	15.32	2.212
	高二	男	35.43	7.713	36.55	6.912	36.87	7.232	15.26	2.398
		女	38.04	7.126	37.49	6.552	37.83	6.915	15.71	2.192
	高三	男	34.71	7.792	36.15	6.475	38.17	6.131	15.32	3.182
		女	38.35	5.712	37.12	4.809	39.62	5.336	15.40	2.172

			兴趣		目的		知识价值观	
			M.	SD.	M.	SD.	M.	SD.
小学	三年级	男	17.59	1.751	21.45	3.341	36.18	3.054
		女	17.44	2.124	21.27	2.583	35.43	3.288
	四年级	男	17.02	2.186	20.73	4.180	34.90	4.745
		女	17.15	2.116	20.64	3.644	34.84	4.611
	五年级	男	16.63	2.565	20.01	3.834	33.93	4.555
		女	17.46	1.428	21.62	2.658	36.05	2.707
初中	初一	男	16.41	1.975	18.97	4.421	33.01	5.046
		女	16.48	2.029	20.05	3.703	33.70	4.810
	初二	男	16.03	2.150	17.67	4.189	32.59	5.014
		女	16.48	2.247	19.58	3.875	33.39	4.093
	初三	男	15.92	2.301	17.63	4.910	31.11	5.508
		女	16.15	1.872	19.01	3.788	33.39	3.994
高中	高一	男	15.43	2.363	17.22	4.664	30.38	5.377
		女	15.57	2.096	18.01	4.376	30.84	5.309
	高二	男	15.79	2.349	16.80	4.399	29.98	5.211
		女	15.69	1.944	17.47	4.119	30.74	5.320

（续表）

		兴趣		目的		知识价值观	
		M.	SD.	M.	SD.	M.	SD.
高三	男	15.63	2.426	17.15	4.651	28.76	4.277
	女	15.13	2.335	18.65	3.741	30.52	4.189

四、参考文献

[1] 周国韬. 初中生学业成就动机量表的编制[J]. 心理科学, 1993, (6): 344-348.

[2] 刘志华, 郭占基. 初中生的学业成就动机、学习策略与学业成绩关系研究[J]. 心理科学, 1993, (4): 198-204.

五、《学业成就动机量表》题本

指导语：下面我们列出了一些学生在学习方面的做法和想法，请同学们回答一下自己是否这样做过或这样想过，根据符合自己实际情况的程度，选择相应的数字，并填在答题纸上对应的题号旁。

如果完全不符合，你根本不是这样，请选择数字"1"。

如果不太符合，你基本上不是这样，请选择数字"2"。

如果比较符合，你基本上是这样，请选择数字"3"。

如果完全符合，你正是这样，请选择数字"4"。

序号	题目	完全符合	比较符合	不太符合	完全不符合
1	对于书上的题，即使不是老师留的作业，我也乐于完成	4	3	2	1
2	如果老师不布置作业，我回家就不学习	4	3	2	1
3	我能自己制订学习计划	4	3	2	1
4	在暑假和寒假时，我总是制订一个学习计划	4	3	2	1
5	星期天早晨起来，我总要考虑今天该进行哪些学习	4	3	2	1
6	在考试前我总是计划好复习时间	4	3	2	1
7	对学校的所有学科我都认真学习	4	3	2	1
8	我每天都能安排好学习时间	4	3	2	1
9	我写作业是因为老师要收	4	3	2	1
10	如果老师不布置作业，我就不复习学过的内容	4	3	2	1
11	如果作业不会做，我就去抄别人的	4	3	2	1
12	在做作业时，同学找我玩也不去	4	3	2	1

（续表）

序号	题目	完全符合	比较符合	不太符合	完全不符合
13	在家里经父母催促我才学习	4	3	2	1
14	我学习从不用人督促	4	3	2	1
15	我经常用学校中学到的知识去解决生活中的问题	4	3	2	1
16	我积极回答老师的问题	4	3	2	1
17	我当天的课程当天弄懂	4	3	2	1
18	我上课注意听讲，从不走神	4	3	2	1
19	当课上讲到重点时我特别注意听	4	3	2	1
20	在上课时我经常考虑学习以外的事情	4	3	2	1
21	一学习起来我就把其他事情都抛到脑后去了	4	3	2	1
22	我在学习新课前经常预习	4	3	2	1
23	在课后我能及时复习	4	3	2	1
24	对所有学科我都能努力学习	4	3	2	1
25	我有使用字典等工具书的习惯	4	3	2	1
26	我在做作业时注意审题	4	3	2	1
27	我经常阅读与学习有关的参考书和课外读物	4	3	2	1
28	试卷和作业发下来后，我认真研究做错的地方	4	3	2	1
29	在上课时，一有听不懂的地方我就不想学习	4	3	2	1
30	在学习中一感到有困难，我马上就泄气	4	3	2	1
31	在习题不好解答时，我很快就灰心	4	3	2	1
32	耗时好久才解完一道题，我再也不想解这么难的题了	4	3	2	1
33	别人越是做不出来的题，我越想试一试	4	3	2	1
34	遇到难题我恨不得马上把它解答出来	4	3	2	1
35	不喜欢的学科我也能坚持学习	4	3	2	1
36	当有别人干扰时，我也能专心学习	4	3	2	1
37	即使有点累了，我也会把该完成的作业做完	4	3	2	1
38	当有不顺心的事时，我上课也能注意听讲	4	3	2	1
39	不明白的地方我不喜欢钻研	4	3	2	1
40	当我发现有些东西没学好时，我就尽快去学好它	4	3	2	1
41	学习时间稍长一点我就感到厌烦	4	3	2	1
42	当考试成绩不好时，我就不想好好学习了	4	3	2	1
43	我有能力解决学习中遇到的各种问题	4	3	2	1

(续表)

序号	题目	完全符合	比较符合	不太符合	完全不符合
44	我上课总是跟不上	4	3	2	1
45	在考试中遇到难题，我经常感到无能为力	4	3	2	1
46	对我来讲学习太难了	4	3	2	1
47	在学习上我没有自信心	4	3	2	1
48	我总是感到作业很难	4	3	2	1
49	我感到学校的学习很有意思	4	3	2	1
50	我感到上课能知道很多新鲜东西	4	3	2	1
51	在课堂上我能学到很多自己感兴趣的内容	4	3	2	1
52	我觉得学习非常有趣，令人着迷	4	3	2	1
53	我感到学校中的大部分学习都无趣	4	3	2	1
54	我感到动脑思考学习中的问题有一种说不出的乐趣	4	3	2	1
55	我努力学习尽可能超过别人	4	3	2	1
56	我认为好好学习将来就能有一个好工作	4	3	2	1
57	我好好学习给家里人争光	4	3	2	1
58	我努力学习让同学看得起自己	4	3	2	1
59	我认为学习好会受到人们的尊敬	4	3	2	1
60	为了实现自己的理想，现在必须好好学习	4	3	2	1
61	我认为好好学习才能成为一个对社会有用的人	4	3	2	1
62	我觉得学习能使人明白人生的价值	4	3	2	1
63	我觉得学习能使人了解到世界上的各种事情	4	3	2	1
64	我觉得现在所学的知识将来一定有用	4	3	2	1
65	我认为任何学科的知识都有用处	4	3	2	1
66	我觉得学习能使人的能力得到充分的发展	4	3	2	1
67	我觉得学习可以使人的生活更充实	4	3	2	1
68	我觉得努力学习将来能使自己成为一个有才能的人	4	3	2	1
69	我觉得学习对解决日常生活中的问题没什么用处	4	3	2	1
70	我觉得不想当科学家的人，用不着努力学习	4	3	2	1
71	我觉得将来不论干什么现在都需要认真学习	4	3	2	1
72	我觉得学习可以使人头脑灵活	4	3	2	1

第三节 学习风格量表

一、测验简介

1. 测验的基本信息

虽然教育者早就注意到学生们在学习风格或认知风格方面有很大差异,但苦于没有很好的测试方法。所罗门(B. Soloman)和费尔德(R. Felder)从信息加工、感知、输入、理解4个方面将学习风格分为4个组对8种类型,分别是:活跃型与沉思型、感悟型与直觉型、视觉型与言语型、序列型与综合型,并设计了具有很强操作性的《学习风格量表》(Index of Learning Style,ILS),可以较好地进行学习风格的测试[1]。

2. 测验的结构

《学习风格量表》包括4个组对8种类型,具体如下。

(1) 活跃型与沉思型

活跃型学习者倾向于通过积极地做一些事,例如讨论、应用、解释给别人听来掌握信息;沉思型学习者更喜欢首先安静地思考问题。"来,我们试试看,看会怎样",这是活跃型学习者的口头禅;而"我们先好好想想吧"是沉思型学习者的通常反应。活跃型学习者比倾向于独立工作的沉思型学习者更喜欢集体工作。每个人都是有时候是活跃型的,有时候是沉思型的,只是有时候某种倾向的程度不同,可能很强烈,也可能很一般或很轻微。

(2) 感悟型与直觉型

感悟型学习者喜欢学习事实,直觉型学习者倾向于发现某种可能性和事物间的关系。感悟型学习者不喜欢复杂情况和突发情况,而直觉型学习者喜欢革新而不喜欢重复。感悟型学习者比直觉型学习者更痛恨测试一些在课堂里没有明确讲解过的内容。感悟型学习者对细节很有耐心,很擅长记忆事实和做一些现成的工作;直觉型学习者更擅长于掌握新概念,比感悟型学习者更能理解抽象的数学公式。感悟型学习者比直觉型学习者更实际和仔细,直觉型学习者又比感悟型学习者工作得更快、更具有创新性。感悟型学习者不喜欢与现实生活没有明显联系的课程,直觉型学习者不喜欢那些包括许多需要记忆和进行常规计算的课程。每个人都是有时是感悟型学习者,有时是直觉型学习者,只是有时候其中某一种的倾向程度不同。要成为一个有效的学习者和问题解决者,需要学会适应两种方式。如果过于强调直觉作用,会错过一些重要细节,或是在计算和现成工作中犯粗心的毛病。如果过于强调感悟作用,会过于依赖记忆和熟悉的方法,而不能充分地集中思想理解和创新。

(3) 视觉型与言语型

视觉型学习者很擅长记住他们所看到的东西,如图片、图表、流程图、图像、影片和演示中的内容；言语型学习者更擅长从文字的和口头的解释中获取信息。当通过视觉和听觉同时呈现信息时，每个人都能获得更多的信息。有时教学中很少呈现视觉信息，学生都是通过听讲和阅读课本里的材料来学习的。不幸的是，大部分学生都是视觉型学习者，也就是说学生通过这种方式获得的信息量不如通过呈现可视材料的方法获得的信息量大。

（4）序列型与综合型

序列型学习者习惯按线性步骤理解问题，每一步都合乎逻辑地紧跟前一步；综合型学习者习惯快速学习，吸收没有任何联系的随意的材料，然后突然获得它。序列型学习者倾向于按部就班地寻找答案；综合型学习者能更快地解决复杂问题，一旦他们抓住了主要部分就用新奇的方式将它们组合起来，但他们却很难解释清楚他们是如何工作的。

二、测验计分方式

每个题目有两个选项。选项①计1分，选项②计2分，4个维度所属题目如下。

活跃型/沉思型：第1、5、9、13、17、21、25、29、33、37、41题。
感悟型/直觉型：第2、6、10、14、18、22、26、30、34、38、42题。
视觉型/言语型：第3、7、11、15、19、23、27、31、35、39、43题。
序列型/综合型：第4、8、12、16、20、24、28、32、36、40、44题。

在各维度上得分高倾向于沉思型、直觉型、言语型、综合型；得分低倾向于活跃型、感悟型、视觉型、序列型。

三、测验统计学指标

1. 样本分布

为了编制《学习风格量表》的常模，我们采用纸质调查和网络调查相结合的方式，在北京市选取中小学校的学生参与测试。

在选取样本的过程中，考虑到了学校的地域分布（市区还是郊区）、学校性质（示范高中还是普通高中）、以及性别（男、女）各因素的平衡情况，保证样本的代表性。

《学习风格量表》最终收回有效问卷2375份，详细的被试分布情况见表8-12至表8-14。

表8-12 被试具体分布情况（地域分布）

	市区	郊区	合计
小学	312	442	754
初中	382	604	986
高中	337	298	635
合计	1031	1344	2375

表8-13 被试具体分布情况（学校性质）

	示范高中	普通高中	合计
合计	332	303	635

表 8-14　被试具体分布情况（性别）

		性别		合计
		男生	女生	
小学	三年级	108	128	236
	四年级	86	105	191
	五年级	102	85	187
	六年级	66	74	140
初中	初一	148	197	345
	初二	100	119	219
	初三	198	224	422
高中	高一	107	123	230
	高二	82	120	202
	高三	79	124	203
	合计	1076	1299	2375

2. 信度

量表整体的内部一致性信度为 0.434，各分量表的内部一致性信度见表 8-15。

表 8-15　各分量表的内部一致性信度

	总分	活跃型/沉思型	感悟型/直觉型	视觉型/言语型	序列型/综合型
α	0.434	0.333	0.406	0.534	0.238

3. 常模基础数据

	活跃型/沉思型		感悟型/直觉型		视觉型/言语型		序列型/综合型	
	M.	SD.	M.	SD.	M.	SD.	M.	SD.
小学	16.16	1.697	16.80	1.845	15.90	2.153	16.06	1.649
初中	15.83	1.888	16.87	1.966	14.94	2.093	16.25	1.844
高中	15.70	2.092	16.15	2.046	14.76	2.271	16.24	1.914
总计	15.90	1.895	16.66	1.973	15.20	2.213	16.19	1.805

		活跃型/沉思型		感悟型/直觉型		视觉型/言语型		序列型/综合型	
		M.	SD.	M.	SD.	M.	SD.	M.	SD.
男	小学	16.11	1.772	16.83	1.716	15.80	2.190	16.12	1.621
	初中	15.86	1.887	16.89	1.941	14.74	2.157	16.34	1.875
	高中	15.89	2.007	16.26	2.147	14.75	2.359	16.30	2.050
	总计	15.95	1.881	16.71	1.939	15.10	2.272	16.25	1.840
女	小学	16.21	1.625	16.77	1.959	15.99	2.117	16.01	1.674
	初中	15.80	1.891	16.85	1.987	15.11	2.026	16.18	1.817
	高中	15.56	2.143	16.08	1.967	14.76	2.207	16.20	1.813
	总计	15.86	1.907	16.61	1.999	15.28	2.160	16.13	1.774

		活跃型/沉思型		感悟型/直觉型		视觉型/言语型		序列型/综合型	
		M.	SD.	M.	SD.	M.	SD.	M.	SD.
小学	三年级	15.90	1.681	16.63	1.666	16.04	2.080	16.00	1.664
	四年级	16.47	1.432	16.51	1.783	15.98	2.213	16.07	1.590
	五年级	16.11	1.849	17.13	1.853	15.93	2.141	16.11	1.630
	六年级	16.27	1.783	17.03	2.110	15.50	2.182	16.10	1.742
初中	初一	15.75	1.690	16.98	1.855	15.25	1.938	16.13	1.804
	初二	15.86	2.090	16.83	2.012	14.60	2.136	16.42	1.858
	初三	15.87	1.933	16.80	2.030	14.88	2.163	16.26	1.867
高中	高一	15.80	2.022	16.30	2.088	14.96	2.222	16.19	1.805
	高二	16.01	2.216	16.27	2.100	14.79	2.656	16.49	2.134
	高三	15.27	1.978	15.88	1.920	14.50	1.840	16.05	1.776

			活跃型/沉思型		感悟型/直觉型		视觉型/言语型		序列型/综合型	
			M.	SD.	M.	SD.	M.	SD.	M.	SD.
小学	三年级	男	15.95	1.748	16.60	1.622	15.89	2.014	16.04	1.582
		女	15.87	1.658	16.64	1.736	16.13	2.149	15.90	1.696
	四年级	男	16.31	1.480	16.61	1.780	15.75	2.241	16.20	1.510
		女	16.57	1.376	16.38	1.772	16.18	2.191	15.93	1.658
	五年级	男	16.01	1.952	17.05	1.512	15.93	2.268	16.15	1.609
		女	16.24	1.736	17.18	2.198	15.96	2.015	16.10	1.657
	六年级	男	16.31	1.833	17.09	2.053	15.41	2.294	16.05	1.855
		女	16.30	1.721	16.95	2.172	15.56	2.115	16.14	1.653
初中	初一	男	15.79	1.655	16.81	1.843	15.21	1.946	16.08	1.806
		女	15.72	1.723	17.08	1.862	15.24	1.940	16.16	1.808
	初二	男	16.04	1.886	17.01	1.850	14.50	2.021	16.61	1.866
		女	15.70	2.238	16.71	2.141	14.69	2.181	16.26	1.866
	初三	男	15.79	2.052	16.89	2.091	14.48	2.275	16.39	1.939
		女	15.93	1.858	16.70	2.018	15.22	2.011	16.15	1.813
高中	高一	男	15.86	2.081	16.17	2.227	15.03	2.346	15.94	2.020
		女	15.88	1.956	16.27	2.010	14.90	2.172	16.34	1.594
	高二	男	16.22	2.011	16.27	2.186	14.57	2.788	16.81	2.242
		女	15.91	2.371	16.17	2.031	14.95	2.593	16.22	2.026
	高三	男	15.75	1.985	15.96	1.829	14.67	1.937	16.05	1.707
		女	15.00	1.919	15.76	1.850	14.40	1.798	15.98	1.750

四、参考文献

[1] 陈丽新，张海峰，朱林燕等. 港澳台侨与大陆大学生学习风格差异研究[J]. 高教探索，2009，(6)：104-107.

五、《学习风格量表》题本

指导语：您好，这是了解您学习方式的一项测验，请认真阅读下面的句子，根据您的实际情况，从①、②选项中选择一个，将答案填在答题纸对应的题号旁。测验结果无好坏对错之分。测验结果我们会严格遵守保密原则，未经您本人同意，绝对不会对外泄露，请放心作答！

序号	题目	选项
1	为了较好地理解某些事物，我首先	①试试看 ②深思熟虑
2	我办事喜欢	①讲究实际 ②标新立异
3	当我回想以前做过的事，我的脑海中大多会出现：	①一幅画面 ②一些话语
4	我往往会	①明了事物的细节但不明其总体结构 ②明了事物的总体结构但不明其细节
5	在学习某些东西时，我不禁会	①谈论它 ②思考它
6	如果我是一名教师，我比较喜欢教	①关于事实和实际情况的课程 ②关于思想和理论方面的课程
7	我比较偏爱的获取新信息的媒体是	①图画、图解、图形及图像 ②书面指导和言语信息
8	一旦我了解了	①事物的所有部分，我就能把握其整体 ②事物的整体，我就知道其构成部分
9	在学习小组中遇到难题时，我通常会	①挺身而出，畅所欲言 ②往后退让，倾听意见
10	我发现比较容易学习的是	①事实性内容 ②概念性内容
11	在阅读一本带有许多插图的书时，我一般会	①仔细观察插图 ②集中注意文字
12	当我解决数学题时，我常常	①思考如何一步一步求解 ②先看解答，然后设法得出解题步骤
13	在我修课的班级中	①我通常结识许多同学 ②我认识的同学寥寥无几

（续表）

序号	题目	选项
14	在阅读非小说类作品时，我偏爱	①那些能告诉我新事实和教我怎么做的内容 ②那些能启发我思考的内容
15	我喜欢的教师是	①在黑板上画许多图解的人 ②花许多时间讲解的人
16	当我在分析故事或小说时	①我想到各种情节并试图把他们结合起来去构想主题 ②当我读完时只知道主题是什么，然后我得回头去寻找有关情节
17	当我做家庭作业时，我比较喜欢	①一开始就立即做解答 ②首先设法理解题意
18	我比较喜欢	①确定性的想法 ②推论性的想法
19	我记得最牢的是	①看到的东西 ②听到的东西
20	我特别喜欢教师	①向我条理分明地呈现材料 ②先给我一个整体，再将材料与其他论题相联系
21	我喜欢	①在小组中学习 ②独自学习
22	我更喜欢被认为是	①对工作细节很仔细 ②对工作很有创造力
23	当要我到一个新的地方去时，我喜欢	①要一幅地图 ②要书面指南
24	我学习时	①总是按部就班，我相信只要努力，终有所得 ②我有时完全糊涂，然后恍然大悟
25	我办事时喜欢	①试试看 ②想好再做
26	当我阅读趣闻时，我喜欢作者	①以开门见山的方式叙述 ②以新颖有趣的方式叙述
27	当我在上课时看到一幅图，我通常会清晰地记着	①那幅图 ②教师对那幅图的解说
28	当我思考一大段信息资料时，我通常	①注意细节而忽视整体 ②先了解整体而后深入细节
29	我最容易记住	①我做过的事 ②我想过的许多事
30	当我执行一项任务时，我喜欢	①掌握一种方法 ②想出多种方法

(续表)

序号	题目	选项
31	当有人向我展示资料时，我喜欢	①图表 ②概括其结果的文字
32	当我写文章时，我通常	①先思考和着手写文章的开头，然后循序渐进 ②先思考和写作文章的不同部分，然后加以整理
33	当我必须参加小组合作课题时，我要	①大家首先集思广益，人人贡献主意 ②各人分头思考，然后集中起来比较各种想法
34	当我要赞扬他人时，我说他是	①很敏感的 ②想象力丰富的
35	当我在聚会时与人见过面，我通常会记得	①他们的模样 ②他们的自我介绍
36	当我学习新的科目时，我喜欢	①全力以赴，尽量学得多学得好 ②试图建立该科目与其他有关科目的联系
37	我通常被他人认为是	①外向的 ②保守的
38	我喜欢的课程内容主要是	①具体材料（事实、数据） ②抽象材料（概念、理论）
39	在娱乐方面，我喜欢	①看电视 ②看书
40	有些教师讲课时先给出一个提纲，这种提纲对我	①有所帮助 ②很有帮助
41	我认为只给合作的群体打一个分数的想法	①吸引我 ②不吸引我
42	当我长时间地从事计算工作时	①我喜欢重复我的步骤并仔细地检查我的工作 ②我认为检查工作非常无聊，我是在逼迫自己这么干
43	我能画下我去过的地方	①很容易且相当精确 ②很困难且没有许多细节
44	当在小组中解决问题时，我更可能是	①思考解决问题的步骤 ②思考可能的结果及其在更广泛的领域内的应用

第四节 萨拉松考试焦虑量表

一、测验简介

1. 测验的基本信息

《萨拉松考试焦虑量表》（Test Anxiety Scale，TAS）由美国心理学家萨拉松（I. Sarason）于1978年编制完成，是目前国际上广泛使用的最著名的考试焦虑量表之一[1]。

二十世纪八十年代以后，虽然又有一些考试焦虑量表被研制开发，但TAS仍得到广泛使用，并获得了专家们的好评和推荐。

宋飞等人以北京市中学生为样本，对TAS进行一致性信度检验发现，TAS的全部37个条目的内部一致性为0.87，表明TAS具有较好的可靠性[2]。

2. 测验的结构

TAS共37个题目，涉及个体对于考试的态度及个体在考试前后的种种感受和身体紧张状态等，该量表仅计算一个量表总分。总分越高，表明考试焦虑的程度越高。

二、测验计分方式

各题目均为两点评分。对每个题目，被试根据自己的实际情况答是或否。例如："参加重大考试时，我会出很多汗"，被试根据自己的实际情况答"是"或"否"。评分时"是"记1分，"否"记0分，但其中第3、15、26、27、29、33题共6个题目为反向记分。

三、测验统计学指标

1. 样本分布

为了编制《萨拉松考试焦虑量表》的常模，我们采用纸质调查和网络调查相结合的方式，在北京市选取高中学生参与测试。

在选取样本的过程中，考虑到了学校的地域分布（市区还是郊区）、学校性质（示范高中还是普通高中）、以及性别（男、女）各因素的平衡情况，保证样本的代表性。

《萨拉松考试焦虑量表》最终收回有效问卷924份，详细的被试分布情况见表8-16至表8-18。

表8-16 被试具体分布情况（地域分布、性别）

	男生	女生	合计
市区	251	172	423
郊区	245	256	501
合计	496	428	924

表 8-17 被试具体分布情况（学校性质、性别）

	男生	女生	合计
示范高中	441	329	770
普通高中	55	99	154
合计	496	428	924

表 8-18 被试具体分布情况（年级、性别）

	男生	女生	合计
高一	226	105	331
高二	92	157	249
高三	178	166	344
合计	496	428	924

2. 信度

量表的内部一致性信度为 0.807，具有良好的信度指标。

3. 常模基础数据

	总分	
	M.	SD.
男	15.84	6.022
女	17.58	6.218
总计	16.65	6.172

	总分	
	M.	SD.
高一	17.24	6.350
高二	17.20	6.074
高三	15.68	5.960

		总分	
		M.	SD.
高一	男	16.34	6.205
	女	19.18	6.251
高二	男	16.52	6.231
	女	17.59	5.965
高三	男	14.86	5.567
	女	16.55	6.254

四、参考文献

[1] 吴雪梅，王金良．几种考试焦虑量表的比较[J]．国际中华神经精神医学杂志，2005，(3)：208-210．

[2] 宋飞，张建新．考试焦虑量表（TAS）在北京市中学生中的适用性[J]．中国临床心理学杂志，2008，16(6)：623-624．

五、《萨拉松考试焦虑量表》题本

指导语：下列 37 个句子描述人们对参加考试的感受，请你阅读每一个句子，然后根据你的实际情况，选择"是"或"否"，并将数字填在答题纸上对应的题号旁。

序号	题目	是	否
1	当一次重大考试就要来临时，我总是在想别人比我聪明得多	1	2
2	如果我将要做一次智能测试，在做之前我会非常焦虑	1	2
3	如果我知道将会有一次智能测试，在此之前我感到很自信、很轻松	1	2
4	当参加重大考试时，我会出很多汗	1	2
5	考试期间，我发现自己总是在想一些和考试内容无关的事	1	2
6	当一次"突然袭击"式的考试来到时，我感到很怕	1	2
7	考试期间我经常想到会失败	1	2
8	重大考试后我经常感到紧张，以致胃不舒服	1	2
9	我对智能测试和期末考试之类的事总感到发怵	1	2
10	在一次考试中取得好成绩似乎并不能增加我在第二次考试中的信心	1	2
11	在重大考试期间我有时感到心跳很快	1	2
12	考试结束后我总是觉得可以比实际上做得更好	1	2
13	考试完毕后我总是感到很抑郁	1	2
14	每次期末考试之前，我总有一种紧张不安的感觉	1	2
15	在考试时，我的情绪反应不会干扰我考试	1	2
16	考试期间我经常很紧张，以至本来知道的东西也忘了	1	2
17	复习重要的考试对我来说似乎是一个很大的挑战	1	2
18	对某一门考试，我越努力复习越感到困惑	1	2
19	某门考试一结束，我就试图停止有关担忧，但做不到	1	2
20	考试期间我有时会想我是否能完成学业	1	2
21	我宁愿写一篇论文，而不是参加一次考试，作为某门课程的成绩	1	2
22	我真希望考试不要那么烦人	1	2
23	我相信如果我单独参加考试而且没有时间限制的话，我会考得更好	1	2

（续表）

序号	题目	是	否
24	总想着我在考试中能得多少分，影响了我的复习和考试	1	2
25	如果考试能被废除的话，我想我能学得更好	1	2
26	我对考试抱这样的态度：虽然我现在不懂，但我并不担心	1	2
27	我真不明白为什么有些人对考试那么紧张	1	2
28	我很差劲的想法会干扰我在考试中的表现	1	2
29	我复习期末考试并不比复习平时考试更卖力	1	2
30	尽管我对某门考试复习很好，但我仍然感到焦虑	1	2
31	在重大考试前，我吃不香	1	2
32	在重大考试前我发现我的手会颤抖	1	2
33	在考试前我很少有"临时抱佛脚"的需要	1	2
34	校方应认识到有些学生对考试较为焦虑，而这会影响他们的考试成绩	1	2
35	我认为考试期间似乎不应该搞得那么紧张	1	2
36	一接触到发下的试卷，我就觉得很不自在	1	2
37	我讨厌老师喜欢搞"突然袭击"式考试的课程	1	2

第九章 职业测验常模基础数据

第一节 MBTI 职业性格测试

一、测验简介

1. 测验的基本信息

《MBTI 职业性格测试》(Myers-Briggs Type Indicator，MBTI) 是由美国心理学家布里格斯(K. Briggs)和她的女儿梅尔斯(I. Myers)根据瑞士著名心理学家荣格(C. Jung)的心理类型理论和她们对于人类性格差异的长期观察和研究编制而成的[1]。经过了长达50多年的研究和发展，MBTI 已经成为了当今全球最为著名和权威的性格测试之一。

2. 测验的结构

《MBTI 职业性格测试》包括四个维度，四个维度如同四把标尺，每个人的性格都会落在标尺的某个点上，这个点靠近哪个端点，就意味着个体就有哪方面的偏好。四个维度及其缩写见表 9-1。

表 9-1　四个维度及其缩写

类型	相对应类型缩写	类型	相对应类型缩写
外倾	E	内倾	I
感觉	S	直觉	N
思维	T	情感	F
判断	J	知觉	P

二、测验计分方式

每道题目选①计 1 分，选②计 0 分，四个维度高分倾向于内倾、直觉、情感、知觉；低分倾向于外倾、感觉、思维、判断。各维度的题目如表 9-2。

表 9-2　各维度的题目

维度	题目
外倾/内倾	1~7
感觉/直觉	8~14
思维/情感	15~21
判断/知觉	22~28

三、测验统计学指标

1. 样本分布

为了编制《MBTI 职业性格测试》的常模，我们采用纸质调查和网络调查相结合的方式，在北京市选取中小学老师参与测试。

在选取样本的过程中，考虑到了学校的地域分布（市区还是郊区）、性别（男、女）等因素的平衡情况，保证样本的代表性。

《MBTI 职业性格测试》最终收回有效问卷 326 份，详细的被试分布情况见表 9-3 至表 9-4。

表 9-3　被试具体分布情况（地域分布）

	市区	郊区	合计
合计	197	129	326

表 9-4　被试具体分布情况（性别）

	男	女	合计
合计	80	246	326

2. 信度

苗丹民对 2123 名本科和专科学生进行 MBTI 测试，间隔 8 周的重测信度，EI、SN、TF、JP 分别是 0.539、0.552、0.507、0.525[2]。

3. 常模基础数据

	外倾/内倾 M.	外倾/内倾 SD.	感觉/直觉 M.	感觉/直觉 SD.	思维/情感 M.	思维/情感 SD.	判断/知觉 M.	判断/知觉 SD.
男	3.61	1.428	3.49	1.180	3.20	1.400	2.82	1.430
女	3.36	1.238	3.43	1.203	3.13	1.460	3.05	1.355
总计	3.42	1.290	3.44	1.196	3.15	1.443	3.00	1.375

四、参考文献

[1] 蔡华俭，朱臻雯，杨治良. 心理类型量表（MBTI）的修订初步[J]. 应用心理学，2001，7(2)：33-37.

[2] 罗正学，苗丹民，皇甫恩等. MBTI-G 人格类型量表中文版的修订[J]. 心理科学，2001，24(3)：361-362.

五、《MBTI 职业性格测试》题本

指导语：只需根据你的实际情况，选择你在面临这些情况时的第一反应即可，这代表了你最自然、最不假思索的倾向。问卷的任何选项都没有好坏之分，也没有"正确"答案。如果你觉得在不同情境里，两个答案或许都能反映你的倾向，请选择一个对于你的行为方式来说最自然、最顺畅和最从容的答案。将答案填在答题纸上对应的题号旁。

序号	题目	选项
1	你倾向从何处得到力量	①自己的想法 ②别人
2	当你参加一个社交聚会时，你会	①在夜晚刚开始的时候，我就疲倦了并且想回家 ②在夜色很深时，一旦我开始投入，也许就是最晚离开的那一个
3	下列哪一件事听起来比较吸引你	①待在家中做一些事情，例如：观赏一部有趣的录影带并享用我最喜欢的外卖食物 ②到有很多人且社交活动频繁的地方
4	在约会中，你通常	①较安静，直到我觉得舒服 ②整体来说很健谈
5	过去，你遇见你大部分的异性朋友是	①通过私人的方式，例如个人广告、录影约会，或由亲密的朋友和家人介绍 ②在宴会中、工作上、休闲活动中、会议上或当朋友把我介绍给他们的朋友时
6	你倾向于拥有	①一些很亲密的朋友和一些认识的人 ②很多认识的人和很亲密的朋友

(续表)

序号	题目	选项
7	过去,你的爱人或异性密亲朋友倾向于对你说	①可以请你从你的世界中出来一下吗 ②你难道不可以安静一会儿吗
8	你倾向于通过以下哪种方式收集信息	①我对有可能发生之事的想象和期望 ②我对目前状况的实际认知
9	你倾向于相信	①自己的直觉 ②自己直接的观察和现成的经验
10	当你置身于一段关系中时,你倾向于相信	①永远有进步的空间 ②若它没有被破坏,不予修补
11	当你对一个约会觉得放心时,你偏向谈论	①未来,关于改进或发明事物,以及生活的种种可能性。例如,我也许会谈论一个新的科学发明,或一个更好的方法来表达我的感受 ②实际的、具体的、关于"此时此地"的事物。例如,我也许会谈论品酒的好方法,或我即将要参加的新奇旅程
12	你是这种人	①喜欢先纵观全局 ②喜欢先掌握细节
13	你是这类型的人	①与其活在现实中,不如活在想象里 ②与其活在想像里,不如活在现实中
14	你通常	①偏向于去想象一大堆关于即将来临的约会的事情 ②偏向于拘谨地想象即将来临的约会,只期待让它自然地发生
15	你倾向于如此做决定	①首先依我的心意,然后依我的逻辑 ②首先依我的逻辑,然后依我的心意
16	你倾向于比较能够察觉到	①当人们需要情感上的支持时 ②当人们不合逻辑时
17	当和某人分手时	①我通常让自己的情绪深陷其中,很难抽身出来 ②虽然我觉得受伤,但一旦下定决心,我会直截了当地将过去恋人的影子甩开
18	当与一个人交往时,你倾向于看重	①情感上的相容性:表达爱意和对另一半的需求很敏感 ②智慧上的相容性:沟通重要的想法;客观地讨论和辩论事情
19	当你不同意爱人或亲密异性朋友的想法时	①尽可能地避免伤害对方的感情,若会对对方造成伤害,我就不会说 ②我通常毫无保留地说话,因为对的就是对的
20	认识你的人倾向于形容你为	①热情和敏感 ②逻辑和明确

（续表）

序号	题目	选项
21	你把大部分和别人的相遇视为	①友善及重要的 ②另有目的
22	若你有时间和金钱，你的朋友邀请你到国外度假，并且在前一天才通知，你会	①立刻收拾行装 ②必须先检查我的时间表
23	在第一次约会中	①一点儿都不在乎对方迟到，因为我自己常常迟到 ②若我所约的人来迟了，我会很不高兴
24	你偏好	①让约会自然地发生，不做太多事先的计划 ②事先知道约会的行程：要去哪里、有谁参加、我会在那里多久、该如何打扮
25	你选择的生活充满着	①自然发生和弹性 ②日程表和组织
26	哪一项较常见	①其他人都准时出席而我迟到 ②我准时出席而其他人都迟到
27	你是此类型的人	①放宽我的选择面并且持续收集信息 ②下定决心并且做出最后肯定的结论
28	你是此类型的人	①享受同时进行好几件事情 ②喜欢在一段时间里专心于一件事情直到完成

第二节　心理授权量表

一、测验简介

1. 测验的基本信息

心理授权是个体体验到的心理状态或认知的综合体，反映了个体对自己工作角色的一种积极定位。施普莱泽（G. Spreitzer）于 1995 年编制了《心理授权量表》（Psychological Empowerment Scale, PES），李超平、时勘等于 2006 年对其进行修订[1]。

王金良、张大均在中小学教师心理授权的测量研究中，就 α 系数而言，心理授权体验、技能和行为问卷总的 α 系数分别为 0.88、0.76 和 0.71，各因素的 α 系数在 0.70～0.81 之间。各因子之间的相关在 0.26～0.60 之间，呈中等程度的相关，而各因子与所属分问卷总分之间的相关在 0.69~0.87 之间，呈较高程度相关[2]。

2.测验的结构

《心理授权量表》包括四部分：工作意义、自主性、自我效能和工作影响。每个部分3道题，共12道题。

二、测验计分方式

《心理授权量表》采用 5 点评分，分别为：1=非常不同意，2=比较不同意，3=不好确定，4=比较同意，5=非常同意。

其中，工作意义包含 1、2、3 题；自主性包含 4、5、6 题；自我效能包含 7、8、9 题；工作影响包含 10、11、12 题。

量表得分越高，表明该维度正向心理倾向性越强。

三、测验统计学指标

1.样本分布

为了编制《心理授权量表》的常模，我们采用纸质调查和网络调查相结合的方式，在北京市选取中小学校的老师参与测试。

在选取样本的过程中，考虑到了学校的地域分布（市区还是郊区）、性别（男、女）等因素的平衡情况，保证样本的代表性。

《心理授权量表》最终收回有效问卷 149 份，详细的被试分布情况见表 9-5 至表 9-6。

表 9-5 被试具体分布情况（地域分布）

	市区	郊区	合计
合计	149	0	149

表 9-6 被试具体分布情况（性别）

	男性	女性	合计
合计	38	111	149

2.信度

《心理授权量表》总的内部一致性信度为 0.887，其中工作意义、自主性、自我效能和工作影响四个分量表的内部一致性信度见表 9-7。

表 9-7 四个分量表的内部一致性信度

总分	工作意义	自主性	自我效能	工作影响
0.887	0.893	0.820	0.837	0.918

3. 常模基础数据

总分		工作意义		自主性		自我效能		工作影响	
M.	SD.	M.	SD.	M.	SD.	M.	SD.	M.	SD.
41.28	8.194	11.11	2.907	11.76	2.384	10.36	2.697	8.05	2.922

	总分		工作意义		自主性		自我效能		工作影响	
	M.	SD.	M.	SD.	M.	SD.	M.	SD.	M.	SD.
男	43.24	7.478	11.82	2.598	12.37	2.318	10.29	2.894	8.76	2.111
女	40.61	8.352	10.87	2.979	11.55	2.381	10.38	2.639	7.81	3.123

四、参考文献

[1] 李超平，李晓轩，时勘等. 授权的测量及其与员工工作态度的关系[J]. 心理学报，2006，38(1)：99-106.

[2] 王金良，张大均. 中小学教师心理授权的测量[J]. 心理发展与教育，2011，27(1)：105-111.

五、《心理授权量表》题本

指导语：请仔细阅读下面的题目，根据您的实际情况，判断这些陈述与您的符合程度，并选择相应的数字，判断标准如下：1. 非常不同意；2. 比较不同意；3. 不好确定；4. 比较同意；5. 非常同意。将数字填在答题纸上对应的题号旁。

序号	题目	非常不同意	比较不同意	不好确定	比较同意	非常同意
1	我的工作对我来说非常重要	1	2	3	4	5
2	工作上所做的事对我个人来说非常有意义	1	2	3	4	5
3	我所做的工作对我来说非常有意义	1	2	3	4	5
4	我对自己完成工作的能力非常有信心	1	2	3	4	5
5	我自信自己有做好工作上的各项事情的能力	1	2	3	4	5
6	我掌握了完成工作所需要的各项技能	1	2	3	4	5
7	在决定如何完成我的工作上，我有很大的自主权	1	2	3	4	5
8	我自己可以决定如何来着手做我的工作	1	2	3	4	5

（续表）

序号	题目	非常不同意	比较不同意	不好确定	比较同意	非常同意
9	在如何完成工作上，我有很大的机会来行使独立性和自主权	1	2	3	4	5
10	我对发生在本部门的事情有很大的影响力和作用	1	2	3	4	5
11	我对发生在本部门的事情起着很大的控制作用	1	2	3	4	5
12	我对发生在本部门的事情有重大的影响	1	2	3	4	5

第三节　MBI 工作倦怠问卷

一、测验简介

1. 测验的基本信息

工作倦怠也称"职业倦怠"，是一种与职业有关的综合症状。它是一个社会发展到一定程度的必然结果，是正常的社会问题，最常发生于从事教育行业和服务行业的个体身上。工作倦怠会给个人和组织带来严重的负面影响，如个体的身心健康下降、酒精和药物滥用率提高等，组织的代价则表现在组织成员缺席和离职率的提高、士气低落及绩效下降等。随着我国现代化进程和生活节奏的加快，人们的工作压力也日益加大，越来越多的人已深处工作倦怠中，或濒临工作倦怠的边缘。因此开展工作倦怠研究，对于减轻个体的工作压力，调动个体的工作积极性，找回个体工作的价值和尊严，重新强化工作的内隐功能具有重要意义。

《MBI 工作倦怠问卷》（Maslach Burnout Inventory，MBI）是由美国社会心理学家马斯拉奇（C. Maslach）和杰克逊（S. Jackson）联合开发的[1]。

2. 测验的结构

《MBI 工作倦怠问卷》包括三个分量表：情绪衰竭、去个性化和低个人成就感。

情绪衰竭是指个人认为自己所有的情绪资源都已耗尽，对工作缺乏冲动，有挫折感、紧张感，甚至害怕工作，该部分包括第 1、2、3、4、5 题。

去个性化指刻意与工作以及其他与工作相关的人员保持一定距离，对工作不热心、不投入，对自己工作的意义表示怀疑，该部分包括第 6、7、8、9 题。

低个人成就感指个体对自身持有负面的评价，认为自己不能有效地胜任工作，此部分包括第 10、11、12、13、14、15 题。

《MBI 工作倦怠问卷》具有较高的信度、效度，其中情绪衰竭、去个性化、低个人成就感三个分量表的 α 系数分别为 0.90、0.79、0.71；小样本间隔 2~4 周的重测信度分别是 0.82、0.60、0.80；大样本间隔一年的重测信度分别是 0.60、0.54、0.57[1]。

二、测验计分方式

《MBI 工作倦怠问卷》采用 7 点评分，从不=0；极少=1；偶尔（一年几次或更少）=2；经常（一个月一次或更少）=3；频繁（一个月几次）=4；非常频繁（每星期一次）=5；每天（一星期几次）=6。

将分量表各题目的得分相加，然后除以分量表的题目数，得到的平均分为该分量表的得分。

其中情绪衰竭分量表和去个性化分量表得分越高则工作倦怠程度越高；低个人成就感分量表得分越高则工作倦怠程度越低。量表总分=情绪衰竭+去个性化-低个人成就感，总得分越高工作倦怠程度越高。

三、测验统计学指标

1. 样本分布

为了编制《MBI 工作倦怠问卷》的常模，我们采用纸质调查和网络调查相结合的方式，在北京市选取中小学校的教师参与测试。

在选取样本的过程中，考虑到了学校的地域分布（市区还是郊区）、性别（男、女）等因素的平衡情况，保证样本的代表性。

《MBI 工作倦怠问卷》最终收回有效问卷 282 份，详细的被试分布情况见表 9-8 至表 9-9。

表 9-8　被试具体分布情况（地域分布）

	市区	郊区	合计
合计	143	139	282

表 9-9　被试具体分布情况（性别）

	男性	女性	合计
合计	61	221	282

2. 信度

总量表的内部一致性信度为 0.880，情绪衰竭、去个性化、低个人成就感三个分量表的内部一致性信度分别为 0.947、0.878、0.888。量表的内部一致性信度见表 9-10。

表 9-10 《MBI 工作倦怠问卷》的内部一致性信度

总量表	情绪衰竭	去个性化	低个人成就感
0.880	0.947	0.878	0.888

3. 常模基础数据

	总分		情绪衰竭		去个性化		低个人成就感	
	M.	SD.	M.	SD.	M.	SD.	M.	SD.
教师	1.72	2.910	3.84	1.560	2.79	1.254	4.92	1.127

		总分		情绪衰竭		去个性化		低个人成就感	
		M.	SD.	M.	SD.	M.	SD.	M.	SD.
教师	男	1.26	2.804	3.46	1.465	2.70	1.289	4.90	1.129
	女	1.85	2.932	3.94	1.573	2.81	1.246	4.93	1.128

四、参考文献

[1] 李永鑫. 工作倦怠问卷（MBI）简介[J]. 环境与职业医学, 2004, 21(6)：506-507.

五、《MBI 工作倦怠问卷》题本

指导语：请您根据自己的感受和体会，判断它们在您所在的单位或者您身上发生的频率，并选择相应的数字，将其填在答题纸上对应的题号旁。

从不=0；极少=1；偶尔（一年几次或更少）=2；经常（一个月一次或更少）=3；频繁（一个月几次）=4；非常频繁（每星期一次）=5；每天（一星期几次）=6。

序号	题目	从不	极少	偶尔	经常	频繁	非常频繁	每天
1	工作让我感觉身心疲惫	0	1	2	3	4	5	6
2	下班的时候我感觉筋疲力竭	0	1	2	3	4	5	6
3	早晨起床不得不去面对一天的工作时，我感觉非常累	0	1	2	3	4	5	6
4	整天工作对我来说确实压力很大	0	1	2	3	4	5	6
5	工作让我有快要崩溃的感觉	0	1	2	3	4	5	6
6	自从开始做这份工作，我对工作越来越不感兴趣	0	1	2	3	4	5	6
7	我对工作不像以前那样热心了	0	1	2	3	4	5	6
8	我怀疑自己所做工作的意义	0	1	2	3	4	5	6
9	我对自己所做的工作是否有贡献越来越不关心	0	1	2	3	4	5	6

（续表）

序号	题目	从不	极少	偶尔	经常	频繁	非常频繁	每天
10	我能有效地解决工作中出现的问题	0	1	2	3	4	5	6
11	我觉得我在为公司做有用的贡献	0	1	2	3	4	5	6
12	在我看来，我擅长于自己的工作	0	1	2	3	4	5	6
13	当完成工作上的一些事情时，我感到非常高兴	0	1	2	3	4	5	6
14	我完成了很多有价值的工作	0	1	2	3	4	5	6
15	我自信自己能有效地完成各项工作	0	1	2	3	4	5	6

第十章 其他测验常模基础数据

第一节 亲子依恋问卷

一、测验简介

1. 测验的基本信息

《父母和同伴依恋问卷》（Inventory of Parent and Peer Attachment，IPPA）由阿姆斯登（G. Amsden）和格林博格（M. Greenberg）于1987年编制，拉贾（S. Raja）等人修订，本文采用 IPPA 的简版，即《亲子依恋问卷》（Inventory of Parent Attachment），用以测量青少年与父亲、母亲依恋的安全性[1]。

金灿灿、邹泓、曾荣、窦东徽的研究表明，父子依恋和母子依恋问卷的 α 系数均在 0.65～0.86[2]。

2. 测验的结构

本问卷分为母子依恋和父子依恋两个分量表。

二、测验计分方式

本问卷采用 5 点计分，完全不符合=1，比较不符合=2，不确定=3，比较符合=4，完全符合=5，分数越高表示依恋的安全性水平越高。

母子依恋：第1~10题，其中3、5、7、8题为反向计分。

父子依恋：第11~20题，其中13、15、17、18题为反向计分。

三、测验统计学指标

1. 样本分布

为了编制《亲子依恋问卷》的常模，我们采用纸质调查和网络调查相结合的方式，在北京市选取中学的学生参与测试。

在选取样本的过程中，考虑到了学校的地域分布（市区还是郊区）、学校性质（示范高中还是普通高中）、以及性别（男、女）各因素的平衡情况，保证样本的代表性。

《亲子依恋问卷》最终收回有效问卷1460份，详细的被试分布情况见表10-1至表10-3。

表10-1 被试具体分布情况（地域分布）

	市区	郊区	合计
初中	267	314	581
高中	534	345	879
合计	801	659	1460

表10-2 被试具体分布情况（学校性质）

	示范高中	普通高中	合计
合计	329	550	879

表10-3 被试具体分布情况（性别）

		性别		合计
		男生	女生	
初中	初一	115	120	235
	初二	52	70	122
	初三	100	124	224
高中	高一	160	160	320
	高二	121	213	334
	高三	88	137	225
	合计	636	824	1460

2. 信度

量表整体的内部一致性信度为0.873，母子依恋和父子依恋两个分量表的内部一致性信度见表10-4。

表 10-4 《亲子依恋问卷》的内部一致性信度

	总分	母子依恋	父子依恋
α	0.873	0.806	0.824

3. 常模基础数据

	总分		母子依恋		父子依恋	
	M.	SD.	M.	SD.	M.	SD.
初中	72.91	14.291	36.87	7.807	36.05	8.061
高中	73.57	12.781	37.73	6.908	35.85	7.813
总计	73.31	13.402	37.38	7.289	35.93	7.911

		总分		母子依恋		父子依恋	
		M.	SD.	M.	SD.	M.	SD.
男	初中	73.39	13.853	36.82	7.432	36.57	7.679
	高中	72.35	12.613	36.87	6.711	35.49	7.491
	总计	72.79	13.149	36.85	7.018	35.94	7.583
女	初中	72.50	14.664	36.91	8.124	35.60	8.361
	高中	74.46	12.841	38.35	6.988	36.12	8.035
	总计	73.71	13.589	37.80	7.469	35.92	8.160

		总分		母子依恋		父子依恋	
		M.	SD.	M.	SD.	M.	SD.
初中	初一	72.76	15.820	36.79	8.436	36.00	8.721
	初二	71.21	13.867	35.89	7.841	35.33	7.743
	初三	73.98	12.716	37.49	7.042	36.49	7.501
高中	高一	73.07	12.931	37.23	7.209	35.86	8.059
	高二	73.77	12.508	38.04	6.594	35.73	7.600
	高三	74.00	13.001	37.96	6.919	36.04	7.802

			总分		母子依恋		父子依恋	
			M.	SD.	M.	SD.	M.	SD.
初中	初一	男	74.44	15.758	37.40	8.358	37.04	8.442
		女	71.14	15.776	36.14	8.515	35.00	8.902
	初二	男	71.54	11.315	35.90	6.381	35.63	6.654
		女	70.97	15.571	35.87	8.815	35.10	8.503
	初三	男	73.14	12.671	36.62	6.792	36.52	7.268
		女	74.65	12.764	38.19	7.188	36.47	7.713
高中	高一	男	72.16	13.081	36.64	7.142	35.52	7.888
		女	73.98	12.755	37.79	7.266	36.19	8.262

(续表)

		总分		母子依恋		父子依恋	
		M.	SD.	M.	SD.	M.	SD.
高二	男	73.84	11.338	37.37	6.261	36.47	6.423
	女	73.73	13.152	38.43	6.760	35.31	8.179
高三	男	70.63	13.309	36.57	6.535	34.06	8.008
	女	76.13	12.382	38.84	7.034	37.29	7.428

四、参考文献

[1] 刘乔. 青少年情感自主的发展特点及其与心理控制、自主准予、亲子依恋的关系[D]. 北京：北京师范大学硕士学位论文，2007.

[2] 金灿灿，邹泓，曾荣等. 中学生亲子依恋的特点及其对社会适应的影响：父母亲密的调节作用[J]. 心理发展与教育，2010，26(6)：577-583.

五、《亲子依恋问卷》题本

指导语：本问卷共有 20 个题目，请思考每句话在多大程度上符合你与父母之间关系的实际情况，选择相应的数字，填在答题纸上对应的题号旁。请以自己的第一感觉为准，不必过多思考。

例题：每天我都看电视

1=完全不符合，2=比较不符合，3=不确定，4=比较符合，5=完全符合

对这个句子：

如果这种描述完全符合你的现实生活，你确实每天都看电视，就选择"完全符合"；

如果这种描述多数情况下符合你的现实生活，你不是每天都看电视，但一周里有四、五天看了电视，就选择"多数符合"；

如果你不能确定你是否每天都看电视，就选择"不确定"；

如果这种描述多数不符合你的现实生活，你一周中只有一两天看了电视，就选择"多数不符合"；

如果这种描述完全不符合你的现实生活，你根本不看电视，就选择"完全不符合"。

题号	题目	完全不符合	比较不符合	不确定	比较符合	完全符合
1	我会把自己遇到的问题和困难告诉妈妈	1	2	3	4	5
2	如果妈妈知道有事情困扰我，她会询问我	1	2	3	4	5
3	我没有从妈妈那里得到什么关注	1	2	3	4	5
4	妈妈接受我现在的样子	1	2	3	4	5
5	我对妈妈感到生气	1	2	3	4	5
6	当我为某事生气时，妈妈能理解我	1	2	3	4	5

(续表)

题号	题目	完全不符合	比较不符合	不确定	比较符合	完全符合
7	与妈妈讨论我的问题让我感到羞愧或愚蠢	1	2	3	4	5
8	我很容易因为妈妈感到心烦	1	2	3	4	5
9	妈妈帮助我更好地了解我自己	1	2	3	4	5
10	妈妈尊重我的感受	1	2	3	4	5
11	我会把自己遇到的问题和困难告诉爸爸	1	2	3	4	5
12	如果爸爸知道有事情困扰我，他会询问我	1	2	3	4	5
13	我没有从爸爸那里得到什么关注	1	2	3	4	5
14	爸爸接受我现在的样子	1	2	3	4	5
15	我对爸爸感到生气	1	2	3	4	5
16	当我为某事生气时，爸爸能理解我	1	2	3	4	5
17	与爸爸讨论我的问题让我感到羞愧或愚蠢	1	2	3	4	5
18	我很容易因为爸爸感到心烦	1	2	3	4	5
19	爸爸帮助我更好地了解我自己	1	2	3	4	5
20	爸爸尊重我的感受	1	2	3	4	5

第二节 家庭亲密度和适应性量表

一、测验简介

1. 测验的基本信息

《家庭亲密度和适应性量表》（Family Adaptability and Cohesion Evaluation Scales, FACES）由奥尔森（D. Olson）等于1982年编制。

《家庭亲密度和适应性量表》有两个稍有不同的版本，一个用于有孩子同住的家庭，另一个则用于无孩子同住的夫妻家庭。用 FACES 的家庭亲密度和适应性这两个分量表的分数可将受试者的家庭区分成 16 种家庭类型[1]。

目前，《家庭亲密度和适应性量表》在美国已广泛应用于对不同的家庭类型进行比较，找出在家庭治疗中需要解决的各种问题以及评价家庭干预的效果。

中文版量表分为实际家庭状况和理想家庭状况两个部分，共 60 个项目。

2. 测验的结构

《家庭亲密度和适应性量表》包括两个部分：实际家庭状况、理想家庭状况，每个部分均包含两个维度，即亲密度和适应性。

相关研究显示该量表具有较高的内部一致性信度（α>0.6），且重测信度及聚合效度较高[2]。

二、测验计分方式

《家庭亲密度和适应性量表》两个部分各30个问题的答案得分为1～5分：选择"不是"计1分，选择"偶尔"计2分，选择"有时"计3分，选择"经常"计4分，选择"总是"计5分。

亲密度和适应性得分分别按如下方法计算：

亲密度=36+T1+T5+T7+T11+T13+T15+T17+T21+T23+T25+T27−T3−T9−T19−T29

适应性=12+T2+T4+T6+T8+T10+T12+T14+T16+T18+T20+T22+T26+T30−T24−T28

亲密度与适应性的实际感受和理想状况得分是分开计算的。

实际感受与理想状况的得分之差的绝对值表示对家庭亲密度和适应性的不满程度。差异越大，不满的程度越大。

三、测验统计学指标

1. 样本分布

为了编制《家庭亲密度和适应性量表》的常模，我们采用纸质调查和网络调查相结合的方式，在北京市选取中小学校的学生和老师参与测试。

在选取样本的过程中，考虑到了学校的地域分布（市区还是郊区）、学校性质（示范高中还是普通高中）、以及性别（男、女）各因素的平衡情况，保证样本的代表性。

《家庭亲密度和适应性量表》最终收回有效问卷2414份，详细的被试分布情况见表10-5至表10-7。

表10-5 被试具体分布情况（地域分布）

	市区	郊区	合计
小学	468	391	859
初中	97	318	415
高中	557	300	857
教师	158	125	283
合计	1280	1134	2414

表10-6 被试具体分布情况（学校性质）

	示范高中	普通高中	合计
学生	553	304	857
教师	144	139	283
合计	697	443	1140

表 10-7　被试具体分布情况（性别）

		性别		
		男生	女生	合计
小学	三年级	106	124	230
	四年级	99	95	194
	五年级	104	93	197
	六年级	124	114	238
初中	初一	121	107	228
	初二	44	44	88
	初三	53	46	99
高中	高一	186	171	357
	高二	111	185	296
	高三	79	125	204

2. 信度

总量表的内部一致性信度为 0.928，其中亲密度的内部一致性信度为 0.888，适应性的内部一致性信度为 0.868。量表的内部一致性信度见表 10-8。

表 10-8　量表的内部一致性信度

总分	亲密度	适应性
0.928	0.888	0.868

3. 常模基础数据

	总分差		亲密度差		适应性差	
	M.	SD.	M.	SD.	M.	SD.
小学	12.71	12.912	6.76	6.630	7.23	7.044
初中	15.09	16.487	7.61	8.446	8.72	8.833
高中	15.65	16.952	7.69	8.589	8.70	8.988
教师	11.23	12.013	5.96	6.848	5.81	5.604
总计	14.00	15.084	7.14	7.737	7.85	8.024

	实际总分		实际亲密度		实际适应性	
	M.	SD.	M.	SD.	M.	SD.
小学	125.73	18.115	76.62	10.292	49.09	9.333
初中	122.29	19.159	73.45	10.902	48.68	9.640
高中	119.62	20.383	72.12	11.353	47.51	10.168
教师	129.41	15.527	76.87	9.252	52.51	7.097
总计	123.40	19.150	74.51	10.873	48.86	9.577

		理想总分		理想亲密度		理想适应性	
		M.	SD.	M.	SD.	M.	SD.
小学		135.43	17.514	80.98	10.064	54.42	9.035
初中		134.84	17.862	79.51	10.527	55.31	8.772
高中		132.41	19.409	77.65	11.034	54.70	9.529
教师		137.05	16.319	80.68	9.526	56.33	7.601
总计		134.44	18.203	79.51	10.536	54.89	9.031

		总分差		亲密度差		适应性差	
		M.	SD.	M.	SD.	M.	SD.
男	小学	13.80	13.554	7.37	7.006	7.80	7.361
	初中	13.10	13.065	6.64	6.815	7.90	7.474
	高中	14.35	16.637	7.25	8.323	7.97	8.904
	教师	12.97	12.558	6.81	7.249	6.65	5.995
	总计	13.80	14.539	7.15	7.459	7.81	7.877
女	小学	11.61	12.151	6.16	6.177	6.66	6.669
	初中	17.31	19.410	8.68	9.847	9.63	10.076
	高中	16.66	17.142	8.04	8.781	9.28	9.020
	教师	10.72	11.833	5.71	6.723	5.57	5.473
	总计	14.15	15.521	7.14	7.961	7.88	8.146

		实际总分		实际亲密度		实际适应性	
		M.	SD.	M.	SD.	M.	SD.
男	小学	123.08	18.181	74.97	10.119	48.09	9.649
	初中	122.53	16.677	73.22	9.393	49.08	8.734
	高中	117.58	20.686	70.45	11.484	47.12	10.310
	教师	124.03	15.968	73.31	8.736	50.77	7.948
	总计	121.13	18.843	72.97	10.569	48.11	9.656
女	小学	128.41	17.669	78.29	10.209	50.11	8.898
	初中	122.01	21.645	73.71	12.380	48.22	10.566
	高中	121.21	20.023	73.42	11.088	47.82	10.055
	教师	130.98	15.073	77.92	9.157	53.03	6.757
	总计	125.27	19.205	75.78	10.959	49.47	9.471

		理想总分		理想亲密度		理想适应性	
		M.	SD.	M.	SD.	M.	SD.
男	小学	133.24	18.077	79.52	10.125	53.71	9.528
	初中	132.98	17.797	78.33	10.410	54.61	8.768
	高中	128.69	20.149	75.24	11.368	53.36	9.745

(续表)

		理想总分		理想亲密度		理想适应性	
		M.	SD.	M.	SD.	M.	SD.
	教师	132.83	17.583	78.06	10.587	55.16	7.846
	总计	131.60	18.829	77.73	10.798	53.85	9.371
女	小学	137.65	16.655	82.46	9.794	55.13	8.458
	初中	136.88	17.756	80.81	10.529	56.07	8.735
	高中	135.28	18.329	79.52	10.403	55.75	9.233
	教师	138.30	15.753	81.46	9.066	56.67	7.511
	总计	136.77	17.335	80.98	10.085	55.75	8.653

		总分差		亲密度差		适应性差	
		M.	SD.	M.	SD.	M.	SD.
小学	三年级	12.20	12.909	6.91	6.595	6.87	7.043
	四年级	13.51	12.476	6.96	6.590	7.35	6.636
	五年级	10.86	12.013	5.76	6.298	6.52	6.581
	六年级	14.08	13.830	7.29	6.916	8.08	7.665
初中	初一	15.55	18.087	7.81	9.334	8.59	9.687
	初二	16.88	15.600	8.39	7.845	9.82	8.318
	初三	12.55	12.820	6.45	6.524	8.08	7.032
高中	高一	16.06	18.551	7.79	9.295	8.91	9.851
	高二	16.19	15.372	8.04	7.925	9.08	8.251
	高三	14.18	16.235	7.02	8.238	7.81	8.402

		实际总分		实际亲密度		实际适应性	
		M.	SD.	M.	SD.	M.	SD.
小学	三年级	125.93	16.179	77.20	9.630	48.70	8.120
	四年级	128.65	16.878	78.44	9.388	50.22	9.189
	五年级	120.79	18.215	73.93	10.395	46.87	9.328
	六年级	127.26	19.996	76.81	11.132	50.37	10.199
初中	初一	124.62	20.486	74.81	11.424	49.73	10.318
	初二	121.69	17.454	72.91	10.096	48.34	8.978
	初三	117.44	16.431	70.78	9.854	46.58	8.204
高中	高一	118.39	22.132	71.39	12.291	46.99	10.886
	高二	118.19	18.140	71.42	10.116	46.77	9.434
	高三	123.85	19.804	74.40	11.098	49.51	9.667

		理想总分		理想亲密度		理想适应性	
		M.	SD.	M.	SD.	M.	SD.
小学	三年级	134.83	16.873	81.42	9.777	53.27	8.618
	四年级	139.17	15.064	83.37	8.645	55.80	8.307
	五年级	128.83	18.765	77.56	10.551	51.28	9.792
	六年级	138.39	17.389	81.44	10.327	56.96	8.402
初中	初一	138.12	15.884	81.38	9.724	56.74	7.690
	初二	135.60	18.365	79.64	10.636	55.85	8.672
	初三	126.66	19.256	75.09	10.989	51.57	10.096
高中	高一	131.50	21.056	77.16	11.923	54.23	10.200
	高二	131.53	18.376	77.03	10.511	54.48	9.277
	高三	135.25	17.639	79.40	9.992	55.84	8.587

			总分差		亲密度差		适应性差	
			M.	SD.	M.	SD.	M.	SD.
小学	三年级	男	14.16	13.869	8.13	7.253	7.58	7.607
		女	10.55	11.848	5.83	5.833	6.30	6.530
	四年级	男	16.39	14.766	8.19	7.957	8.85	7.803
		女	10.49	8.619	5.68	4.461	5.78	4.700
	五年级	男	8.91	9.578	4.90	4.813	5.70	5.583
		女	13.03	13.991	6.73	7.538	7.43	7.515
	六年级	男	15.56	14.216	8.08	7.157	8.81	7.764
		女	12.52	13.297	6.46	6.583	7.22	7.453
初中	初一	男	13.61	14.144	6.95	7.246	7.38	7.964
		女	17.75	21.569	8.64	11.034	9.80	11.154
	初二	男	15.80	13.526	7.54	7.383	9.49	7.015
		女	17.95	17.536	9.12	8.313	9.80	9.360
	初三	男	9.89	9.181	5.02	4.814	7.17	5.747
		女	15.69	15.623	8.13	7.815	9.07	8.291
高中	高一	男	13.43	17.211	6.70	8.303	7.71	9.589
		女	18.81	19.531	9.01	10.144	10.14	10.096
	高二	男	15.94	15.535	8.31	8.231	8.72	7.847
		女	16.34	15.314	7.89	7.754	9.34	8.503
	高三	男	14.23	16.845	7.16	8.512	7.47	8.875
		女	14.15	15.901	6.97	8.113	8.02	8.148

			实际总分		实际亲密度		实际适应性	
			M.	SD.	M.	SD.	M.	SD.
小学	三年级	男	124.66	14.554	76.56	8.510	48.10	8.015
		女	127.44	17.449	77.90	10.468	49.54	8.235
	四年级	男	124.42	18.237	76.06	9.582	48.36	10.436
		女	133.06	14.131	80.92	8.549	52.15	7.241
	五年级	男	120.77	18.720	73.55	10.453	47.21	9.443
		女	120.86	17.833	74.42	10.405	46.43	9.326
	六年级	男	122.45	20.396	73.77	11.296	48.68	10.417
		女	132.09	18.317	79.91	10.068	52.18	9.530
初中	初一	男	125.90	17.286	74.92	9.547	50.97	9.011
		女	123.14	23.680	74.80	13.186	48.34	11.554
	初二	男	121.05	15.261	72.39	9.159	48.66	7.637
		女	122.32	19.915	73.73	10.913	48.59	10.035
	初三	男	116.17	14.741	70.47	8.359	45.70	7.533
		女	118.93	18.280	71.13	11.457	47.80	8.872
高中	高一	男	117.78	22.375	70.47	12.346	47.31	11.068
		女	119.41	21.806	72.59	12.188	46.82	10.612
	高二	男	116.67	17.824	70.05	10.009	46.62	9.126
		女	119.16	18.345	72.28	10.123	46.87	9.663
	高三	男	119.53	20.366	71.61	11.512	47.92	9.908
		女	126.62	19.004	76.11	10.501	50.50	9.449

			理想总分		理想亲密度		理想适应性	
			M.	SD.	M.	SD.	M.	SD.
小学	三年级	男	135.17	16.029	81.90	8.828	53.26	8.606
		女	134.73	17.581	81.39	10.289	53.34	8.674
	四年级	男	136.76	15.725	81.75	8.085	55.01	9.399
		女	141.68	13.987	85.06	8.923	56.62	6.947
	五年级	男	126.05	19.374	75.83	10.809	50.21	10.149
		女	131.78	17.712	79.41	10.014	52.37	9.366
	六年级	男	135.11	18.974	79.10	11.084	56.01	9.085
		女	142.32	14.643	84.21	8.725	58.11	7.468
初中	初一	男	137.39	15.251	80.71	9.383	56.67	7.397
		女	138.76	16.708	81.93	10.141	56.83	8.052
	初二	男	133.54	19.658	77.98	11.560	55.56	9.033
		女	137.29	17.614	81.15	9.764	56.15	8.662
	初三	男	122.17	17.368	73.11	9.959	49.06	9.222
		女	132.58	19.764	77.49	11.872	55.09	9.558

(续表)

			理想总分		理想亲密度		理想适应性	
			M.	SD.	M.	SD.	M.	SD.
高中	高一	男	127.56	21.491	74.45	11.939	53.11	10.434
		女	135.89	19.689	80.28	11.061	55.62	9.829
	高二	男	129.37	18.402	75.55	10.804	53.83	8.764
		女	132.98	18.123	78.03	10.144	54.96	9.548
	高三	男	130.75	19.236	77.10	10.492	53.65	9.546
		女	138.04	16.099	80.80	9.485	57.24	7.685

四、参考文献

[1] 张赛，路孝琴，杜蕾等. 家庭功能评价工具家庭亲密度和适应性量表的发展及其应用研究[J]. 中国全科医学，2010，13(7)：725-728.

[2] 费立鹏，沈其杰，郑延平等. "家庭亲密度和适应性量表"和"家庭环境量表"的初步评价——正常家庭与精神分裂症家庭成员对照研究[J]. 中国心理卫生杂志，1991，(5)：198-202.

五、《家庭亲密度和适应性量表》题本

指导语

第一部分：家庭目前实际情况部分

这里共有30个关于家庭关系和活动的问题，该问卷所指的家庭是指与您共同食宿的小家庭。请您按照您家庭目前的实际情况来回答，回答时，请在右侧五个不同的答案中选一个您认为适当的答案，将相应的数字填在答题纸上对应的题号旁。

序号	题目	您家庭目前的实际情况是：				
		不是	偶尔	有时	经常	总是
1	在有难处的时候，家庭成员都会尽最大的努力相互支持	1	2	3	4	5
2	在我们的家庭中每个成员都可以随便发表自己的意见	1	2	3	4	5
3	我们家的成员比较愿意与朋友商讨个人问题，而不太愿意与家人商讨	1	2	3	4	5
4	每个家庭成员都参与做出重大的家庭决策	1	2	3	4	5
5	所有家庭成员聚集在一起进行活动	1	2	3	4	5
6	晚辈对长辈的教导可以发表自己的意见	1	2	3	4	5
7	在家里，有事大家一起做	1	2	3	4	5
8	家庭成员一起讨论问题，并对问题的解决感到满意	1	2	3	4	5

(续表)

序号	题目	不是	偶尔	有时	经常	总是
		\multicolumn{5}{c}{您家庭目前的实际情况是：}
9	家庭成员与朋友的关系比家庭成员之间的关系更密切	1	2	3	4	5
10	在家庭中，我们轮流分担不同的家务	1	2	3	4	5
11	家庭成员之间都熟悉每个成员的亲密朋友	1	2	3	4	5
12	当家庭状况有变化时，家庭平常的生活规律和家规很容易有相应的改变	1	2	3	4	5
13	当家庭成员自己要作决策时，喜欢与家人一起商量	1	2	3	4	5
14	当家庭中出现矛盾时，成员间相互谦让取得妥协	1	2	3	4	5
15	在我们家，娱乐活动都是全家一起去做的	1	2	3	4	5
16	在解决问题时，孩子们的建议都能够被接受	1	2	3	4	5
17	家庭成员之间的关系是非常密切的	1	2	3	4	5
18	我们家的家教是合理的	1	2	3	4	5
19	在家中，每个成员习惯单独活动	1	2	3	4	5
20	我们家喜欢用新方法去解决遇到的问题	1	2	3	4	5
21	家庭成员都能按家庭所作的决定去做事	1	2	3	4	5
22	在我们家，每个成员都分担家庭义务	1	2	3	4	5
23	家庭成员喜欢在一起度过业余时间	1	2	3	4	5
24	尽管家里有人有这样的想法，家庭的生活规律和家规还是难以改变	1	2	3	4	5
25	家庭成员都很主动和家里其他人谈自己的心里话	1	2	3	4	5
26	在家里，家庭成员可以随便提出自己的要求	1	2	3	4	5
27	在家庭中，每个家庭成员的朋友都会受到极为热情的接待	1	2	3	4	5
28	当家庭发生矛盾时，家庭成员会把自己的想法藏在心里	1	2	3	4	5
29	在家里，我们更愿意分开做事，而且不太愿意全家人一起做	1	2	3	4	5
30	家庭成员可以分享彼此的兴趣和爱好	1	2	3	4	5

第二部分：理想中的家庭情况部分

下面30个关于家庭关系和活动的问题与前面相同，但这次请您按照您心目中理想的家庭情况即您所希望的家庭情况来回答。回答问题时不要考虑家庭目前的实际情况。

序号	题目	您理想中的家庭的情况是：				
		不是	偶尔	有时	经常	总是
1	在有难处的时候，家庭成员都会尽最大的努力相互支持	1	2	3	4	5
2	在我们的家庭中每个成员都可以随便发表自己的意见	1	2	3	4	5
3	我们家的成员比较愿意与朋友商讨个人问题，而不太愿意与家人商讨	1	2	3	4	5
4	每个家庭成员都参与做出重大的家庭决策	1	2	3	4	5
5	所有家庭成员聚集在一起进行活动	1	2	3	4	5
6	晚辈对长辈的教导可以发表自己的意见	1	2	3	4	5
7	在家里，有事大家一起做	1	2	3	4	5
8	家庭成员一起讨论问题，并对问题的解决感到满意	1	2	3	4	5
9	家庭成员与朋友的关系比家庭成员之间的关系更密切	1	2	3	4	5
10	在家庭中，我们轮流分担不同的家务	1	2	3	4	5
11	家庭成员之间都熟悉每个成员的亲密朋友	1	2	3	4	5
12	当家庭状况有变化时，家庭平常的生活规律和家规很容易有相应的改变	1	2	3	4	5
13	当家庭成员自己要作决策时，喜欢与家人一起商量	1	2	3	4	5
14	当家庭中出现矛盾时，成员间相互谦让取得妥协	1	2	3	4	5
15	在我们家，娱乐活动都是全家一起去做的	1	2	3	4	5
16	在解决问题时，孩子们的建议都能够被接受	1	2	3	4	5
17	家庭成员之间的关系是非常密切的	1	2	3	4	5
18	我们家的家教是合理的	1	2	3	4	5
19	在家中，每个成员习惯单独活动	1	2	3	4	5
20	我们家喜欢用新方法去解决遇到的问题	1	2	3	4	5
21	家庭成员都能按家庭所作的决定去做事	1	2	3	4	5
22	在我们家，每个成员都分担家庭义务	1	2	3	4	5
23	家庭成员喜欢在一起度过业余时间	1	2	3	4	5
24	尽管家里有人有这样的想法，家庭的生活规律和家规还是难以改变	1	2	3	4	5
25	家庭成员都很主动和家里其他人谈自己的心里话	1	2	3	4	5
26	在家里，家庭成员可以随便提出自己的要求	1	2	3	4	5
27	在家庭中，每个家庭成员的朋友都会受到极为热情的接待	1	2	3	4	5

（续表）

序号	题目	您理想中的家庭的情况是：				
		不是	偶尔	有时	经常	总是
28	当家庭发生矛盾时，家庭成员会把自己的想法藏在心里	1	2	3	4	5
29	在家里，我们更愿意分开做事，而且不太愿意全家人一起做	1	2	3	4	5
30	家庭成员可以分享彼此的兴趣和爱好	1	2	3	4	5

第三节　家庭环境量表

一、测验简介

1. 测验的基本信息

《家庭环境量表》（Family Environment Scale，FES）由莫斯（R. Moss）等人于1981年编制[1]，共设90个是非题，大约需要30分钟完成。该量表分为10个分量表，分别评价10个不同的家庭社会和环境特征。目前，FES已广泛应用于描述不同类型正常家庭的特征和危机状态下的家庭状况，评价家庭干预下的家庭环境变化，以及对家庭环境与家庭生活的其他方面进行比较。

薛亮、朱熊兆等人对青少年学生进行了《家庭环境量表》的调查，分析量表的内部一致性、分半信度、条目间平均相关系数、总量表与分量表间的相关系数，进行验证性因素分析。结果表明《家庭环境量表》全量表 α 系数为 0.937，3 个分量表的 α 系数在 0.704～0.895 之间，分半信度为 0.505，题目间的平均相关系数在 0.321～0.398 之间；各分量表得分与总量表得分的相关系数在 0.754～0.841 之间，说明该量表有较好的信度和效度[2]。

2. 测验的结构

本问卷包括90个题目，10个维度，分别为：亲密度、情感表达、矛盾性、独立性、成功性、知识性、娱乐性、道德宗教观、组织性、控制性。各维度所包含题目及计算公式见表10-9。

表10-9　各维度所包含题目及计算公式

维度	计算公式
亲密度	(Q11−1)+(Q41−1)+(Q61−1) −[(Q1−2)+(Q21−2)+(Q31−2)+(Q51−2)+(Q71−2)+(Q81−2)]

（续表）

维度	计算公式
情感表达	(Q2–1)+(Q22–1)+(Q52–1)+(Q72–1) –[(Q12–2)+(Q32–2)+(Q42–2)+(Q62–2)+(Q82–2)]
矛盾性	(Q13–1)+(Q33–1)+(Q63–1) –[(Q3–2)+(Q23–2)+(Q43–2)+(Q53–2)+(Q73–2)+(Q83–2)]
独立性	(Q4–1)+(Q54–1)+(Q74–1) –[(Q14–2)+(Q24–2)+(Q34–2)+(Q44–2)+(Q64–2)+(Q84–2)]
成功性	(Q55–1)+(Q65–1) –[(Q5–2)+(Q15–2)+(Q25–2)+(Q35–2)+(Q45–2)+(Q75–2)+(Q85–2)]
知识性	(Q16–1)+(Q36–1)+(Q46–1)+(Q76–1) –[(Q6–2)+(Q26–2)+(Q56–2)+(Q66–2)+(Q86–2)]
娱乐性	(Q7–1)+(Q27–1)+(Q57–1)+(Q87–1) –[(Q17–2)+(Q37–2)+(Q47–2)+(Q67–2)+(Q77–2)]
道德宗教观	(Q18–1)+(Q38–1)+(Q88–1) –[(Q8–2)+(Q28–2)+(Q48–2)+(Q58–2)+(Q68–2)+(Q78–2)]
组织性	(Q29–1)+(Q49–1)+(Q79–1) –[(Q9–2)+(Q19–2)+(Q39–2)+(Q59–2)+(Q69–2)+(Q89–2)]
控制性	(Q10–1)+(Q20–1)+(Q60–1)+(Q70–1) –[(Q30–2)+(Q40–2)+(Q50–2)+(Q80–2)+(Q90–2)]

其中，Q_i是指第i个题目的得分。回答"是"得"1"分，回答"否"得"2"分

二、测验计分方式

所有90个题目按选择的答案来评分，若回答"是"得"1"分，若回答"否"得"2"分。

本量表各维度的分越高，表明该维度所代表含义的倾向性越强。这一倾向性既可以是正向的，也可以是负向的。

三、量表统计学指标

1. 样本分布

为了编制《家庭环境量表》的常模，我们采用纸质调查和网络调查相结合的方式，在北京市选取中学生和教师参与测试。

在选取样本的过程中，考虑到了学校的地域分布（市区还是郊区）、学校性质（示范高中还是普通高中）、以及性别（男、女）各因素的平衡情况，保证样本的代表性。

《家庭环境量表》最终收回有效问卷1766份，详细的被试分布情况见表10-10至表10-12。

表 10-10 被试具体分布情况（地域分布）

	市区	郊区	合计
初中	151	602	753
高中	275	444	719
教师	98	196	294
合计	524	1242	1766

表 10-11 被试具体分布情况（学校性质）

	示范高中	普通高中	合计
学生	311	408	719
教师	111	183	294
合计	422	591	1013

表 10-12 被试具体分布情况（性别）

		男生	女生	合计
初中	初一	120	120	240
	初二	164	154	318
	初三	93	102	195
高中	高一	102	161	263
	高二	76	164	240
	高三	77	139	216

2. 信度

量表总的内部一致性信度为 0.727。

3. 常模基础数据

	总分 M.	总分 SD.	亲密度 M.	亲密度 SD.	情感表达 M.	情感表达 SD.	矛盾性 M.	矛盾性 SD.	独立性 M.	独立性 SD.	成功性 M.	成功性 SD.
初中	50.90	8.716	6.97	2.144	5.13	1.634	3.34	2.185	4.78	1.597	5.50	1.587
高中	49.83	7.832	6.97	2.021	5.51	1.702	3.63	1.955	5.05	1.462	5.39	1.688
教师	53.32	8.138	7.88	1.700	5.80	1.401	2.79	1.835	5.39	1.343	5.65	1.904
总计	50.87	8.350	7.12	2.053	5.40	1.644	3.37	2.057	4.99	1.518	5.48	1.686

	知识性 M.	知识性 SD.	娱乐性 M.	娱乐性 SD.	道德宗教观 M.	道德宗教观 SD.	组织性 M.	组织性 SD.	控制性 M.	控制性 SD.
初中	4.85	2.124	5.43	2.152	5.67	1.468	5.45	1.934	3.78	1.984
高中	4.16	1.998	5.24	2.224	5.35	1.497	4.99	1.861	3.51	1.945
教师	4.83	2.166	5.47	2.080	5.71	1.568	5.59	1.703	4.14	1.834
总计	4.56	2.106	5.36	2.171	5.55	1.505	5.28	1.883	3.73	1.955

		总分		亲密度		情感表达		矛盾性		独立性		成功性	
		M.	SD.	M.	SD.	M.	SD.	M.	SD.	M.	SD.	M.	SD.
男	初中	49.71	8.656	6.75	2.246	5.07	1.573	3.33	2.236	4.90	1.575	5.42	1.624
	高中	49.28	7.937	6.61	2.114	5.22	1.600	3.61	1.961	5.20	1.550	5.43	1.706
	教师	53.01	8.634	7.73	1.674	5.49	1.452	3.00	1.874	5.33	1.347	5.77	1.965
	总计	49.94	8.468	6.82	2.163	5.17	1.573	3.39	2.107	5.06	1.548	5.46	1.697
女	初中	52.12	8.619	7.19	2.017	5.20	1.692	3.35	2.136	4.65	1.610	5.58	1.546
	高中	50.13	7.768	7.17	1.942	5.67	1.737	3.64	1.953	4.96	1.407	5.37	1.679
	教师	53.44	7.956	7.94	1.710	5.92	1.364	2.70	1.817	5.42	1.343	5.60	1.882
	总计	51.50	8.214	7.33	1.948	5.55	1.675	3.35	2.023	4.94	1.496	5.49	1.679

		知识性		娱乐性		道德宗教观		组织性		控制性	
		M.	SD.	M.	SD.	M.	SD.	M.	SD.	M.	SD.
男	初中	4.63	2.059	5.06	2.149	5.57	1.672	5.33	1.974	3.61	1.849
	高中	4.25	1.928	5.09	2.025	5.19	1.436	4.93	1.872	3.63	2.065
	教师	4.86	2.061	5.40	2.192	5.63	1.651	5.39	1.708	4.30	1.842
	总计	4.52	2.022	5.11	2.110	5.44	1.598	5.20	1.916	3.70	1.938
女	初中	5.07	2.167	5.79	2.095	5.76	1.226	5.57	1.887	3.94	2.101
	高中	4.11	2.036	5.32	2.324	5.44	1.523	5.02	1.856	3.44	1.875
	教师	4.81	2.211	5.50	2.039	5.74	1.538	5.66	1.699	4.08	1.832
	总计	4.59	2.163	5.53	2.196	5.62	1.434	5.34	1.858	3.75	1.968

		总分		亲密度		情感表达		矛盾性		独立性		成功性	
		M.	SD.	M.	SD.	M.	SD.	M.	SD.	M.	SD.	M.	SD.
初中	初一	52.74	8.005	7.38	1.928	5.35	1.604	2.90	2.080	4.83	1.567	5.55	1.536
	初二	50.06	8.682	6.84	2.151	5.12	1.488	3.35	2.149	4.62	1.611	5.39	1.593
	初三	49.97	9.295	6.68	2.317	4.88	1.855	3.87	2.260	4.97	1.592	5.60	1.636
高中	高一	49.31	8.236	7.16	1.954	5.31	1.690	3.54	2.041	4.97	1.517	5.39	1.804
	高二	49.41	7.190	6.75	2.117	5.56	1.751	3.78	2.001	4.95	1.490	5.22	1.573
	高三	50.95	7.936	6.97	1.976	5.69	1.642	3.58	1.787	5.26	1.345	5.58	1.652

		知识性		娱乐性		道德宗教观		组织性		控制性	
		M.	SD.	M.	SD.	M.	SD.	M.	SD.	M.	SD.
初中	初一	5.31	1.982	5.91	1.919	6.09	1.274	5.65	1.999	3.72	2.067
	初二	4.63	2.115	5.08	2.144	5.39	1.420	5.53	1.818	4.06	1.969
	初三	4.63	2.225	5.40	2.330	5.60	1.646	5.07	1.992	3.40	1.839
高中	高一	4.02	1.994	5.25	2.304	5.47	1.584	5.00	1.985	3.16	1.927
	高二	4.36	1.948	5.32	2.225	5.11	1.377	4.87	1.791	3.49	1.854

(续表)

		知识性		娱乐性		道德宗教观		组织性		控制性	
		M.	SD.	M.	SD.	M.	SD.	M.	SD.	M.	SD.
	高三	4.10	2.048	5.14	2.130	5.48	1.488	5.11	1.778	3.95	1.985

			总分		亲密度		情感表达		矛盾性		独立性		成功性	
			M.	SD.	M.	SD.	M.	SD.	M.	SD.	M.	SD.	M.	SD.
初中	初一	男	52.48	8.055	7.13	2.126	5.32	1.603	3.03	2.177	4.93	1.543	5.57	1.538
		女	53.00	7.979	7.61	1.695	5.41	1.613	2.80	1.981	4.69	1.593	5.54	1.539
	初二	男	47.89	8.248	6.63	2.207	4.94	1.509	3.35	2.319	4.72	1.580	5.25	1.662
		女	52.36	8.560	7.20	1.939	5.31	1.465	3.24	1.931	4.45	1.608	5.48	1.531
	初三	男	49.21	9.243	6.64	2.342	4.92	1.652	3.52	2.094	5.16	1.543	5.45	1.693
		女	50.68	9.333	6.72	2.345	4.82	2.043	4.18	2.400	4.77	1.617	5.72	1.552
高中	高一	男	49.14	8.720	6.74	2.124	5.16	1.660	3.48	2.105	5.34	1.620	5.35	1.926
		女	49.42	7.942	7.43	1.802	5.41	1.712	3.58	2.011	4.74	1.408	5.42	1.734
	高二	男	48.76	7.402	6.47	2.457	5.07	1.526	3.82	2.011	4.97	1.566	5.49	1.492
		女	49.71	7.091	6.89	1.930	5.78	1.814	3.75	2.007	4.94	1.463	5.09	1.590
	高三	男	50.01	7.368	6.63	1.728	5.52	1.600	3.62	1.655	5.29	1.448	5.44	1.616
		女	51.44	8.203	7.20	2.078	5.81	1.663	3.57	1.836	5.26	1.303	5.63	1.679

			知识性		娱乐性		道德宗教观		组织性		控制性	
			M.	SD.	M.	SD.	M.	SD.	M.	SD.	M.	SD.
初中	初一	男	5.48	1.847	5.53	1.970	6.05	1.377	5.65	2.040	3.78	2.075
		女	5.19	2.079	6.32	1.787	6.12	1.171	5.64	1.981	3.68	2.071
	初二	男	4.14	1.811	4.68	2.180	5.25	1.647	5.28	1.908	3.63	1.691
		女	5.24	2.246	5.60	2.013	5.53	1.139	5.77	1.723	4.53	2.157
	初三	男	4.43	2.341	5.17	2.232	5.52	1.958	4.99	2.003	3.39	1.815
		女	4.77	2.124	5.58	2.424	5.65	1.317	5.11	2.020	3.36	1.846
高中	高一	男	4.22	1.963	5.17	2.150	5.48	1.487	5.01	1.931	3.21	1.925
		女	3.92	2.003	5.30	2.401	5.48	1.647	5.01	2.023	3.14	1.938
	高二	男	4.25	1.827	5.24	2.019	4.93	1.268	4.88	1.876	3.64	1.991
		女	4.42	2.012	5.38	2.312	5.19	1.425	4.85	1.760	3.42	1.793
	高三	男	4.34	1.909	4.88	1.885	5.16	1.424	4.95	1.771	4.19	2.196
		女	3.96	2.087	5.29	2.258	5.68	1.455	5.22	1.758	3.82	1.845

四、参考文献

[1] 费立鹏, 沈其杰, 郑延平等. "家庭亲密度和适应性量表"和"家庭环境量表"的初步评价——正常家庭与精神分裂症家庭成员对照研究[J]. 中国心理卫生杂志, 1991, (5): 198-202.

[2] 薛亮, 朱熊兆, 白玫等. 家庭环境量表简式中文版在青少年学生应用中的信度与效度[J]. 中国健康心理学杂志, 2014, 22(6): 881-883.

五、《家庭环境量表》题本

指导语：请您确定以下问题是否符合您家里的实际情况，如果您认为某一问题符合您家庭的实际情况，请选择"是"；如果不符合或基本上不符合，请选择"否"。如果难以判断是否符合，您应该按多数家庭成员的表现或经常出现的情况作答。如果仍无法确定，就按自己的估计回答。请务必回答每一个问题，并将数字填在答题纸上对应的题号旁。

有些问句带有"★"，表示此句有否定的含义，请注意正确理解句子内容。记住，该问卷所说的"家庭"是指与您共同食宿的小家庭。在回答问卷时不要推测别人对您的家庭的看法，请一定按实际情况回答。

题目	是	否
1.我们家庭成员总是互相给予最大的帮助和支持	1	2
2.家庭成员总是把自己的感情藏在心里，不向其他家庭成员透露	1	2
3.家中经常吵架	1	2
4.★在家中我们很少自己单独活动	1	2
5.家庭成员无论做什么事情都是尽力而为的	1	2
6.我们家经常谈论政治问题和社会问题	1	2
7.大多数周末和晚上家庭成员都在家中度过，不外出参加社交活动和娱乐活动	1	2
8.我们都认为不管有多大困难，子女应该首先满足老人的各种需求	1	2
9.家中较大的活动都是经过仔细安排的	1	2
10.★家里人很少强求其他家庭成员遵守家规	1	2
11.在家里我们感到很无聊	1	2
12.在家里我们想说什么就可以说什么	1	2
13.★家庭成员彼此之间很少公开发怒	1	2
14.我们都非常鼓励家里人具有独立精神	1	2
15.为了有好的前途，家庭成员都花了几乎所有的精力	1	2
16.★我们很少外出去听讲座、看电影、参观博物馆或看展览	1	2
17.家庭成员常外出到朋友家去玩，并在一起吃饭	1	2
18.家庭成员都认为做事应顺应社会风气	1	2
19.一般来说，我们大家都注意把家收拾得井井有条	1	2
20.★家中很少有固定的生活规律和家规	1	2
21.家庭成员愿意花很大的精力做家里的事	1	2
22.在家中诉苦很容易使家人厌烦	1	2
23.有时家庭成员发怒时摔东西	1	2
24.家庭成员都独立思考问题	1	2

(续表)

题目	是	否
25.家庭成员都认为使生活水平提高比其他任何事情都重要	1	2
26.我们都认为学会新的知识比其他任何事都重要	1	2
27.★家中没人参加各种体育活动	1	2
28.家庭成员在生活上经常帮助周围的老年人和残疾人	1	2
29.在我们家里,当需要用某些东西时却常常找不到	1	2
30.在我们家吃饭和睡觉的时间都是一成不变的	1	2
31.在我们家里有一种和谐一致的气氛	1	2
32.家中每一个人都可以诉说自己的困难和烦恼	1	2
33.★家庭成员之间极少发脾气	1	2
34.我们家每个人的出入是完全自由的	1	2
35.我们都相信在任何情况下竞争是好事	1	2
36.★我们对文化活动不那么感兴趣	1	2
37.我们常看电影或体育比赛、外出郊游等	1	2
38.我们认为行贿受贿是一种可以接受的现象	1	2
39.在我们家很重视做事要准时	1	2
40.我们家做任何事都有固定的方式	1	2
41.★当家里有事时很少有人自愿去做	1	2
42.家庭成员经常公开地表达相互之间的感情	1	2
43.家庭成员之间常互相责备和批评	1	2
44.★当家庭成员做事时很少考虑家里其他人的意见	1	2
45.我们总是不断反省自己,强迫自己尽力把事情做得一次比一次好	1	2
46.★我们很少讨论有关科技知识方面的问题	1	2
47.我们家每个人都对1～2项娱乐活动特别感兴趣	1	2
48.我们认为无论怎么样,晚辈都应该接受长辈的劝导	1	2
49.我们家的人常常改变他们的计划	1	2
50.我们家非常强调要遵守固定的生活规律和家规	1	2
51.家庭成员都总是衷心地互相支持	1	2
52.如果在家里说出对家事的不满,会有人觉得不舒服	1	2
53.家庭成员有时互相打架	1	2
54.家庭成员都依赖家人的帮助去解决他们遇到的困难	1	2
55.★家庭成员不太关心职务升级、学习成绩等问题	1	2
56.家中有人玩乐器	1	2
57.★家庭成员除工作学习外,不常进行娱乐活动	1	2
58.家庭成员都自愿维护公共环境卫生	1	2
59.家庭成员认真地保持自己房间的整洁	1	2
60.家庭成员夜间可以随意外出,不必事先与家人商量	1	2

(续表)

题目	是	否
61.★我们家的集体精神很少	1	2
62.我们家里可以公开地谈论家里的经济问题	1	2
63.当家庭成员的意见产生分歧时，我们都一直回避它，以保持和气	1	2
64.家庭成员希望家里人独立解决问题	1	2
65.★我们家里人对获得成就并不那么积极	1	2
66.家庭成员常去图书馆	1	2
67.家庭成员有时按个人爱好或兴趣参加娱乐性学习	1	2
68.家庭成员都认为要死守道德底线去办事	1	2
69.在我们家每个人的分工是明确的	1	2
70.★在我们家没有严格的规则来约束我们	1	2
71.家庭成员彼此之间都一直合得来	1	2
72.家庭成员之间讲话都很注意避免伤害对方的感情	1	2
73.家庭成员常彼此想胜过对方	1	2
74.如果家庭成员经常独自活动，会伤家里其他人的感情	1	2
75.先工作后享受是我们家的习惯	1	2
76.在我们家看电视比读书更重要	1	2
77.家庭成员常在业余时间参加家庭以外的社交活动	1	2
78.我们认为无论怎么样，离婚是不道德的	1	2
79.★我们家花钱没有计划	1	2
80.我们家的生活规律或家规是不能改变的	1	2
81.家庭的每个成员都一直得到充分的关心	1	2
82.我们家经常自发地谈论家人很敏感的问题	1	2
83.家人有矛盾时，有时会大声争吵	1	2
84.我们家鼓励成员自由活动	1	2
85.家庭成员常常与别人比较，看谁的学习工作好	1	2
86.家庭成员很喜欢音乐、艺术和文学	1	2
87.我们娱乐活动的方式是看电视、听广播而不是外出活动	1	2
88.我们认为提高家里的生活水平比严守道德标准还要重要	1	2
89.我们家饭后必须立即有人去洗碗	1	2
90.在家里违反家规者会受到严厉的批评	1	2

第四节 自杀态度量表

一、测验简介

1.测验的基本信息

《自杀态度量表》由肖水源、杨洪等人于1999年编制而成[1],可以用于测试有自杀倾向者或其家属的态度,从而进行积极预防和救助;也可以作为公众的普遍性态度问卷,加强人们对生命与自杀的认识,及时发现问题。本量表适用于任何人,但有宗教信仰的人可能对生命意义与自杀性质上有一些不同的认识,故评分和解释可能不适用。

作为以预防自杀为目的自杀态度研究,本量表所测量的态度应该更加全面与具体,这样才能对自杀预防工作提供更加详实与具体的资料。事实上,社会态度对自杀行为的影响,也并不仅仅局限于对自杀行为性质的态度上。其他方面比如对自杀者(包括自杀死亡者与自杀未遂者)的态度以及对自杀者家属的态度,都有可能在一定程度上对一个企图自杀者是否决定采取自杀行动,或一个自杀未遂者是否会再次自杀产生影响。因此,除人们对自杀行为性质的态度外,研究和了解公众对自杀者(包括自杀死亡者与自杀未遂者)、自杀者家属的态度乃至对安乐死的态度,也会对预防自杀工作起到有益的帮助和积极的作用。人们对某一事物或某一问题通常是在两个极端之间的一个连续谱,常用的态度测量方法是在完全赞同到不赞同之间进行分级评分的,以5级评分最为常用。同样,人们对自杀的态度也在完全肯定与完全否定这样两个极端之间。

众所周知,对于某些问题,不同的提问方式可能产生完全不同的回答。例如,一个对自杀未遂者持歧视态度的人,对"自杀未遂者不值得同情"和"不应给自杀未遂者以更多的同情与帮助"可能会做出意义相反的选择,对前者表示赞同对后者则表示不赞同。所以,对同一事物选择正向与反向两种问题进行提问,不但可以避免被调查者的应答性偏差,而且可以更全面地反映所要调查的内容。

李献云、费立鹏等在社区及大学生对自杀态度的研究中,得出分量表的内部一致性α系数和重测信度在0.62～0.87之间[2]。

2.测验的结构

《自杀态度量表》共29个题目,都是关于自杀态度的陈述,分为如下四个维度。

(1)对自杀者行为性质的认识(F1):共9个题目,即测验的第1、7、12、17、19、22、23、26、29题。

(2)对自杀者的态度(F2):共10个题目,即测验的第2、3、8、9、13、14、18、20、24、25题。

(3)对自杀者家属的态度(F3):共5个题目,即测验的第4、6、10、15、28题。

(4)对安乐死的态度(F4):共5个题目,即测验的第5、11、16、21、27题。

二、测验计分方式

对所有的题目，都要求受试者在完全赞同、比较赞同、中立、比较不赞同、完全不赞同中做出一个选择。在分析时，第1、3、7、8、10、11、12、14、15、18、20、22、28题为反向计分题。

本量表得分越低，表明对自杀持肯定、认可、理解和宽容的态度；得分越高，表明对自杀持反对、否定、排斥和歧视的态度。

三、测验统计学指标

1. 样本分布

为了编制《自杀态度量表》的常模，我们采用纸质调查和网络调查相结合的方式，在北京市选取高中学生和教师参与测试。

在选取样本的过程中，考虑到了学校的地域分布（市区还是郊区）、学校性质（示范高中还是普通高中）、以及性别（男、女）各因素的平衡情况，保证样本的代表性。

《自杀态度量表》最终收回有效问卷982份，详细的被试分布情况见表10-13至表10-15。

表10-13 被试具体分布情况（地域分布）

	市区	郊区	合计
学生	510	191	701
教师	158	123	281
合计	668	314	982

表10-14 被试具体分布情况（学校性质）

	示范高中	普通高中	合计
学生	421	280	701
教师	140	141	281
合计	561	421	982

表10-15 被试具体分布情况（性别）

	性别		合计
	男生	女生	
高一	101	138	239
高二	149	136	285
高三	74	103	177

2. 信度

量表整体的内部一致性信度为0.646。

3. 常模基础数据

	总分		对自杀者行为性质的认识		对自杀者的态度		对自杀者家属的态度		对安乐死的态度	
	M.	SD.	M.	SD.	M.	SD.	M.	SD.	M.	SD.
学生	81.51	11.346	28.49	6.372	26.39	5.092	12.39	2.285	14.25	4.400
教师	82.97	8.986	29.53	4.902	29.10	4.571	11.84	2.308	12.51	3.832
总计	81.93	10.741	28.79	6.005	27.17	5.095	12.24	2.304	13.75	4.316

		总分		对自杀者行为性质的认识		对自杀者的态度		对自杀者家属的态度		对安乐死的态度	
		M.	SD.	M.	SD.	M.	SD.	M.	SD.	M.	SD.
男	学生		11.340	.630	6.487	.360	26.89	5.298	12.50	2.272	14.26	4.509
男	教师		10.456	1.307	5.642	.705	29.72	4.562	12.25	2.933	12.02	4.395
男	总计		11.186	.568	6.351	.322	27.35	5.284	12.46	2.391	13.89	4.561
女	学生	81.03	11.345	28.55	6.280	25.97	4.875	12.30	2.295	14.24	4.310
女	教师	83.29	8.503	30.00	4.565	28.92	4.568	11.72	2.081	12.65	3.649
女	总计	81.86	10.448	29.08	5.753	27.05	4.969	12.09	2.235	13.66	4.149

	总分		对自杀者行为性质的认识		对自杀者的态度		对自杀者家属的态度		对安乐死的态度	
	M.	SD.	M.	SD.	M.	SD.	M.	SD.	M.	SD.
高一	80.44	11.572	28.08	7.002	25.51	5.082	12.48	2.371	14.37	4.413
高二	82.35	11.487	28.67	6.351	27.40	4.968	12.52	2.262	13.80	4.409
高三	81.61	10.739	28.77	5.456	25.98	5.047	12.06	2.182	14.80	4.317

		总分		对自杀者行为性质的认识		对自杀者的态度		对自杀者家属的态度		对安乐死的态度	
		M.	SD.	M.	SD.	M.	SD.	M.	SD.	M.	SD.
高一	男	81.48	11.745	28.21	6.929	26.19	5.531	12.33	2.254	14.75	4.387
高一	女	79.69	11.428	27.99	7.079	25.01	4.685	12.59	2.454	14.09	4.428
高二	男	82.97	11.081	28.51	6.568	27.87	4.884	12.68	2.397	13.91	4.492
高二	女	81.67	11.923	28.84	6.121	26.85	5.036	12.30	2.027	13.67	4.345

（续表）

		总分		对自杀者行为性质的认识		对自杀者的态度		对自杀者家属的态度		对安乐死的态度	
		M.	SD.	M.	SD.	M.	SD.	M.	SD.	M.	SD.
高三	男	81.05	11.308	28.54	5.732	25.85	5.491	12.38	2.025	14.28	4.701
高三	女	82.01	10.349	28.93	5.272	26.07	4.728	11.83	2.271	15.17	4.001

四、参考文献

[1] 肖水源,杨洪. 自杀态度问卷的编制及信度与效度研究:自杀系列研究之一[J]. 中国心理卫生杂志,1999,13(4):250-251.

[2] 李献云,费立鹏,牛雅娟等. 公众对自杀的态度量表的编制及在社区和大学生中的应用[J]. 中国心理卫生杂志,2011,25(6):468-475.

五、《自杀态度量表》题本

指导语:在下列每个问题的后面都标有1、2、3、4、5五个数字,数字1~5分别代表您对问题从完全赞同到完全不赞同的态度,请您根据您的选择圈出相应的数字,将其填在答题纸上对应的题号旁。

题号	题目	完全赞同	比较赞同	中立	比较不赞同	完全不赞同
1	自杀是一种疯狂的行为	1	2	3	4	5
2	自杀死亡者应与自然死亡者享受同等待遇	1	2	3	4	5
3	在一般情况下,我不愿意和有过自杀行为的人深交	1	2	3	4	5
4	在整个自杀事件中,最痛苦的是自杀者的家属	1	2	3	4	5
5	对于身患绝症又极度痛苦的病人,可由医务人员在法律的支持下帮助病人结束生命	1	2	3	4	5
6	在处理自杀事件过程中,应该对其家人表示同情和关心,并尽可能为他们提供帮助	1	2	3	4	5
7	自杀是对人生命尊严的践踏	1	2	3	4	5
8	不应为自杀死亡者开追悼会	1	2	3	4	5
9	如果我的朋友自杀未遂,我会比以前更关心他	1	2	3	4	5
10	如果我的邻居家里有人自杀,我会逐渐疏远和他们的关系	1	2	3	4	5
11	安乐死是对人生命尊严的践踏	1	2	3	4	5
12	自杀是对家庭和社会一种不负责任的行为	1	2	3	4	5
13	人们不应该对自杀死亡者评头论足	1	2	3	4	5
14	我对那些反复自杀者很反感,因为他们常常将自杀作为一种控制别人的手段	1	2	3	4	5
15	对于自杀,自杀者的家属在不同程度上都应负有一定的责任	1	2	3	4	5
16	假如我自己身患绝症又处于极度痛苦之中,我希望医务人员能帮助我结束自己的生命	1	2	3	4	5

(续表)

题号	题目	完全赞同	比较赞同	中立	比较不赞同	完全不赞同
17	个体为某种伟大的,超过人生命价值的目的而自杀是值得赞许的	1	2	3	4	5
18	在一般情况下,我不愿去看望自杀未遂者,即使是亲人或好朋友也不例外	1	2	3	4	5
19	自杀只是一种生命现象,无所谓道德上的好和坏	1	2	3	4	5
20	自杀未遂者不值得同情	1	2	3	4	5
21	对于身患绝症又极度痛苦的病人,可不再为其进行维护生命的治疗(被动安乐死)	1	2	3	4	5
22	自杀是对亲人、朋友的背叛	1	2	3	4	5
23	人有时为了尊严和荣誉而不得不自杀	1	2	3	4	5
24	在交友时我不太介意对方有过自杀行为	1	2	3	4	5
25	对自杀未遂者应给予更多的关心和帮助	1	2	3	4	5
26	当生命已无欢乐可言时,自杀是可以理解的	1	2	3	4	5
27	假如我自己身患绝症又处于极度痛苦之中,我不愿再接受维持生命的治疗	1	2	3	4	5
28	一般情况下我不会和家中有过自杀行为的人结婚	1	2	3	4	5
29	人应该有选择自杀的权利	1	2	3	4	5

主要参考文献

1. ANASTASI A. Psychological Testing [M]. New York: Macmillan, 1988.
2. BAYDOUN RB, NEUMAN GA. The future of the General Aptitude Test Battery (GATB) for use in public and private testing [J]. Journal of Business and Psychology, 1992, (7): 81-91.
3. NAGLIERI JA, ROJAHN J. Construct Validity of the PASS Theory and CAS: Correlations with Achievement [J]. Journal of Education Psychology, 2004, 96(1): 174-181.
4. PATTERSON HO, MILAKOFSKY L. A paper-and-pencil inventory for the assessment of Piaget's tasks [J]. Applied Psychological Measurement, 1980, 4(3): 341-353.
5. WILLIAMS FE. Assessing creativity across Williams' CUBE model [J]. Gifted Child Quarterly, 1979, (23): 748-756.
6. 艾肯. 心理测量与评估[M]. 张厚粲, 黎坚译. 北京: 北京师范大学出版社, 2006.
7. 安娜斯塔西, 厄比奈. 心理测验[M]. 缪小春, 竺培梁译. 杭州: 浙江教育出版社, 2001.
8. 包翠秋, 张志杰. 拖延现象的相关研究[J]. 中国临床康复, 2006, 10(34): 129-132.
9. 蔡华俭, 朱臻雯, 杨治良. 心理类型量表(MBTI)的修订初步[J]. 应用心理学, 2001, 7(2): 33-37.
10. 陈国鹏. 心理测验与常用量表[M]. 上海: 上海科学普及出版社, 2006.
11. 陈丽新, 张海峰, 朱林燕等. 港澳台侨与大陆大学生学习风格差异研究[J]. 高教探索, 2009, (6): 104-107.
12. 陈伟伟, 高亚兵, 彭文波. 中文网络成瘾量表在浙江省933名大学生中的信效度研究[J]. 中国学校卫生, 2009, 30(7): 613-615.
13. 陈侠, 黄希庭, 白纲. 关于网络成瘾的心理学研究[J]. 心理科学进展, 2003, 11(3): 355-359.
14. 陈祉妍, 杨小冬, 李新影. 流调中心抑郁量表在我国青少年中的试用[J]. 中国临床心理学杂志, 2009, 17(4): 443-445.
15. 崔春华, 李春晖, 杨海荣等. 958名师范大学学生心理幸福感调查研究[J]. 中华行为医学与脑科学杂志, 2005, 14(4): 359-361.
16. 崔崴嵬, 孟庆茂. 《学习适应性测验》结构效度的验证性因素分析[J]. 心理科学, 1998, 21(2): 176-177.
17. 戴海崎. 心理测量学[M]. 北京: 高等教育出版社, 2015.
18. 戴海琦, 张锋. 心理与教育测量[M]. 广州: 暨南大学出版社, 2018.
19. 戴晓阳. 常用心理评估量表手册[M]. 北京: 人民军医出版社, 2011.
20. 方富熹, 盖笑松, 龚少英等. 对儿童认知发展水平诊断工具IPDT的信度效度检验[J]. 心理学报, 2004, 36(1): 96-102.
21. 方俐洛, 凌文辁, 韩骢. 一般能力倾向测验中国城市版的建构及常模的建立[J]. 心理科学, 2003, 26(1): 133-135.

22. 费立鹏, 沈其杰, 郑延平等. "家庭亲密度和适应性量表"和"家庭环境量表"的初步评价——正常家庭与精神分裂症家庭成员对照研究[J]. 中国心理卫生杂志, 1991, (5): 198-202.
23. 高飞, 张林. 中学生休闲活动与心境状态的交叉滞后分析[J]. 心理研究, 2014, 7(6): 75-79.
24. 高丽娜, 李丽娜, 闫亚曼. 大学生时间管理倾向与心理控制源、一般自我效能感的相关研究[J]. 中国健康心理学杂志, 2009, 17(7): 838-840.
25. 龚耀先. 心理评估[M]. 北京: 高等教育出版社, 2003.
26. 简佳, 唐茂芹. 人性的哲学修订量表用于中国大学生的信度效度研究[J]. 中国临床心理学杂志, 2006, 14(4): 347-348.
27. 金灿灿, 邹泓, 曾荣, 等. 中学生亲子依恋的特点及其对社会适应的影响: 父母亲密的调节作用[J]. 心理发展与教育, 2010, 26(6): 577-583.
28. 金瑜, 李丹, 章胜华. 中小学生团体智力筛选测验的修订[J]. 心理科学, 1988, (1): 18-23.
29. 金瑜. 心理测量[M]. 上海: 华东师范大学出版社, 2001.
30. 卡普兰, 萨库佐. 心理测验原理、应用与问题[M]. 郑默, 郑日昌译. 台湾: 五南图书出版公司, 1998.
31. 康麒, 武圣君, 刘旭峰. 军人一般能力测验的信度及效度分析[J]. 中国健康心理学杂志, 2014, 22(11): 1699-1702.
32. 黎光明. 心理测量[M]. 北京: 清华大学出版社, 2019.
33. 李超平, 李晓轩, 时勘, 等. 授权的测量及其与员工工作态度的关系[J]. 心理学报, 2006, 38(1): 99-106.
34. 李传银. 549名大学生孤独心理及相关因素分析[J]. 中华行为医学与脑科学杂志, 2000, 9(6): 429-430.
35. 李洪玉, 姜德红, 胡中华. 中学生思维风格发展特点的研究[J]. 心理发展与教育, 2004, 20(2): 22-28.
36. 李金珍, 王文忠, 施建农. 积极心理学: 一种新的研究方向[J]. 心理科学进展, 2003, 11(3): 321-327.
37. 李玲, 沈勤. 护士工作压力、A型行为类型与主观幸福感的关系[J]. 中国心理卫生杂志, 2009, 23(4): 255-258.
38. 李献云, 费立鹏, 牛雅娟, 等. 公众对自杀的态度量表的编制及在社区和大学生中的应用[J]. 中国心理卫生杂志, 2011, 25(6): 468-475.
39. 李旭, 陈世民, 郑雪. 成人依恋对病理性网络使用的影响: 社交自我效能感和孤独感的中介作用[J]. 心理科学, 2004, 38(6): 721-727.
40. 李永鑫. 工作倦怠问卷（MBI）简介[J]. 环境与职业医学, 2004, 21(6): 506-507.
41. 李育辉, 张建新. 中学生的自我效能感、应对方式及二者的关系[J]. 中国心理卫生杂志, 2004, 18(10): 711-713.
42. 梁成安, 王培梅. 中文版Rosenberg自尊量表的信效度研究[J]. 教育曙光, 2008, 56(1): 13-22.
43. 刘俊, 武艳红, 苏献红, 等. 小组社会工作对改善精神疾病患者孤独感的效果[J].

中国健康心理学杂志, 2013, 21(10): 1524-1526.

44. 刘丽荣, 徐改玲, 甄龙, 等. Piers-Harris 儿童自我意识量表用于河南农村儿童的信、效度检验[J]. 神经疾病与精神卫生, 2013, 13(1): 43-46.

45. 刘明珠, 陆桂芝. Aitken 拖延问卷在中学生中的信效度[J]. 中国心理卫生杂志, 2011, 25(5): 380-384.

46. 刘萍. 酒精所致精神和行为障碍 70 例康奈尔健康问卷测试结果分析[J]. 中华现代临床医学杂志, 2006, 4(3): 233-235.

47. 刘乔. 青少年情感自主的发展特点及其与心理控制、自主准予、亲子依恋的关系[D]. 北京: 北京师范大学硕士学位论文, 2007.

48. 刘贤臣, 刘连启, 杨杰, 等. 青少年生活事件量表的信度效度检验[J]. 中国临床心理学杂志, 1997, 5(1): 34-36.

49. 刘贤臣, 彭秀桂. 焦虑自评量表 SAS 的因子分析[J]. 中国神经精神疾病杂志, 1995, (6): 359-360.

50. 刘贤臣, 唐茂芹, 胡蕾, 等. 匹兹堡睡眠质量指数的信度和效度研究[J]. 中华精神科杂志, 1996, 29(2): 103-107.

51. 刘志华, 郭占基. 初中生的学业成就动机、学习策略与学业成绩关系研究[J]. 心理科学, 1993, (4): 198-204.

52. 陆昌勤, 凌文铨, 方俐洛. 管理自我效能感与一般自我效能感的关系[J]. 心理学报, 2004, 36(5): 586-592.

53. 罗正学, 苗丹民, 皇甫恩, 等. MBTI-G 人格类型量表中文版的修订[J]. 心理科学, 2001, 24(3): 361-362.

54. 潘玉进, 陈凤燕. 小学生学习障碍与学习动机、学习能力的相关研究[J]. 应用心理学, 2006, 12(4): 312-318.

55. 秦浩, 林志娟, 陈景武. 思维风格量表的信度、效度评价[J]. 中国卫生统计, 2007, 24(5): 498-500.

56. 盛红勇. 大学生创造力倾向与心理健康相关研究[J]. 中国健康心理学杂志, 2007, 15(2): 111-113.

57. 宋飞, 张建新. 考试焦虑量表(TAS)在北京市中学生中的适用性[J]. 中国临床心理学杂志, 2008, 16(6): 623-624.

58. 苏林雁, 罗学荣, 张纪水, 等. 儿童自我意识量表的中国城市常模[J]. 中国心理卫生杂志, 2002, 16(1): 31-34.

59. 孙怀民, 李建明. 535 名教师人际信任量表(IT)评定报告[J]. 中国健康心理学杂志, 1998, 6(2): 145-146.

60. 陶明, 高静芳. 修订焦虑自评量表(SAS-CR)的信度及效度[J]. 中国神经精神疾病杂志, 1994, (5): 301-303.

61. 汪向东, 王希林, 马弘. 心理卫生评定量表手册增订版[M]. 北京: 中国心理卫生杂志社, 1999.

62. 王才康, 胡中锋, 刘勇. 一般自我效能感量表的信度和效度研究[J]. 应用心理学, 2001, 7(1): 37-40.

63. 王登峰. Russell 孤独量表的信度与效度研究[J]. 中国临床心理学杂志, 1995, 3(1):

23-25.

64. 王建平,林文娟. 简明心境量表(POMS)在中国的试用报告[J]. 心理学报, 2000, 32(1): 110-114.

65. 王金良,张大均. 中小学教师心理授权的测量[J]. 心理发展与教育, 2011, 27(1): 105-111.

66. 王孟成,戴晓阳,吴燕. 中文Rosenberg自尊量表的心理测量学研究[C]. 全国教育与心理统计与测量学术年会暨海峡两岸心理与教育测验学术研讨会, 2008.

67. 王孟成,戴晓阳. 中文人生意义问卷(C-MLQ)在大学生中的适用性[J]. 中国临床心理学杂志, 2008, 16(5): 459-461.

68. 王扬,任洪,陈育德,等. 康奈尔健康量表评价新飞行学员精神健康的信度和效度研究[J]. 中国心理卫生杂志, 1995, 9(3): 113-114.

69. 王振,苑成梅,黄佳,等. 贝克抑郁量表第2版中文版在抑郁症患者中的信效度[J]. 中国心理卫生杂志, 2011, 25(6): 476-480.

70. 韦小满. 特殊儿童心理评估[M]. 北京:华夏出版社, 2006.

71. 吴雪梅,王金良. 几种考试焦虑量表的比较[J]. 国际中华神经精神医学杂志, 2005, (3): 208-210.

72. 肖水源,杨洪. 自杀态度问卷的编制及信度与效度研究:自杀系列研究之一[J]. 中国心理卫生杂志, 1999, 13(4): 250-251.

73. 辛涛. 项目反应理论研究的新进展[J]. 考试研究, 2005, (7): 18-21.

74. 辛秀红,姚树桥. 青少年生活事件量表效度与信度的再评价及常模更新[J]. 中国心理卫生杂志, 2015, 29(5): 355-360.

75. 辛自强,周正. 大学生人际信任变迁的横断历史研究[J]. 心理科学进展, 2012, 20(3): 344-353.

76. 忻丽云,侯春兰,王润梅,等. 抑郁症抑郁自评量表的因子结构分析及影响因素[J]. 中国健康心理学杂志, 2012, 20(10): 1521-1523.

77. 徐蕊,宋华淼,苗丹民. 卡特尔16种人格因素(中国版)构念效度的验证[J]. 医学争鸣, 2007, 28(8): 744-746.

78. 薛亮,朱熊兆,白玫,等. 家庭环境量表简式中文版在青少年学生应用中的信度与效度[J]. 中国健康心理学杂志, 2014, 22(6): 881-883.

79. 杨国愉,张大均,冯正直,等. 卡特尔16种人格因素问卷中国军人常模的建立[J]. 医学争鸣, 2007, 28(4): 750-753.

80. 杨静. 三种教育与心理测量理论的比较研究[J]. 考试研究, 2006, (6): 33-35.

81. 杨文辉,刘绍亮,周烃,等. 贝克抑郁量表第2版中文版在青少年中的信效度[J]. 中国临床心理学杂志, 2014, 22(2): 240-245.

82. 一帆. 学习适应性测验[J]. 教育测量与评价(理论版), 2011, (1): 60.

83. 殷睿宏,谷永霞,唐冬梅,等. 电子版匹兹堡睡眠质量指数量表信效度测评[J]. 医学美学美容旬刊, 2014, (12): 610.

84. 张伯源. 心血管病人的心身反应特点的研究-Ⅱ. 对冠心病人的行为类型特征的探讨[J]. 心理学报, 1985, (3): 314-321.

85. 张帆,刘琴,郭雪,等. 三峡库区农村留守儿童心理健康现状及其与心理弹性关系的调查[J]. 重庆医科大学学报, 2013, (8): 822-826.
86. 张厚粲, 徐建平. 现代心理与教育统计学[M]. 北京: 北京师范大学出版社, 2004.
87. 张玲. 团体心理辅导对职业高中学生学习适应性影响[J]. 中国健康心理杂志, 2015, 23(3): 399-402.
88. 张履祥, 钱含芬. 气质与学业成就的相关及其机制的研究[J]. 心理学报, 1995, 27(1): 61-68.
89. 张明园. 精神科评定量表手册[M]. 长沙: 湖南科学技术出版社, 1998.
90. 张赛, 路孝琴, 杜蕾, 等. 家庭功能评价工具家庭亲密度和适应性量表的发展及其应用研究[J]. 中国全科医学, 2010, 13(7): 725-728.
91. 张永红. 大学生心理控制源和时间管理倾向的相关研究[J]. 心理科学, 2003, 26(3): 568-568.
92. 张宇, 廖彩之, 魏青. 青少年生活事件量表灾区正式版的信效度检验[J]. 中国健康心理杂志, 2015, 23(6): 929-932.
93. 张雨青, 林薇, 罗耀长. 教师用儿童气质量表的试用结果分析[J]. 中国临床心理学杂志, 1994, (4): 211-214.
94. 章婕, 吴振云, 方格, 等. 流调中心抑郁量表全国城市常模的建立[J]. 中国心理卫生杂志, 2010, 24(2): 139-143.
95. 赵维燕, 师玮玮. 斯滕伯格的思维风格理论及其在教育中的应用[C]. 第十届全国心理学学术大会论文摘要集(Vol.22), 2005, 47-48.
96. 郑健荣, 黄炽荣, 黄洁晶, 等. 贝克焦虑量表的心理测量学特性、常模分数及因子结构的研究[J]. 中国临床心理学杂志, 2002, 10(1): 4-6.
97. 郑日昌, 孙大强. 实用心理测验[M]. 北京: 开明出版社, 2012.
98. 郑日昌. 心理测量与测验[M]. 北京: 中国人民大学出版社, 2013.
99. 郑日昌. 心理与教育测量[M]. 北京: 人民教育出版社, 2011.
100. 周国韬. 初中生学业成就动机量表的编制[J]. 心理科学, 1993, (6): 344-348.
101. 周科慧. DISC性格测评的理论意义与现实意义[J]. 梧州学院学报, 2010, 20(6): 98-100.
102. 竺培梁. 如何分析心理测验的内容效度[J]. 外国中小学教育, 2004, (5): 32-34.

附录 A　心理测验管理条例

（中国心理学会，2015.05）

第一章　总则

第 1 条　为促进中国心理测验的研发与应用，加强心理测验的规范管理，根据国家有关法律法规制定本条例。

第 2 条　心理测验是指测量和评估心理特征（特质）及其发展水平，用于研究、教育、培训、咨询、诊断、矫治、干预、选拔、安置、任免、就业指导等方面的测量工具。

第 3 条　凡从事心理测验的研制、修订、使用、发行、销售及使用人员培训的个人或机构都应遵守本条例以及中国心理学会《心理测验工作者职业道德规范》的规定，有责任维护心理测验工作的健康发展。

第 4 条　中国心理学会授权其下属的心理测量专业委员会负责心理测验的登记和鉴定，负责心理测验使用资格证书的颁发和管理，负责心理测验发行、出售和培训机构的资质认证。

第二章　心理测验的登记

第 5 条　凡个人或机构编制或修订完成，用以研究、测评服务、出版、发行与销售的心理测验，都应到中国心理学会心理测量专业委员会申请登记。

第 6 条　登记是心理测验的编制者、修订者、版权持有者或其代理人到中国心理学会心理测量专业委员会就其测验的名称、编制者（修订者）、版权持有者、测量目标、适用对象、测验结构、示范性项目、信度、效度等内容予以申报，中国心理学会心理测量专业委员会按照申报内容备案存档并予以公示。心理测验登记的申请者应当向中国心理学会心理测量专业委员会提供测验的完整材料。

第 7 条　测验登记的申请者必须确保所登记的测验不存在版权争议。凡修订的心理测验必须提交测验原版权所有者的书面授权证明。

第 8 条　中国心理学会心理测量专业委员会在收到登记申请后，将申请登记的测验在中国心理学会心理测量分会的有关刊物和网站上公示 3 个月（条件具备时同时在相关学术刊物公示）。3 个月内无人对版权提出异议的，视为不存在版权争议；有人提出版权异议的，责成申请者提交补充证明材料，并重新公示（公示期重新计算）。

第 9 条　公示的测验内容包括但不限于测验的名称、编制者（修订者）、版权所有者、测量目标、适用对象、结构、示范性项目、信度和效度。

第 10 条　对申请登记的测验提出版权异议需要提供有效证明材料。1 个月内不能提供有效证明材料的版权异议不予采纳。

第 11 条　中国心理学会心理测量专业委员会只对登记内容齐备、能够有效使用、没有版权争议的心理测验提供登记。凡经过登记的心理测验，均给予统一的分类编号。

第三章　心理测验的鉴定

第 12 条　心理测验的鉴定是指由中国心理学会心理测量专业委员会指定的专家小组遵循严格的认证审核程序对测验的科学性、有效性及其信息的真实性进行审核验证的过程。

第13条　心理测验只有获得登记才能申请鉴定。中国心理学会心理测量专业委员会只对没有版权争议、经过登记的心理测验进行鉴定，只认可经科学程序开发且具有充分科学证据的心理测验。

第14条　中国心理学会心理测量专业委员会每年受理两次测验鉴定的申请。

第15条　鉴定申请材料包括但不限于以下内容：测验（工具）、测验手册（用户手册和技术手册）、记分方法、计分方法、测验科学性证明材料、信效度等研究的原始数据、测试结果报告案例、信息函数、题目参数、测验设计、等值设计、题库特征等内容资料。

第16条　对不存在版权争议的测验，中国心理学会心理测量专业委员会组织专家在3个月内完成鉴定。

第17条　鉴定工作程序包括初审、匿名评审、公开质证和结论审议4个环节。

1) 初审主要审核鉴定申请材料的完备程度和是否存在版权争议。

2) 初审符合要求后进入匿名评审。匿名评审按通讯方式进行。参加匿名评审的专家有5名（或以上），每个专家都要独立出具是否同意鉴定的书面评审意见。无论鉴定是否通过，参与匿名评审专家的名单均不予以公开，专家本人也不得向外泄露。

3) 匿名评审通过后进入公开质证，由鉴定申请者方面向鉴定专家小组说明测验的理论依据、编修或开发过程、相关研究和实际应用等情况，回答鉴定专家小组成员以及旁听人员对测验科学性的质询。鉴定专家小组由5名以上专家组成，成员由中国心理学会心理测量专业委员会聘任或指定。

4) 公开质证结束后进入结论审议。鉴定专家小组闭门讨论，以无记名方式投票表决，对测验做出科学性评级。科学性评级分A级（科学性证据丰富，推荐使用）、B级（科学性证据基本符合要求，可以使用）、C级（科学性证据不足，有待完善）。

第18条　为保证测验鉴定的公正性，规定如下：

1) 测验的编制者、修订者和鉴定申请者不得担任鉴定专家，也不得指定鉴定专家；

2) 为所鉴定测验的科学性和信息真实性提供主要证据的研究者或者证明人不得担任鉴定专家；

3) 参加鉴定的专家应主动回避直系亲属及其他可能影响公正性的测验鉴定；

4) 参与鉴定的专家应自觉维护测验评审工作的科学性和公正性，评审时只代表自己，不代表所在部门和单位。

第19条　为切实保护鉴定申请者和鉴定参与者的权益，参加鉴定和评审工作的所有人员均须遵守以下规定：

1) 不得擅自复制、泄露或以任何形式剽窃鉴定申请者提交的测验材料；

2) 不得泄露评审或鉴定专家的姓名和单位；

3) 不得泄露评审或鉴定的进展情况和未经批准和公布的鉴定或评审结果。

第20条　对于已经通过鉴定的心理测验，中国心理学会心理测量专业委员会颁发相应级别的证书。

第四章　测验使用人员的资格认定

第21条　使用心理测验从事职业性的或商业性的服务，测验结果用于教育、培训、咨询、诊断、矫治、干预、选拔、安置、任免、指导等用途的人员，应当取得测验的使用资格。

第22条　测验使用人员的资格证书分为甲、乙、丙三种。甲种证书仅授予主要从事心理测量研究与教学工作的高级专业人员，持此种证书者具有心理测验的培训资格。乙种证书授予经过心理测量系统理论培训并通过考试，具有一定使用经验的人。丙种证书为特定心理测验的使用资格证书，此种证书需注明所培训使用的测验名称，只证明持有者具有使用该测验的资格。

第23条　申请获得甲种证书应具有副高以上职称和5年以上心理测验实践经验，需由本人提申请，经2名心理学教授推荐，由中国心理学会心理测量专业委员会统一审查核发。

第24条　申请获得乙种和丙种证书需满足以下条件之一：

1) 心理专业本科以上毕业；

2) 具有大专以上（含）学历，接受过中国心理学会心理测量专业委员会备案并认可的心理测量培训班培训，且考核合格。

第25条　心理测验使用资格证书有效期为4年。4年期满无滥用或误用测验记录，有持续从事心理测验研究或应用的证明（如论文、被测者承认的测试结果报告、或测量专家的证明），或经不少于8个小时的再培训，予以重新核发。

第26条　中国心理学会心理测量专业委员会对获得心理测验使用资格的人颁发相应的证书。

第五章　测验使用人员的培训

第27条　为取得心理测验使用资格证书举办的培训，必须包括有关测验的理论基础、操作方法、记分、结果解释和防止其滥用或误用的注意事项等内容，安排必要的操作练习，并进行严格的考核，确保培训质量。学员通过考核方能颁发心理测验使用资格证书。

第28条　在心理测验培训中，应将中国心理学会心理测量专业委员会颁布的心理测验管理条例与心理测验工作者职业道德规范纳入培训内容。

第29条　培训班所讲授的测验应当经过登记和鉴定。为尊重和保护测验编制者、修订者或版权拥有者的权益，培训班所讲授的测验应得到测验版权所有者的授权。

第30条　培训班授课者应持有心理测验甲种证书（讲授自己编制的、已通过登记和鉴定的测验除外）。

第31条　中国心理学会心理测量专业委员会对心理测验使用资格的培训机构进行资质认证，并对培训质量进行监控管理。

第32条　通过资质认证的培训机构举办心理测量培训班需到中国心理学会心理测量专业委员会申报登记，并将培训对象、培训内容、课时安排、考核方法、收费标准与详细培训计划及授课人的基本情况上报备案。中国心理学会坚决反对不具有培训资质的培训机构或者个人举办心理测验使用培训。

第33条　培训的举办者有责任对培训人员的资质情况进行审核。

第34条　培训中应严格考勤。学员因故缺席培训超过1/3以上学时的，或者未能参加考核的，不得颁发资格证书。

第35条　培训结束后，主办单位应将考勤表、试题及学员考核成绩等培训情况报中国心理学会备案。凡通过考核的学员需填写心理测量人员登记表。

第36条　中国心理学会心理测量专业委员会建立心理测验专业人员档案库，对获得心理测验使用资格者和专家证书者进行统一管理。凡参加中国心理学会心理测量专业委员会审批认可的心理测量培训班学习并通过考核者，均予颁发心理测验使用资格证书，列入中国心理学会心理测量专业委员会专业心理测验人员库。

第六章 测验的控制、使用与保管

第37条 经登记和鉴定的心理测验只限具有测验使用资格者购买和使用。未经登记和鉴定的心理测验中国心理学会心理测量专业委员会不予以推荐使用。

第38条 为保护测验开发者的权益，防止心理测验的误用与滥用，任何机构或个人不得出售没有得到版权或代理权的心理测验。

第39条 凡个人和机构在修订与出售他人拥有版权的心理测验时，必须首先征得该测验版权所有者的同意；印制、出版、发行与出售心理测验器材的机构应该到中国心理学会心理测量专业委员会登记备案，并只能将测验器材售予具有测验使用资格者；未经版权所有者授权任何网站都不能使用标准化的心理量表，不得制作出售任何心理测验的有关软件。

第40条 任何心理测验必须明确规定其测验的使用范围、实施程序以及测验使用者的资格，并在该测验手册中予以详尽描述。

第41条 具有测验使用资格者，可凭测验使用资格证书购买和使用相应的心理测验器材，并负责对测验器材的妥善保管。

第42条 测验使用者应严格按照测验指导手册的规定使用测验。在使用心理测验结果作为诊断或取舍等重要决策的参考依据时，测验使用者必须选择适当的测验，并确保测验结果的可靠性。测验使用的记录及书面报告应妥善保存3年以备检查。

第43条 测验使用者必需严格按测验指导手册的规定使用测验。在使用心理测验结果作为重要决策的参考依据时，应当考虑测验的局限性。

第44条 个人的测验结果应当严格保密。心理测验结果的使用须尊重测验被测者的权益。

第七章 附则

第45条 对于已经通过登记和鉴定的心理测验，中国心理学会心理测量专业委员会协助版权所有者保护其相关权益。

第46条 中国心理学会心理测量专业委员会对心理测验进行日常管理。为方便心理测验的日常管理和网络维护，对测验的登记、鉴定、资格认定和资质认证等项服务适当收费，制定统一的收费标准。

第47条 测验开发、登记、鉴定和管理中凡涉及国家保密、知识产权和测验档案管理等问题，按国家和中国心理学会有关规定执行。

第48条 中国心理学会对违背科学道德、违反心理测验管理条例、违背《心理测验工作者道德准则》和有关规定的人员或机构，视情节轻重分别采取警告、公告批评、取消资格等处理措施，对造成中国心理学会权益损害的保留予以法律追究的权力。

第49条 本条例自中国心理学会批准之日起生效，其修订与解释权归中国心理学会心理测量专业委员会。

附录 B 心理测验工作者职业道德规范

（中国心理学会，2015.05）

凡以使用心理测验进行研究、诊断、安置、教育、培训、矫治、发展、干预、选拔、咨询、就业指导、鉴定等工作为主的人，都是心理测验工作者。心理测验工作者应意识到自己承担的社会责任，恪守科学精神，遵循下列职业道德规范：

第1条　心理测验工作者应遵守《心理测验管理条例》，自觉防止和制止测验的滥用和误用。

第2条　心理测验工作者必须具备中国心理学会心理测量专业委员会认可的心理测验使用资格。

第3条　中国心理学会坚决反对不具有心理测验使用资格的人使用心理测验；反对使用未经注册或鉴定的测验，除非这种使用出于研究目的或者是在具有心理测验使用资格的人监督下进行。

第4条　心理测验工作者应使用心理测量学品质好的心理测验。

第5条　心理测验工作者有义务向被试解释使用测验的性质和目的，充分尊重被试的知情权。

第6条　使用心理测验需要充分考虑测验结果的局限性和可能的偏差，谨慎解释测验的结果和效能，既要考虑测验的目的，也要考虑影响测验结果和效能的多方面因素，如环境、语言、文化、被试个人特征、状态等。

第7条　应以正确的方式将测验结果告知被试。应充分考虑到测验结果可能造成的伤害和不良后果，保护被试或相关人免受伤害。

第8条　评分和解释要采取合理的步骤确保被试得到真实准确的信息，避免做出无充分根据的断言。

第9条　应诚实守信，保证依专业的标准使用测验，不得因为经济利益或其他任何原因编造和修改数据、篡改测验结果或降低专业标准。

第10条　开发心理测验和其他测评技术或测评工具，应该经由经得起科学检验的心理测量学程序，取得有效的常模或临界分数、信度、效度资料，尽力消除测验偏差，并提供测验正确使用的说明。

第11条　为维护心理测验的有效性，凡规定不宜公开的心理测验内容如评分标准、常模、临界分数等，均应保密。

第12条　心理测验工作者应确保通过测验获得的个人信息和测验结果的保密性，仅在可能发生危害被试本人或社会的情况时才能告知有关方面。

第13条　本条例自中国心理学会批准之日起生效，其修订与解释权归中国心理学会心理测量专业委员会。

附录 C　正态分布表

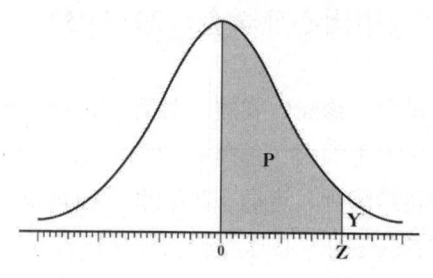

正态分布表：标准分数 Z、纵高 Y 与曲线下面积 P 转换关系

Z	Y	P	Z	Y	P	Z	Y	P
0.00	0.39894	0.00000	0.28	0.38361	0.11026	0.56	0.34105	0.21226
0.01	0.39892	0.00399	0.29	0.38251	0.11409	0.57	0.33912	0.21566
0.02	0.39886	0.00798	0.30	0.38139	0.11791	0.58	0.33718	0.21904
0.03	0.39876	0.01197	0.31	0.38023	0.12172	0.59	0.33521	0.2224
0.04	0.39862	0.01595	0.32	0.37903	0.12552	0.60	0.33322	0.22575
0.05	0.39844	0.01994	0.33	0.3778	0.1293	0.61	0.33121	0.22907
0.06	0.39822	0.02392	0.34	0.37654	0.13307	0.62	0.32918	0.23237
0.07	0.39797	0.02790	0.35	0.37524	0.13683	0.63	0.32713	0.23565
0.08	0.39767	0.03188	0.36	0.37391	0.14058	0.64	0.32506	0.23891
0.09	0.39733	0.03586	0.37	0.37255	0.14431	0.65	0.33297	0.24215
0.10	0.39695	0.03983	0.38	0.37115	0.14803	0.66	0.32086	0.24537
0.11	0.39654	0.04380	0.39	0.36973	0.15173	0.67	0.31874	0.24857
0.12	0.39608	0.04776	0.40	0.36827	0.15542	0.68	0.31659	0.25175
0.13	0.39559	0.05172	0.41	0.36678	0.1591	0.69	0.31443	0.2549
0.14	0.39505	0.05567	0.42	0.36526	0.16276	0.70	0.31225	0.25804
0.15	0.39448	0.05962	0.43	0.36371	0.1664	0.71	0.31006	0.26115
0.16	0.39387	0.06356	0.44	0.36213	0.17003	0.72	0.30785	0.26424
0.17	0.39322	0.06749	0.45	0.36053	0.17364	0.73	0.30563	0.2673
0.18	0.39253	0.07142	0.46	0.35889	0.17724	0.74	0.30339	0.27035
0.19	0.39181	0.07535	0.47	0.35723	0.18082	0.75	0.30114	0.27337
0.20	0.39104	0.07926	0.48	0.35553	0.18439	0.76	0.29887	0.27637
0.21	0.39024	0.08317	0.49	0.35381	0.18793	0.77	0.29659	0.27935
0.22	0.38940	0.08706	0.50	0.35207	0.19146	0.78	0.29431	0.2823
0.23	0.38853	0.09095	0.51	0.35029	0.19497	0.79	0.292	0.28524
0.24	0.38762	0.09483	0.52	0.34849	0.19847	0.80	0.28969	0.28814
0.25	0.38667	0.09871	0.53	0.34667	0.20194	0.81	0.28737	0.29103
0.26	0.38568	0.10257	0.54	0.34482	0.2054	0.82	0.28504	0.29389
0.27	0.38466	0.10642	0.55	0.34294	0.20884	0.83	0.28269	0.29673

（续表）

Z	Y	P	Z	Y	P	Z	Y	P
0.84	0.28034	0.29955	1.14	0.20831	0.37286	1.50	0.12952	0.43319
0.85	0.27798	0.30234	1.15	0.20594	0.37493	1.51	0.12758	0.43448
0.86	0.27562	0.30511	1.16	0.20357	0.37698	1.52	0.12566	0.43574
0.87	0.27324	0.30785	1.17	0.20121	0.37900	1.53	0.12376	0.43699
0.88	0.27986	0.31057	1.18	0.19886	0.38100	1.54	0.12188	0.43822
0.89	0.28848	0.31327	1.19	0.19652	0.38298	1.55	0.12001	0.43943
0.84	0.28034	0.29955	1.20	0.19419	0.38493	1.56	0.11816	0.44062
0.85	0.27798	0.30234	1.21	0.19186	0.38686	1.57	0.11632	0.44179
0.86	0.27562	0.30511	1.22	0.18954	0.38877	1.58	0.11450	0.44295
0.87	0.27324	0.30785	1.23	0.18724	0.39065	1.59	0.11270	0.44408
0.88	0.27986	0.31057	1.24	0.18494	0.39251	1.60	0.11092	0.44520
0.89	0.28848	0.31327	1.25	0.18265	0.39435	1.61	0.10915	0.44630
0.90	0.26609	0.31594	1.26	0.18037	0.39617	1.62	0.10741	0.44738
0.91	0.26369	0.31859	1.27	0.17810	0.39796	1.63	0.10567	0.44845
0.92	0.26129	0.32121	1.28	0.17585	0.39973	1.64	0.10396	0.44950
0.93	0.25888	0.32381	1.29	0.17360	0.40147	1.65	0.10226	0.45053
0.94	0.25647	0.32639	1.30	0.17137	0.40320	1.66	0.10059	0.45154
0.95	0.25406	0.32894	1.31	0.16915	0.40490	1.67	0.09893	0.45254
0.96	0.25164	0.33147	1.32	0.16694	0.40658	1.68	0.09728	0.45352
0.97	0.24923	0.33398	1.33	0.16474	0.40824	1.69	0.09556	0.45449
0.98	0.24681	0.33646	1.34	0.16256	0.40988	1.70	0.09405	0.45543
0.99	0.24439	0.33891	1.35	0.16038	0.41149	1.71	0.09246	0.45637
1.00	0.24197	0.34134	1.36	0.15822	0.41309	1.72	0.09089	0.45728
1.01	0.23955	0.34375	1.37	0.15608	0.41466	1.73	0.08933	0.45818
1.02	0.23713	0.34614	1.38	0.15395	0.41621	1.74	0.08780	0.45907
1.03	0.23471	0.34850	1.39	0.15183	0.41774	1.75	0.08628	0.45994
1.04	0.23230	0.35083	1.40	0.14973	0.41924	1.76	0.08478	0.46080
1.05	0.22988	0.35314	1.41	0.14764	0.42073	1.77	0.08329	0.46164
1.06	0.22747	0.35543	1.42	0.14556	0.42220	1.78	0.08183	0.46246
1.07	0.22506	0.35769	1.43	0.14350	0.42364	1.79	0.08038	0.46327
1.08	0.22265	0.35993	1.44	0.14146	0.42507	1.80	0.07895	0.46407
1.09	0.22025	0.36214	1.45	0.13943	0.42647	1.81	0.07754	0.46485
1.10	0.21785	0.36433	1.46	0.13742	0.42786	1.82	0.07614	0.46562
1.11	0.21546	0.36650	1.47	0.13542	0.42922	1.83	0.07477	0.46638
1.12	0.21307	0.36864	1.48	0.13344	0.43056	1.84	0.07341	0.46712
1.13	0.21069	0.37076	1.49	0.13147	0.43189	1.85	0.07206	0.46784

（续表）

Z	Y	P	Z	Y	P	Z	Y	P
1.86	0.07074	0.46856	2.32	0.02705	0.48983	2.78	0.00837	0.49728
1.87	0.06943	0.48926	2.33	0.02643	0.49010	2.79	0.00814	0.49736
1.88	0.06814	0.46995	2.34	0.02582	0.49036	2.80	0.00792	0.49744
1.89	0.06687	0.47062	2.35	0.02522	0.49061	2.81	0.00770	0.49752
1.90	0.06562	0.47128	2.36	0.02463	0.49086	2.82	0.00748	0.49760
1.91	0.06439	0.47193	2.37	0.02406	0.49111	2.83	0.00727	0.49767
1.92	0.06316	0.47257	2.38	0.02349	0.49134	2.84	0.00707	0.49774
1.93	0.06195	0.47320	2.39	0.02294	0.49158	2.85	0.00687	0.49781
1.94	0.06077	0.47381	2.40	0.02239	0.49180	2.86	0.00668	0.49788
1.95	0.05959	0.47441	2.41	0.02186	0.49202	2.87	0.00649	0.49795
1.96	0.05844	0.47500	2.42	0.02134	0.49224	2.88	0.00631	0.49801
1.97	0.05730	0.47558	2.43	0.02083	0.49245	2.89	0.00613	0.49807
1.98	0.05618	0.47615	2.44	0.02033	0.49266	2.90	0.00525	0.49813
1.99	0.05508	0.47670	2.45	0.01984	0.49286	2.91	0.00578	0.49819
2.00	0.05399	0.47725	2.46	0.01936	0.49305	2.92	0.00562	0.49825
2.01	0.05292	0.47778	2.47	0.01889	0.49324	2.93	0.00545	0.49831
2.02	0.05186	0.47831	2.48	0.01842	0.49343	2.94	0.00530	0.49836
2.03	0.05082	0.47882	2.49	0.01797	0.49361	2.95	0.00514	0.49841
2.04	0.04980	0.47982	2.50	0.01753	0.49379	2.96	0.00499	0.49846
2.05	0.04879	0.47982	2.51	0.01709	0.49396	2.97	0.00485	0.49851
2.06	0.04780	0.48030	2.52	0.01667	0.49413	2.98	0.00471	0.49856
2.07	0.04682	0.48077	2.53	0.01625	0.49430	2.99	0.00457	0.49861
2.08	0.04586	0.48124	2.54	0.01585	0.49446	3.00	0.00443	0.49865
2.09	0.04491	0.48169	2.55	0.01545	0.49461	3.01	0.00430	0.49869
2.10	0.04398	0.48214	2.56	0.01506	0.49477	3.02	0.00417	0.49874
2.11	0.04307	0.48257	2.57	0.01468	0.49492	3.03	0.00405	0.49878
2.12	0.04217	0.48300	2.58	0.01431	0.49506	3.04	0.00393	0.49882
2.13	0.04128	0.48341	2.59	0.01394	0.49520	3.05	0.00381	0.49886
2.14	0.04041	0.48382	2.60	0.01358	0.49534	3.06	0.00370	0.49889
2.15	0.03955	0.48422	2.61	0.01323	0.49547	3.07	0.00358	0.49893
2.16	0.03871	0.48461	2.62	0.01289	0.49560	3.08	0.00348	0.49897
2.17	0.03788	0.48500	2.63	0.01256	0.49573	3.09	0.00337	0.49900
2.18	0.03706	0.48537	2.64	0.01223	0.49585	3.10	0.00327	0.49903
2.19	0.03626	0.48574	2.65	0.01191	0.49598	3.11	0.00317	0.49906
2.20	0.03547	0.48610	2.66	0.01160	0.49609	3.12	0.00307	0.49910
2.21	0.03470	0.48645	2.67	0.01130	0.49621	3.13	0.00298	0.49913
2.22	0.03394	0.48679	2.68	0.01100	0.49632	3.14	0.00288	0.49916
2.23	0.03319	0.48713	2.69	0.01071	0.49643	3.15	0.00279	0.49918
2.24	0.03246	0.48745	2.70	0.01042	0.49653	3.16	0.00271	0.49921
2.25	0.03174	0.48778	2.71	0.01014	0.49664	3.17	0.00262	0.49924
2.26	0.03103	0.48809	2.72	0.00987	0.49674	3.18	0.00254	0.49926
2.27	0.03034	0.48840	2.73	0.00961	0.49683	3.19	0.00246	0.49929
2.28	0.02965	0.48870	2.74	0.00935	0.49693	3.20	0.00238	0.49931
2.29	0.02898	0.48899	2.75	0.00909	0.49702	3.21	0.00231	0.49934
2.30	0.02833	0.48928	2.76	0.00885	0.49711	3.22	0.00224	0.49936
2.31	0.02768	0.48956	2.77	0.00861	0.49720	3.23	0.00216	0.49938

（续表）

Z	Y	P	Z	Y	P	Z	Y	P
3.24	0.00210	0.49940	3.70	0.00042	0.49989			
3.25	0.00203	0.49942	3.71	0.00041	0.49990			
3.26	0.00196	0.49944	3.72	0.00039	0.49990			
3.27	0.00190	0.49946	3.73	0.00038	0.49990			
3.28	0.00184	0.49948	3.74	0.00037	0.49991			
3.29	0.00178	0.49950	3.75	0.00035	0.49991			
3.30	0.00172	0.49952	3.76	0.00034	0.49992			
3.31	0.00167	0.49953	3.77	0.00033	0.49992			
3.32	0.00161	0.49955	3.78	0.00031	0.49992			
3.33	0.00156	0.49957	3.79	0.00030	0.49992			
3.34	0.00151	0.49958	3.80	0.00029	0.49993			
3.35	0.00146	0.49960	3.81	0.00028	0.49993			
3.36	0.00141	0.49961	3.82	0.00027	0.49993			
3.37	0.00136	0.49962	3.83	0.00026	0.49994			
3.38	0.00132	0.49964	3.84	0.00025	0.49994			
3.39	0.00127	0.49965	3.85	0.00024	0.49994			
3.40	0.00123	0.49966	3.86	0.00023	0.49994			
3.41	0.00119	0.49968	3.87	0.00022	0.49995			
3.42	0.00115	0.49969	3.88	0.00021	0.49995			
3.43	0.00111	0.49970	3.89	0.00021	0.49995			
3.44	0.00107	0.49971	3.90	0.00020	0.49995			
3.45	0.00104	0.49972	3.91	0.00019	0.49995			
3.46	0.00100	0.49973	3.92	0.00018	0.49996			
3.47	0.00097	0.49974	3.93	0.00018	0.49996			
3.48	0.00094	0.49975	3.94	0.00017	0.49996			
3.49	0.00090	0.49976	3.95	0.00016	0.49996			
3.50	0.00087	0.49977	3.96	0.00016	0.49996			
3.51	0.00084	0.49978	3.97	0.00015	0.49996			
3.52	0.00081	0.49978	3.98	0.00014	0.49997			
3.53	0.00079	0.49979	3.99	0.00014	0.49997			
3.54	0.00076	0.49980						
3.55	0.00073	0.49981						
3.56	0.00071	0.49981						
3.57	0.00068	0.49982						
3.58	0.00066	0.49983						
3.59	0.00063	0.49983						
3.60	0.00061	0.49984						
3.61	0.00059	0.49984						
3.62	0.00057	0.49985						
3.63	0.00055	0.49986						
3.64	0.00053	0.49986						
3.65	0.00051	0.49987						
3.66	0.00049	0.49987						
3.67	0.00047	0.49988						
3.68	0.00046	0.49988						
3.69	0.00044	0.49989						

附录D 提供常模基础数据的心理测验一览表

序号	测验工具英文名称	测验工具中文名称	所属范畴
1	IQ Self-Test	中小学生团体智力测验	能力测验
2	Williams Creativity Assessment Packet，CAP	威廉斯创造力倾向测验	能力测验
3	General Aptitude Test Battery，GATB	一般能力倾向性测验	能力测验
4	—	超常行为测试问卷	能力测验
5	Inventory of Piaget's Developmental Tasks，IPDT	小学生认知发展诊断量表	能力测验
6	the Sixteen Personality Factor Questionnaire，16PF	卡特尔十六种人格因素问卷	人格测验
7	NEO Personality Inventory，NEO-PI	大五人格量表	人格测验
8	—	气质量表	人格测验
9	DISC Personality Assessment	DISC性格测试	人格测验
10	Internal-External Locus of Control Scale，IELCS	内在-外在心理控制源量表	人格测验
11	Jankins Activity Survey，JAS	A型行为类型量表	人格测验
12	Revised Philosophies of Human Nature Scale，RPHN	人性的哲学修订量表	人格测验
13	Interpersonal Trust Scale，ITS	人际信任量表	人格测验
14	Rosenberg Self-Esteem Scale，RSES	罗森伯格自尊量表	人格测验
15	Thinking Style Inventory，TSI	思维风格量表	人格测验
16	Aitken Procrastination Inventory，API	艾特肯拖延问卷	人格测验
17	General Self-Efficacy Scale，GSES	一般自我效能感量表	人格测验
18	Piers-Harris Child's Self-Concept Scale，PHCSS	皮尔斯-哈里斯儿童自我意识量表	临床测验
19	Adolent Self-Rating Life Events Check List，ASLEC	青少年自评生活事件量表	临床测验

（续表）

序号	测验工具英文名称	测验工具中文名称	所属范畴
20	Meaning in Life Questionnaire，MLQ	人生意义问卷	临床测验
21	Mental Health Test，MHT	心理健康诊断测验	临床测验
22	Profile of Mood States，POMS	简明心境量表	临床测验
23	State versus Trait Loneliness Scale，SvTLS	状态与特质孤独量表	临床测验
24	UCLA Loneliness Scale	UCLA 孤独量表	临床测验
25	Pittsburgh Sleep Quality Index，PSQI	匹兹堡睡眠质量指数	临床测验
26	Chen Internet Addiction Scale，CIAS	中文网络成瘾量表	临床测验
27	Self-rating Anxiety Scale，SAS	焦虑自评量表	临床测验
28	Beck Anxiety Inventory，BAI	贝克焦虑量表	临床测验
29	Self-rating Depression Scale，SDS	抑郁自评量表	临床测验
30	Beck Depression Inventory，BDI	贝克抑郁量表	临床测验
31	Center for Epidemiological Survey－Depression Scale，CES-D	流调中心抑郁量表	临床测验
32	Cornell Medical Index，CMI	康奈尔医学指数	临床测验
33	Academic Adaptability Test，AAT	学习适应性测验	学业测验
34	—	学业成就动机量表	学业测验
35	Index of Learning Style，ILS	学习风格量表	学业测验
36	Test Anxiety Scale，TAS	萨拉松考试焦虑量表	学业测验
37	Myers-Briggs Type Indicator，MBTI	MBTI 职业性格测试	职业测验
38	Psychological Empowerment Scale，PES	心理授权量表	职业测验
39	Maslach Burnout Inventory，MBI	MBI 工作倦怠问卷	职业测验
40	Inventory of Parent Attachment	亲子依恋问卷	其他测验
41	Family Adaptability and Cohesion Evaluation Scales，FACES	家庭亲密度和适应性量表	其他测验

（续表）

序号	测验工具英文名称	测验工具中文名称	所属范畴
42	Family Environment Scale，FES	家庭环境量表	其他测验
43	—	自杀态度量表	其他测验